U0396683

国家出版基金项目

"十三五"国家重点图书出版规划项目

"十四五"时期国家重点出版物出版专项规划项目

中国水电关键技术丛书

深埋水工隧洞工程技术

中国电建集团华东勘测设计研究院有限公司

张春生　侯靖　等　著

中国水利水电出版社

www.waterpub.com.cn

·北京·

内 容 提 要

本书系国家出版基金项目《中国水电关键技术丛书》之一，以锦屏二级水电站引水隧洞等多个深埋水工隧洞工程的建设经验为基础，通过对工程建设中的技术、经验和教训的系统分析，对深埋水工隧洞技术进行全面梳理、总结和提升，并加以系统阐述而成，详细介绍了深埋水工隧洞布置、勘察、设计、施工、监测、管理等方面的技术成果，是对近年来我国深埋水工隧洞设计施工技术研究和实践成果的系统性总结，旨在为深埋水工隧洞建设提供关键技术支撑。

本书可供从事水工隧洞建设的设计、施工、科研技术人员参考和借鉴，亦可供高等院校水利水电、土木工程类相关专业师生学习。

图书在版编目（CIP）数据

深埋水工隧洞工程技术 / 张春生等著. -- 北京：
中国水利水电出版社，2023.11
（中国水电关键技术丛书）
ISBN 978-7-5226-1874-6

Ⅰ. ①深… Ⅱ. ①张… Ⅲ. ①水工隧洞—隧道施工
Ⅳ. ①TV672

中国国家版本馆CIP数据核字(2023)第204906号

书　　　名	中国水电关键技术丛书 **深埋水工隧洞工程技术** SHENMAI SHUIGONG SUIDONG GONGCHENG JISHU
作　　　者	中国电建集团华东勘测设计研究院有限公司 张春生　侯　靖　等　著
出 版 发 行	中国水利水电出版社 （北京市海淀区玉渊潭南路1号D座　100038） 网址：www.waterpub.com.cn E-mail：sales@mwr.gov.cn 电话：(010) 68545888（营销中心）
经　　　售	北京科水图书销售有限公司 电话：(010) 68545874、63202643 全国各地新华书店和相关出版物销售网点
排　　　版	中国水利水电出版社微机排版中心
印　　　刷	北京印匠彩色印刷有限公司
规　　　格	184mm×260mm　16开本　26印张　633千字
版　　　次	2023年11月第1版　2023年11月第1次印刷
定　　　价	**248.00元**

《中国水电关键技术丛书》编撰委员会

主　　　任	汪恕诚	张基尧			
常务副主任	周建平	郑声安			
副　主　任	贾金生	营幼峰	陈生水	孙志禹	吴义航
委　　　员	(以姓氏笔画为序)				
	王小毛	王仁坤	王继敏	艾永平	石清华
	卢红伟	卢金友	白俊光	冯树荣	吕明治
	许唯临	严军	李云	李文伟	杨启贵
	肖峰	吴关叶	余挺	汪小刚	宋胜武
	张国新	张宗亮	张春生	张燎军	陈云华
	陈东明	陈国庆	范福平	和孙文	金峰
	周伟	周厚贵	郑璀莹	宗敦峰	胡斌
	胡亚安	胡昌支	侯靖	姚栓喜	顾洪宾
	徐锦才	涂扬举	涂怀健	彭程	温彦锋
	温续余	潘江洋	潘继录		
主　　　编	周建平	郑声安			
副　主　编	贾金生	陈生水	孙志禹	陈东明	吴义航
	钱钢粮				

编 委 会 办 公 室

主　　　任	刘娟	彭烁君	黄会明
副　主　任	袁玉兰	王志媛	刘向杰
成　　　员	杜刚	宁传新	王照瑜

《中国水电关键技术丛书》组织单位

中国大坝工程学会
中国水力发电工程学会
水电水利规划设计总院
中国水利水电出版社

历经 70 年发展，特别是改革开放 40 年，中国水电建设取得了举世瞩目的伟大成就，一批世界级的高坝大库在中国建成投产，水电工程技术取得新的突破和进展。在推动世界水电工程技术发展的历程中，世界各国都作出了自己的贡献，而中国，成为继欧美发达国家之后，21 世纪世界水电工程技术的主要推动者和引领者。

截至 2018 年年底，中国水库大坝总数达 9.8 万座，水库总库容约 9000 亿 m³，水电装机容量达 350GW。中国是世界上大坝数量最多、也是高坝数量最多的国家：60m 以上的高坝近 1000 座，100m 以上的高坝 223 座，200m 以上的特高坝 23 座；千万千瓦级的特大型水电站 4 座，其中，三峡水电站装机容量 22500MW，为世界第一大水电站。中国水电开发始终以促进国民经济发展和满足社会需求为动力，以战略规划和科技创新为引领，以科技成果工程化促进工程建设，突破了工程建设与管理中的一系列难题，实现了安全发展和绿色发展。中国水电工程在大江大河治理、防洪减灾、兴利惠民、促进国家经济社会发展方面发挥了不可替代的重要作用。

总结中国水电发展的成功经验，我认为，最为重要也是特别值得借鉴的有以下几个方面：一是需求导向与目标导向相结合，始终服务国家和区域经济社会的发展；二是科学规划河流梯级格局，合理利用水资源和水能资源；三是建立健全水电投资开发和建设管理体制，加快水电开发进程；四是依托重大工程，持续开展科学技术攻关，破解工程建设难题，降低工程风险；五是在妥善安置移民和保护生态的前提下，统筹兼顾各方利益，实现共商共建共享。

在水利部原任领导汪恕诚、张基尧的关心支持下，2016 年，中国大坝工程学会、中国水力发电工程学会、水电水利规划设计总院、中国水利水电出版社联合发起编撰出版《中国水电关键技术丛书》，得到水电行业的积极响应，数百位工程实践经验丰富的学科带头人和专业技术负责人等水电科技工作者，基于自身专业研究成果和工程实践经验，精心选题，着手编撰水电工程技术成果总结。为高质量地完成编撰任务，参加丛书编撰的作者，投入极大热情，倾注大量心血，反复推敲打磨，精益求精，终使丛书各卷得以陆续出版，实属不易，难能可贵。

21 世纪初叶，中国的水电开发成为推动世界水电快速发展的重要力量，形成了中国特色的水电工程技术，这是编撰丛书的缘由。丛书回顾了中国水电工程建设近30年所取得的成就，总结了大量科学研究成果和工程实践经验，基本概括了当前水电工程建设的最新技术发展。丛书具有以下特点：一是技术总结系统，既有历史视角的比较，又有国际视野的检视，体现了科学知识体系化的特征；二是内容丰富、翔实、实用，涉及专业多，原理、方法、技术路径和工程措施一应俱全；三是富于创新引导，对同一重大关键技术难题，存在多种可能的解决方案，并非唯一，要依据具体工程情况和面临的条件进行技术路径选择，深入论证，择优取舍；四是工程案例丰富，结合中国大型水电工程设计建设，给出了详细的技术参数，具有很强的参考价值；五是中国特色突出，贯彻科学发展观和新发展理念，总结了中国水电工程技术的最新理论和工程实践成果。

与世界上大多数发展中国家一样，中国面临着人口持续增长、经济社会发展不平衡和人民追求美好生活的迫切要求，而受全球气候变化和极端天气的影响，水资源短缺、自然灾害频发和能源电力供需的矛盾还将加剧。面对这一严峻形势，无论是从中国的发展来看，还是从全球的发展来看，修坝筑库、开发水电都将不可或缺，这是实现经济社会可持续发展的必然选择。

中国水电工程技术既是中国的，也是世界的。我相信，丛书的出版，为中国水电工作者，也为世界上的专家同仁，开启了一扇深入了解中国水电工程技术发展的窗口；通过分享工程技术与管理的先进成果，后发国家借鉴和吸取先行国家的经验与教训，可避免走弯路，加快水电开发进程，降低开发成本，实现战略赶超。从这个意义上讲，丛书的出版不仅能为当前和未来中国水电工程建设提供非常有价值的参考，也将为世界上发展中国家的河流开发建设提供重要启示和借鉴。

作为中国水电事业的建设者、奋斗者，见证了中国水电事业的蓬勃发展，我为中国水电工程的技术进步而骄傲，也为丛书的出版而高兴。希望丛书的出版还能够为加强工程技术国际交流与合作，推动"一带一路"沿线国家基础设施建设，促进水电工程技术取得新进展发挥积极作用。衷心感谢为此作出贡献的中国水电科技工作者，以及丛书的撰稿、审稿和编辑人员。

中国工程院院士

2019 年 10 月

水电是全球公认并为世界大多数国家大力开发利用的清洁能源。水库大坝和水电开发在防范洪涝干旱灾害、开发利用水资源和水能资源、保护生态环境、促进人类文明进步和经济社会发展等方面起到了无可替代的重要作用。在中国，发展水电是调整能源结构、优化资源配置、发展低碳经济、节能减排和保护生态的关键措施。新中国成立后，特别是改革开放以来，中国水电建设迅猛发展，技术日新月异，已从水电小国、弱国，发展成为世界水电大国和强国，中国水电已经完成从"融入"到"引领"的历史性转变。

迄今，中国水电事业走过了 70 年的艰辛和辉煌历程，水电工程建设从"独立自主、自力更生"到"改革开放、引进吸收"，从"计划经济、国家投资"到"市场经济、企业投资"，从"水电安置性移民"到"水电开发性移民"，一系列改革开放政策和科学技术创新，极大地促进了中国水电事业的发展。不仅在高坝大库建设、大型水电站开发，而且在水电站运行管理、流域梯级联合调度等方面都取得了突破性进展，这些进步使中国水电工程建设和运行管理技术水平达到了一个新的高度。有鉴于此，中国大坝工程学会、中国水力发电工程学会、水电水利规划设计总院和中国水利水电出版社联合组织策划出版了《中国水电关键技术丛书》，力图总结提炼中国水电建设的先进技术、原创成果，打造立足水电科技前沿、传播水电高端知识、反映水电科技实力的精品力作，为开发建设和谐水电、助力推进中国水电"走出去"提供支撑和保障。

为切实做好丛书的编撰工作，2015 年 9 月，四家组织策划单位成立了"丛书编撰工作启动筹备组"，经反复讨论与修改，征求行业各方面意见，草拟了丛书编撰工作大纲。2016 年 2 月，《中国水电关键技术丛书》编撰委员会成立，水利部原部长、时任中国大坝协会（现为中国大坝工程学会）理事长汪恕诚，国务院南水北调工程建设委员会办公室原主任、时任中国水力发电工程学会理事长张基尧担任编委会主任，中国电力建设集团有限公司总工程师周建平、水电水利规划设计总院院长郑声安担任丛书主编。各分册编撰工作实行分册主编负责制。来自水电行业 100 余家企业、科研院所及高等院校等单位的 500 多位专家学者参与了丛书的编撰和审阅工作，丛书作者队伍和校审专家聚集了国内水电及相关专业最强撰稿阵容。这是当今新时代赋予水电工作者的一项重要历史使命，功在当代、利惠千秋。

丛书紧扣大坝建设和水电开发实际，以全新角度总结了中国水电工程技术及其管理创新的最新研究和实践成果。工程技术方面的内容涵盖河流开发规划，水库泥沙治理，工程地质勘测，高心墙土石坝、高面板堆石坝、混凝土重力坝、碾压混凝土坝建设，高坝水力学及泄洪消能，滑坡及高边坡治理，地质灾害防治，水工隧洞及大型地下洞室施工，深厚覆盖层地基处理，水电工程安全高效绿色施工，大型水轮发电机组制造安装，岩土工程数值分析等内容；管理创新方面的内容涵盖水电发展战略、生态环境保护、水库移民安置、水电建设管理、水电站运行管理、水电站群联合优化调度、国际河流开发、大坝安全管理、流域梯级安全管理和风险防控等内容。

丛书遵循的编撰原则为：一是科学性原则，即系统、科学地总结中国水电关键技术和管理创新成果，体现中国当前水电工程技术水平；二是权威性原则，即结构严谨，数据翔实，发挥各编写单位技术优势，遵照国家和行业标准，内容反映中国水电建设领域最具先进性和代表性的新技术、新工艺、新理念和新方法等，做到理论与实践相结合。

丛书分别入选"十三五"国家重点图书出版规划项目和国家出版基金项目，首批包括50余种。丛书是个开放性平台，随着中国水电工程技术的进步，一些成熟的关键技术专著也将陆续纳入丛书的出版范围。丛书的出版必将为中国水电工程技术及其管理创新的继续发展和长足进步提供理论与技术借鉴，也将为进一步攻克水电工程建设技术难题、开发绿色和谐水电提供技术支撑和保障。同时，在"一带一路"倡议下，丛书也必将切实为提升中国水电的国际影响力和竞争力，加快中国水电技术、标准、装备的国际化发挥重要作用。

在丛书编写过程中，得到了水利水电行业规划、设计、施工、科研、教学及业主等有关单位的大力支持和帮助，各分册编写人员反复讨论书稿内容，仔细核对相关数据，字斟句酌，殚精竭虑，付出了极大的心血，克服了诸多困难。在此，谨向所有关心、支持和参与编撰工作的领导、专家、科研人员和编辑出版人员表示诚挚的感谢，并诚恳欢迎广大读者给予批评指正。

《中国水电关键技术丛书》编撰委员会

2019 年 10 月

　　隧洞掘进工程是发展国民经济的重要技术手段，在交通、水利水电、工矿等若干领域具有很重要的作用，尤其是近几年随着我国经济建设的蓬勃发展，复杂地质条件下的基础设施建设也不断增多，西气东输、南水北调、西电东送以及高速公路和铁路等国家重点工程的相继开工，引水隧洞工程越来越多，大量的深埋长大隧洞需要兴建。西南地区水电站在建设开发过程中，将可能遭遇高地应力强岩爆、软岩大变形、高压大流量地下水、高地温等复杂地质问题的挑战，深埋水工隧洞围岩稳定与控制、承载结构设计、施工等系列技术难题极大制约着工程的建设，因此，需要立足于现有科研成果和工程经验，加深对深埋水工隧洞相关关键技术问题的研究，所以非常有必要对目前的深埋水工隧洞工程技术进行总结和提炼，并且相信该项成果会有非常好的推广价值和借鉴意义。

　　深埋水工隧洞具有洞线长、埋深大、洞径大等特点，其中锦屏二级水电站引水隧洞群是世界上已建总体规模最大、综合难度最高的水工隧洞群工程，无论地质条件还是工程规模都极具代表性，基本涉及了深埋水工隧洞建设需要解决的关键技术难题。锦屏二级水电站水工隧洞群的成功建设积累了非常宝贵的工程经验，可以为类似工程提供重要技术支撑，也为其他领域的深埋地下工程建设提供了借鉴素材。

　　本书基于锦屏二级水电站深埋引水隧洞等多个深埋水工隧洞的设计研究经验，采用理论与实践并重的形式介绍了深埋水工隧洞布置、勘察、设计、施工、监测、管理等各阶段的关键工程技术，旨在为深埋水工隧洞的建设提供参考。全书内容安排如下：

　　第1章，绪论。首先对深埋水工隧洞进行了概述，包括其定义、部分案例和分类，其次对国内外关于勘测技术、岩石力学、隧洞支护设计的研究进展进行了综述，最后结合锦屏二级水电站引水隧洞的建设经验，指出了目前深埋水工隧洞建设面临的关键技术难题及对策，即本书各章节的主要内容。

　　第2章，深埋水工隧洞布置。深埋水工隧洞的布置受地形地质条件、地应力环境等的限制，除满足水工隧洞功能、围岩稳定、防渗承载等隧洞布置的基本要求外，其布置应侧重于考虑深埋条件对隧洞开挖响应特征和承载结构安全性的影响、对隧洞施工条件的影响以及对隧洞具体施工方案选择的影响等方面。本章介绍了深埋水工隧洞的布置原则，并以锦屏二级水电站隧洞群的布置为例进行了说明。

第3章，深埋水工隧洞地质勘察。深埋水工隧洞的建设面临着诸多地质灾害，做好这些地质灾害风险防控的一个重要前提则是详细准确的地质勘察。本章系统地列述了目前常用的地质勘察方法以及主要地质灾害判别方法，重点内容包括深埋水工隧洞主要地质问题、工程地质勘察方法、水文地质勘察方法、地应力测试方法及深埋围岩分类体系等。

第4章，深埋岩体力学特性与机理研究。在深埋水工隧洞建设过程中，经常遇到高地应力导致的围岩破坏问题，因此需要深入研究深埋岩体力学特征，而岩体力学特性与应力水平密切相关，本章基于该问题，探讨了深埋地下工程围岩力学特性和围岩破坏的基本特征，并着重介绍高应力破坏的相关力学模型和数值分析技术。

第5章，深埋水工隧洞结构设计理论与方法。深埋水工隧洞的主要承载结构仍是围岩自身，喷锚支护和二次衬砌及高压固结灌浆等加固围岩措施，与围岩组成联合承载结构，从而确保水工隧洞在深埋、高外水压力条件下的安全稳定性。本章重点介绍上述中的设计理念、方法及支护、高压灌浆、复合承载结构等的相关理论知识和关键工程技术，并辅以工程案例进行说明。

第6章，深埋水工隧洞施工。深埋水工隧洞埋深大、洞线长，导致施工组织困难，深埋隧洞往往是一个工程的关键线路项目，其施工工期决定了整个工程的工期长短，确保深埋隧洞工程快速施工对整个工程建设意义重大。要实现深埋隧洞快速施工，与隧洞施工方法、施工布置、施工通风、出渣技术等息息相关。本章详细论述了施工布置原则、快速施工与安全、通风、出渣、TBM设备选型及配套的相关技术。

第7章，深埋水工隧洞重大地质灾害识别与防控技术。随着工程埋深的不断增加，高地应力与岩爆、岩溶与高压涌突水、围岩大变形、高地温、有害气体等地质灾害风险进一步加剧。借鉴锦屏二级水电站引水隧洞等工程的地质灾害处理经验，详细论述了高应力岩爆、高压大流量突涌水、深埋软岩、岩溶、高地温等的地质灾害防治技术。

第8章，深埋水工隧洞安全监测与评价。深埋水工隧洞安全监测的主要目的：一是掌握开挖以后围岩状况，及时了解围岩安全性，并通过调整设计方案和完善施工方法等工程手段在快速掘进与围岩稳定安全之间取得最佳平衡点；二是评价水工隧洞运行期的长期稳定性。本章的内容主要包括施工期及运行期监测、动态反馈分析及安全性评价。

第 9 章，深埋水工隧洞全寿命周期数字化、信息化管理。BIM 以其信息完备性、可视化、协调性、模拟性和优化性等特点而被广泛应用于工程建设各领域及全寿命周期，并产生了巨大的经济效益。本章主要论述了 BIM 在深埋水工隧洞中的应用技术和工程实践。

第 10 章，复杂条件水工隧洞工程典型案例。包含了雅砻江锦屏二级水电站水工隧洞工程、九龙河江边水电站水工隧洞工程、金沙江白鹤滩水电站尾水隧洞工程、南盘江天生桥二级水电站水工隧洞工程、木里河立洲水电站水工隧洞工程、洗马河赛珠水电站水工隧洞工程、齐热哈塔尔水电站水工隧洞工程等 7 项工程的建设特点和经验，可为类似工程提供借鉴。

第 11 章，展望。

本书的编撰集合了中国电建集团华东勘测设计研究院有限公司、中国电建集团贵阳勘测设计研究院有限公司、中水北方勘测设计研究有限责任公司、中国科学研究院武汉岩土力学研究所、河海大学等多家单位的研究成果，由多位专家和工程技术人员共同编写而成，其中第 1 章由张春生、侯靖、吴旭敏编写，第 2 章由张春生、侯靖、张洋、鲍世虎编写，第 3 章由单治钢、周春宏、廖卓、贾国臣、赵继勇、任旭华、张继勋编写，第 4 章由侯靖、陈祥荣、周辉、褚卫江、刘宁、张传庆编写，第 5 章由张春生、陈祥荣、张洋、潘益斌、刘宁、陈念辉、陈涛、陈晓江、房敦敏编写，第 6 章由周垂一、李军、邬志、王强、蒲宁、包俊、武启旺编写，第 7 章由张春生、单治钢、刘宁、周春宏编写，第 8 章由刘宁、郑晓红、王峰编写，第 9 章由邬远祥、邓新星编写，第 10 章由张洋、陈益民、王东锋、贾国臣、赵继勇、贺双喜编写，第 11 章由吴旭敏编写。在本书的编写过程中得到有关专家的指导和帮助，引用了多位学者的文献资料，在此一并表示感谢。

由于编者水平有限，书中难免存在不妥之处，敬请读者批评指正。

作者

2023 年 2 月 1 日

目录

第 1 章

绪论

1.1 概述

水电是技术成熟、运行灵活的清洁低碳可再生能源,水电工程具有发电、防洪、供水、灌溉、航运等综合利用功能,经济、社会、生态效益显著。我国河流众多、径流丰沛、落差巨大,蕴藏着非常丰富的水能资源。根据最新统计,我国水能资源可开发装机容量约 6.6 亿 kW,年发电量约 3 万亿 kW·h,按利用 100 年计算,相当于 1000 亿 t 标准煤,在常规能源资源剩余可开采总量中仅次于煤炭。经过多年发展,我国水电装机容量和年发电量已突破 3 亿 kW 和 1 万亿 kW·h,分别占全国总装机容量和总年发电量的 20.9% 和 19.4%。目前我国水电工程技术居世界先进水平,形成了规划、勘察、设计、施工、装备制造、运行维护等全产业链整合能力。

受地形和气候条件的控制,我国的水力资源多集中在西南高山峻岭地区,这些地区水量充沛,河谷狭窄陡峻,适宜修建高水头、大容量的水电站,并且为了集中落差获取高水头,常布置长水工隧洞或高坝,如锦屏二级水电站、天生桥二级水电站、两家人水电站、江边水电站、硗碛水电站、硬梁包水电站等均具有 1 条或多条水工隧洞,其中锦屏二级水电站横穿锦屏山布置了 7 条隧洞(包括 4 条单洞长 16.7km 的引水隧洞、与之平行的单洞长 17.5km 的 2 条辅助洞和 1 条排水洞),形成了规模巨大的水工隧洞群,建设难度世界罕见。另外,高坝水电站建设过程中,多不具备明渠导流的条件,一般采用隧洞的形式进行导流或泄洪,如处在峡谷地带的二滩水电站、拉西瓦水电站、锦屏一级水电站、白鹤滩水电站等,这些导流、泄洪隧洞通常规模巨大。可见,水工隧洞在水能资源开发中发挥了重要作用。

除了水电工程外,水工隧洞也是水利领域的重要基础设施,不少跨流域区域调水工程输水干线穿过分水岭及山岭地带时,主要依靠水工隧洞引水。如已建成通水的大伙房输水工程由进出口引河和 85.31km 的输水隧洞组成;引黄入晋工程由总干线、北干线、南干线和连接段组成,总长约 452km,其中隧洞 24 条,总长约 191.71km;引大入秦工程总干渠长 87km,其中隧洞 33 条,总长 75.14km;云南掌鸠河引水工程输水线路总长 97.258km,其中隧洞 16 条,总长约 85.6km;引汉济渭秦岭隧洞总长 98.3km;引红济石调水隧洞长 19.86km;青海引大济湟工程引水隧洞是调水总干渠工程中最关键的工程,全长 24.17km;北疆供水一期工程软岩洞段隧洞长达 14.89km;引乾济石调水工程隧洞总长 18.38km。北疆供水二期工程喀双隧洞长 283.3km,为世界上最长的输水隧洞。可见,水工隧洞在跨流域区域调水等水利工程中也具有重要作用。

随着我国水利水电资源的开发,水利水电工程正逐步向西南高山峡谷地区转移,已建和在建的水工隧洞埋深不断增加,出现了一批深埋水工隧洞。如锦屏二级水电站引水发电隧洞最大埋深达 2525m,是世界埋深最大的水工隧洞;齐热哈塔尔水电站引水发电隧洞最大埋深达 1720m，大于 500m 埋深的洞长占 67.3%；江边水电站引水发电隧洞最大埋深达 1678m；引汉济渭秦岭隧洞最大埋深 2012m，埋深 1000m 以上的段落长度超 30km；引乾济石工程秦岭隧洞最大埋深 1600m，滇中引水工程香炉山隧洞最大埋深 1450m。

　　虽然目前对于深埋的标准还没有一个公认的定义，《水利水电工程地质勘察规范》（GB 50487—2008）规定埋深大于 600m 的隧洞为深埋隧洞，这是基于目前常规的地质钻探和孔内测试可以达到的深度，超过这一深度时勘察相对困难且成本较高。但是随着技术的不断进步，在此深度范围内的勘察已经不存在技术障碍，关于深埋的定义也更加关注隧洞围岩本身在此埋深条件下的响应行为。比如，当一条隧洞开挖到 500m 时因为局部异常可以发生显著的高应力破坏现象，但真正开始普遍出现这类问题的埋深可能在 1500m，就锦屏二级水电站引水发电隧洞工程而言，埋深大于 1500m 则属于深埋。可以预见，未来会有更多深埋水工隧洞需要建设，其埋深和长度也会继续增加，建设难度也会随之增加，迫切需要相应的技术作为支撑，保障工程的安全高效建设。

1.2　隧洞工程建设现状

　　隧洞是埋置于地下的一种长线性工程建筑物，作为穿越山岭、河流、海峡等自然障碍的通道，具有距离短、运行安全、不受地形气候影响等优点，在基础设施建设领域被广泛采用。按照功能划分，可以分为水工隧洞、交通隧道、矿山巷道等。我国隧洞工程主要集中在水工隧洞和交通隧道两个领域。

1.2.1　水工隧洞建设现状

　　水工隧洞主要用于灌溉、发电、供水、泄水、输水、施工导流和通航。发电隧洞一般是有压的；灌溉、供水和泄水隧洞可以是无压的，也可以是有压的；而渠道和运河上的隧洞则是无压的。我国水工隧洞的发展历程大致可分为以下 3 个阶段：

　　第 1 阶段：20 世纪 50—70 年代。隧洞的长度基本在 2～3km，埋深多在 200m 以内。施工方法普遍采用钻爆法，遇到的多为浅埋隧洞工程地质问题。

　　第 2 阶段：20 世纪 70 年代后期至 80 年代。由于施工采用"长洞短打"的钻爆法，水工隧洞的长度和埋深都有所增大。代表性的工程有 20 世纪 70 年代末的四川岷江渔子溪一期引水发电隧洞和 20 世纪 80 年代的天津市引滦入津输水隧洞。渔子溪一期引水隧洞全长 8429m，埋深 200～650m，隧洞围岩全部为中～细粒花岗闪长岩和闪长岩，无区域性大断层通过，曾发生轻微～中等岩爆，为此进行了岩爆工程地质研究。天津市引滦入津隧洞工程全长 12.39km，其中隧洞总长 9669m，埋深 10～160m。在洞线上布置了 15 个施工支洞，采用"长洞短打""新奥法"施工技术，仅用 1.5 年全线贯通。隧洞施工过程中遇到了宽大的断层及断层交会带、浅埋风化岩带、隧洞涌水塌方、隧洞出口边坡滑动以及隧洞排水造成的环境地质问题等。引滦入津隧洞的建设对浅埋长隧洞工程具有重要的借鉴作用。

　　第 3 阶段：20 世纪 80 年代末至 21 世纪初。在此期间，我国许多地区需长距离、跨流域调水，解决水资源优化配置和充分利用地形落差发展大水头水力发电问题，促进了深埋长隧洞的飞速发展。为了解决深埋长隧洞的施工问题，开始引进全断面隧道掘进机（Tunnel Boring Machine，TBM）和勘测设计、施工及管理先进技术。采用 TBM 或 TBM 与钻爆法混合施工方法，使隧洞长度由小于 10km 陡增至数十千米，隧洞埋深由数百米增至上千米，进入了深埋长隧洞发展的新时期。

据不完全统计，我国已建、在建的水工隧洞总长已超过 1000km，典型代表性水工隧洞情况详见表 1.2-1 和表 1.2-2，如国内已建成的锦屏二级水电站引水隧洞、辽宁大伙房输水隧洞、引汉济渭水工隧洞等。其中锦屏二级水电站引水隧洞最大埋深达 2525m，是世界埋深最大的水工隧洞。另外，还有一批高难度水工隧洞工程正在施工或正在规划设计，如新疆某引水工程穿天山隧洞、滇中引水工程香炉山隧洞等，其中最长的达 90km，最大埋深达 2268m。

国外部分已建水工隧洞情况见表 1.2-3 和表 1.2-4。

1.2.2 交通隧道建设现状

近年来，深埋特长隧道在公路、铁路、海底等基础产业的数量也快速增长，积累了丰富的建设经验，表 1.2-5 为国内外部分长度大于 17km 的长大交通隧道和代表性海底隧道。

深埋长大交通隧道代表性工程简要介绍如下：

（1）瑞士圣哥达隧道。圣哥达隧道全长 57.1km，是目前世界上最长的铁路隧道之一。其采取两条平行的单线，净空直径 7.9m，隧道基本垂直主构造单元穿过阿尔卑斯山核部，构造变质历史复杂。隧道大部分地段埋深较大，约 30km 地段埋深超过 1000m，约 20km 地段埋深超过 1500m，约 5km 地段埋深超过 2000m，最大埋深约 2400m。工程建设过程中遭遇了高应力软岩大变形、富水断层破碎带等不良地质条件影响，修建十分艰难，2017 年建成通车，总工期达 17 年。

（2）秦岭隧道。秦岭隧道为铁路西康线的重点控制工程，地处北秦岭山区，全长 18.46km，由两座中线间距 30m、基本平行的单线隧道组成，最大埋深约 1600m，埋深大于 1000m 的地段长约 3.8km。隧道 80% 处于极硬岩石地段，主要为混合片麻岩和混合花岗岩，洞身穿过 F_4、F_5 两个构造性大断层以及若干个区域性小断层，地质构造极为复杂。秦岭 I 线隧道除中间段 7.6km 特硬岩用钻爆法开挖外，其余均采用直径 8.8m 的 TBM 开挖；秦岭 II 线隧道采用钻爆法施工，先期按平行导坑贯通，发挥对 I 线隧道施工的辅助作用，待 I 线隧道主体完工后，再扩挖成 II 线隧道。施工过程中，岩爆发生段累计长度约 1900m，采用短进尺、弱爆破、及时挂网等措施克服了岩爆；最大涌水量达 28560m³（以构造裂隙水为主），主要采取超前钻孔排水和小导管注浆堵水措施实现地下水的处理。在解决平导洞钻爆法施工通风 9050m 问题的前提下（结合通风斜井），秦岭隧道创造钻爆法硬岩快速掘进 456m/月、TBM 掘进最大速度 531m/月的国内纪录。

（3）秦岭终南山特长公路隧道。秦岭终南山特长公路隧道位于西安至安康高速公路青岔村至营盘镇之间，是目前我国最长的公路隧道，全长 18020m，为两座平行的双车道特

表1.2-1　国内部分已建、在建和拟建引水发电水工隧洞

序号	工程名称	隧洞规模/条	长度（单洞）/km	开挖断面型式	开挖洞径/m	最大埋深/m	地质条件	主要工程问题	备注
1	锦屏二级水电站	4	16.70	马蹄形（钻爆法） 圆形（TBM）	13.00~14.30 12.40	2525	大理岩、绿泥石片岩、砂板岩	高地应力岩爆、软岩塑性大变形、高压大流量突涌水、岩溶、断层破碎带	已建
2	齐热哈塔尔水电站	1	15.64	马蹄形	4.70	1720	片麻状花岗岩、变质闪长岩	高地应力岩爆、高地温	已建
3	江边水电站	1	8.50	马蹄形	8.40	1678	黑云母石英片岩、花岗岩	高地应力岩爆	已建
4	柳坪水电站	1	10.58	圆形	9.00	1530	变质砂质千枚岩	地热	已建
5	硗碛水电站	1	18.67	圆形	16.20	1300	千枚岩、片岩、粗面岩、角闪岩、大理岩、灰岩、变质石英砂岩等	断层、岩爆、软岩大变形	已建
6	立洲水电站	1	16.75	圆形	8.2	1039	板岩、砂板岩、灰岩	塌方	已建
7	联朴水电站	1	13.57	城门洞形	5.0	900	泥质粉砂岩、泥岩、页岩、砂岩、玄武岩、白云岩等	岩溶、断层破碎带	已建
8	天生桥二级水电站	3	9.56	圆形（钻爆法） 圆形（TBM）	11.00 11.00	800	灰岩、砂页岩、泥岩	岩溶、断层破碎带	已建
9	色尔古水电站	1	10.20	圆形（钻爆法）	8.50	760	炭质千枚岩、砂质千枚岩	塌方、软岩大变形	已建
10	宝兴水电站	1	18.05	马蹄形	5.06×6.68	710	蜂棱岩断层、块状闪长岩、灰黑色灰岩	涌水、突泥、塌方	已建
11	福堂水电站	1	19.34	马蹄形 圆形	8×10.4 9.00	800	花岗岩、闪长岩	岩爆	已建

续表

序号	工程名称	隧洞规模/条	长度（单洞）/km	开挖断面型式	开挖洞径/m	最大埋深/m	地质条件	主要工程问题	备注
13	太平驿水电站	1	10.50	圆形	9.00	650	花岗岩、花岗闪长岩	高地应力岩爆	已建
14	小天都水电站	1	6.03	城门洞形	6.60×6.90	540	斜长花岗岩、闪长岩	一坡到底布置、高内水压力、岩爆	已建
15	昌波水电站	4	11.50	圆形	13.00	1100	片岩、板岩、大理岩、断层发育	岩爆、软岩变形、突涌水	在建
16	关州水电站	1	17.70	圆形、马蹄形	7.80、8.20	>500	二云英岩、二云岩、二云片岩、二云英片岩	软岩	已建
17	吉牛水电站	1	22.38	城门洞形	6.80×6.80	>500	变粒岩、二云片岩、二云英片岩	围岩软化、大变形	已建
18	涧南江水电站	1	10.31	圆形	5.30	>500	砂岩、泥岩	大变形	已建
19	沙湾水电站	1	18.77	圆形（钻爆法）	8.20	500	板岩夹石英砂岩、千枚岩、石英砂岩夹板岩、硅质板岩	断层破碎带、塌方、有害气体、地热	已建
20	大盈江四级水电站	1	13.97	圆形	9.80	450	片麻岩	塌方、涌水	已建
21	丹巴水电站	2	17.00	圆形	8.00	1295	云母石英片岩、石英云母片岩、角闪岩、大理岩	软岩	拟建
22	黑龙水电站	1	14.00	圆形	14.90	1100	泥岩、砂岩、粉砂岩、石灰岩	围岩软化、大变形	拟建
23	楞古水电站	3	15.30	城门洞形（钻爆法）/圆形（TBM）	5.00×6.00 / 4.50	1000	变质砂岩、花岗伟晶岩脉	高地应力岩爆	拟建
24	硬梁包水电站	3	14.60	圆形	14.40	850	闪长岩、花岗岩	塌方、突泥、突水	在建

表 1.2-2　国内部分已建、在建和拟建引（调）水水工隧洞

序号	工程名称	洞长/km	开挖断面型式	开挖洞径/m	最大埋深/m	地质条件	主要工程问题	备注
1	引汉济渭秦岭隧洞	98.30	马蹄形（钻爆法）圆形（TBM）	7.00×7.00 8.03	2012	变质岩、岩浆岩	岩爆、突涌水	已建
2	陕西引乾济石工程秦岭隧洞	18.04	城门洞形	2.50×3.05	1600	混合片麻岩、混合花岗岩	岩爆	已建
3	青海引大济湟工程大坂山隧洞	24.30	圆形（TBM）	5.00	1028	火成岩等	围岩大变形、断层破碎带	已建
4	北疆供水二期工程喀一双隧洞	283.30	马蹄形（钻爆法）圆形（TBM）	7.40 7.10	774	石炭系、泥盆系凝灰岩 凝灰质砂岩及华力西期侵入花岗岩	区域性断裂、断层、软岩大变形、岩爆	在建
5	滇中引水工程狮子山隧洞	29.482	马蹄形	12.60×12.60	740	灰色厚层白云岩夹中层白云质灰岩、白云质粉砂岩夹板	高地应力、软岩大变形	在建
6	滇中引水工程蔡家村隧洞	23.43	马蹄形	8.12×8.78	710	英砂岩夹细砂岩及泥质粉砂岩、白云岩、砂岩、页岩	高外水压	在建
7	辽西北供水工程	99.80	圆形（TBM）	8.53	600	石英二长岩	涌水、塌方	已建
8	陕西引红济石工程秦岭隧洞	19.76	圆形（钻爆法/掘进机）	3.90（3.30×3.55）	450	片麻岩	断层涌水、轻微岩爆	已建
9	引大入秦引水盘道岭隧洞	15.72	城门洞形（悬臂式掘进刀）	4.20×4.40	404	第三系砂岩、与砂岩呈互层状的泥质粉砂岩和砂质泥岩时有出现	软岩变形	已建
10	云南掌鸠河引水工程	85.60	圆形（TBM、钻爆法）	3.00	368	灰岩、玄武岩、白云岩、砂岩、页岩等	岩溶突水突泥、断层及软岩大变形	已建
11	辽宁大伙房输水隧洞	85.32	圆形（TBM关为主、钻爆法为辅）	8.03	600	中酸岩	突涌水、岩爆	已建
12	甘肃引洮供水一期工程总干渠9号隧洞	18.28	圆形（TBM）	4.96	282	泥质粉砂岩	软岩大变形	已建
13	甘肃引洮供水一期工程总干渠7号隧洞	17.29	圆形（TBM）	5.75	368	泥质粉砂岩	围岩坍塌	已建
14	滇中引水工程香炉山隧洞	62.596	圆形（TBM）钻爆法	9.5 10	1250~1450	砂岩、泥页岩	岩爆、软岩塑性大变形、高地温	在建

表 1.2－3　　　　　　　　　　　国外部分已建长水工隧洞

工程名称	国家	洞长/km	工程名称	国家	洞长/km
赫尔辛基隧洞	芬兰	120	莫惠恩格隧洞	新西兰	19.3
佩扬奈隧洞	芬兰	120	克莱逊·迪克桑斯隧洞	瑞士	19.23
马赫斯隧洞	秘鲁	95	阿尔克·伊泽尔隧洞	法国	19
奥伦治菲什隧洞	南非	82.5	黑泽姆隧洞	瑞典	16.3
博尔门隧洞	瑞典	80	凯马诺隧洞	加拿大	16.2
加利福尼亚引水隧洞	美国	50	马丁纳隧洞	瑞士	14.3
阿尔帕·谢万隧洞	苏联	48.4	泰拉莫森隧洞	意大利	14.5
莱索托隧洞	南非	45	斯蒂尔沃特隧洞	美国	13
殴肯宾图穆特隧洞	澳大利亚	22.5	马克斯金隧洞	美国	10.7

表 1.2－4　　　　　　　　　　　国外部分已建深埋水工隧洞

工程名称	国家	埋深/m	工程名称	国家	埋深/m
奥立摩斯隧洞	秘鲁	2000	阿贝特马科隧洞	意大利	1200
奇科斯奥伊隧洞	危地马拉	1500	德拉斯尼兹隧洞	奥地利	1200
亚坎布隧洞	委内瑞拉	1270	沃拉隧洞	奥地利	1000
阿尔帕·谢万隧洞	苏联	1230			

表 1.2－5　　　国内外部分长度大于 17km 的长大交通隧道和代表性海底隧道

国家	隧洞名称	长度/km	埋深/m	说明
瑞士	圣戈达隧道	57.1	2300	铁路隧道
瑞士	新勒奇山隧道	34.6	2000	铁路隧道
西班牙	瓜达拉马隧道	28.4	1200	铁路隧道
挪威	莱尔达尔隧道	24.5	1400	公路隧道
中国	乌鞘岭隧道	20.1	1100	铁路隧道
瑞士	费尔艾那隧道	19.1	1500	TBM 施工
中国	秦岭隧道（Ⅰ—Ⅱ）	18.46	1600	铁路隧道
中国	秦岭终南山特长公路隧道	18.02	1600	公路隧道
中国	锦屏山交通洞	17.5	2375	公路隧道
日本	青函隧道	53.9	—	海底隧道
英国—法国	英吉利海峡隧道	50.5	—	海底隧道
丹麦	厄勒海峡大桥隧道	4.05	—	海底隧道
土耳其	马尔马雷隧道	12.5	—	海底隧道
中国	厦门翔安海底隧道	6.05	—	海底隧道
中国	青岛胶州湾海底隧道	8.2	—	海底隧道
中国	港珠澳大桥岛隧工程	6.7	—	海底隧道

长公路隧道，隧道最大埋深 1600m。隧道洞身通过的主要地层为混合片麻岩、夹有片麻岩和片岩残留体，混合花岗岩，含绿色矿物的混合花岗岩，间夹蚀变闪长玢岩、霏细岩、变安山岩等次火山岩脉。为加快该隧道的施工速度，将秦岭特长铁路隧道 II 线作为公路隧道东线的施工辅助通道，实现多工作面作业。隧道开挖采用钻爆法，无轨运输出渣，利用秦岭铁路隧道 II 线作为辅助坑道进行巷道式通风。施工中，与秦岭铁路隧道一样出现了轻微岩爆现象，采用短进尺、多循环、弱爆破、岩面洒水、应力释放孔的方法克服岩爆对施工安全的影响。由于秦岭铁路隧道 II 线施工中已将工程区储存的地下水排放殆尽，施工中并未出现大的突涌水，仅有小股渗漏水，采用超前小导管注浆实现快速施工。

（4）锦屏山交通洞。锦屏山交通洞全长约 17.5km，隧洞沿线地质条件复杂，隧洞最大埋深达 2375m，埋深大于 1500m 的洞段（12.8km）占隧道全长的 73.1%，居世界之首。施工过程中岩爆发生段累计长度超过 2000m（单线）；实际揭露地下水的最大水压超过 6MPa，单点涌水量最大达 7.3m^3/s，洞内富水区段累计长度超过 3500m（单线）。后期在边揭露边封堵的情况下洞口地下水流量仍稳定在 1.5～1.8m^3/s，且持续时间达 3 年之久，为国内外罕见；与此同时，辅助洞钻爆法施工、无轨运输、单工作面掘进（9500m）为我国隧道之最，单工作面掘进超过 9500m 的施工通风距离也为国内之最。

1.3　深埋水工隧洞特点及建设难点

1.3.1　深埋水工隧洞特点

我国西南高山峡谷地区大型水电工程的引水隧洞、跨流域调水工程中的长输水隧洞中的越岭隧道，普遍存在着水文地质条件复杂，地形条件特殊，隧洞埋深大、洞线长、施工条件复杂等突出特点，勘测设计及施工过程中存在高地应力及岩爆、高压大流量突涌水、承载结构体系、安全快速施工等诸多难题，尤其是处于高山峡谷、深埋岩溶地区的隧洞工程，水文地质特征尤为特殊，是隧洞设计、施工及永久运行中需要重点解决的问题。这些问题往往会成为制约整个工程的关键因素。特别是一些深埋长大水工隧洞，与常规隧洞工程相比，无论是勘察还是设计方面都有其特殊性，很多技术问题已经超越规范范围，可借鉴的工程较少。

深埋水工隧洞工程建设于崇山峻岭之下，一般都具有特长、高地应力及高外水压力问题突出、地质条件复杂等显著特点，由此易存在围岩稳定、岩爆、突涌水、软岩大变形、岩溶、高地温等重大地质问题，给工程勘探、设计、施工及建设管理带来极大困难。

1. 环境特点

随着埋深和洞线的不断增大，深埋隧洞在建设过程中遭遇的地质环境也愈加复杂。深埋引起的高地应力、高外水压力会导致岩体参数取值方法、围岩分类等的变化；长隧洞将会穿越不同地层岩性、不同类型的地质单元，往往会存在高岩溶、地下涌水、高地温、断层及破碎带等主要工程地质问题。

2. 力学特点

深埋岩体的重要力学特性是围岩应力水平普遍达到峰值强度，岩体力学参数取值与浅埋工程存在较大差别。地下工程开挖以后一定范围内的围岩将进入非线性状态，峰后强度对围岩稳定性的影响愈加突出，硬岩将表现出脆性破裂特征甚至发生岩爆，而软岩将表现出塑性大变形和长期流变特征，常规的本构模型在反映峰后阶段特征时可能存在偏差。

3. 施工特点

深埋长大水工隧洞埋深大、洞线长、施工场地狭窄，难以布置施工支洞，开挖与支护、混凝土衬砌、地下水处理、回填与固结灌浆、施工通道封堵、通风等施工工序相互交叉、相互干扰，需要进行合理施工组织设计；加之开挖量大、出渣量高，施工交通运输组织难度大，地下水丰富、岩爆风险高，不仅影响开挖工作的顺利进行，而且在结构施工时必须解决排水和岩爆防治。

4. 运行特点

深埋水工隧洞所处地质条件复杂，运行的安全性也备受关注，尤其是高地应力和高外水压力联合作用下，如何保证隧洞的长期运行安全，一直是制约该类型工程建设的难题。加之，深埋水工隧洞洞线长，检修困难，经常性放空和长时间维修会导致巨大的经济损失，因此在设计和施工阶段必须充分考虑深埋水工隧洞的运行特点，保证其安全稳定运行。

1.3.2　深埋水工隧洞建设难点

1. 勘测难点

（1）深埋水工隧洞一般线路都比较长，线路比较方案多，勘测研究范围大。隧洞线路跨越的地质构造单元、地形地貌单元多。穿过不同时代的地层岩性种类和断裂多，工程地质条件复杂多样，可以说不同深埋长隧洞的工程地质条件是不同的。

（2）深埋水工隧洞多位于山区、高山区、高原区，人烟稀少、地形复杂、交通不便、气候恶劣、地质勘探外业工作时间短，工作条件困难。同时由于隧洞埋深大，现有仪器、设备的勘测精度受到影响。因此，大埋深洞段的地质条件推测成分较多。

（3）深埋水工隧洞埋深大、洞线长、地质条件复杂，地应力测量、岩体力学参数取值、岩石力学特性等技术环节难度远高于浅埋工程。

（4）深埋长隧洞是引调水工程的重要组成部分，在我国的东、中、西部均有分布，各地的工程地质条件差异较大，存在的工程地质问题也不尽相同。

2. 设计难点

（1）深埋水工隧洞岩体通常处于高应力环境，同时长度达数十千米的隧洞将穿越复杂的地质构造，复杂的工程条件一方面导致了岩体力学性质的复杂性，另一方面也造成了水工隧洞设计的高难度。

（2）深埋水工隧洞表现出复杂的变形破坏模式，单一或孤立的支护方法和支护类型将无法满足此类工程的支护需求，常规的浅埋工程的设计经验也很难套用于深埋工程设计。

（3）深埋水工隧洞运行过程中，将同时承受高地应力和高外水压力的联合作用，如何保证隧洞的安全稳定运行，也是必须解决的技术难题。

3. 施工难点

（1）深埋长大水工隧洞沿线地质条件变化多样，高地应力与强烈岩爆、岩溶与大流量高压地下水及岩溶涌泥、高地应力下软岩大变形、高地温、有害气体等地质灾害风险愈加突出，所带来的施工条件、施工方法和工程处理措施更加复杂。

（2）水工隧洞设计受水力学条件及运行条件限制，无法布置成利于排水的人字底坡，衬砌结构要确保在放空状态下能承受外水及围岩压力结构体安全，同时要避免内水外渗导致流量损失，因而施工工艺要求更高。

（3）深埋隧洞一般都具有埋深大、洞线长的特点，必须解决长距离施工通风、长距离物料运输、长距离施工风水电供应、长距离平（倒）坡强制性排水等技术问题。

（4）如采用钻爆法和 TBM 法两种施工方式，必须解决施工选择及其分段规划优化施工问题，这也是施工组织设计的关键。

1.4 本书主要内容

我国深埋水工隧洞建设从 20 世纪 80 年代末开始至今已有约 40 年的历史，期间完成了多项复杂的水工隧洞工程，在国内外深埋隧洞建设经验的基础上，形成了多项世界领先的深埋隧洞关键技术，本书将结合锦屏二级水电站深埋水工隧洞群的建设经验，介绍深埋水工隧洞建设过程的关键技术。

雅砻江锦屏二级水电站位于四川省凉山彝族自治州雅砻江中游河段，利用举世闻名的锦屏大河湾 300 余米天然落差，裁弯取直开挖隧洞引水发电，电站总装机容量 4800MW，是四川省境内（不含界河）最大的水电站。工程区地处青藏高原向四川盆地过渡的地貌斜坡带上，地貌上多属侵蚀山地，地形上表现为高山峡谷，最大切割深度达 3000 余米，山势雄厚，重峦叠嶂，沟谷深切，为引水隧洞的深埋布置提供了独特的地形条件。

锦屏二级水电站建成后，在锦屏山内形成了一个庞大的地下水工隧洞群，其横穿锦屏山布置的 7 条隧洞（包括 4 条单洞长 16.7km 的引水隧洞、与之平行的单洞长 17.5km 的 2 条辅助洞和 1 条排水洞，如图 1.4-1 所示），总长约 120km，普遍埋深在 1500m 以上，

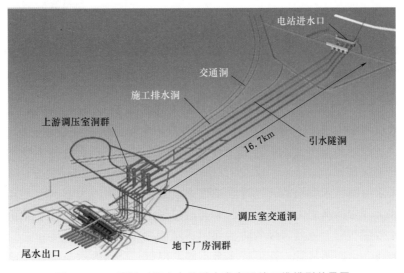

图 1.4-1 锦屏二级水电站引水发电系统三维模型效果图

最大埋深更是达到 2525m，是世界上规模最大、地质条件最为复杂、施工条件最为困难的隧洞工程。其实测超过 1000m 的高外水压力和长期稳定的水源补给、超过 100MPa 的超高地应力等，对隧洞施工、结构设计带来了一系列的技术难题。锦屏二级深埋引水隧洞的完建，不仅给电站带来了巨大的经济效益，也将世界隧洞工程的修建技术提高到了一个全新的阶段，标志着我国在该领域已达到世界领先水平。

通过几代人半个世纪的勘测试验和科研工作，重大技术难题得到了有效解决，不仅降低了施工期遭遇高地应力强岩爆和高压大流量突涌水灾害的风险、保障了现场施工人员的生命和健康安全、减少了工程建设管理的安全风险防治成本，更加快了施工进度、提高了作业效率、保证了工程建设进度和工期。深埋水工隧洞工程关键技术众多，本节予以轮廓性的介绍，本书以下各章节将进行针对性的介绍。

1.4.1 深埋水工隧洞综合勘探技术

深埋水工隧洞工程地质条件复杂、自然条件恶劣。前期勘测阶段一般仅能依靠地面地质测绘和试验研究，或在近岸坡段布置较短的水平探洞，有效勘探方法十分有限。为应对现场复杂的地质条件，满足工程建设需求，应结合宏观地质调查和勘探，进一步采取先进、系统的综合勘探技术。为应对深埋隧洞存在的诸多灾害风险，建立相应的灾害识别体系是十分必要的，即应建立基于工程地质分析的高地应力岩爆灾害风险的宏观预测、现场识别的综合技术体系，同时建立深埋隧洞突涌水宏观预测、长短距离超前地质预报相结合的地下水识别技术体系，为深埋水工隧洞的支护设计及施工安全提供技术保障。

对于地应力水平极高的深埋水工隧洞工程，常规的地应力测试方法已经无法满足测试要求，必须寻求新的测试设备、测试方法来解决。我国已掌握超高地应力测试方法，可为类似工程的设计和建设提供宝贵经验。

为使围岩分类更符合深埋隧洞区的高地应力、高外水压力特点，对复杂深埋隧洞围岩分类进行专题研究是必要的。例如针对锦屏二级水电站引水隧洞高地应力、高外水压力特征，运用统计学原理及工程地质理论分析方法，建立了锦屏围岩分类系统［基于钻爆法的围岩分类体系（JPF）和基于 TBM 掘进参数的围岩分类体系（JPTBM）］，并对引水隧洞围岩类别进行了预测及应用。施工阶段根据地质跟踪调查成果修正完善锦屏围岩分类系统，并针对隧洞 TBM 开挖洞段提出相适应的围岩分类系统。

1.4.2 深埋隧洞围岩力学特性试验研究

深埋高地应力条件下岩体的工程特性由深埋岩体的基本力学特性所控制，认识深埋岩体的基本力学特性是从本质上认识岩体工程表现特征、进行工程设计和工程问题决策处理的最基本的理论保证。

锦屏二级水电站引水隧洞的开挖过程遭遇到了一系列的岩石力学问题，其中最突出的问题包括脆性大理岩的高应力破裂问题、围岩的损伤深度和损伤演化特征问题、脆性大理岩强度的尺寸效应问题、强烈岩爆的防治问题、脆性大理岩的长期强度和隧洞结构的永久稳定问题。上述 5 个问题尽管表现形式完全不同，但每一个问题均与脆性大理岩的力学特性密切相关，只是研究的侧重点不同。锦屏深埋隧洞研究工作的基础和出发点是脆性大理岩的力学特性及其描述方法，因此以室内、现场岩石力学试验以及围岩变形观测分析为主要手段，综合研究深埋水工隧洞围岩的变形特性、强度特性及流变特性，对深埋岩体力学特性的包括岩体强度特征、本构模型描述、岩体物理力学参数、围岩高应力破裂的描述等多个方面的内容开展了深入研究，揭示了深埋大理岩脆—延—塑转换力学模型，建立了相应的本构模型对脆—延—塑转换特征进行了描述，并在上述研究的基础上开发了应力腐蚀模型实现对大理岩破裂时间效应的模拟，为围岩稳定性分析和支护优化设计提供了理论依据。

1.4.3 深埋水工隧洞设计理论及方法

深埋水工隧洞建设过程中遵循围岩的稳定性主要依靠围岩的自承能力。围岩是主要的承载结构，采用喷锚支护和二次衬砌以及高压固结灌浆加固围岩等措施，使围岩和喷锚支护视为统一的复合体成为联合承载结构，确保隧洞内表层松动圈围岩的稳定性，使之能给内部围岩提供三轴围压应力状态，依靠三轴围压应力状态下的内部围岩自身来承担隧洞开挖卸载地应力和高外水压力，从而确保隧洞在深埋、高外水压力条件下的安全稳定性。

另外，深埋大断面水工隧洞承担外水压力能力十分脆弱。为了保证隧洞的长期安全运行，针对雨季暴雨等极端条件下造成的外水压力短时间急剧上升，要求在隧洞全长全断面进行固结灌浆防渗处理，形成防渗圈，并通过在衬砌结构上设置系统减压孔，快速均衡释放外压，使得衬砌外缘的外水压力始终控制在设计允许值范围之内，确保衬砌结构不致因外水压力过大而垮塌失稳破坏。

1.4.4 安全高效施工技术

为实现深埋隧洞高效施工，必须对其各个工序（包括开挖、出渣、施工通风、支护、衬砌等）进行深入研究，根据工程具体情况，选择最优的施工方案，在施工工程中，加强各个工序衔接，节省施工时间。总体来说，深埋隧洞施工前，加强勘探工作，掌握隧洞施工期间可能遇到的各种问题，提前做好相应的技术措施和预案；隧洞施工期间，选择合适的施工方案，加强现场施工管理，重视预测和预报，加强各种突发问题的处理能力，是实现深埋隧洞高效施工的必要条件。

目前，TBM 在长隧洞工程中应用已较为普遍。其结合皮带出渣和骨料输送等配套系统，能够实现较高的生产效率，但同时，这种先进的设备对管理水平要求较高，对复杂地质条件的应对能力也较弱。

锦屏二级水电站引水隧洞采用了两台直径为 12.4m 的大型 TBM，其设备选型及施工实践可为国内类似工程提供宝贵参考。图 1.4-2 为锦屏二级水电站 1 号 TBM 现场组装图。

1.4.5 重大地质灾害处理技术

1. 岩爆防治技术

深埋硬岩岩体开挖卸荷的一个典型且危害性极大的灾害类型是岩爆灾害。在岩爆灾害的孕育演化和发生过程中，由于受到众多复杂控制因素的影响与控制，高应力条件下的硬

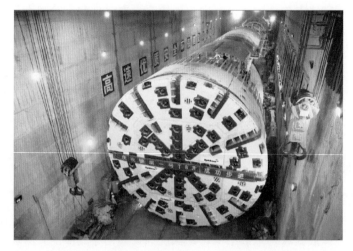

图 1.4 - 2 锦屏二级水电站 1 号 TBM 现场组装图

岩表现出更加复杂的力学行为,致使岩爆破坏类型和成因机制也更加复杂。

深埋隧洞工程岩爆机理的认知决定了岩爆支护系统和防治策略的制定,对工程决策和施工安全具有重要意义。虽然国内外开展了大量深部工程岩爆机理的研究,但因工程环境的差异以及岩爆问题的复杂性,深埋隧洞岩爆机理问题仍然不够清楚,对于特定工程岩爆发育的特殊性更增加了岩爆机理的研究难度。

同时,深埋长大水工隧洞工程在高岩爆风险下施工和支护设计面临巨大挑战,缺少同类工程经验和方法,岩爆灾害所导致的岩体破坏是施工安全和围岩稳定性的极大威胁,严重制约了深埋隧洞工程的安全高效施工。

为此,在系统地回顾和总结国内外深部工程中岩爆研究的前沿成果,结合锦屏二级水电站深埋隧洞工程中大量岩爆案例所揭示的客观规律,包括岩爆类型、发育特征和关键控制因素,采用先进的监测手段和数值仿真技术,以岩爆问题的最本质的应力场条件、构造地质条件和工程开挖条件为出发点,深入开展岩爆案例反演和机理解译,揭示了深埋隧洞工程施工期各类岩爆发生机制,分析了该类工程环境下关键的岩爆控制因素及各因素的控制机理。以深埋隧洞岩爆灾害的发生机制和岩爆类型为基础,对支护设计、施工方法和岩爆防治技术等方面进行综合的系统研究,提出了一套系统的深埋隧洞岩爆新防治策略和防治技术,为深埋隧洞安全施工和确保围岩稳定提供科学的理论方法和技术手段。

2. 高压突涌水处理技术

锦屏二级水电站探洞实测最大外水压力超过 10MPa,隧洞开挖期间揭露数个突涌水点,最大单点涌水量超过 7m³/s。高压突涌水是深埋水工隧洞工程另一个典型不良地质灾害。为满足隧洞快速掘进,需要根据地勘成果、预测预报成果提前对洞群施工期导排水进行科学规划。同时,根据突涌水点的流量、压力、出水部位、处理难易程度等特点,采取不同的治理技术,满足工程建设需要。锦屏二级水电站隧洞施工过程中采用新设备、新技术和新工艺,研发了复杂地质条件下高压地下涌水分流减压封堵技术、引流导洞综合封堵技术、沉箱封堵技术和控排引流技术,在突涌水处理方面积累了宝贵的经验。

3. 岩溶处理技术

锦屏二级水电站引水隧洞开挖洞径为 12.4～14.6m，长 16.7km，隧洞末端静水压力近 90m，且靠近地下发电厂房和边坡，隧洞结构及防渗要求较高。引水隧洞近岸坡段岩溶较集中发育，并以竖直型岩溶裂隙通道为主，局部呈中、小规模溶洞。若采用透水钢筋混凝土衬砌或经简单灌浆处理，在内水压力作用下，将引起严重的内水外渗，从而损失发电水量，恶化地下厂房等附近建筑物运行环境，威胁高压管道和厂区边坡安全。结合现场地质情况和岩溶专项研究，提出置换、回填＋固结灌浆的具体处理措施，并针对规模较大岩溶提出专项处理措施。

4. 深埋软岩处理技术

软岩是一种特定环境下的具有显著变形特征的复杂岩石力学介质，其工程岩体力学性质主要表现为非线性大变形，洞室开挖后围岩稳定性难以控制，甚至在许多情况下难以成洞，因此造成施工过程中大规模的塌方屡见不鲜。而深埋软岩由于其所处的特殊地应力环境，其变形规律更加复杂，长期变形效应更加明显，因此在深埋软岩中修建引水隧洞或者其他地下建筑物具有更高的技术难度。

通过系统深入的研究，对深埋大直径软岩的变形机理、力学特性、变形控制标准、监测设计、支护设计、结构设计、防渗承载设计、施工方法等有了更加清晰的认识，采取的有针对性的工程措施确保了隧洞围岩和结构的长期稳定性，总结出了一套适用于深埋大直径软岩隧洞的设计施工方法，并且取得了多项创新性研究成果。

第 2 章

深埋水工隧洞布置

2.1　概述

水工隧洞是水利水电工程的主要建筑物，对于长引水式电站和长距离引（调）水工程，水工隧洞更是核心建筑物之一，其布置合理性直接关系到整个工程的成败和最终效益。随着我国基础设施建设的快速发展，水电、水利、交通、市政等领域出现越来越多的地质条件复杂、规模大、建设难度高的隧洞工程，水工隧洞工程也向着大断面、超长度、高埋深的方向发展，面临的技术问题也更加复杂，比如雅砻江锦屏二级水电站水工隧洞群，7条横穿锦屏山的隧洞总长120km，隧洞最大埋深2525m，最大开挖断面尺寸达15m；辽宁大伙房输水工程、辽西北供水工程的隧洞群总长均超过100km。

水工隧洞的布置主要包括隧洞线路的选择、洞口位置的选择，以及满足隧洞功能要求的平面、立面布置和结构设计等。其中，隧洞洞线的布置应根据隧洞的用途及特点，综合考虑地形地质条件、隧洞和其他水工建筑物关系、水力学条件、生态环境、水土保持、施工及交通、运行等各种因素，通过技术经济比较确定，是水工隧洞布置设计的核心内容。

相比常规浅埋水工隧洞，深埋水工隧洞的布置设计受工程地质条件、水文地质条件、地应力环境等的限制，除满足水工隧洞功能、围岩稳定、衬砌结构安全、抗渗安全等隧洞布置的基本要求外，其布置设计应侧重于考虑深埋条件对隧洞开挖响应特征和承载结构安全性的影响、对隧洞施工条件的影响，以及对隧洞具体施工方案选择的影响等方面（主要指掘进机开挖隧洞）。

2.2　布置原则

一般来讲，对枢纽集中布置的坝式开发、混合式开发的水电工程，以及同一条河流上沿江引水式开发的水电工程，其泄洪、引水隧洞一般近岸或沿江布置，即使隧洞的埋深较大也只是局部问题，对工程影响不大。而对于跨流域或同一条江河上裁弯取直开挖的长引水式水电工程和长距离引（调）水工程，从经济角度考虑要求尽量缩短隧洞长度，导致需要穿越高山地形，隧洞布置将必然会面临高埋深问题，例如：锦屏二级水电站采用裁弯取直引水开发方案，单洞长度16.7km，引水隧洞群普遍埋深超过1500m，最大埋深2525m；大渡河丹巴水电站引水隧洞工程，隧洞单洞长17.0km，虽为沿江引水开发，但受引水线路尾部的地形地质条件限制，其中尾部约9km隧洞埋深均在800m以上，最大埋深1295m。各深埋长隧洞工程都有其不同的特点，需要根据工程总体布置和具体情况而定。

通常在满足工程总布置要求的条件下，水工隧洞洞线宜布置在地质构造简单、岩体完整稳定、水文地质条件有利及施工方便的区域，洞线应力求"短、直、埋深适中"，特别要注意避开区域性大断层、有水冲沟及强岩溶区，洞线与岩层、构造断裂面及主要软弱带走向宜有较大的交角，在高地应力区的隧洞洞线与最大水平主应力方向应尽可能平行或夹角较小。深埋水工隧洞布置除应遵循以上一般原则外，由于深埋长隧洞工程地质勘察手段的局限性、复杂多变的工程地质和水文地质条件、高地应力环境，以及施工条件的特殊性，深埋水工隧洞的布置设计还需要重视以下几个方面的问题：

（1）重视地质分析工作的重要性，前期设计阶段就应该充分考虑深埋水工隧洞工程建设面临的技术和安全风险，为隧洞布置和施工方案决策提供依据。

一般情况下，深埋长隧洞工程由于没有条件对隧洞全长进行系统性的地质勘察，因此，隧洞沿线工程区域的宏观地质判断是地质分析工作的基础。通过对工程区隧洞沿线埋深、地质构造、地层岩性、水文环境、地应力等的宏观分析，判断隧洞沿线可能存在的主要工程地质问题，加以对重点区域进行针对性的地质勘察，必要时对深埋洞段地应力状态进行实测或反演分析，对隧洞岩体力学特性进行试验研究，进而对深埋隧洞可能发生的高地应力岩爆、软岩大变形、突涌水、深部岩溶等不良地质问题的技术安全风险进行综合分析。结合长隧洞施工通道布置、施工条件、工期影响、工程造价等因素，评估隧洞采用深埋布置方案的可行性，以及制定相应的工程应对措施，比如适当增加洞线长度以降低隧洞埋深，洞线避让不良地质洞段以降低工程风险，或采取强有力的工程措施保证深埋隧洞施工安全等。

（2）重视深埋隧洞工程围岩开挖响应的潜在问题的性质和类型，以便布置隧洞时把握主要矛盾，实现工程整体上的安全和经济。

隧洞围岩开挖响应的现场表现主要取决于地应力状态、岩性条件和结构面发育状态三个基本因素，当这三个因素中的任何一个起到主导性作用时，潜在问题的性质就会发生变化。深埋隧洞工程围岩开挖响应的潜在问题主要有应力型问题（岩爆与片帮、应力坍塌、应力节理等）、结构面控制问题（坍塌破坏、块体破坏等），以及上述两者共同作用的应力-结构面组合破坏问题，当深埋隧洞存在软弱围岩时，还将出现深埋软岩大变形问题。一般地，深埋隧洞工程中地应力状态起主导作用，应充分重视潜在的应力型问题和应力-结构面组合破坏问题，但是需要视具体工程情况而定。

以锦屏二级水电站引水隧洞工程为例，引水线路区沿线地应力在最大埋深洞段最大主应力量值一般在 64.69～75.85MPa，最高可达 113.87MPa，大理岩平均饱和单轴抗压强度为 65～90MPa，抗拉强度为 3～6MPa，围岩具备发生高地应力破坏的条件。在工程枢纽布置时，引水隧洞洞线布置在满足其引水发电工程的前提下，洞线尽可能考虑与最大水平主应力方向尽量小角度相交，兼顾考虑隧洞沿线主要结构面和优势节理面的产状。工程实践表明，隧洞开挖施工过程中出现了普遍性的应力型破坏和应力-结构面组合破坏，主要以片帮、应力坍塌、围岩松弛为主，局部发生不同程度等级的岩爆，但未发生普遍性的岩爆现象，这主要取决于合理的隧洞洞线选择和隧洞断面上主应力的合理分配，以及强有力的工程支护措施，确保了工程的安全。

（3）重视深埋条件下水工隧洞群合理的洞室间距要求，防止发生洞群围岩失稳破坏。

根据经典的弹塑性力学理论，浅埋条件下地下洞室洞群的安全间距（洞室中心线间距离）一般为 3 倍左右的隧洞开挖洞径，围岩条件较好时洞室布置间距适当减小，以满足枢纽建筑物布置需要,比如水电水利工程输水隧洞进口段间距减小可以相应缩减进水口的总宽度,尾水隧洞间距减小同样可以缩减尾水出口的总宽度。对于深埋地下洞室而言,根据Martin等对深埋矿山巷道间岩柱的爆裂破坏、一般性失稳和处于稳定状态下的 178 个实例总结,一般要求隧洞之间的中心间距应至少为 4 倍隧洞开挖直径,以确保隧洞间岩柱不因塑性区的叠加而恶化围岩应力状态,进而产生围岩的失稳破坏,使得各自隧洞洞周围岩成为独立的承载体系。锦屏二级水电站引水隧洞工程根据分析计算表明,为保证隧洞群安全的最小允许间距为 50m,在此间距条件下,隧洞围岩塑性区不会贯通,隧洞开挖后围岩变形量值和变形速率可控,考虑一定安全裕量,最终选择隧洞间距为 60m,约为隧洞开挖洞径的 4.5 倍。

(4) 重视特殊地质条件下深埋水工隧洞围岩承载准则的运用。

水工隧洞设计理念中,最小覆盖厚度准则(挪威准则、雪山准则)、最小地应力准则和围岩渗透准则是常用的不衬砌或混凝土透水衬砌隧洞围岩承载设计准则。其中,最小地应力准则是围岩承载的核心准则,隧洞沿线初始最小地应力的大小决定了围岩是否有足够的预压应力来承担内水压力,防止围岩发生水力劈裂,确保隧洞的安全稳定运行;最小覆盖厚度准则是对最小地应力准则的经验性判断;围岩渗透准则是对最小地应力准则的补充完善。一般情况下,深埋水工隧洞的高埋深、高地应力条件一般均会满足三大准则的要求,但在断层破碎带、软弱岩层、深部岩溶等特殊地质条件下,由于地质构造的作用导致围岩完整性受到影响,围岩各向异性明显,局部区域可能出现低地应力环境或渗水通道,往往成为深埋水工隧洞布置时可能忽视的因素,应注重深埋水工隧洞特殊地质条件下围岩承载准则的复核。

(5) 合理选择深埋隧洞的开挖方式及其相应的隧洞布置要求。

隧洞的开挖方式主要包括钻爆法和掘进机法。钻爆法施工灵活,应对地质灾害风险能力强;而掘进机法机械化程度和施工效率高。具体施工方法的选择需要综合考虑工程总体布置、沿线地质条件、施工条件、工期要求及工程投资等因素确定。按照目前的工程技术水平和建设趋势,大规模的长隧洞工程均倾向于采用掘进机法或采用掘进机法同钻爆法相结合的施工方式。

掘进机法施工的隧洞对地质条件的依赖性较大,隧洞洞线布置时宜避开制约掘进机施工的地质区域,尤其是对于深埋隧洞,其发生的高地应力岩爆、软岩大变形、高压力突涌水、深部岩溶等不良地质现象将会对掘进机设备和施工人员造成极大的安全隐患,影响掘进机的快速掘进。深埋隧洞采用掘进机法施工时应详细分析所面临的地质风险,评估采用掘进机法施工的可行性,选择合适的掘进机型式及相应的掘进洞段,制定相应的应对措施。锦屏二级水电站东端 1 号、3 号引水隧洞工程采用 TBM 施工,隧洞掘进至最大埋深区域时,改用钻爆法开挖,有效规避了可能发生的强烈和极强岩爆对机械设备和施工人员造成的安全风险,确保了工程顺利推进。

2.3 洞线选择

水工隧洞的洞线选择是隧洞设计过程中的重要环节,也是后续水力分析、结构设计的基础。选线失误将会给后续建设造成难以承受的严重事故隐患，如忽视地质条件影响，施工期可能会发生重大工程事故，甚至给运行期留下重大隐患；选择洞线时强调最短而忽视其他方面的因素也可能会导致事故发生。选择深埋水工隧洞的布置型式，本身即说明隧洞工程洞线选择的余地相对较小，面临的各类风险相对更大，需要开展更为详细的宏观分析和地质判断工作，并通过技术经济比较确定。

深埋水工隧洞洞线布置主要考虑以下因素：

（1）洞线选择要与工程枢纽整体布置协调统一，在满足功能性要求的基本前提下达到整体最优。

（2）洞线选择要充分评估隧洞建设所面临的各类工程风险，开展宏观的分析判断和细观的分析计算，并有相应的应对措施，避免发生不可接受的工程风险。

（3）洞线选择要满足隧洞的功能性、围岩承载能力、抗渗稳定等基本要求。

（4）隧洞进出口的布置应根据功能要求、枢纽总布置、地形地质条件，尽量使水流顺畅，进流均匀，出流平稳，有利于防淤、防冲和防污。

（5）洞线的布置应尽量选择在地质构造简单、岩体完整稳定、水文地质条件有利及施工方便的区域，尽量避开区域性大断层、软岩、强岩溶等不良地质区域。

（6）深埋隧洞的洞线与沿线最大水平主应力方向应尽可能平行或夹角较小，隧洞断面形状应同所在区域隧洞断面上应力分布所产生的开挖响应特征相适应，尽量避免或减轻高地应力条件下隧洞围岩的损伤。

（7）深埋条件下布置多条隧洞时，隧洞宜平行布置，隧洞间距以相邻隧洞围岩塑性区不贯通为主要原则，兼顾建筑物功能要求和施工条件，隧洞间距一般比常规埋深的隧洞大。

（8）深埋隧洞，尤其是深埋长隧洞的洞线选择要求充分考虑隧洞采用的开挖方式，以及通风、排水、物流运输、交叉施工等施工方面因素。掘进机法开挖的深埋长隧洞宜尽量布置成直线，减少弯段，充分发挥掘进机快速掘进的特点；钻爆法施工隧洞宜考虑施工支洞布置的条件，创造长洞短打、快速施工的条件。掘进机和钻爆法联合施工的隧洞，洞线布置及组合应充分发挥各自的优势，并且创造相互救援、规避风险、整体最优的施工条件。

锦屏二级水电站水工隧洞工程是目前世界上公认的综合规模最大、建设难度最大的深埋水工隧洞群工程，隧洞布置极具代表性，本节以此为例简述深埋水工隧洞群布置设计需考虑的主要因素。

锦屏一级、二级水电站位于雅砻江下游河段的锦屏大河湾。锦屏二级水电站枢纽平面布置示意图见图 2.3-1。锦屏一级水电站为下游河段龙头梯级电站，最大坝高 305m，水库具有年调节性能；锦屏二级水电站位于锦屏一级水电站下游，利用一级水电站尾水来引水发电，为一低闸坝、长隧洞、大装机容量的引水式电站，两级电站总装机容量 840 万 kW。

为充分利用水能资源，锦屏二级水电站引水隧洞采用横穿锦屏山的裁弯取直布置方案，共布置 4 条引水隧洞，洞群规模巨大，单条引水洞线长 16～19km，隧洞开挖跨度为 13.0～14.3m。引水隧洞深埋于工程地质、水文地质构造复杂的碳酸盐岩地层分布广泛的地区，除东西雅砻江两岸及局部沟谷外，隧洞沿线一般埋深为 1500～2000m，最大埋深达 2525m，无法利用天然地形条件布置施工支洞、斜井和竖井等辅助施工洞，给地质勘

图 2.3-1 锦屏二级水电站枢纽平面布置示意图

探、设计和施工等方面带来了一系列复杂的技术难题，选择一条各方面条件相对都比较优越的引水洞线是需要解决的重点问题。

根据梯级电站的水能综合利用要求，结合电站总体的枢纽布置、隧洞沿线的地形地质条件、水文地质条件，以及隧洞施工方案的选择开展了锦屏二级水电站引水隧洞洞线的方案布置。

1. 工程区基本地质条件

引水隧洞工程区内出露的地层为前泥盆系—侏罗系的一套浅海—滨海相、海陆交替相地层。区内三叠系广布，分布面积占 90% 以上，其中碳酸盐岩出露面积占 70%～80%。引水隧洞洞线穿越地层主要为三叠系的大理岩（T_2z、T_2b、T_2y）、砂岩和板岩（T_3）及少量变质砂岩和绿泥石片岩（T_1）等，岩层均成高倾角近南北向展布。

从展布的地质构造形迹看，工程区处于近东西向（NWW～SEE）应力场控制之下，形成一系列近南北向展布的紧密复式褶皱和高倾角的压性或压扭性走向断裂，并伴有 NWW 向张性或张扭性断层。东部地区断裂较西部地区发育，北部地区较南部地区发育，规模较大；东部的褶皱大多向西倾倒；而西部地区扭曲、揉皱现象表现得比较明显。

影响引水隧洞洞线选择的主要地质构造包括 F_4、F_8 断层以及西部落水洞附近的 F_5、F_6 等西部断层群，尤其 F_8 断层为正平移断层，断层带上盘破碎且富水，隧洞穿越该断层时存在围岩失稳和较大涌水问题。

锦屏山属裸露型深切河间高山峡谷岩溶区，主要接受大气降水补给。岩溶化地层和非岩溶化地层呈 NNE 走向分布于河间地块，其中岩溶化地层主要分布于锦屏山中部，而非可溶岩分布于东西两侧。受 NNE 向主构造线与横向（NWW、NEE）扭—张扭性断裂交叉网络的影响，构成了河间地块地下水的集水和导水网络，地下水较为发育。

工程区岩溶发育程度总体微弱，不存在层状的岩溶系统，引水隧洞高程 1600m 附近的岩溶形态以溶蚀裂隙、溶蚀宽缝、岩溶斜井和小型溶洞为主，大型溶洞少，且主要分布在地下水季节变动带附近。

实测地应力成果表明，引水线路区沿线地应力在最大埋深一带第一最大主应力量值一般在 64.69～75.85MPa，最高达 113.87MPa。隧洞工程区沿线最大主应力、中间主应力和最小主应力整体上随埋深增加而增加，递增关系呈非线性关系，局部因地层、构造关系，地应力值偏小。最大主应力方向总体为 S18°E~S69.8°E，东、西两岸坡的最大主应力倾角基本随埋深增加而增大，地应力从岸坡局部应力状态转变为以垂直为主的自重应力状态，但中部岩体埋深大，地应力状态较复杂。

2. 引水隧洞洞线比选

锦屏一级、二级水电站为"一库两级"布置型式，锦屏一级为高坝大库，锦屏二级为低闸长引水式电站。

1991 年选坝阶段拟定了 3 个比较厂址：许家坪、大水沟和麻哈渡，结合拟定的 4 个比较闸址：解放沟、棉纱沟、景峰桥、猫猫滩，一共可以组成 12 条可能的洞线方案。从而形成以解放沟—许家坪为南线，猫猫滩—麻哈渡为北线，南北宽约 7km，东西长约 17km 的方案比选工程区。各洞线方案的编号及洞线长度详见图 2.3-2。

选坝阶段初选的猫猫滩闸址和大水沟厂址，考虑到隧洞进水口须和闸址结合布置这一制约因素，故唯有洞线⑦（猫猫滩—大水沟）为可能洞线。但考虑到该洞线西端受与其夹角很小的正平移断层 F_8 的影响较大，对围岩稳定不利，且位于磨房沟泉域下方，岩溶水文地质条件也不利；同时考虑景峰桥闸址亦有可能成为配合普斯罗沟一级高坝坝址的这一因素，故取洞线⑥（景峰桥—大水沟）、洞线⑦（猫猫滩—大水沟），以及新增加猫猫滩—大水沟间呈折线的洞线（洞线⑨）共 3 条洞线，进一步进行洞线比选工作。

通过对 F_8 正平移断层进行的较为全面细致的勘察工作，结论是 F_8 断层的走向与洞线⑦夹角很小，有 3~4km 长的洞段将有可能触及 F_8 断层。锦屏二级水电站 4 条平行布置的引水隧洞总宽度在 200m 以上，遇到 F_8 断层的概率很大。因此，从地质资料来看，F_8 断层对洞线⑦确有重大影响，洞线⑦先予以放弃。洞线⑥比洞线⑦短了约 1.5km，其工程地质及水文地质条件也要比洞线⑦优越。但是，洞线⑥是配合景峰桥闸址的，该闸址距离普斯罗沟一级坝址约 4.6km，如果锦屏二级水电站先建，一级水电站后建，则二级水库的蓄水将对一级高坝的施工有一定影响。洞线⑨大部分洞段取道地质条件较好的洞线⑥，在距离景峰桥闸址约 2000m 处，再折向猫猫滩闸址，这样布置可以避开 F_8 断层以及西部的断层群，整条洞线的工程地质和水文地质条件均相对较好，因此，早期洞线比选将猫猫滩—大水沟折线方案（洞线⑨）作为引水隧洞的洞线。

2003 年起，锦屏一级、二级水电站开始进行预可研阶段设计工作，距早期选坝阶段已过去 10 余年时间，期间涉及两级电站工程总体布置的外部条件发生了重大变化，主要有以下内容：

（1）锦屏大河湾的开发顺序作了重大调整，即由原先的"二级一期、一级高坝、再二级二期"改变为"一级先行、二级继上"接续开发方式。

（2）锦屏一级高坝坝址已选定，其高坝坝址位于普斯罗沟。

（3）大水沟厂址处两条 5km 长探洞对洞线⑥，特别是大水沟厂址工程地质条件和水文地质条件已基本查清，大水沟厂址区具备修建大型地下洞室群的条件。

（4）锦屏山辅助洞洞线已确定，位于景峰桥—大水沟（洞线⑥南侧），计划于 2003 年 9 月正式开工建设。

鉴于以上工程建设边界条件的变化，预可研阶段重点研究景峰桥和猫猫滩两闸址，因

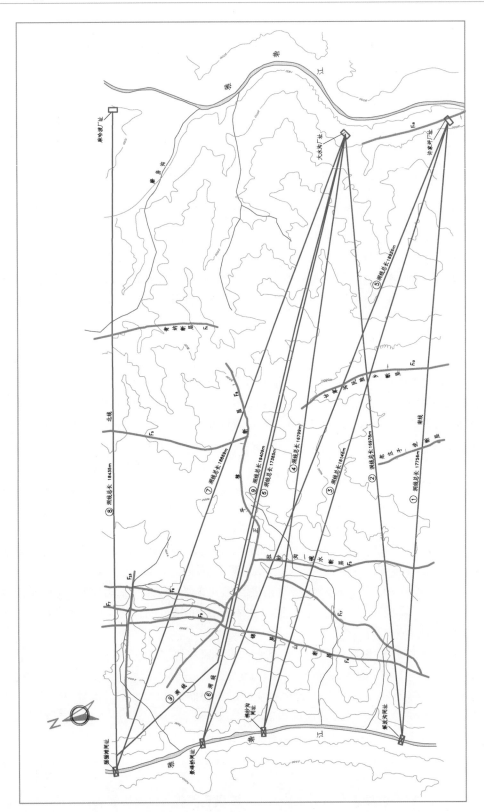

图 2.3 - 2 锦屏二级水电站各洞线方案的编号及洞线长度

此继续对洞线⑥（景峰桥—大水沟）和洞线⑨（猫猫滩—大水沟折线）进行深入比选工作。

景峰桥—大水沟洞线⑥的地质条件优越，碳酸盐岩段占了全洞线约 93％，砂板岩、绿片岩等仅占 7％，围岩稳定性好，主要缺点是洞线全线埋深较大，一般埋深达 1500～2000m，最大埋深达 2525m，因而发生较强程度岩爆的可能性较大。洞线⑨同洞线⑥隧洞沿线地质条件相当，洞线⑨受西部的断层群的影响相对略小，洞线⑥要比洞线⑨短 2.25km，4 条洞总共可缩短 8km，节省造价，能量指标优越。由于洞线⑨单洞长度增加，由此首台机组发电工期及总工期约增加 7 个月。综合考虑洞线长度、能量指标、地质条件、工期和工程投资等因素，预可研阶段推荐洞线⑥作为锦屏二级水电站引水隧洞的初选洞线。

可研设计阶段，闸址和厂址经技术经济比选最终分别推荐为猫猫滩和大水沟，因此，引水洞线维持预可研设计阶段比选成果，并对进水口和拦河闸坝采用分离式布置方式的取水、防沙、库区淤积等问题进行了深入的分析研究，验证该布置方式是可行的。随后的工程实施阶段也采纳了可研设计阶段推荐的隧洞洞线，并经检验是成功的。

3. 隧洞间距确定

水工隧洞的施工和运行不仅要求隧洞间岩柱不能出现破坏和失稳，而且需要保持足够的安全性。由于锦屏二级水电站引水隧洞的深埋特点，保持单一隧洞工程安全和建设的经济合理性已经具有相当的挑战性，因此，两相邻隧洞间在施工开挖和运行条件下不产生任何形式的干扰就成为确定隧洞间距的最低要求。根据 Martin 等的研究结果，引水隧洞洞间岩柱的宽高比至少应该在 3 以上（洞间间距为 4 倍隧洞直径，即 52m），一般应该考虑 4 左右（洞间间距为 5 倍隧洞直径，即 65m）。

锦屏二级水电站引水隧洞群最大埋深为 2500m 左右，该埋深段为白山组岩组，因为Ⅳ类围岩所占比例小，根据预判可能需要采用特别的支护手段才能保证安全成洞，因此Ⅳ类围岩不具备考察最小隧洞间距问题的代表性。以白山组Ⅱ类和Ⅲ类围岩为主的深埋洞段，保证Ⅲ类岩体洞柱安全成为保证深埋洞段洞柱安全的基本条件。

该埋深条件下在Ⅲ类岩体中开挖 13m 直径的隧洞以后，单洞的稳定性将严重地受到岩体高应力的影响，并已经形成一个需要加固的屈服区。单洞开挖以后的围岩变形和高应力破坏都与洞周围岩中的应力分布有关，任何对这种应力分布特征的明显影响，都需要对加固参数作出必要的修正。从这方面讲，相邻隧洞的安全间距应该保证相邻两个洞室开挖的应力不发生相互叠加，在不发生应力叠加的所有隧洞间距中，最小者即为满足工程安全要求的最小间距。

根据上述的经验，深埋条件下的安全洞室间岩柱的宽高比应保持在 3 以上。为此，分析中考虑了 42m、48m、54m、60m 和 66m 等 5 种洞轴线间距条件。

通过计算分析，得出锦屏二级水电站 2 号和 3 号引水隧洞在白山组Ⅲ类岩体、2500m 埋深条件下开挖以后的围岩应力特征（图 2.3－3 和图 2.3－4）。当洞间间距为 42m 时，洞室开挖以后岩柱内形成了显著的应力集中现象，甚至很大程度上改变了围岩中的应力分布特征，是群洞设计中需要避免的情形；48m 间距条件下岩柱仍出现明显的应力叠加现象；54m 间距时的岩柱中部应力受到洞室开挖的扰动相对很小，应力集中趋于平缓，应力水平仅略高于初始应力水平，成为可以考虑的最小安全间距；60m 间距时岩柱内有相

当一段没有出现应力集中现象，与洞室开挖前的原始地应力状态相当；间距增加到66m
以后岩柱应力状态与60m间距时基本相当。

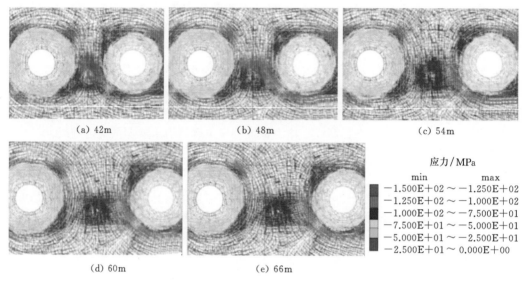

(a) 42m　　　　　　　　　(b) 48m　　　　　　　　　(c) 54m

(d) 60m　　　　　　　　　(e) 66m

图 2.3-3　不同洞轴线间距条件下岩柱的围岩应力特征

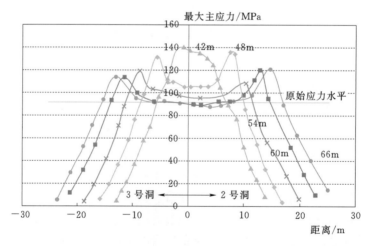

图 2.3-4　不同洞轴线间距条件下沿洞心连线上的最大主应力分布
（白山组Ⅲ类岩体、2500m埋深）

此外，为进一步验证60m隧洞间距设计方案的合理性，设计提出了以"隧洞塑性区
贯通判别、最终位移突变判别、允许观测收敛变形判别"3个标准进行隧洞最小允许安全
间距的综合判别。分析结果表明，隧洞最小允许安全间距为50m左右，这与《水工隧洞
设计规范》（DL/T 5195—2004）中规定的"岩体厚度不宜小于2倍开挖洞径"基本一致。
隧洞最小安全间距是在理想状态下得出的结果，考虑到深埋隧洞群施工中可能遇到的地质
弱面、断层、软弱围岩带、溶洞等不良地质情况，为安全起见，实际采用60m的隧洞间
距，以应对开挖期间可能发生的各类不利条件。

2.4 深埋水工隧洞施工布置

水工隧洞是在山体中或地下开挖的、具有封闭断面的过水建筑物。而深埋水工隧洞因其埋深大，其施工布置又呈现以下特点：

（1）深埋水工隧洞因其埋深大、洞线长，少则几千米，多则上百千米，施工工作面长且相对独立。芬兰佩扬奈水工隧洞长约 120km，中国引黄入晋工程南干线 7 号隧洞全长约 42km，中国辽宁大伙房输水工程主体隧洞全长 85.31km，冰岛卡拉尤卡水电站引水隧洞全长 52.9km，锦屏二级水电站 4 条引水隧洞、2 条交通辅助隧道和 1 条排水洞的单洞长度均在 17km 左右。这些长隧洞工程除了进、出口工作面外，均布置有多条施工支洞。施工布置需适应工程布置特点，结合地形及交通条件，呈线状分布，且施工区域较为独立。

（2）水工隧洞洞径跨度范围大，一般洞径范围为 2～15m，相对于公路交通隧洞和铁路隧洞，其开挖方法及施工布置呈多样性。水工隧洞洞径依据其输水功能结合施工条件确定，往往采用经济断面。洞径在 4m 以下时，小于常规用于交通和铁路隧洞施工机械的尺寸，需要采用专用小型机械设备进行施工；洞径在 10m 以上时需要专用大型施工机械进行施工，或者采用分层施工。不同断面尺寸的水工隧洞开挖方法不完全一样，施工布置格局需适应不同的开挖方法，呈现出多样性的特点。

（3）隧洞埋深大，地质条件复杂，施工期间遭遇高地应力、高地温、突涌水等不利地质因素增多，施工支洞位置、坡度等需要兼顾这些因素。深埋隧洞施工过程中出现诸如岩爆、涌水等地质问题，施工布置应能适应这些问题的解决。

（4）深埋水工隧洞由于埋深大，施工通道一般很长，从而导致了承担通道功能的施工支洞、通风通道布置困难。

（5）建设周期紧，要求施工速度快。深埋水工隧洞往往洞线长，一般都位于主体工程施工的关键线路上，为了尽早发挥工程效益，对单工作面和总体施工进度的要求都比较高，相应的施工布置需要满足快速施工的条件。美国科罗拉多州奥索供水隧洞（直径为 3.09m）创造了 2088m 的月进尺纪录，辽宁大伙房输水工程最高月进尺为 1111m，与之匹配的出渣通道、附属设施等布置发挥了重要的作用。

2.4.1 施工布置影响因素

1. 影响深埋水工隧洞施工布置的因素

影响深埋水工隧洞施工布置的因素比较多，主要有工程枢纽布置、地形条件、地质条件、施工方案、施工方法等。

首先，深埋水工隧洞施工布置应服从主体工程的整体布置和施工总布置规划要求，并结合地质条件确定。

其次，要考虑工程建设条件、施工条件、开挖施工方法（钻爆法、TBM、混合法等）、衬砌施工方法（混凝土衬砌、钢衬、管片衬砌等）、运输系统（人员、设备、渣料、混凝土等）、施工通风系统、施工排水系统、施工供风系统、施工照明系统、应急安全通道、施工工期要求等。

2. 深埋水工隧洞钻爆法施工布置特点

深埋长隧洞由于埋深大和线路长会引起一些特殊问题，必须给予高度重视并妥善解决。采用钻爆法开挖施工时，深埋隧洞与普通隧洞相比，施工布置受到以下因素的影响。

（1）地质条件复杂。选择施工方法和施工布置方案时，需要充分考虑深埋隧洞地质条件的复杂性。深埋隧洞埋深越大，线路越长，沿线可能会跨越更多的地质年代地层，岩性可能会有很大变化，不良工程地质问题出现的概率大大增加，形式也呈多样性。引大入秦灌溉工程总干渠盘道岭隧洞全长 15.72km，穿过白垩系、第三系和第四系地层，围岩包括单轴饱和抗压强度 0.2～5.9MPa 的砂岩、砂砾岩夹砂质黏土岩、粉砂岩、砂质泥岩、泥质砂岩等，跨越多条断层（最大的 F$_3$ 断层近百米宽）。锦屏二级水电站引水隧洞工程单洞长约 16.7km，主要穿过三叠系地层，围岩包括绿砂岩、绿泥石片岩、大理岩、泥质板岩以及第四系角砾岩等，断层、岩溶等较为发育，断层带多含破碎岩体且与岩溶通道及岩溶裂隙相连，在施工中曾多次发生涌水、涌泥等现象。

（2）岩爆。岩爆是高地应力区地下工程开挖过程中经常遇到的工程地质问题，属人类活动诱发的地质灾害。自 1738 年在英国锡矿坑道中首次发现岩爆现象以来，岩爆已成为高应力地下工程普遍关注的一种地质灾害。

深埋水工隧洞遭遇岩爆的可能性较大，岩爆既影响工程正常掘进，又损坏管线、设备、机械等设施，影响到工程建设的顺利进行。深埋隧洞埋深越大，周围地应力越高，发生岩爆现象可能性就越大，开挖时产生岩爆的强度和频率可能也越高。深埋水工隧洞施工，既要从施工方法、施工方案上应对和控制岩爆的发生，也需要从施工布置上适应岩爆洞段的施工，规避和减小岩爆对施工的影响。例如，研究岩爆发生的时间和空间规律，避免在易发生岩爆的洞段和时段布设施工临时设施；穿越易发生岩爆洞段的临时管道、线路等都进行必要的防护。

锦屏二级水电站引水隧洞一般埋深为 1500～2000m，最大埋深达 2525m，实测地应力值达到 113.87MPa。在施工过程中曾遭受到岩爆的困扰，隧洞内发生各种等级岩爆洞段的总长度达到 10km，约占总洞长的 15.56%。岩爆的频繁发生，给施工造成了一定的困难。

（3）涌水。深埋水工隧洞施工容易遭遇突涌水问题的困扰，既影响工程正常开挖施工，也影响工程的施工布置。涌水多发生在断层破碎带、节理裂隙密集带等地质薄弱地段。对于深埋隧洞，围岩应力较大，在围岩应力和水压力的共同作用下，可能造成塌方、冒顶、涌水等危害，影响施工，破坏洞内施工临时设施和施工机械。同样，既要从施工方法、施工方案上应对涌水问题，也要从施工布置上适应涌水洞段的施工，实施排泄涌水的通道及措施，规避和减小涌水对施工机械、设施、人员的影响。

锦屏二级水电站 4 条引水隧洞共揭露流量大于 50L/s 的涌水点 42 个，其中流量大于 1m^3/s 的涌水点达 6 个，最大单点流量达到 7.3m^3/s，实测最大压力达到 10.22MPa。

（4）高地温。深埋水工隧洞施工中高地温是另一个困扰因素，加大施工通风、管线设施等的布置难度。地温一般随隧洞埋深的增加而升高，当埋深小于 1000m 时，地温起伏变化不大；当埋深大于 1500m 时，随着深度的增加，地温将急剧升高。隧洞越长、埋深越大，高地温问题越严重，施工布置难度越大。随着地温的升高，对工作人员健康的危害进一步加大，设备生产率降低，甚至停工。因此，既要从施工方法、施工方案上应对高地温问题，也要从施工布置上适应高地温洞段的施工，利于实施降温措施，规避和减小高地温对施工机械、设施、人员的影响。

瑞士至意大利的辛普伦隧洞，长 19.829km，最大埋深 2100m，地下水温 32℃，最高气温达 55.4℃。新疆布仑口—公格尔水电站工程海拔约 3290m，年平均气温仅为 0℃，条件极端恶劣，引水系统总长约 18.6km，其中高地温引水隧洞洞段长约 4111m，其主要地层岩性为石墨片岩、绿泥石片岩、云母石英片岩，施工过程中岩石温度 91℃，空气温度达 67℃，期间还存在高温热水、高压蒸汽及破碎带等地质问题。前述工程的高地温都给隧洞施工及施工布置造成了极大的困难。

（5）掘进速度。深埋水工隧洞埋深大、洞线长，施工周期往往较长，一般需要耗时几年甚至十几年，通常位于主体工程施工的关键线路上，为了尽快发挥工程效益，希望隧洞有一个较快的施工速度，合理的施工布置能最大限度地实现快速掘进目的。深埋长隧洞大多布置在崇山峻岭之中，有的要穿越分水岭，很难从地形上找到可供布置施工支洞出口的山谷或冲沟，同时大埋深隧洞导致施工支洞线路较长，开挖时间长，造价高。选定的施工布置方案，应能满足隧洞快速施工的需求，具备快速掘进条件。

（6）施工安全。深埋水工隧洞埋深大、洞线长、地质条件复杂，遭遇不良地质条件的概率增大，出现安全事故的几率大，施工布置需要特别重视施工安全问题。一方面，为了满足深埋长隧洞工作面的快速施工需要，大量施工机械、设备、人员都集中在施工掌子面附近，容易在施工过程中遭遇意外事件，施工安全隐患大；另一方面，深埋长隧洞施工工作面往往远离通道口，撤离通道少，撤离距离长，一旦出现险情，很难及时撤出人员和设备，施工安全危害大。因此，如何进行合理、恰当的施工布置，保障施工人员和设备安全，是深埋水工隧洞施工布置需要重点关注的问题之一。

（7）交通运输。深埋水工隧洞的开挖弃渣、支护和衬砌材料运输量大、强度高。而深埋水工隧洞对外沟通的通道间距大，交通运输只能依靠有限的断面或通道布置，导致交通运输强度大、难度大。洞内运输距离越长，运输效率越低，运输成本越高，运输设备组织管理越复杂，所以交通运输问题是深埋水工隧洞施工布置的难点之一。

（8）施工通风。施工通风是深埋水工隧洞施工布置的另一个难点。深埋水工隧洞垂直和水平埋深都很大，很难布置通风平洞、斜井和竖井，工作面远离洞口，大部分主洞能提供通风的断面是有限的，导致通风量需求大、通风距离长、通风强度大，施工通风布置难度大。

3. 深埋水工隧洞 TBM 施工布置特点

长距离大直径深埋水工隧洞，是否能快速掘进是工程建设能否顺利进行的关键。全断面岩石掘进机（TBM）设备由于具有开挖快、优质、安全、经济、有利于环境保护和降低劳动强度等优点，已经成为深埋水工隧洞工程关注的关键设备。在中国水利、水电、铁路、交通、油气管道以及国防等工程建设中发展迅速，具有广阔的市场发展前景。全断面岩石掘进机在施工及施工布置方面具有以下特点：

（1）全断面岩石掘进机是集隧道工程、机械控制等技术为一体的高度机械化和自动化的大型隧洞开挖衬砌成套装备，是隧洞开挖的主力设备，价值高，需要创造良好的条件，充分发挥其效益。

（2）施工布置要满足全断面岩石掘进机快速掘进的要求。掘进机可以实现连续掘进，能同时完成破岩、出渣、支护等作业，并一次成洞，掘进速度快、效率高。用钻爆法，则钻孔、装药、放炮、通风、照明、排水、出渣等作业是间断进行，大断面隧洞又要分块开挖，不能一次成洞，掘进速度慢，效率低。采用全断面岩石掘进机施工隧洞的施工布置需同掘进机的特点相协调，并能实现掘进机的连续掘进、出渣、支护等作业，有利于发挥掘进机快速掘进的优点。

（3）全断面岩石掘进机体型大、重量大，对重大件运输布置要求高。深埋水工隧洞工程，往往在中西部深山峡谷地区，进入工区需要穿越大量的隧洞、桥梁路段，对外交通条件相对较差。相对于钻爆法施工，全断面岩石掘进机重大件运量大、要求高，需要特别重视进洞口的选择及重大件的运输。

（4）对施工作业环境的要求高。全断面岩石掘进机不用炸药爆破，全部采用机械化作业，机电设备精密，对施工环境较敏感，如高温、粉尘、高湿环境容易引起机器电路、线路故障，短时间浸水就有可能损坏电机，需要施工现场具有良好的通风、排水、散热条件，保持良好的施工作业环境。

深埋长隧洞开挖施工，如采用钻爆法开挖时，必须布置若干施工支洞或通风洞以供主洞施工时的出渣、通风等之用，当地形条件不允许布置支洞时，则全断面岩石掘进机法施工也许是较好的选择之一，合适的施工布置就尤其重要。

2.4.2　施工通道布置

深埋水工隧洞的施工通道布置需要与施工方法匹配，钻爆法和掘进机法是目前国内外长隧洞掘进中广为采用的两种基本施工方法。掘进机法的通道需求较少，施工通道布置的重点是结合水工隧洞进出口的布置做好掘进机的选型、组装、拆卸场地的选择和布置；钻爆法施工的工程，通道组织灵活，但进出频繁，通道运输需求量大，施工通道布置更为复杂。钻爆法施工的深埋水工长隧洞，由于各种因素，特别是由于地质条件复杂，进口和出口不具备交通条件，施工困难，通常需要设置各种施工辅助隧洞（如施工支洞、通风洞、排水洞等）进入水工隧洞主线并将长隧洞划分成若干独立的洞段，增加掘进工作面，实现长洞短打，加快施工进度。

邻近和超前的施工辅助隧洞还有一个作用是超前探明地质情况，并为主洞安全、快速地通过不良地质洞段创造条件。施工辅助隧洞的形式主要有施工支洞、斜（竖）井和平行导洞 3 种，其作用和适应条件各不相同。它们可以增加隧洞工作面，缩短工期，改善施工通风、施工排水和运输条件等。有的为运营通风、排水和防灾害使用，有的则为永久性的隧洞附属建筑。这些洞室应提前开工，为主洞施工创造有利条件。各种施工辅助隧洞的适用条件及特点见表 2.4-1。

表 2.4-1　　　　　　　　　各种施工辅助隧洞的适用条件及特点

类型	适 用 条 件	特 点
施工支洞	（1）隧道沿河傍山，侧向覆盖不厚。 （2）隧道口桥隧相连施工互相干扰，或影响弃渣及场地布置。 （3）洞口地质不良或路堑上石方数量大，工期紧迫，难以及时从正洞进洞。 （4）支洞长度一般小于 1/7～1/10 隧道长度	能增加正洞工作面，设备简单，施工及管理方便，但通风排烟较差，故事先应做好通风机具准备，施工中搞好通风管理
平行导坑	（1）长度较大的深埋隧道，难以采用其他类型的辅助隧洞。 （2）有大量地下水或瓦斯	能增加正洞工作面，提高施工速度；解决施工通风、排水和运输干扰等；超前正洞后可起到提前预报地质条件的作用
斜井	（1）隧道旁侧有较低地形，覆盖不厚。 （2）井身地质较好，地下水流量不大	能增加正洞工作面，出渣、进料运输距离较短，但要有提升设备
竖井	（1）隧道洞身局部地段覆盖层较薄。 （2）井身地质较好，地下水流量不大	能增加正洞工作面，出渣、进料运输距离较短，但提升设备较复杂，深度大于 150m 者增加造价很大

2.4.3　施工通风布置

施工通风是长隧洞施工中的重要一环，通风设计必须满足施工要求，但受目前通风技术水平的限制，反过来对施工组织设计有非常大的影响，有时甚至是决定性的。对深埋水工隧洞来说，在确定施工方法、布置、施工进度和选择施工设备时，都必须考虑施工通风的可行性和经济性。深埋长引水隧洞施工通风具有如下特点：

（1）通风量需求大。隧洞长、断面大且多个工作面同时开挖，使得爆破及运输产生的粉尘和废气成倍增加，对总风量与风压的要求高。

（2）通风难度大。隧洞长且其埋深大，很难布置数量较多的施工支洞和通风竖井，进风通道和通风散烟的通道少，存在通风距离长、风压损失大、通风量不足等问题；存在排烟距离远、干扰其他工作面施工、污染施工环境等问题，加大了通风难度。

（3）采用长大直径风管，风管漏风量大。由于隧洞长，需要采用长大直径的通风管，风管接头增多，增加了漏风量。

（4）隧洞埋深大，有可能产生地热高温。根据工程经验，当隧洞中温度和湿度较高，掘进机破岩时的动能可能转变为热能，而且由于深埋隧洞的储热作用，这些能量很难通过对流、传导及辐射的方式传出去，从而降低了掘进机的工作效率。

隧洞开挖时，施工通风是改善施工环境、保障施工人员身体健康的主要措施，应不断向洞内供给新鲜空气，排出污染空气，补充足够氧气，冲淡与稀释有害气体和降低洞内空气中的粉尘含量，并调节洞内温度和湿度，把洞内的有害物质降低到对人体无害的允许范围内。深埋水工隧洞常常根据施工的不同阶段，采用管道式通风、巷道式通风和组合式通风措施。例如：在锦屏二级水电站引水隧洞工程建设不同的时期和阶段，随着深埋特长隧洞群施工组织方案和现场施工条件的变化，施工通风方案根据工程建设时间和空间变化特点发生巨大变化。

2.4.4 施工排水布置

隧洞开挖后常会出现数量不等的地下水，可能造成施工困难、混凝土浇筑质量下降、岩石软化、钢拱下沉等不良情况。深埋水工隧洞施工需要特别重视地下水的处理和施工排水布置。地下水的情况需在地质调查中作充分细致的调查并评价，预计地下水出现的大概范围及可能的数量，从而确定工程的可行性以及相应的施工方法和施工排水布置。在施工阶段出水后应采用及时、有效的控制措施，以防止由于地下水数量及范围的扩大而引起施工作业危险。当突发涌水特别严重，原有排泄通道及抽水机械能力无法满足抽排需要时，则需考虑新增和改扩建原有的排水线路。

1. 施工排水布置的思路

深埋水工隧洞施工排水布置需要考虑：①各工作面钻孔、灌浆等施工机械形成的废水排泄；②隧洞施工中沿线洞壁围岩的渗滴水、线状渗水和高压集中突涌水。施工排水布置的思路一般应采取截、堵、排相结合的综合措施。

（1）截断水源，封堵出水点，尽可能减少洞内水量和出水点封堵的困难。

（2）千方百计将水堵于主体工程及施工掌子面以外的区域，在主体工程以外集中汇流排出，减小施工难度。

（3）给地下水以出路，沿着预计的途径疏干围岩含水，降低水对施工的危害与影响。

（4）寒冷及严寒地区排水系统应有防寒保温设施，防止冻结；排水洞（管道）埋深宜大于当地地层最大冻结深度。

（5）施工前必须先做好洞顶、洞口和周围地表的防排水工作。洞口边、仰坡坡顶处天沟应确保截水引流，施工辅助隧洞的排水系统必须尽早完成并应妥善处理出水排泄通道，防止冲刷坡面危害农田、水利设施、环境等。

（6）竖井、斜井和长隧洞反坡地段，如涌水量较大并有长期补给来源时，应采取机械排水，并有施工期遭遇突涌水的措施和预案。

（7）通过大面积渗漏水地段，应尽可能采用钻孔将水集中汇流，经管、槽排入水沟。钻孔的部位、数量、孔径和水量等应详细记录，作为设置衬砌和排水设施的依据。

（8）对于渗滴水型和线状渗水，其量少、水压力低，可在隧洞开挖过后再进行后注浆处理，以不影响隧洞掘进进度。

（9）对于高压集中大涌水，因其具有不可预见性和突然性，危害大，影响大，其处理主要围绕"探、排、控、堵"进行，处理方案应针对不同的条件进行专题研究。

2. 施工排水方式及布置

主洞内和专用排水通道的排水方式参见表 2.4-2。

表 2.4-2　　　　　　　　　　　　主洞内和专用排水通道的排水方式

部位	排水方式		施工方法	基本要求	备　注
原洞排水	自然排水		利用隧道向上坡方向开挖的自然坡度、挖沟排水	根据排水量及隧道纵坡决定水沟断面；水沟坡度与隧道坡度一致	不需要其他机具设备
	机械排水	反方向坡度排水	当隧道向下坡方向开挖，需要逐段开挖反向水沟和集水坑，采用水泵逐段抽水排出洞外	反向水沟坡度不小于 3‰；分段长度根据洞身及排水沟的坡度和深度确定；挖沟要紧跟工作面	需用较多水泵
		工作面排水	隧道向下坡方向开挖；在工作面用潜水泵和辅助小水泵排至集水坑，再由主泵经排水管一次（或分段）排至洞外	集水坑宜设在断面外，其容积根据涌水量和水泵排水能力确定，一般为 $2\sim4m^3$，其深度应保证莲蓬头与洞壁和坑底不小于莲蓬头外径和淹没在最低水面以下各不小于 0.5m	集水坑与泵站一起，当水泵不能将水一次排出洞外时需接力排出。此方法不挖反向水沟，水泵用量少，但要用大直径排水管和大功率水泵
专用排水通道	综合排水	横向排水	傍山、沿河或山体一侧较薄的隧道，设置横洞时，结合洞内排水引至横洞排出	横洞具有向外不小于 3‰ 的下坡	缩短正洞内排水长度，减少施工干扰
		平行排水	当有平行导洞时，正洞涌水结合洞内排水方式通过横通道引至平行导坑排出	平行导洞底比正洞低 0.2～0.6m	涌水由平行导洞排出，减少施工干扰
	机械排水	斜井排水	当斜井掘进工作面涌水量较小时（$2\sim4m^3/min$）可用潜水泵将水排入斗车或箕斗提升至地面；当涌水量较大时用水泵直接将工作面涌水排出井外	机械排水，泵站设置和管路选择应通过计算确定。在井口必须修建排水沟和环形截水沟，并防止地面水流入斜井	
		竖井排水	井身用吊桶或吊泵排水。对井壁涌水可用截水槽截水或结合压浆堵水	为防止雨水、山洪流入井内，在井口周围必须修建水沟和排水墙	

注　1. 专用排水通道一般与隧洞平行或近似平行，并设于地下水流向隧洞的一侧，垂直于水流方向。
　　2. 当围岩有几层含水层时，应根据地质条件、含水量大小和对隧洞的危害程度等确定排水通道位置。一般可设在最低层或设在对隧洞影响最大的含水层。条件许可时，可钻孔连通各个含水层，以更好地排除主洞所在地层的地下水。

2.5　TBM 隧洞布置

　　掘进机主要分为全断面岩石掘进机（TBM）和土层掘进机（盾构机）。水电水利工程中采用岩石掘进机相对较多，而土层掘进机在城市市政、交通工程中相对较为普遍。

　　TBM 是一种可以集开挖、出渣和衬砌于一体，自动化程度较高的地下隧道工程施工设备，具有快速、安全、劳动强度小、对地层扰动小、通风条件好、衬砌支护质量好以及减少隧道开挖中辅助工程、对环境影响小等优点。但是，TBM 也有对地质条件的依赖性大、工程投资较大等特点。

20 世纪 80 年代后期，我国的水利水电工程开始引进先进的掘进机施工技术和管理经验，广西天生桥二级水电站引水隧洞采用直径 10.8m 的进口开敞式掘进机开挖了部分洞段，引滦入唐工程使用直径 5.8m 的国产掘进机开挖了约 2.7km。进入 20 世纪 90 年代以后，水利水电工程使用掘进机开挖长隧洞施工技术得到较为普遍的应用，如甘肃引大入秦工程、山西万家寨引黄工程、辽宁大伙房输水隧洞、四川锦屏二级水电站引水隧洞以及新疆八十一大坂隧洞等均使用掘进机施工。其中，山西引黄入晋南干线创造了国内 TBM 施工最高月进尺 1821.49m 的纪录，锦屏二级水电站引水隧洞两台直径 12.4m 的 TBM 为国内最大直径的 TBM。目前，正在施工的吉林中部城市供水工程、辽西北供水工程、引洮供水工程、西藏旁多灌溉输水洞工程、兰州水源地供水工程等均采用掘进机施工。

正如前文所述，通常隧洞工程选择采用 TBM 开挖方式需要进行分析论证，在工期、质量、技术风险、对比投资等方面同钻爆法施工方式进行综合比选。一般来讲，特长隧洞无法布置施工支洞，或布置支洞成本较高时，宜考虑采用 TBM 施工。深埋隧洞工程一般具有地质条件复杂、施工支洞布置困难等特点，因此，采用 TBM 开挖是深埋长隧洞工程较为实际的施工选择方案之一。

深埋长隧洞工程沿线地质构造、水文地质环境、地层岩性、岩石条件、沿线地应力情况等是决定掘进机施工适用性的主要因素，也是掘进机选型和控制施工速度的主要依据。长隧洞工程由于受前期勘察工作精度和深度的限制，开挖揭露条件可能同实际地质条件有较大出入，如遇到大的断层、岩溶、岩爆及地下涌水甚至暗河等不良地质地段时，对掘进机的施工影响较大。掘进机施工隧洞的洞线选择时，一般尽可能避开制约掘进机施工的地质区域，避免危险事故的发生，最大限度地发挥掘进机施工的优越性能。无法避免时，需根据该区域不良地质的分布情况确定相应的施工方案，不良地质洞段较长时可选择不同类型的掘进机，不良地质洞段较短时一般可采用钻爆法开挖支护后，掘进机步进通过。

受掘进机施工设备灵活性的限制，TBM 施工隧洞洞线一般布置为直线，尽量避免隧洞转弯，多标段或多台 TBM 施工的隧洞可根据分标和分段施工情况布置成多段直线。不同型式和尺寸的掘进机有不同的转弯半径要求，隧洞的转弯半径需大于选定机型所要求的最小转弯半径，目前国内外掘进机最小的转弯半径为 200~300m。

TBM 可以开挖较大坡度变化范围的隧洞，以满足工程设计需要。TBM 隧洞纵坡除同常规水工隧洞一致考虑隧洞功能、施工通风、排水要求外，受到所选择运输方式的限制，近年来国外广泛使用的连续皮带输送机可完成较大坡度条件下的渣料运输。

TBM 隧洞适用洞径为 3~12m，以 5~10m 为佳，直径大于 10m 的掘进机，在国内外隧洞开挖工程也有所应用。例如加拿大 Sir Adam Beek 引水隧洞直径为 13.9m；加拿大 Niagara 隧道工程采用的开敞式 TBM，直径为 14.4m；荷兰 Croene Hart 隧洞直径为 14.87m；雅砻江锦屏二级水电站引水隧洞开挖直径为 12.4m。

TBM 隧洞一般为圆形断面，特别是水工隧洞、铁路隧道等，它们在断面空间上得到充分利用。圆形断面非常适合输水隧洞，尤其是 TBM 开挖成型的光滑岩面，可使不衬砌输水隧洞减少水头损失，同样原因也有利于隧道的通风要求。也有 TBM 隧洞采用非圆形断面的，需要采用与之相对应的 TBM 开挖设备施工。

采用 TBM 施工隧洞的开挖尺寸要根据设计横断面尺寸、支护及衬砌型式和厚度、衬砌施工方式，并考虑掘进误差、围岩收敛变形和刀头磨损等因素综合确定，且应满足掘进机设备开挖的最小尺寸要求。TBM 施工隧洞断面尺寸还应考虑对不良地质洞段处理的灵活性，断面越小，处理的施工空间越有限。

此外，在布置有多条深埋隧洞的隧洞群工程中，TBM 同钻爆法相结合的施工方案是最优搭配。两者互为补充，TBM 施工快速，钻爆法施工应对不良地质条件较为灵活，可以作为 TBM 隧洞在遭遇不良地质情况时的应急救援通道；而单条深埋隧洞采用 TBM 施工时，需要专门考虑在遭遇不良地质情况时的应急救援处理措施。锦屏二级水电站东端 1 号、3 号引水隧洞采用 TBM 开挖，2 号、4 号引水隧洞采用钻爆法开挖，施工互为补充，很好地解决了锦屏二级深埋水工隧洞群的施工组织难题。

2.6　本章小结

受客观条件影响，深埋水工隧洞工程一般均没有良好的施工支洞布置条件，洞线选择余地不大，除避开进、出洞口不利地质条件和构造外，大部分洞段均不可避免地需要面对高埋深、复杂地质条件等问题。

因此，结合地质勘察成果和水工隧洞特有属性，开展水工隧洞群洞线优选研究，规避不良地质条件，在宏观上为隧洞成洞和长期安全运行创造良好条件是工程设计中需要解决的首要问题。

此外，隧洞开挖后围岩一定深度范围内将会产生应力扰动，并可能导致围岩损伤破坏。而当洞群开挖时，若两条相邻隧洞的间距较小，则中间岩体可能受到两条隧洞开挖产生扰动应力的叠加作用，当间距小到一定程度后发生损伤破坏，威胁整个洞群的稳定性。

深埋水工隧洞因其埋深大、洞线长，少则几千米，多则上百千米，施工周期长，在施工交通、通风、排水、供电、通信布置等方面都会面临新的问题和挑战，需要因地制宜地解决，以满足快速施工的需求。同时，深埋水工隧洞的施工布置又与施工方法、施工进度、施工安全措施、施工通风、施工出渣等密切相关，相互制约，相互影响，相互兼顾，是一个复杂的系统工程。

在锦屏二级深埋引水隧洞建设中，相关技术人员开展了复杂地质条件下深埋长大隧洞群布置优化和优选设计研究。综合考虑和融合地质构造条件、地应力场信息、施工技术条件、水工建筑物结构布置的限定和资源有效利用及环境等多源信息，提出洞线优选设计方法，建立高地应力、高外水压力下隧洞承载理论并论证隧洞成洞可行性，研究洞群最小安全间距和断面洞形优化设计和分析方法，取得了良好的效果。

第 3 章

深埋水工隧洞地质勘察

3.1 概述

我国西南高山峡谷地区大型水电工程的引水隧洞、跨流域调水的长输水工程，由于工程区地形条件特殊，地质条件复杂，普遍存在着活动性断层、高地应力与岩爆、岩溶与高压突涌水等工程技术难题，这些难题往往会成为制约整个工程建设的关键因素。因此，在深埋水工隧洞群建设中，需要获取可靠的地层岩性、地质构造、水文地质及地应力等第一手资料，识别地下洞室施工过程中可能遭遇的地质问题类型，并建立深埋水工隧洞建设灾害风险综合识别技术体系，为工程设计、施工及管理决策提供至关重要的灾害风险防控信息。

深埋水工隧洞通常具有洞线长、埋深大、洞径大等特点，以锦屏二级水电站引水隧洞工程为代表，该工程是目前世界上已建总体规模最大、综合难度最高的地下水工洞室群工程，无论地质条件还是工程规模都极具代表性，涉及了高山峡谷复杂地质条件下深埋水工隧洞多种地质灾害风险。高地应力岩爆和高外水压力突涌水是锦屏二级深埋隧洞最突出的两个灾害风险，也是隧洞建设和长期安全运行最为关键和最难解决的两个难题，直接关系工程成败。

随着地下工程向深部发展，隧洞高地温、软岩变形及其稳定性控制等也成为亟待解决的问题。所有这些灾害，无不给隧洞施工与管理带来极大的困难。因此，为应对深埋隧洞存在的诸多灾害风险，建立相应的灾害识别体系是十分必要的。

地质勘察是建立上述灾害识别体系的必要手段，详细、准确的地质勘察资料和超前预报信息为深埋水工隧洞地质灾害风险防控提供了重要依据。

深埋隧洞的深埋条件决定了其地质条件的复杂程度，相应地，其勘察难度也较大。深埋水工隧洞的地质勘测面临着高地应力、高水压及复杂地质问题等困难，其勘测内容广且难点多，应在充分搜集工程区地质资料的基础上制定详细的勘察方案，针对工程区内对施工影响较大的地质问题制定专项勘察规划，为隧洞设计施工提供翔实的地质资料，保障施工安全和进度。

3.2 主要地质问题

深埋水工隧洞因其围岩本身及赋存环境和条件的特殊性，会导致一些重大工程地质问题的发生，主要表现为：①由高地应力引起的地质问题，包括岩爆、围岩应力型破坏、结构面应力型破坏和软岩大变形等；②由地下水引起的地质问题，包括大流量高压突涌水和高外水压力等；③由岩体本身的赋存条件引起的地质问题，如高地温、有害气体及放射性等。针对深埋洞室可能存在的工程地质问题，除需要查明一般隧洞的各项工程地质条件外，需对岩体地应力、软岩、地温等内容进行重点勘察。

3.2.1　围岩稳定

地下岩体在没有进行开挖之前，在自重应力和构造应力作用下，应力状态基本处于平衡。洞室开挖后随着初始应力平衡状态的打破，围岩应力产生重新分布，围岩向洞室空间变形，直到达到新的平衡，这种变形若超过围岩本身所能承受的能力，便产生破坏，从而形成掉块、塌落、滑移、冒顶、底鼓等。围岩稳定问题是地下工程最主要的工程地质问题。

深埋隧洞围岩的工程地质特性与浅埋隧洞相比，具有显著的差异，主要表现在高地应力条件下，隧洞围岩将呈现非常复杂的力学特性，导致围岩具有复杂的变形、破坏特征。根据深埋地下工程经验总结，开挖以后围岩应力水平和岩体强度之间的差异程度决定了岩体在高应力条件下的响应方式：相对软弱的岩体（岩石软弱或破碎岩体）的响应方式比较单一，主要表现为变形量较大和变形持续时间较长；完整脆性岩体的高应力破坏则具有剧烈性的特点。

对于硬质岩体，开挖以后围岩最大主应力达到大约 60％ 的岩石单轴抗压强度水平时，岩体（石）内部结构可能发生变化，岩体内的细观破裂开始发生，强度特征可能开始发生变化。当围岩二次应力水平超过岩石单轴抗压强度的 60％ 时，高应力破坏开始出现，利用一些动力学监测措施如微震系统可以监测到围岩中的破裂（坏）现象、发生位置和破裂（坏）时所释放的能量大小。随着围岩应力进一步增加，在现场的开挖面一带可以观测到宏观破坏现象，按破坏程度由弱到强表现为新破裂的产生、岩体的片状化现象和伴随弹射现象的岩体爆裂（岩爆）破坏。此外，还有各种结构面组合而成的不利块体的掉块、坍塌、滑落等破坏形式。

对于软质岩体（包括断层破碎带、蚀变岩体等），常因遇水软化、泥化、崩解使围岩强度降低，或因膨胀产生附加的围岩压力，从而使围岩产生较大塑性变形甚至破坏。尤其在高地应力作用下软岩产生大变形和长期流变，成为远比岩爆更难处理的工程地质问题。

3.2.2　岩爆

自 1738 年在英国某锡矿坑道中首次发现岩爆现象以来，岩爆已成为地下工程普遍关注的一种地质灾害。深埋隧洞施工极易诱发剧烈的、破坏力极强的岩爆，对人员和设备安全造成极大威胁。高地应力诱发的岩爆灾害是深埋隧洞建设中识别难度最大的灾害。

岩爆，也被称为冲击地压，采矿系统称之为矿山冲击，是在高地应力区、硬岩脆性岩体中进行地下工程开挖时常发生的一种工程地质现象，具有突发性、滞后性、破坏性等特点。

1908 年，南非 Witwaterstrand 金矿和印度 Kolar Gold Field 矿区开采过程中经历了地表震动和岩体破坏，最初人们的直觉认为是天然地震导致，但深入研究后发现，这种震动和岩体破坏与采矿过程中的人工开挖密切相关，并不是天然地震的结果，这是人类对深部工程中岩爆灾害的最早认识之一。20 世纪 30 年代，矿山业较发达的加拿大在安大略省的 Kirkland Lake 和 Sudbury 两个矿区开采过程中记录到岩爆现象。1939 年，安大略省官方的

《安大略省矿山条例》中对岩爆的描述为：一种导致岩石向已开挖区域发生破坏或移动的现象，同时在周边岩体中伴随有震动发生。

随着实践的积累，人们对岩爆灾害又形成更深入的认识，如 1978 年加拿大《安大略省劳动安全法》对岩爆的定义为"开挖面岩体的瞬时冲击性破坏，或者是对开挖围岩或地表的震动"。至 20 世纪 90 年代中期，在加拿大联邦政府和安大略省政府联合资助的跨国性岩爆专项研究成果中，岩爆被定义为"开挖导致的一种与震动事件密切相关的突然性或剧烈性破坏现象"。

在上述的岩爆定义中强调了震动现象和围岩破坏这两个岩爆重要特征，实质上阐述了岩爆过程就是能量或应力的突然释放的过程。基于这一基本认识，一些科研和生产单位致力于研究一种监测技术，用来记录岩爆发生时岩体中能量变化情况，并试图预测岩爆灾害。20 世纪 30 年代，加拿大 Kirkland Lake 矿区发生的强烈岩爆震动信息被远在 450km 外的渥太华地震监测站监测到，这一发现直接促成 1938 年在该地区建立了第一个岩爆地球物理监测站，用于监测岩爆发生时岩体内动力波的传播特征，而后逐渐发展成为现今在深埋工程中广泛应用的微震监测系统。随着微震监测系统的开发和应用，1982 年南非对岩爆的定义则建立在对微震的认识基础上，其中微震定义为"岩石中积累的势能或应变能的突然释放导致的岩体瞬态颤动，震动波是能量释放的结果"，而岩爆灾害则是一种导致了人员伤亡、工作面或设备发生破坏的微震，其标志是发生突然和剧烈的围岩破坏。该岩爆定义的更深层次的含义是，岩爆是以围岩破坏为典型特征的，如果在特定条件下围岩发生了微震事件，但该微震事件却未直接导致围岩的破坏现象，则这类事件并不归类于岩爆，即岩爆是微震的一种表现形式，但微震并不意味着一定是岩爆。事实上，工程实践中一般无法（也没有必要）避免微震的产生，但希望采取有效措施使微震事件不导致围岩破坏而发生工程事故，即形成岩爆灾害。图 3.2-1 即为锦屏二级水电站 2 号引水隧洞引（2）11+017 处发生的极强岩爆情景。

图 3.2-1 锦屏二级水电站 2 号引水隧洞引（2）11+017 处发生的极强岩爆情景

岩爆是在一定的地层岩性、地质构造、岩体结构、地应力场下，深埋洞室施工开挖形成临空条件，造成瞬间围岩应力集中，改变了围岩的应力状态和性质而产生的。

通过对发生岩爆的工程实例进行分析总结，可以得到岩爆发生的特点：

（1）地下洞室多布置在构造活动比较强烈的地区，我国西部地区发生岩爆实例最多。

（2）根据国内外工程实例统计，发生在岩浆岩中的岩爆约占 70％，新鲜坚硬的变质岩和沉积岩中约占 30％，发生岩爆的围岩的纵向波速多在 5000～6000m/s，甚至更高一些。

（3）在大型压性断层下盘的隧洞工程发生强烈岩爆的实例较多。

（4）隧洞深埋虽然不是岩爆发生的唯一条件，但众多实例显示，埋深大的隧洞发生岩爆的强度和频率往往较高。

（5）岩爆多发生在干燥无水、岩体完整的洞段。

3.2.3　高压大流量突涌水

深埋水工隧洞围岩突涌水、突泥问题是影响施工进度和造成工程事故的主要工程地质问题和常见的工程地质灾害。隧洞开挖人为改变了隧洞区水文地质条件，附近地下水的水力梯度加大，隧洞成为新的地下水主要排泄通道，诱发了突涌水灾害。深埋隧洞施工时，一旦揭穿与地表水有水力联系的富水构造或岩溶管道、采空区等部位，地下水将携带泥沙涌出，将危及施工人员生命安全，造成财产损失，并严重影响施工工期。

根据隧洞内部岩体的破坏方式，隧洞突涌水可细化为两大类型及六种模式（图 3.2-2）。其中整体突出突涌水是指强岩溶水的溶蚀作用或高渗透压力作用下，边界弱化，整体瞬间失稳；渗透破坏突涌水是指高渗透压力作用下，逐渐发生管涌、流土或边界接触冲刷等渗透破坏；直接涌出突涌水通常是在高压水头或者较大含水量的持续作用下，灾害水体携带充填物直接突出。揭露天然通道突涌水是指隧洞开挖过程中直接揭露突涌水通道，掌子面前方无明显隔水岩体；局部块体先行失稳突涌水是指隧洞开挖过程中揭露隔水岩体为块体结构，在临空面后方高压水体作用下，块体先行失稳诱发的突涌水；局部岩体劈裂失稳诱发的突涌水是指隧洞开挖过程中揭露隔水岩体为一般裂隙岩体，在临空面后方高压水体作用下，裂隙进一步扩展至岩体发生劈裂破坏而诱发的突涌水。

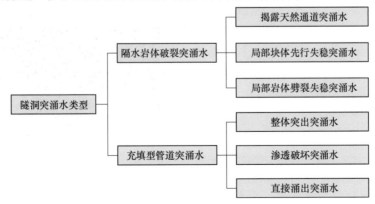

图 3.2-2　隧洞突涌水类型

隧洞突涌水由灾害源、突涌水通道与隔水结构组成。灾害源是发生突涌水灾害的首要条件，突涌水通道是发生突涌水灾害的必要条件，突涌水通道的岩体在突涌水前控制着突涌水的发生，突涌水通道又直接控制着实际突涌水量。因此，在突涌水体系中突涌水通道对于突涌水有着重要的意义。隔水结构作为最后一道屏障，决定突涌水灾害是否发生。根据现场突涌水案例，致灾构造一般赋存在隧洞施工影响范围内，影响范围之外的灾害源几乎不能造成隧洞突涌水灾害。根据致灾构造与隧洞的空间位置关系对突涌水通道形成及涌水量大小的影响，将隧洞突涌水划分为：揭露即时型、强充填滞后型、弱充填间歇型。

揭露即时型突涌水主要包括揭露断层破碎带型突涌水及揭露岩溶管道型突涌水两种模式。富水断层破碎带既是灾害源又是灾害水体流动的通道，断层破碎带内部灾害水体直接流入隧洞即引发突涌水。岩溶管道型突涌水灾害源主要包括充水溶洞或地下暗河，突涌水通道为溶蚀等作用形成的岩溶管道，充水溶洞或地下暗河内的灾害水体通过岩溶管道流入隧洞，造成突涌水灾害。揭露即时型突涌水诱因如图3.2-3所示。

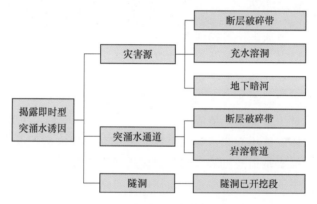

图 3.2-3　揭露即时型突涌水诱因

在复杂地质环境下，如锦屏二级水电站引水隧洞大埋深及构造发育的条件下，地下水往往具有高水压、深循环、大流量等特点，这些特点给这类深埋隧洞工程带来了非常棘手的工程问题。隧洞围岩突涌水（图3.2-4）不但使围岩周边受力结构发生不同程度的变化，而且影响水工隧洞衬砌结构的安全性和稳定性，给深埋隧洞支护设计带来技术难题。同时，地下水也给施工带来巨大困难，严重影响施工进度，甚至威胁施工人员的生命安全。此外，隧洞围岩突涌水对整个生态环境也存在一定的影响。从工程长期运营角度而言，施工过程中地下水处理不当，会影响水工隧洞的正常运营，诱发运营期一系列的工程问题，无法保障工程的正常使用。

3.2.4　软岩围岩变形

我国水能资源主要分布在西南高山峡谷地区，随着资源开发的持续深入，工程建设条件越加复杂，水电站地下洞室、超长引水隧洞等

图 3.2-4　隧洞围岩突涌水

建设中越来越多地遇到深埋软岩隧洞、高地应力软岩地下厂房、软岩调压室等部位的问题，比如锦屏二级水电站引水隧洞的绿泥石片岩洞段在开挖过程中发生 4 次塌方、围岩大变形现象（图 3.2-5），锦屏一级水电站地下厂房在高地应力作用下出现软弱围岩深部破裂并持续变形问题，云南滇池补水工程穿越断裂带、软岩洞段时发生大规模塌方问题等。

（a）塌方　　　　　　　　　　　　　　（b）挤压大变形

图 3.2-5　塌方与挤压大变形

软岩问题是岩土工程领域常遇到的主要问题之一。目前，工程界为了便于理论研究和应用，将软岩分为地质软岩和工程软岩分别予以定义。目前的研究普遍认为软岩主要是指强度低、孔隙度大、胶结程度差、受构造面切割及风化影响显著或含有大量膨胀性黏土矿物的松、散、软、弱岩层，国际岩石力学学会将软岩定义为饱和单轴抗压强度在 0.5～25MPa 的一类岩石。软岩具有膨胀性，既有物化膨胀，也有力学扩容，前者主要跟膨胀性黏土矿物有关，后者则是力学作用产生，其本质在于结构胶结强度的变化。扩容前、后结构胶结强度变化不大的情况下，扩容膨胀效应不明显，膨胀以物化膨胀为主，而扩容前、后结构发生发展于力学和物化的联合作用。而实际工程中遇到的软岩是千变万化的，锦屏二级水电站深埋引水隧洞西端遇到的绿泥石片岩属于软岩，强度低、胶结程度差、变形大，但是其孔隙度小，遇水膨胀（物化膨胀）不明显。

软岩遇水易软化、崩解，其过程一般表现为：岩石遇水后，水分子沿着岩石孔隙、裂隙渗透到矿物颗粒之间，从而使岩石发生物理或化学方面的一系列变化，甚至有的亲水性矿物含量高的岩石浸水后，颗粒之间水膜增厚而引起岩石的膨胀，即前述物化膨胀。另外，软岩遇水软化还与岩石的结构和胶结程度有关，因为水是一种良好的溶剂，可以溶解岩石中的某些矿物，对岩石也起到了软化作用。

软岩的结构效应包括宏观裂隙、颗粒相互间排列与连接特征、胶结物质与胶结程度、颗粒间相互接触特征、孔隙的数量大小与形状及其空间分布特征，软岩的结构对其强度影响是非常显著的。另外，软岩的结构性对其变形性质的各向异性有着重要的影响，并具有重要的工程意义。

根据软岩的强度特性、泥质含量、结构面特点及其塑性变形特点的不同，软岩可分为四大类，即膨胀性软岩（也称低强度软岩）、高应力软岩、节理化软岩和复合型软岩（表3.2-1）。

表 3.2 - 1   软 岩 分 类

软岩类别	分类指标	结构面	塑性变形特点
膨胀性软岩 (低强度软岩)	泥质成分含量大于25%； $R_b \leqslant 25MPa$	少	在工程力作用下，沿片架状硅酸盐黏土矿物产生滑移，遇水显著膨胀等
高应力软岩	泥质成分含量小于等于25%； $R_b \geqslant 25MPa$	少	遇水发生少许膨胀，在高应力状态下，沿片架状黏土矿物发生滑移
节理化软岩	σ_c 低～中	多组	沿节理等结构面产生滑移、扩容等塑性变形
复合型软岩	泥质成分低～高； R_b 低～高	少～多组	具有上述某种组合的复合型机理

注 R_b 为岩石饱和单轴抗压强度；σ_c 为岩石单轴抗压强度。

其中高应力软岩是指在较高应力水平（大于25MPa）条件下才发生显著变形的中高强度的工程岩体，其地质特征是泥质成分相对较少，工程特点是在隧洞埋深不大时表现为硬岩的变形特征，当埋深达到一定程度时就表现为软岩的变形特征。

随着地下工程向深部发展，软质围岩变形及其稳定性控制越来越突出。高地应力条件下软岩工程问题十分复杂，其主要原因如下：

（1）它既有与岩石本身有关的地层、岩性、矿物成分、水理性质、围岩结构及强度等方面的内容，也有应力和应力变化引发围岩状态和性质改变的许多内容。

（2）对高地应力条件的软岩目前还没有完善的定义。一般按围岩强度应力比（S）进行划分，其计算公式为

$$S = \frac{R_b K_v}{\sigma_m} \tag{3.2-1}$$

式中：R_b 为岩石饱和单轴抗压强度，MPa；K_v 为岩体完整性系数；σ_m 为围岩最大主应力，MPa。

在隧洞围岩压力集中区，当 $S < 4$ 时（Ⅱ类围岩）会出现应力超限，形成塑性区，围岩稳定性较差；当 $S < 2$ 时（Ⅲ类、Ⅳ类围岩），围岩变形显著，围岩不稳定。上述情况下，围岩类别均相应降低一级。随着地下工程向深部发展，围岩 S 值可能更小，变形将更加严重。

（3）目前人们对深部地应力情况了解很少，特别是地下洞室开挖后，三维的地应力变化情况很难了解清楚。

（4）作为深埋隧洞围岩的软岩具有变形量大、变形期长、变形形态复杂等特点，因而也会给隧洞支护带来困难。

3.2.5 岩溶

中华人民共和国成立以后，国内在可溶岩地区修建的一些深埋长隧洞遇到了岩溶水害及其伴生的突涌泥沙及诱发地表塌陷和水源枯竭等灾害。我国是碳酸盐岩类分布极为广泛的国家，覆盖及出露的碳酸盐岩总面积约占我国国土面积的1/5。截至1998年年底，我国26条岩溶地区铁路长大隧洞中，发生过较大岩溶涌水者10条，占38.46%；突泥、涌沙者5条，占19.2%；不同程度的地表塌陷及水源枯竭者5条，占19.2%。以天生桥二

级水电站为代表的水工隧洞，其岩溶涌水、突泥对工期的影响达 2 年之久。

岩溶是指具有侵蚀性的流动着的水溶液对可溶岩的溶蚀，并伴有侵蚀、崩塌、堆积等地质作用的全过程及过程中产生的各种地质现象。其发育的基本条件是：①岩石本身要具有可溶蚀性；②参与作用的水应具有侵蚀性和流动性；③被溶蚀的岩体内应具备水体渗流的通道。这 3 个基本条件具备后，影响岩体中岩溶发育的主要因素还有岩性纯度、厚度、组合和埋藏覆盖情况以及当地的气候条件、地质构造条件等。其中，岩性决定岩石的可溶性，碳酸盐岩地层中岩性越纯越易溶蚀，岩溶越发育。可溶岩地层的厚度控制着岩溶发育的深度和规模，当然，若可溶岩被非可溶岩类覆盖或隔离包围，则岩溶的发育就会受到限制。气候是影响岩溶发育的因素之一，比较我国温带、亚热带和热带气候地带岩溶发育程度：热带最发育，降水多少不仅影响水的入渗条件和水交替运动，而且雨水通过空气和土壤层带入游离 CO_2，能使岩溶作用得到进一步加强。地质构造作用所形成的破裂面是早期地下水运移的先决条件，新构造运动中尤以地壳间歇性抬升控制河谷地区水文网演变和地下水的运移，进而影响河谷型岩溶发育。地壳抬升间歇时间越长，地表水文网包括干流、支流与支沟形成系统越充分发育，越有利于岩溶发育，可形成规模大、延伸长的暗河等管道系统。

根据不同的分类方法，可将溶洞分为以下几类。溶洞按大小可分为：大型溶洞（直径大于 10m）、中型溶洞（直径为 5～10m）、小型溶洞（直径为 0.5～5m）、溶蚀宽缝（宽 0.5～2.5m）、溶蚀裂隙［沿裂隙发育溶穴（直径为 10～50cm）和溶孔（直径小于 10cm）］。按充填状态分为：全充填型溶洞，洞内完全充填亚黏土、亚砂土、黏性土等，充填物呈硬塑、软塑、流塑状；半充填型溶洞，洞内约一半有充填物，顶部为空腔；无充填型溶洞，洞内无充填物。按是否漏水分为：全漏水溶洞，严重漏水并与其他溶洞或地下暗河连通；半漏水溶洞，洞壁存在裂隙，有漏水现象；不漏水溶洞，溶洞完整，无渗漏水现象。按溶洞垂向个数分为：单个溶洞，洞室范围内仅有一层溶洞；多层溶洞，洞室范围内有多层溶洞。图 3.2－6 和图 3.2－7 分别为某工程隧洞的外侧隐伏溶洞、充填型大型溶洞分布情况。

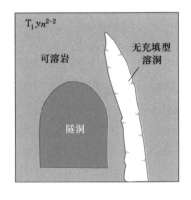

图 3.2－6　某工程隧洞外侧隐伏溶洞
剖面示意图

图 3.2－7　某工程隧洞充填型大型溶洞
剖面示意图

在深埋水工隧洞工程建设方面，碳酸盐岩一般属于硬岩或中硬岩，隧洞开挖后，围岩的承载力较高，洞室的稳定性一般都较好，工程支护较为简单经济，但若遇到复杂的地下岩溶问题，则可能在洞内产生岩溶突涌水、突泥、高外水压力、围岩稳定和地基稳定等主要工程地质问题，对隧洞施工的安全、进度和工程处理带来极大的困难。岩溶对隧洞工程的影响主要为洞害、水害、洞穴充填物及塌陷、洞顶地表塌陷 4 个方面：

（1）有的溶岩洞穴深浚或基底充填物松散；有的顶板高悬不稳，有严重崩坠之虞；有的岩溶发育情况复杂，洞穴、暗河上下迂回交错，通道重叠。对于长、宽上百米，高达几十米的溶蚀洞穴，当隧洞通过该处时，其工程艰巨，结构处理复杂，施工困难。

（2）在岩溶地区修建隧洞工程，施工中常遇到水囊或暗河岩溶水的突然喷涌，往往携带大量泥沙涌入，堵塞隧洞或坑道等，对施工安全造成威胁。

（3）由于岩溶洞穴围岩节理、裂隙发育，岩石破碎或充填物松软，在施工中极易发生坍塌，危害施工安全。

（4）隧洞地表坍塌和水资源流失，使得隧洞沿线地表生态环境恶化，给当地生产生活等造成严重影响。

3.2.6 断裂破碎带

地壳中的岩石受应力作用发生变形，当应力超过岩石的强度极限时，岩石体积迅速扩大，微裂隙扩张并集中形成断裂面。断裂面一旦形成并且应力超过摩擦阻力时，两盘开始相对滑动，破碎的岩石填入断裂拉开的空间形成破碎带。破碎作用、研磨作用及胶结作用使破碎带内岩石发生变质而形成断层带内的充填物质（即断层岩），围岩也因应力集中产生大量的裂缝，形成断裂破碎带。断裂带分为两部分：①以发育断层岩为特征的破碎带；②以发育大量裂缝为特征的高裂缝带。

破碎带中的岩石是断裂在形成过程中两侧岩石强烈挤压、破碎、变形的产物，一般为断层角砾岩和断层泥的混杂带。一般来说，越靠近断裂中心，岩石碎裂作用越严重，岩石颗粒越细。破碎带中断层泥分布不均匀，并且破碎带的孔隙度和渗透率很大程度上取决于其中的泥质含量。如果断裂带有大量的泥质充填，则孔渗性较差，断裂的封堵条件较好；相反，则有可能成为流体运移的通道。

高裂缝带是指位于破碎带和正常围岩之间的过渡地带。在应力的作用下，岩石只是发生了破裂，未发生明显的滑动，其分布范围由断裂活动所引起的构造应力场和岩石力学性质决定。一般越靠近断裂中心，岩石裂缝越发育，密度越大。裂缝的存在大大改善了岩石的渗透性，在断裂停止活动后的一段时间内，裂缝带将一直成为流体运移的通道，直至被矿物沉淀、充填，丧失通道作用为止。

地下工程穿越活断层问题近些年陆续增多，如巴基斯坦尼拉姆—吉拉姆水电站（已运行）和科哈拉水电站（建设中），引水隧洞均穿越区域性全新世活动断层 HFT。我国某深埋水工隧洞穿越北天山，分布有区域性断裂，即全新世活动的喀什河断裂带主断层，工程正在施工中；规划中的白龙江引水工程，穿越西秦岭的引水隧洞也需要穿越白龙江断裂等多条区域性活断层。

考虑到断层活动强烈的破坏性，黏滑类型、错距较大以及破坏后可能产生重大影响的活断层应尽可能绕避。以蠕变变形为主的活动断层的处理在工程技术上是基本成熟的，可以通过扩大洞径、洞内埋管以及设置伸缩节等措施予以解决。

3.2.7 高地温

对于深埋洞室而言，高地温是较为多见的工程地质问题之一。深埋隧洞洞内温度随着埋深的增加而增加，地温梯度一般为 2～3℃/100m，埋深超过 1000m 的隧洞大多存在不同程度的高地温现象。有些地区，如我国的新疆地区和西南地区、新西兰、日本等，由于温泉及新构造运动活跃等因素，地温存在高异常，地温梯度可达 5～10℃/100m。如日本的新黑部第三水电站水工隧洞等地下洞室岩壁温度超过 100℃，给工程施工造成很大困难。

大量的工程实践表明，当地下洞室温度超过 28℃ 时，现场人员会感觉不适，随着温度的升高，不适感会逐渐增强。在高温下长时间工作，工作效率显著降低，对人身健康会有明显危害。当洞室温度超过 35℃ 时，对机械设备的影响会逐渐显现，故障增多，效率降低，电子设备甚至无法使用。根据试验研究，岩石耐高温能力较强，但超过 300℃ 时岩石的物理力学性质会显著劣化。有的研究结果显示，温度超过 50℃ 时岩石的物理力学性质就会有所劣化。

为保证施工人员的职业健康和安全，世界各国包括我国都对地下工程施工环境温度（空气温度）提出了明确要求，如国务院 1982 年颁布的《矿山安全条例》第五十三条规定，井下工人作业地点的空气温度不得高于 28℃。《水工建筑物地下开挖工程施工规范》（SL 378—2007）、《水利水电工程施工组织设计规范》（SL 303—2004）规定，开挖施工时地下洞室内平均温度不应高于 28℃。《铁路隧道全断面岩石掘进机法技术指南》（铁建设〔2007〕106 号）要求，隧道内空气温度不得超过 28℃。《公路隧道施工技术规范》（JTG F60—2009）规定隧道内气温不宜高于 28℃。其他国家关于地下工程高地温的标准规定差异不大，大多在 27～31℃。部分国家关于地下工程高地温的规定见表 3.2-2。

表 3.2-2　　　　　　　　　　部分国家关于地下工程高地温的规定

序号	国家名称	空气温度最高值/℃	序号	国家名称	空气温度最高值/℃
1	美 国	37	6	波 兰	28
2	比利时	31	7	日 本	37
3	法 国	31	8	新西兰	27
4	荷 兰	30	9	德 国	28
5	苏 联	26	10	南 非	33

本书关于高地温的定义，是以人的感受作为主要依据之一，热源包括围岩、围岩中溢出的地下水与气体等介质，当其中之一的温度超过 28℃ 时就视为存在高地温问题。

随着地温的升高，其对工程施工和运行的不利影响会逐渐增多，影响程度逐渐增大，采取的措施也需要加强，这就提出了地温分级的问题。目前水电水利工程高地温分级尚无统一的规范性标准，主要是一些学者的认识和研究成果。

宋岳等认为，地温的分级应综合考虑对现场工作人员的危害，以及对仪器设备、爆破材料、混凝土和围岩等的影响因素，其提出的地温分级方法和标准见表 3.2-3。

表 3.2-3 宋岳等提出的地温分级方法和标准

地温级别	温度范围/℃	工 程 影 响
正常地温	<28	基本无影响
一般高地温	28~37	人员感觉不适
高地温	37~50	人员感觉明显不适，无法长时间工作；部分精密仪器无法使用，机械效率下降，混凝土需加强养护
超高地温	>50	人员无法工作，精密仪器多无法使用，机械效率明显下降，爆破材料性能不稳定或失效，混凝土施工质量、围岩-衬砌结构安全受影响

李光伟等将大瑞铁路高黎贡山越岭段地温划分为常温带、低高温带、中高温带和超高温带（表 3.2-4）。从温度范围、工程影响角度来看，两位学者的分级标准大同小异，相差不大。谢君泰等认为，在高海拔地区，由于低气压和缺氧，高地温的影响更为严重，在海拔 3000m 及以上地区热害等级应提高 1 级。

表 3.2-4 李光伟等针对大瑞铁路隧洞提出的地温带划分表

地 温 带		温度界限 T/℃	热害分析评估标准
常温带		≤28	无热害
低高温带（Ⅰ）		28<T≤37	热害轻微
中高温带（Ⅱ）	中高温带（Ⅱ₁）	37<T≤50	热害中等
	高温带（Ⅱ₂）	50<T≤60	热害较严重
超高温带（Ⅲ）		>60	热害严重

地温随深度的增加会逐渐变化，这一趋势一般采用术语"地温梯度"来描述，用每 100m 深度地温变化值来表示。多数情况下，随着深度的加大，地温是逐渐增加的，因此，地温梯度也称为地热增温梯度。地温梯度可按以下公式计算：

$$G = (T_2 - T_1) \times 100/(H_2 - H_1) \qquad (3.2-2)$$

式中：G 为地温梯度，℃/100m；H_1、H_2 为测量深度，m；T_1、T_2 为深度为 H_1、H_2 处的地温，℃。

地温梯度一般为 2~3℃/100m（煤炭系统统计结果一般为 1.6~3℃/100m），属于正常增温现象。当地温梯度大于 3℃/100m，或者小于 2℃/100m（煤炭系统认为小于 1.6℃/100m），甚至呈负增长时，一般视为地温增温异常。

我国各大盆地地区，基于长期油气勘探的积累，地温实际测量资料非常丰富，测量深度也比较大。山岭地区油气贫乏，地温测量资料明显较少。本书收集了部分山岭地区地下工程地温梯度测量成果（表 3.2-5），供读者参考。

表 3.2-5 部分山岭地区地下工程地温梯度测量成果

序号	工 程 名 称	所在地区及岩性	地温梯度/（℃/100m）
1	齐热哈塔尔水电站	西昆仑山，片麻岩	2~11
2	天山隧洞	北天山，花岗岩	1.8~2.8
3	天山隧洞	北天山，变质砂岩	2.6

序号	工 程 名 称	所在地区及岩性	地温梯度/(℃/100m)
4	科哈拉水电站	巴基斯坦克什米尔，砂岩、页岩	2.8
5	固原引水隧洞	六盘山，砂岩	2.4
6	拉日铁路隧道	青藏高原，燕山期闪长岩	6.0
7	大瑞铁路隧道	高黎贡山，花岗岩	2.3～3.6
8	戴云山铁路隧道	福建戴云山，燕山期侵入岩	0.7～2.9

3.2.8 其他特殊地质灾害

1. 膨胀岩

我国北方（包括西北）地区膨胀岩主要分布在二叠系、三叠系、侏罗系、白垩系及第三系等地层中，岩性为富含蒙脱石和石膏的泥岩、砂质泥岩、黏土岩等。通过工程实践可以认识到，尽可能地减少对围岩的扰动和采取防水结构设计，使围岩的含水量不发生较大变化，可以减少甚至避免膨胀岩的危害。这种方法和措施能够有效地防止膨胀岩干燥活化作用的发生，从而能够抑制膨胀岩膨胀作用的发挥。

2. 有害气体

天然形成的有害气体一般赋存在产生这些气体的源岩的孔裂隙中，也有少量溶于地下水中。当地下洞室开挖后，有害气体在地应力的作用下就会迅速或缓慢地向地下洞室（低压区）中释放和溢出。通过实践人们认识到有害气体有时运移距离很大，所以在许多不含有害气体源岩的地层中开挖洞室也会遇到有害气体问题。如锦屏工程区中部白山组 T_2b 和东部盐塘组 T_2y^5 地层中的白色粗晶大理岩含有硫化氢（H_2S），在放炮后所产生硫化氢（H_2S）含量出现超标现象，一旦进入现场会导致昏迷甚至危及生命。

有害气体的种类多种多样，其中危害大的主要有煤层瓦斯（CH_4）、石油天然气（nCH_4）、一氧化碳（CO）、二氧化碳（CO_2）、二氧化硫（SO_2）、硫化氢（H_2S）等。地下洞室有害气体最大允许浓度见表3.2-6。

在地质勘探时，首先要查明隧洞及其附近地区是否存在生成有害气体的源岩；并且要注意有无将有害气体引向隧洞区的地质构造条件。在施工中及时封闭围岩、加强通风和监测是十分重要的。

表3.2-6　　　　　　　　　地下洞室有害气体最大允许浓度

名 称	符 号	最 大 允 许 浓 度	
		体积比/%	重量比/(mg/m³)
一氧化碳	CO	0.00240	30
氮氧化合物	换算成 NO_2	0.00025	5
二氧化硫	SO_2	0.00050	15
氨	NH_3	0.00400	30
硫化氢	H_2S	0.00066	10

注　地下工作面空气成分的主要指标——氧气含量应不低于20%（体积比），二氧化碳含量不高于0.5%（体积比）。

3. 放射性

在引水隧洞建设过程中，现场作业人员将长年在洞中工作；当电站建成后，水电站运行监控管理人员将长期在地下厂房内工作。而洞室围岩内如含有天然核素铀（^{238}U）、镭（^{226}Ra）、钍（^{232}Th）、钾（^{40}K）、氡（^{222}Rn），其对洞内工作人员会产生外照射和内照射，有一定影响。

评价因子是由天然核素^{238}U、^{226}Rn、^{232}Th、^{222}Rn 所产生的外照射和内照射剂量，外照射剂量由 γ 辐射产生，内照射由空气中氡及其子体 α 潜能产生。其综合评价指标是评价范围内关键人群组的人均年有效剂量当量，评价方法是利用环境核辐射监测数据进行剂量估算。

为了评价、预测核辐射环境照射对地下厂房、隧洞或探洞中工作人员身体健康的影响，通过对探洞或已开挖的引水隧洞内的天然核辐射环境质量进行现状调查，并对周围进行辐射环境调查、监测和取样，对引水隧洞、地下厂房在施工过程及运行过程的环境影响作出预测评价，从而提出相应的对策。

3.3 工程地质勘察

3.3.1 勘察内容

工程地质勘察的目的是查明工程建筑物地区的工程地质条件，分析预测可能出现的工程地质问题，充分利用有利的地质条件，避开或改造不利的地质因素，为工程的规划、设计、施工、运营和管理提供可靠的地质资料。

深埋水工隧洞勘察的主要任务是查明地下洞室区的工程地质条件和水文地质条件，提出合适的洞室位置和轴线方位意见；对洞室围岩稳定和渗流进行预测及评价，为洞室支护设计、防渗与排水设计提供地质资料和参数。准确的地质资料是工程安全的重要保障。深埋水工隧洞工程地质勘察内容具体包括以下几点：

（1）层状结构的沉积岩和变质岩、似层状结构的喷出岩地区，需重点查明层间和层内软弱结构面的分布、产状、厚度、物理力学性质与渗透特性，分析其对洞室围岩稳定的影响与产生渗透破坏的可能性，块状结构岩体需要重点查明断层破碎带、软弱结构面和缓倾角结构面的发育与分布。

（2）当洞室围岩存在软岩、膨胀岩等特殊岩体（层）时，应查明其分布、特征及物理力学性质等，评价其对围岩稳定性的影响。一般当围岩强度应力比 $R_b/\sigma_m < 4$ 时，洞室就有可能发生较大变形，高应力、深埋洞室开挖后引起的应力重分布易使软岩、软弱夹层和破碎带超过其强度而产生塑性挤出，从而产生大变形。

（3）勘察侵入岩体。我国侵入岩隧洞很多，多为坚硬岩，块状岩体。东部与西部地区的工程岩体有时具有较大差异。西部地区的大型侵入体（花岗岩、闪长岩等）由于多期侵入和遭受多期构造运动的影响，岩性变化大，断裂构造发育，工程地质和水文地质条件复杂。因此，区域构造复杂地区大型侵入岩体的勘察应注意断裂、蚀变岩、放射性、大型脉体、矿体、高承压地下水等问题，并对不同的岩石进行矿物分析，提出石英或二氧化硅的含量等。而我国中、东部地区的大型侵入岩体，一般岩性较单一、坚硬、完整，工程地质条件相对较好。

（4）调查勘探平洞围岩所发生的岩爆、劈裂和钻孔饼状岩芯等现象，并开展现场地应力测试，分析岩体地应力状态，研究地应力对围岩稳定的影响，并预测岩爆发生的量级和范围，提出处理措施建议。

（5）大跨度地下洞室还应查明主要软弱结构面的分布和组合情况，并结合岩体地应力状态评价顶拱、边墙、端墙等和洞室交叉段围岩的局部稳定性，提出处理建议。

（6）查明洞室区放射性、有害气体的类型和含量。评价和预测其危害程度，并提出相应的措施及防护建议。

（7）对于有时难以避开区域性断裂构造（包括活动断裂）的长引水隧洞，应查明断裂构造的活动性、分布、性状。

（8）进行洞室围岩工程地质分类，提出各类围岩的物理力学参数建议值，评价围岩的整体稳定性，并提出支护设计建议。

3.3.2　勘察方法

3.3.2.1　工程地质测绘、调查或遥感

工程地质测绘工作仍是深埋隧洞工程的主要勘察手段之一。对于深埋长隧洞工程，地质调查和测绘的内容、要求与常规隧洞工程有所不同。在隧洞埋深达 2000m 甚至更深的情况下，洞线两侧 2000m 甚至更远的岩体、断裂都有可能会出现在隧洞围岩中，因此测绘范围扩大到隧洞两侧各 2000m 以上。有时为了追踪重要的地质现象，需要扩大地质测绘的范围。

深埋隧洞工程勘察范围大、交通困难，并缺乏基础地质资料，地面调查与测绘工作是非常艰难的。通过遥感技术（航卫片解译）、大面积地质调查、频率测深等勘探手段可以了解工程区总体地质条件。对深埋隧洞而言，遥感技术特别重要，其具有宏观性、周期性、信息量丰富、快捷及成本低等优点，可克服不利地形条件的影响。如辽宁大伙房水库输水隧洞工程进行了面积 2100km^2 的 1∶50000 遥感地质解译工作，通过航片、卫片解译及野外验证，确定了 80 余条断裂构造，初步确定了岩土体范围、地质界线、地质构造等；南水北调西线工程选择了 ETM、SPOT 和 SAR 等卫星遥感数据为主要信息源，重点对 30000km^2 范围内的断裂构造进行了解译；锦屏二级水电站前期阶段引水线路区也曾开展了面积 800km^2 的 1∶25000 遥感地质解译工作，重点对地质界线、地质构造等进行解译。

在遥感解译成果的基础上，进一步采用物探方法和地面地质调查进行复核验证，可起到事半功倍的作用。通过地质调查，可对工程区存在的岩溶及地下水、活动断层、高地温和有害气体等重大工程地质问题有初步了解，如果对洞线位置可能产生颠覆性影响时，需进行专题研究论证。

3.3.2.2　重型勘探

地下洞室勘察常用的重型勘探方法主要包括钻探和洞探。对于有地形条件布置支洞和存在相对浅埋沟谷的深埋隧洞，应在隧洞进出口和沿线布置纵横物探剖面，进出口和隧洞

离岸坡相对较近的部位布置勘探平洞，并在相对浅埋的沟谷部位布置钻孔，查明隧洞的工程地质和水文地质条件。对于无地形条件布置探洞，且沿线布置钻孔也极为困难的深埋长隧洞，宜在宏观地质调查基础上在隧洞沿线布置物探，并结合施工布局规划在隧洞进出口布置长探洞的勘探方法，综合分析隧洞的地质条件。同时，长探洞可作为施工期交通洞的先导洞或排水洞等。

1. 深钻孔

在深埋隧洞勘察过程中，钻探是常用的一类勘探手段，与坑探、物探相比较，钻探有其突出的优点：能直接观察岩芯和取样，勘探精度较高；能开展原位测试和监测工作，最大限度地发挥综合效益；勘探深度较大，效率较高。

通过钻探能够直接了解深部地层岩性、地质构造、地下水水位与水质、岩溶等基本地质条件，了解岩体放射性及有害气体的赋存特征；通过岩芯观察可以判断隧洞围岩类别，分析岩爆的可能性；通过钻孔可以取样或在钻孔内进行试验与测试工作，获得深部岩体物理力学参数等。因此，对于深埋隧洞工程，钻探仍是不可替代的主要勘察手段之一。

目前，深钻孔在国内隧洞工程勘察中的应用已经达到较高水平。南水北调西线隧洞最大钻孔深度为470m；北天山某水工隧洞钻孔最大深度为1001m，平均钻孔间距达到3～5km；丹巴水电站引水线路上的勘探布置充分利用地形优势，在根巴沟内完成1个310.40m的深孔，并在孔内开展地应力测试，达到一孔多用的目的；白龙江引水工程项目建议书阶段完成了8个深度超过600m的钻孔，最大深度为900m。国外也在深埋长隧洞工程地质勘察中使用了深钻孔，如意大利与法国之间穿越阿尔卑斯山麓的铁路隧洞，长约54km，有3.5km以上洞段埋深超过2000m，布置了20个钻孔，其中有3个深度超过1000m，平均钻孔间距小于3km；瑞士圣戈达快速铁路隧洞和伯伦纳铁路隧洞也都布置深钻孔，甚至在深孔底部又打水平孔。可见，国内外隧洞工程对钻探的应用都非常重视，并没有因埋深大、地面工作条件恶劣而减少钻孔。但限于经费和设备能力，不少钻孔是"悬挂"的，没有达到洞身位置。

深钻孔成本高昂，必须精心设计，用于关键部位，并尽量一孔多用。除取芯外，常常利用钻孔开展物探综合测井、地应力测量、孔内变形试验、孔内电视录像，以及地温、放射性测量等试验测试工作。

2. 长探洞

国内外公路、铁路长隧洞工程普遍采用平导施工方案，即小直径平导洞超前于主洞施工，其重要目的之一就是勘探前方地质条件，降低或避免严重地质灾害风险。对于地质条件复杂的深埋水工隧洞工程，宜结合拟建工程布置专门的长探洞，如作为深埋水工隧洞超前导洞、工程交通洞或排水洞等进行实施，以达到地质勘察、科学试验、超前勘探或作为项目的一部分的目的，真正做到一洞多用。

长探洞勘察的方法日益受到工程界的重视，例如，锦屏二级水电站在前期实施了5km长探洞勘察方案，其目的是：①查明工程区地应力分布规律及量级，研究高地应力条件下岩体的应力、应变特性及岩爆的发育程度和规律；②查明工程地温场特征及其变化情况、有害气体的含量与分布范围及对施工的影响程度；③验证区域断裂问题。长探洞施工时间为 1991—1995 年，最大掘进深度为 4168m，最大埋深已超 2200m，揭露了高地应力与岩爆、高压突涌水、涌泥、有害气体等工程地质问题，同时在长探洞内开展了一系列的现场岩体（石）试验、地应力测试、围岩变形测试、高压灌浆试验、超前地质预报研究、有害气体和放射性及地温研究等，并与多家高校、科研单位合作开展多方面的科研工作。通过对上述问题的分析和科学研究，为锦屏深埋水工隧洞的设计、施工提供可靠的科学依据。

此外，黄河大柳树水利枢纽工程右岸发电洞也实施了 1.2km 的勘探洞，对发电洞成洞条件的论证起到了重要作用；瑞士圣戈达隧洞为了解皮奥拉（Piora）地层的地质条件，开凿了长度约为 5.5km 的探洞；瑞士的伯伦纳隧洞也采取了类似的勘探方式，在阿尔卑斯山主峰附近开凿了约 1km 长的探洞。目前，国内深埋隧洞工程地质勘察中采用长探洞的实例还不多，但在工程建设初期，结合施工支洞进行一些试验、测试是必要的。

锦屏水电枢纽的两条与引水隧洞平行布置，且长达 17.5km 的辅助洞先于引水隧洞贯通。对于引水隧洞来说，辅助洞兼具有超前勘探、科研及试验的作用，其揭示了高地应力与强烈～极强岩爆、岩溶与地下水、有害气体等工程地质问题并得到妥善解决，所获得的研究成果为 4 条 16.7km 的长引水隧洞的设计、施工提供了可靠的科学依据。

3.3.2.3　地球物理勘探

地球物理勘探（简称物探）是通过研究天然的和人工的物理场的各种参数来进行解译的一种勘探方法。由于物探勘察手段相比钻探、洞探而言具有方便、快捷、费用较低、信息量大及自动化处理程度高等优点，在地质勘察中得到了广泛的重视和认同，在水利水电工程地质勘察中也是一种不可或缺的重要勘察手段，并获得了较好的探测效果和经济效益。而对于岩溶地区的深埋水工隧洞而言，物探手段较重型勘探更具有明显优势。但同时，物探的各类具体勘察方法和工作原理都有不同，受环境地质条件的影响，其适宜性和探测效果差别也大。目前国内外能用于深层勘探的方法仍局限于两种，即地震反射波法和大地电磁测深法。

地震反射波法主要用于研究深部大地构造和石油勘探，一般都在地形较为平缓、地层分布较均匀的地区进行，在地形切割严重、地层陡倾的地区取得反射信号，效果不理想。

大地电磁测深法目前有以下两种方法：

一种是天然场源电磁测深法，以高频大地电磁测深法（EH4）为代表，其勘探原理是基于岩体与异常体之间存在视电阻率差异，在应用电磁学理论的基础上，通过采集天然电磁场和人工建立的可控电磁场，在一定距离的远场区观测电场与磁场的变化，绘制测区视电阻率等值线图，根据视电阻率变化情况来确定地下地质异常体。EH4 测点布置应选择在远离产生电场源的地方以及电性比较活跃的点。这些电场源包括任意大小的电源线、电网、有保护设备的管线、电台、金属风车、正在运行的发动机等。如果是环境噪声问题，那么将接收器移到两倍远的地方时，这些影响应该会消除或是大大降低。好的接收点及发射点应该避免靠近有大量金属的地方，如钻探管、灌溉管道、铁路、金属挡板、粗大的金属防护栏等。其优点是利用天然场源，无场源效应影响，仪器轻便，适用于地形、气候条件恶劣的山区。该方法已成功应用于锦屏二级水电站、南水北调西线工程、陕西引汉济渭穿秦岭隧洞工程、新疆某引水工程穿天山隧洞、宜万铁路等多个深埋隧洞的地层划分、隐伏构造探查等。

另一种是人工场源电磁探测法，以可控源音频大地电磁测深法（CSAMT）和广域电磁法为代表。

可控源音频大地电磁测深法是 20 世纪 80 年代末期兴起的一种地球物理新技术，它基于电磁波传播理论和麦克斯韦方程组的水平电偶极源在地面上的电场及磁场数据来探测地下的卡尼亚视电阻率（ρ_s），根据异常体与隧洞围岩的电阻率差异特征来分析发现隧洞围岩异常区。它基于音频大地电磁测深法信号弱的不足，采用人工源补充，形成了可控源音频大地电磁测深法。该方法的优点是信号强、工作效率高，探测深度大；缺点是整套设备笨重，在交通不便的地区使用非常困难。可控源音频大地电磁测深法根据不同频率电磁波具有不同穿透深度的特点，利用人工可控源产生音频电磁信号（一般工作频率在 $0.5\sim$ 8192Hz）探测地面电磁场的频率响应，从而获得不同深度介质电阻率分布信息和目的体分布特征，不能反映浅部地层信息，其理论测深可达 1500m，有效测深为 1100m。与可控源音频大地电磁法不同，高频大地电磁测深法利用天然电磁波信号进行探测，观测频带范围为 $10\sim100$Hz，其电磁波频率相对较高，探测深度也相对浅一些，其理论测深从几米至 1000m，有效测深为 $600\sim800$m。该方法虽然探测深度大，地形适应性强，但是精度还需要进一步提高。

广域电磁法是相对于传统的可控源音频大地电磁测深法和磁偶源频率测深法（MELOS）提出来的。广域电磁法也是一种人工源频率域电磁勘探方法，通过发送与接收不同频率的信号来探测不同深度的地电信息，其基本原理是在远区也包括部分非远区在内的广大区域进行测量，观测人工源电磁场的一个分量，计算广域视电阻率值。广域视电阻率的计算公式是严格的，没有近似舍弃，可以在非远区工作，而且只需要测量电磁场的一个分量。广域电磁法摒弃了 CSAMT 变频发送、只能在远区测量、必须测量正交两个电磁场分量的弱点。相对可控源音频大地电磁测深法等，广域电磁测深法具有设备轻便、测量电磁场分量少、非远区测量获得的接收信号大等特点，因此探测深度、效率及测量精度更高，且抗干扰能力强。该方法曾在雅砻江卡拉水电站深埋长引水隧洞的勘察过程中得到应用。

由于各种物探方法都有其优缺点，深埋水工隧洞物探勘察适宜采用综合手段，不同方法之间相互补充和验证，采取点、线、面结合，定性与半定量结合的勘探布置和分析原则。

3.4 水文地质勘察

3.4.1 勘察内容

深埋水工隧洞围岩突涌水、突泥问题是影响施工进度和造成工程事故的主要工程地质问题和常见的工程地质灾害。隧洞开挖人为改变了隧洞区水文地质条件，附近水力梯度加大，隧洞成为地下水新的主要排泄通道，诱发了突涌水灾害。针对这些地质问题需要开展相应的水文地质勘察工作。

水文地质勘察是研究水文地质条件的主要手段。水文地质勘察的目的是为了查明地下水的形成、分布规律，并在此基础上对可能存在的水文地质问题进行评价。

水文地质勘察应以地下水赋存、补给、径流和排泄条件为重点。深埋水工隧洞水文地质勘察主要是调查洞室区的地下水位、水压、水温、水化学成分，以及岩体的透水性、外围泉水分布及流量动态，并结合气象资料和水文地质条件，划分水文地质单元，分析各单元的补给、径流和排泄特征。

可溶岩地区岩溶水文地质勘察应在调查区域岩溶发育特征和水文地质条件的基础上进行。可溶岩地区隧洞可能存在的大流量、高水压的突涌水及突泥等地质灾害是隧洞施工作业时的重大安全风险及隐患，需查明可溶岩地层的岩溶发育规律及特征，根据地形地貌、地层岩性、地质构造、含水介质类型、水温、水化学特征、地表沟水或泉水的流量变化动态、地下水的变化情况、岩溶发育及气候条件的控制或影响，划分岩溶水文地质单元，分析各单元的补给、径流和排泄特征；并综合分析岩溶发育深度和程度，预测隧洞内的最大瞬时突发性涌水量和涌水点数量、最大外水压力等。

3.4.2　勘察方法

水文地质勘察工作应以地下水系统等现代地学理论为指导，充分运用遥感、地球物理勘探、水化学、数值模拟等技术方法，采用资料收集、遥感解译、水文地质测绘、物探、钻探、水文地质试验、示踪试验、地下水动态监测、取样测试、模拟分析、综合研究等手段。

针对深埋水工隧洞具有高海拔、高山峡谷区的水文地质特点，采用大范围水文地质调查定性、长时段岩溶水动态观测、人工法和天然法岩溶水示踪、水均衡研究半定量，少量钻孔、深平洞勘探定量的勘察研究技术。如锦屏二级水电站引水隧洞区超过 80％的面积为碳酸盐岩，其工程地质测绘及岩溶水文地质调查范围为整个雅砻江大河湾地区，比例尺为 1∶25000 的地质测绘，调查面积达 1887km^2；岩溶水示踪试验 7 次；岩溶水流量和水化学动态观测时间达 17 年，水同位素观测时间为 7 年，最深单条勘探平洞达 4168m，并采用水文地质比拟法、水均衡法、三维渗流场模拟方法预测引水隧洞的最大总稳定涌水量。

1. 水文地质调查

在工程地质测绘工作中，对于水文地质测绘要充分重视，必要时应进行专门的水文地质、岩溶调查。洞线附近的小流域与隧洞涌水问题的评价有直接关系，应纳入调查与测绘范围。高山区的溪流、泉水往往没有观测资料，测绘过程中应对地表水体的范围、水量、水位进行调查，应选择多个断面采用简易仪器估测溪流流量，对泉水应进行重点调查与观测。高山区气温、降雨量、蒸发量和降雨入渗规律与山下存在显著不同，更缺乏直接的观测资料，这些资料对于预测隧洞涌水量、地温都是必要的，因此有条件时应在洞线附近分高程设置专门的观测站点。

水文地质遥感方法依据各类遥感数据，通过识别、提取及综合分析遥感图像信息反映的地貌、地层岩性、地质构造、水文地质要素等，分析、判断调查区的水文地质特征。

在遥感解译成果的基础上，进一步采用物探方法和地面地质调查进行复核验证。物探方法也因其探测精度受到各种自然与人为因素的干扰，以及成果的多解性与地区性的局限，其探测成果常需经过钻探的校核。在水文地质勘察中广泛应用的物探方法是电法勘探。

通过水文地质调查，可对工程区存在的岩溶及地下水等重大工程地质问题有初步了解，如果对洞线位置可能产生颠覆性影响时，需进行专题研究论证，如岩溶水文地质专题研究。

2. 地下水动态、水均衡及岩溶水示踪研究

地下水动态是指在各种自然和人为因素的影响下，地下水的水位、水量、水化学成分、水温等随时间的变化情况。分析岩溶水水温、水量的长期动态变化特征，研究地下水的衰减变化，分析地下水空间的介质特征。

地下水均衡是分析研究某一时间段内某一地段地下水水量（盐量、热量、能量）收支平衡的数量关系，采用降水量的高山效应和泉水、地表水的长期观测资料进行水均衡分析。

渗流场和水均衡的分析：渗流场分析中采用耦合理论，运用子模型技术，分析隧洞开挖后的地下水渗流场分布规律以及渗流梯度、渗流速度规律。水均衡的分析改进了雨水补给量计算方法，并应用水化学、水同位素高山效应确定岩溶水补给区。

以元素痕量级异常追踪岩溶水运动的三元示踪试验，分析采用地下水质运移理论、稀疏裂隙网络统计模型等理论与方法，大幅度提高示踪信息提取程度和解译精度。锦屏二级水电站工程区处于高山峡谷岩溶区，地下水埋藏深、露头少，以大泉集中排泄为主。加之地形陡峻，交通不便，应用常规水文地质勘探手段受到很大限制，地下水示踪试验成为查清水文地质条件最为有效的手段之一。其中 1994 年的示踪试验最长示踪距离为 14.0km，示踪深度为 $1000 \sim 1500\text{m}$，综合指标超过了南斯拉夫狄纳尔山区特列比斯尼卡河流域和卢布尔雅那河流域等世界上最大的岩溶水示踪试验。

采用长时段水化学和水同位素观测试验，研究各类水的物理、化学特征和变化规律及其影响因素，各地表沟、泉水的关系和水力联系特征；研究各类水同位素（$\delta^{18}O$ 值、^3H 值）的平面分布、动态变化特征和 $\delta^{18}O$ 高程效应，建立地下水的年龄模型，分析各单元泉水的补给区范围，从水化学、水同位素角度论证深埋隧洞工程区的岩溶水文地质条件。

另外，针对雅砻江锦屏大河湾岩溶水地下水位高、水温低的特点，开展了高压低温条件下（温度为 10℃，压力分别为 10MPa、20MPa）大理岩的溶蚀试验，填补了低温高压状态碳酸盐岩溶蚀研究的空白。

3. 重型勘探

对于地质条件复杂的深埋水工隧洞工程，宜结合拟建工程布置专门的长探洞，如作为深埋水工隧洞超前导洞、工程交通洞或排水洞等进行实施，以达到地质勘察、科学试验、超前勘探或作为项目的一部分的目的，真正做到一洞多用。例如：锦屏二级水电站在前期实施了 5km 长探洞勘察方案，其目的是查明工程区的地质构造特征，高山峡谷地区的岩溶发育规律及深埋条件下的水文地质条件。长探洞内揭露了高压突涌水、涌泥等水文地质问题，并在长探洞内开展了水化学试验，开展了相当于在岩溶地区进行大型堵水和放水的水文地质试验，进行了 4 次示踪试验和一系列的气象、水文、水化学、水同位素的动态观测和分析。锦屏二级水电站两条与引水隧洞平行布置的长达 17.5km 的辅助洞先于引水隧洞贯通，对于引水隧洞来说，辅助洞兼具有超前勘探、试验的作用，其揭示了岩溶与高压突涌水、涌泥等水文地质问题并得到妥善解决。

水文地质钻探可以更直接而较准确地了解含水层的埋藏深度、厚度、地层、构造、分布情况、水位和水质，以及岩溶等基本地质条件，并验证测绘与物探的成果。利用钻井进行抽水试验、注水试验，从而确定含水层的富水性和水文地质参数（渗透系数、给水度、越流系数等）。地下水动态的长期观测工作亦大多是通过钻孔进行的。

4. 三维渗流场分析

对于初始渗流场的计算，确定基本的渗流场分布规律和地下水流向，为引水隧洞的开挖分析奠定基础，因此其对于精度的要求也不同于隧洞开挖涌水量计算的要求。可采用子模型技术，分别建立整体模型和子模型，整体模型在分析研究工程区内基本的渗流场分布规律和地下水流向的同时，又为子模型提供边界条件。子模型方法又称为切割边界法或特定边界法。切割边界就是子模型从整个较粗糙的模型分割开的边界。整体模型切割边界的计算值即为子模型的边界条件。

子模型方法是通过建立粗细两种网格对模型部分关键区域得到更加精确解的一种有限元技术。它是在有限元粗网格的基础上对用户关心的区域进行网格加密，从而得到满意的精度的一种方法。如在对锦屏二级水电站工程资料详细分析并加以概化的基础上，建立了数值分析物理模型，借用应力计算分析中的子模型技术，来对锦屏二级水电站引水隧洞开挖过程进行耦合分析。

对渗流场计算成果分析的目的是使假定的渗流场满足一定的约束条件，这些约束条件包括：①各子区域的水量均衡；②计算渗流场地下水流向与示踪试验成果一致；③特定地区水头值与实际值相符。

建立基于工程区的水文地质模型，提出适合于工程区岩溶水文地质条件的渗流数值分析模型和计算参数，给出工程区三维初始渗流场及不同渗控条件下渗流分布规律，进而预测引水隧洞开挖后的稳定涌水量和外水压力。在三维有限元模型中，综合考虑岩体地质力学模型的概化和计算区域地形地貌的模拟等问题，将按照"先宏观后微观"的技术步骤，模型的构建遵循"点→线→面→体"自下而上的建模原则。

通过分析基础地质条件及实测渗流资料（如泉水、钻孔、探洞内各出水点等观测资料），结合区域的渗流场特征、河谷形成演化史，对勘探资料充分分析论证，摸清导水构造分布规律，研究建立适于工程区的水文地质模型和数值分析模型，选择适宜的计算参数。地下水的来源主要是大气降雨和降雪产生的入渗，其地下水运动有着自身特殊的规律性。降雨入渗过程是一个非常不稳定的过程，在分析时要完全模拟这一过程难度较大。数值分析并不谋求对降雨入渗过程的精确模拟，而是将降雨入渗效果看作为维持地下渗流场稳定的因素，用等效入渗率来代表极不恒定的降雨入渗过程。此时可把潜水运动近似作为恒定流来处理。同时鉴于目前对于考虑地表入渗的裂隙岩体渗流的研究还远未达到实用的阶段，因此，研究其他等效方法对有地表入渗的裂隙岩体饱和非饱和渗流场进行分析。随着勘测及研究工作的深入，逐步考虑对典型区段进行考虑裂隙和岩溶的非稳定流渗流分析，并应用岩体水力学、渗流有限元理论等现代数理力学方法，采用原型观测与数值计算相结合手段计算三维渗流场。深入研究在特定的地质体空间结构、含水介质和水动力条件及其边界条件下的隧洞涌水预测方法，继而预测引水隧洞开挖后的稳定涌水量和外水压力、水文地质环境的变化情况（包括地下水流向、地下水位及其对老庄子泉和磨房沟泉的影响等），提出治水对策和主要工程措施。

3.5 地应力测试及分析

3.5.1 地应力测试

深部原始地应力（简称地应力）是深埋隧洞工程的重要地质资料之一。地应力的大小、方向是评价地下工程岩体性状、岩体渗透性、围岩稳定性、岩爆及围岩变形等不可或缺的资料。深部地应力问题也越来越受到研究深埋隧洞工程的勘察、设计和施工等各方的重视。但是以往的地应力测试资料多局限在较浅（小于500m）的部位，从理论上或运用数学公式推算深部原始地应力的大小和方向，其精度较差。地下工程设计规范要求对于大型地下洞室必须进行原位地应力测量，并将此作为设计的依据。

随着科学技术的发展，面对不同的工程需要，地应力测量工作不断发展和深入，各种测量方法和测量仪器也不断发展起来。就世界范围而言，目前各种地应力测量方法和测量设备有数十种之多，并且各种方法都有其自身的优缺点和使用条件。应用于工程中常规地应力测试的方法主要有水压致裂法、应力解除法（包括孔径变形法、孔壁应变法、孔底应变法和孔壁切割解除法）、应力恢复法、应变恢复法、声发射法（Kaiser法）、空心包体法等。

2000年以前，锦屏二级水电站所有地应力测试工作均是采用常规水压致裂法、应力解除法、声发射法测试完成；2000年以后的地应力测试均采用常规的水压致裂法，随着锦屏辅助洞的掘进越来越深，埋深逐步增加，埋深均超过1800m，岩体地应力越来越高，采用常规的水压致裂法地应力测试设备已无法满足测试要求。随后采用多种地应力测试方法进行尝试性研究，包括孔径变形法、孔底应变法、表面应变法、声发射法、钻孔局部壁面应力解除法。现场测试结果表明，以上的尝试研究方法均以间接测量为主，这些方法往往借助物理参数进行成果计算，而不是直接获取应力值，这些方法的测试受很多主观和客观因素的制约，无法客观真实地反映出锦屏超高应力状况下的岩体地应力特征。而水压致裂法数据可以最直观可靠地反映地应力量级及方向，因此对常规水压致裂法设备存在的主要问题（供压系统的不足，管路系统承受高压不足，封隔器系统、印模系统承受压力不足）进行改进创新，形成超高压水压致裂法测试技术。

水压致裂法地应力测量利用一对可膨胀的橡胶封隔器，在预定的测试深度封隔一段钻孔，然后泵入液体对该段钻孔施压，根据压裂过程曲线的压力特征值计算地应力。常规水压致裂法测试地应力记录过程曲线见图3.5-1。超高压测试系统测试记录也需达到此标准记录。

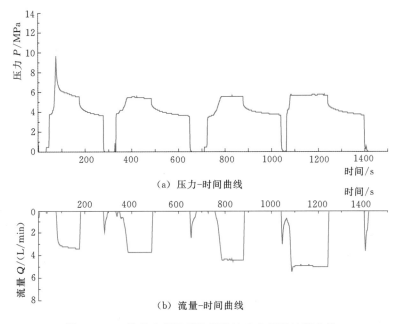

（a）压力-时间曲线

（b）流量-时间曲线

图 3.5-1 常规水压致裂法测试地应力记录过程曲线

完整的水压致裂法测试系统主要包括供压系统设备、管路系统、试验压力钢管、封隔器、试验段花管、印模器、压力传感器、记录仪等。超高压水压致裂法地应力测试系统见图 3.5-2。

超高压水压致裂法测试系统主要攻克的难题就是供压、管路系统、封隔和印模系统、压力流量传感系统要满足测试要求。其主要改进内容如下：

（1）超高压油泵供压系统是由 4 台油泵并联加压，包括超高压油泵、节油器、分配阀和逆止阀等配

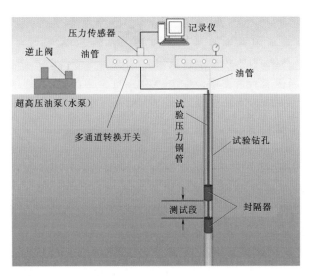

图 3.5-2 超高压水压致裂法地应力测试系统

置了专用的启动控制箱，最高供压能力大于 120MPa。

（2）为解决超高压油泵供压系统供压不足，回油所需时间较长，油耗量大（试验过程中封隔器破裂时）等缺陷，重新设计形成了超高压水泵供压系统。设计最高工作压力达 150MPa，流量为 10L/min，根据试验要求，在水泵上增设了超高压逆止阀和卸压阀，并配置四轮车架。

（3）超高压管路系统主要包括耐高压专用进口油管（承压 150MPa）、高压压力传感器、流量传感器、压力表、多通转换器、超高压油管接头、逆止阀、封闭阀等。此系统整

体耐压能力均达到150MPa以上。

（4）研制出耐压超过150MPa的新型超高压试验压力钢管装置。超高压试验压力钢管的设计外直径为38mm，长有150cm和300cm两种，采用外接头连接方式，连接部分采用了先进的高压密封技术，成功解决在超高压作用下的接头部分抗拉和耐压问题。

（5）由于测试压力的大幅度提高，结合配套的超高压试验压力钢管和油管尺寸布置，超高压封隔器的外直径设计为90mm，长度约148cm，设计工作压力为100～120MPa。

（6）针对前面封隔系统的破损严重、卡孔问题，经过分析，确定造成此现象的主要根源是钻孔孔径偏大，不满足封隔要求。为此通过加固稳定钻机、钻孔中部采用居中导向器、钻头改良等措施确保钻孔质量。同时采用边钻机边测试的方法，最大限度地克服时间效应和应力调整引起的变形。

（7）记录系统采用无纸电子自动记录，可以随时记录、监测测试过程中地应力（P）、流量（Q）随时间的变化，通过控制测试工程中的供压和流量，准确求出岩体的破裂压力、重张压力、闭合压力、最大水平主应力、抗拉强度等，并且可以根据不同的记录曲线，准确地判断测试段岩体致裂属性，为后期的地应力方向确定奠定了技术基础。

利用改进创新后的超高压水压致裂法测试系统，在锦屏二级水电站深埋隧洞深部开展了地应力测试并获得了成功，实测的最大地应力值达到113.87MPa，为世界地下工程实测最大值。

3.5.2　地应力场分析

地应力不仅是决定区域稳定性的重要因素，而且是地下或地面开挖岩土工程变形和破坏的作用力。深埋地下工程设计的重要基础是应力和岩体力学特性之间的关系，而地应力是深埋工程开挖以后围岩应力的唯一来源，因此直接影响到围岩开挖响应，关系到围岩的稳定性。

深埋水工隧洞一般洞线长，埋深较大，区域跨越性大，高地应力问题突出，但高地应力引起的应力型破坏并非和埋深之间存在单调增长关系。如锦屏二级水电站深埋隧洞最强的岩爆破坏并非出现在最大埋深段，岩芯饼化往往只在某一个孔深段出现，除少数极端情况外，很少出现全孔饼化的现象。造成这一现象的主要原因是地应力分布的不均匀性，在岩性条件保持稳定的情况下，岩芯饼化指示了地应力异常现象。局部地应力异常是导致岩爆破坏的重要因素，特别是强烈的岩爆破坏，一般是局部异常地应力影响的必然结果。这就需要对隧洞沿线的应力场进行分析，对高地应力、局部应力异常段进行及早防护，保障施工安全。

目前国际上确定岩体地应力的方法主要是三大类：地应力测试、经验估计及数值分析方法。工程实践表明，孤立地使用上述方法之一，或单纯依赖传统的数值分析加多元回归的方法，很难得到合理的地应力场。针对深埋水工隧洞洞线长、埋深较大、构造作用强烈、沿线地应力测点有限的特点，以锦屏二级水电站引水隧洞为工程实践，提出了超长隧洞地应力场的综合分析方法：①进行宏观地应力分析，包括地应力分布规律分析和基于测试数据的数值分析＋多元回归方法；②非线性插值得到某一洞段的局域地应力场；③跟踪现场工程开挖，及时获得现场揭露信息，验证和动态修正局部地应力大小和方向；④进行规律的进一步认识和归纳，得到隧洞沿线的地应力场和分布规律。锦屏二级水电站隧洞沿线地应力场分析思路见图 3.5-3。

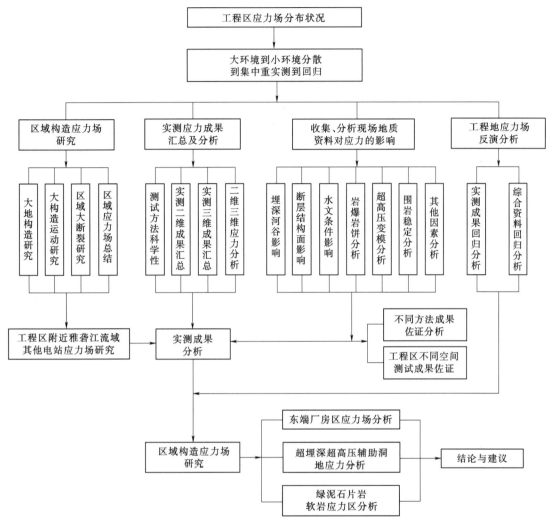

图 3.5-3　锦屏二级水电站隧洞沿线应力场分析思路

深埋水工隧洞沿线应力场分析经验总结如下：

（1）以大地构造为背景的地质力学分析是判断宏观初始应力场的主要方法。根据隧洞沿线基本地质条件，主要是地层年代和基本构造格局分析对应的历史构造地应力场特征。在没有受到后期严重干扰的情况下，与地质格局对应的历史构造地应力场的基本特征可以在现今地应力场中得到继承，其中最可靠的就是最大主应力方位。

（2）地应力测量仍然是目前了解地应力分布的唯一直接方法，在深埋区域的地应力测量分析应注意以下几点：

1）传统的水压致裂法、孔径变形法、空心包体法、孔壁应变法、孔底应变法、表面应变法、声发射法等不再适用于深埋岩体，因此需要研发新的测试设备，改进以理想弹性理论为基础的计算依据。

2）获得更多的地应力测量资料并从中获得比较可靠的资料是应用地应力测量成果的一种思路，但因为测量工作存在的时间和费用消耗问题，能进行大量测量的工程并不是很多。因此，实际地应力测点的布置应在前期宏观应力场分析的基础上，布置一些验证性测点和代表性测点。

3）在目前条件下的任何地应力测量都存在测量结果的代表性问题，即测量结果是反映某一个点的局部地应力状态，它可能受该点附近的局部地质条件（如微裂缝）影响。因此，地应力场分析中的一项重要工作是甄别这些地应力测量结果的代表性。甄别的主要依据：一是检查最大主应力与测点处岩体自重的关系；二是检查测点的主应力方向与前期宏观应力场判断是否一致。

4）剔除明显不可靠地应力测点数据以后的大量测量资料的统计分析结果，可望能比较好地反映这个地区的地应力场特征。依赖地应力测量成果进行统计分析的方法有很多，比如国内的趋势函数和多项式回归等方法，国际上应用最普遍的还是应力与深度之间的线性统计分析。

（3）岩体地应力的方位特征对深埋地下工程围岩稳定具有重要意义，在目前世界上的地应力测量还不能保证测试成果的可靠性的现实情况下，工程中应该充分结合其他方法来判断岩体地应力状态。正确获得岩体地应力场特征、验证初始地应力状态的其他方法包括洞室开挖以后破坏性质和位置的统计分析、洞室断面上的声波测试、收敛变形监测、洞周钻孔岩芯状态分析，等等。这些方法中以调查和统计洞周破坏形状和出现位置最可靠和最直接。现场开展这一工作时存在几个重要环节：

1）正确认识高应力破坏，如应力节理、剥落、片帮、岩爆等高应力现场，特别是破坏程度不高但普遍存在的应力节理等现象。

2）描述这些破坏现象在洞周所出现的位置、破坏形态、破坏深度、延伸长度等。现实中影响破坏形态的因素可能比较多，如爆破、结构面、地应力状态、洞室断面形态和开挖顺序等，这些因素的影响一般都可以通过细致的现场工作加以区分，建立在工程经验基础上的正确甄别是基础。

3）统计分析。在高应力条件下，地应力状态对围岩破坏位置和破坏特征的影响具有内在联系，在很多种情况下，统计分析可以很好地帮助说明问题。比如在正确获得辅助洞高应力破坏位置信息以后的统计分析，可以很好地帮助指示初始地应力场的基本特征。

4）在大部分情况下，洞室周边高应力破坏是应力集中的结果。应力集中区也可以通过其他方式检测到。比如在岩体相对均匀、洞室断面上确实存在明显的应力集中区的条件下，洞室断面上的声波测试成果就有可能检测到应力集中区的位置，从而帮助判断初始主应力状态。

（4）褶皱核部附近存在局部地应力场，当不存在现今构造应力作用时，核部一带坚硬地层中水平应力与垂直应力的比值总体呈上升趋势；当存在现今构造应力挤压作用的影响时，应力集中现象出现在相对坚硬的地层中，褶皱附近局部地应力作用范围增大。其中相对坚硬的翼部地层中水平主应力大小及其与垂直应力的比值均呈增大趋势，而在接近核部地带的变化相对较复杂，相对翼部地层而言可能出现降低现象。

（5）就工程关心的局部地应力场特征而言，断裂造成的局部地应力场非常局部化，主要在数米的尺度范围发挥作用，但异常程度大。褶皱的影响范围则要大得多，明显影响区域范围可以达到 200m 左右的尺度，即出现长度达到 200m 尺度的地应力异常洞段，相对于断裂端部而言，地应力异常程度相对要弱一些。

（6）隧洞沿线初始应力场分析是一个动态过程。随着隧洞掘进工作的推进，利用现场跟踪工作获得的各种信息，按上述分析思路和方法，确定由这些新的信息和资料获得的岩体地应力场成果，补充和完善此前已建立的应力场，为后续掘进提供更精确的设计参数，保障施工安全。

3.6　深埋隧洞围岩分类体系

岩体质量分级是评价围岩稳定性的方法之一。20 世纪 60 年代前，围岩分级主要以岩石强度这一单指标为基础，可靠度较低；60 年代以后，地下洞室围岩分级有了新的发展，人们逐步引入了岩体完整性的概念等，并于 20 世纪末得到飞速发展。迄今，国内外提出的洞室围岩分级方法多达百种，目前我国水电行业常用的围岩分级方法主要有 Q 系统法、RMR 分类、国标 BQ 方法、水电围岩分类（HC 分类）等 4 种。这 4 种围岩分级方法多未充分考虑高地应力和高外水压力环境的影响，对于类似锦屏二级水电站超深埋、高外水压力的引水隧洞的围岩分类适用性不高。

锦屏二级水电站以大水沟长探洞围岩分类为原型，总结、对比、归纳出适合高地应力、高外水压力条件下的围岩分类方法，经过当时正在施工中的辅助洞围岩稳定情况来验证长探洞中取得的研究成果，从而建立了以锦屏长探洞、辅助洞作为基本研究对象，在高地应力及高外水压力条件下的围岩分类体系（JPF）及相应的支护措施。由于 JPHC 分类的结果与实际围岩类别最接近，JPQ 和 JPRMR 也有较好的吻合率，因此，锦屏深埋隧洞围岩分类体系是在水电围岩分类（HC 分类）基础上建立起来的 JPHC 分类为主，JPQ 和 JPRMR 为辅助分类手段，对分类结果进行比较、印证，该分类系统称为 JPF 围岩分类体系，适用于高地应力、高外水压力条件下的围岩分类。

1. 高地应力、高外水压力条件下硬岩分类体系

JPHC 分类是在 HC 分类的基础上建立起来的，去掉了 HC 分类中"围岩工程地质分类表"中的脚注"Ⅱ类、Ⅲ类、Ⅳ类围岩，当其强度应力比 S 小于本表规定时，围岩类别宜相应降低一级"，根据长探洞、辅助洞及引水隧洞已开挖段变形破坏特征，引入了地应力修正系数 K_s，以反映高地应力作用对围岩类别的影响，并在地下水评分表中增加了高外水压力的相关内容。

JPHC 围岩工程地质分类以岩石强度、岩体完整程度、结构面状态、地下水和主要结构面产状五项因素的评分为基本判据，与原分类相同，地应力修正系数为修正判据，并应符合表 3.6-1 的规定。表中 T_{JP} 的计算公式为

$$T_{JP} = T - 100k \tag{3.6-1}$$

其中
$$T = T' + T''$$
(3.6-2)

$$T' = A + B + C$$
(3.6-3)

$$T'' = D + E$$
(3.6-4)

式中：T_{JP} 为 JPHC 分类的评分值；k 为地应力折减系数；T' 为围岩基本评分；A、B、C 分别为岩石强度的评分、岩体完整程度的评分、结构面状态的评分；T'' 为修正分，D、E 分别为地下水状态的评分、主要结构面产状的评分。

表 3.6-1　　　　　　　　　水电工程围岩工程地质分类表

围岩类别	围岩稳定性	围岩总评分 T_{JP}	支护类型
Ⅰ	稳定：围岩可长期稳定，一般无不稳定体	$T_{JP} > 85$	不支护或局部锚杆或局部喷薄层混凝土；大跨度时，喷混凝土、系统锚杆加钢筋网。 Ⅱ_b 支护类型：不支护或局部锚杆或喷混凝土；对岩爆频繁段，采用系统锚杆和挂网喷混凝土加固
Ⅱ	基本稳定：围岩整体稳定，不会产生塑性变形，局部可能产生掉块	$65 < T_{JP} \leq 85$	
	轻微岩爆（Ⅰ级、Ⅱ_b），围岩表层有爆裂脱落、剥离现象，内部有噼啪、撕裂声，人耳偶尔可听到，无弹射现象；主要表现为洞顶的劈裂-松脱破坏和侧壁的劈裂-松胀、隆起等；岩爆零星间断发生，影响深度小于 0.5m		
Ⅲ	局部稳定性差：围岩强度不足，局部会产生塑性变形，不支护可能产生塌方或变形破坏；完整的较软岩可能暂时稳定	$45 < T_{JP} \leq 65$	喷混凝土，系统锚杆加钢筋网；跨度为 20～25m 时，并浇筑混凝土衬砌。 Ⅲ_b 支护类型：加密锚杆加钢筋网，局部格栅钢架支撑；锚杆采用梅花形布置方案，加垫板
	中等岩爆（Ⅱ级、Ⅲ_b），围岩爆裂脱落、剥离现象较严重，有少量弹射，破坏范围明显；有似雷管爆破的清脆爆裂声，人耳常可听到围岩内岩石的撕裂声；有一定持续时间，影响深度为 0.5～1m		
Ⅳ	不稳定：围岩自稳时间很短，规模较大的各种变形和破坏可能发生	$25 < T_{JP} \leq 45$	喷混凝土、系统锚杆加钢筋网，并浇筑混凝土衬砌。 Ⅳ_b 支护类型：应力释放孔，喷混凝土、加密系统锚杆加钢筋网，并浇混凝土衬砌或格栅钢架支撑。
	强烈岩爆（Ⅲ级、Ⅳ_b），围岩大片爆裂脱落，出现强烈弹射，发生岩块的抛射及岩粉喷射现象；有似爆破的爆裂声，声响强烈；持续时间长，并向围岩深度发展，破坏范围和块度大，影响深度为 1～3m		
Ⅴ	极不稳定：围岩不能自稳，变形破坏严重	$T_{JP} \leq 25$	Ⅴ_b 支护类型：应力释放孔，喷混凝土、加密系统锚杆加钢筋网，并浇混凝土衬砌或格栅钢架支撑；可酌情增设一定的仰拱
	极强岩爆（Ⅳ级、Ⅴ_b），围岩大片严重爆裂，大块岩片出现剧烈弹射，震动强烈，有似炮弹、闷雷声，声响剧烈；迅速向围岩深部发展，破坏范围和块度大，影响深度大于 3m		

岩石强度评分（A）、岩体完整程度评分（B）、结构面状态评分（C）、地下水评分（D）及主要结构面产状评分（E）分别见表 3.6-2～表 3.6-6。

表 3.6－2　　　　　　　　　　　　岩 石 强 度 评 分 （A）

岩质类型	硬 质 岩		软 质 岩	
	坚硬岩	中硬岩	较软岩	软岩
饱和单轴抗压强度 R_b/MPa	$R_b>60$	$60{\geqslant}R_b>30$	$30{\geqslant}R_b>15$	$15{\geqslant}R_b>5$
岩石评分	30～20	20～10	10～5	5～0

注　1. 岩石饱和抗压强度大于 100MPa 时，岩石强度的评分为 30。

　　2. 当岩石完整程度与结构面状态评分之和小于 5 时，岩石强度评分大于 20 的，按 20 评分。

表 3.6－3　　　　　　　　　　　　岩体完整程度评分 （B）

岩体完整程度		完整	较完整	完整性差	较破碎	破碎
岩体完整性系数 K_v		$K_v>0.75$	$0.75{\geqslant}K_v$ >0.55	$0.55{\geqslant}K_v$ >0.35	$0.35{\geqslant}K_v$ >0.15	$K_v{\leqslant}0.15$
岩体完整性评分	硬质岩	40～30	30～22	22～14	14～6	<6
	软质岩	25～19	19～14	14～9	9～4	<4

表 3.6－4　　　　　　　　　　　　结构面状态评分 （C）

结构面状态	张开度 W/mm	闭合 $W<0.5$	微张开 $0.5{\leqslant}W<5.0$										张开 $W{\geqslant}5.0$	
	充填物		无充填				岩屑			泥质			岩屑	泥质
	起伏粗糙状态	起伏粗糙	起伏粗糙	平直光滑	起伏粗糙	起伏光滑或平直粗糙	平直光滑	起伏粗糙	起伏光滑或平直粗糙	平直光滑	起伏粗糙	起伏光滑或平直粗糙	平直光滑		
结构面状态评分	硬质岩	27	21	24	21	15	21	17	12	15	12	9	12	6
	软质岩	27	21	24	21	15	21	17	12	15	12	9	12	6
	软岩	18	14	17	14	8	14	11	8	10	8	6	8	4

注　1. 结构面延伸长度小于 3m 时，硬质岩、较软岩的结构面评分另加 3 分，软岩加 2 分。结构面延伸长度大于 10m 时，硬质岩、较软岩减 3 分，软岩减 2 分。

　　2. 当结构面张开度大于 10mm 时，无充填物时，结构面状态评分为 0。

表 3.6－5　　　　　　　　　　　　地 下 水 评 分 （D）

活 动 状 态			干燥到渗水滴水	线状流水	涌 水	突 水
水量 q（L/min・10m 洞长）或压力水头 H（m）或外水压力 P_w（MPa）、水力劈裂的临界压力 P_c（MPa）			$q{\leqslant}25$ 或 $H{\leqslant}10$	$25<q{\leqslant}125$ 或 $10<H{\leqslant}100$	$125<q{\leqslant}250$ 或 $100<H{\leqslant}200$ 或 $1<P_w{\leqslant}P_c$	$250<q{\leqslant}300000$ 或 $200<H{\leqslant}1000$ 或 $P_c<P_w<10$
基本因素评分 $T'(A+B+C)$	$100{\geqslant}T'>85$	地下水评分 D	0	0～－2	－2～－6	－14～－18
	$85{\geqslant}T'>65$		0～－2	－2～－6	－6～－10	－18～－22
	$65{\geqslant}T'>45$		－2～－6	－6～－10	－10～－14	－22～－26
	$45{\geqslant}T'>25$		－6～－10	－10～－14	－14～－18	－26～－30
	$T'{\leqslant}25$		－10～－14	－14～－18	－18～－20	－25

表 3.6-6　　　　　　　　　　　　　　主要结构面产状评分 （E）

结构面走向与洞轴线夹角/(°)		90～60				60～30				<30			
结构面倾角/(°)		>70	70～45	45～20	<20	>70	70～45	45～20	<20	>70	70～45	45～20	<20
结构面产状评分	洞顶	0	-2	-5	-10	-2	-5	-10	-12	-5	-10	-12	-12
	边墙	-2	-5	-2	0	-5	-10	-2	0	-10	-12	-5	0

注　按岩体完整性分级为完整性差、较破碎的围岩不进行主要结构面产状评分修正。

地应力折减系数 k 按表 3.6-7 的规定取值。

表 3.6-7　　　　　　　　　　　　　　地应力折减系数 k 取值表

岩爆烈度等级	无岩爆	Ⅰ级岩爆区	Ⅱ级岩爆区	Ⅲ级岩爆区	Ⅳ级岩爆区
R_b/σ_m	>7	4～7	2～4	1～2	<1
k	0	0.10～0.15	0.15～0.22	0.22～0.3	>0.3

注　1. R_b 为岩石饱和单轴抗压强度，MPa；σ_m 为围岩最大主应力，MPa。
　　2. 岩爆烈度等级的判断宜采用综合判定法，即根据地应力、岩性、岩体完整性等综合判定，表中所给的 R_b/σ_m 只作为参考判据。

2. 高地应力高外水压力条件下软岩分类体系

JPF 分类法是建立在硬质岩为主要围岩的基础上，对 HC 分类、Q 分类、RMR 分类修正后确定的一种适用于高地应力、高外水压条件下的围岩分类体系。常规围岩分类体系在软岩洞段适用性差，针对绿泥石片岩的工程力学特性，对常规围岩分类进行修正，建立符合软岩段工程实际的围岩分类体系。表 3.6-8 是对软岩围岩分类体系修正的具体情况。

表 3.6-8　　　　　　　　　　　　　　软岩围岩分类体系修正情况

项　目		内　容	调　整　情　况
HC 分类	地应力折减系数 k	分类中针对岩爆强度进行分级评分，且分值没有细化	软岩（强度应力比 $S<1$ 时）的地应力折减系数 $k=(1-S)/10$。式中：S 为围岩强度应力比，$S=R_b \cdot K_v/\sigma_m$；其中 R_b 为岩石饱和单轴抗压强度，MPa；K_v 为岩体完整性系数；σ_m 为围岩的最大主应力，MPa，当无实测资料时可以自重应力代替
Q 分类	节理组数 J_n	对于软弱围岩，向不利方向取值	当 $R_b \leqslant 40$MPa 时，原 A 取 D，原 B、C 取 F，其他取 G
	节理粗糙度系数 J_r		当 $R_b \leqslant 40$MPa 时，对应的取值为：A=2、B=1.5、C=1.0、D=0.5、E=0.5、F=0.3、G=0.1
	裂隙水折减系数 J_w	地下水对软岩的影响程度比对硬岩的要大一些	当 $R_b \leqslant 40$MPa 时，完全干燥取 0.9，有小水流取 0.75
	应力折减系数 SRF	对于软弱围岩，向不利方向取值	O、P 分别取最大值

续表

项　　目		内　　容	调　整　情　况
RMR 分类	围岩类别的分值区间	岩石强度的分值 R1 所占权重较小，当岩石强度越低时，该分类分值偏差将越大	对于Ⅱ类及以上级别未修改其分值；Ⅲ类及以下级别岩体不进行二级分类，同时将岩体分级的评分界限值适当提高；当 $R_b \leqslant 40$MPa 时，分值界限为Ⅲ（45～60）、Ⅳ（25～45）、Ⅴ（0～25）
	地下水评分 R5	地下水对软岩的影响程度比对硬岩的要大一些	对应的取值分别为 10、7、4、0、－2、－10，去掉了最高值 15

注　40MPa 为锦屏情况下的暂定软弱围岩强度界限值，此数值并不是单纯地从岩石强度得出，而是也考虑了高地应力、高外水压力等岩石赋存环境。

在前期勘察阶段，应对勘探平洞进行详细围岩分类；对未开挖的洞段根据岩质类型、岩体结构和强度应力比等因素进行围岩类别的预测评价。施工期可根据类似 JPF 围岩分类体系进行详细围岩分类，为支护设计提供地质依据。

3. **基于 TBM 掘进参数的 JPTBM 分类方法**

通过多元逐步回归，在考虑岩石强度、刀盘转速、推进力几个关键参数条件下建立的方程能较好地反映围岩类别，根据 TBM 掘进参数预测钻头前方的围岩类别，为隧洞稳定性和支护措施提供及时准确的信息。分类模型引入岩石强度之后，提高了预测的准确性，降低了参数的模糊性带来的负面影响。JPTBM 围岩分类判定分值可参考水电工程围岩分类表，详见表 3.6－9。

表 3.6－9　　　　　　　　　　锦屏 JPTBM 围岩分类判定表

围岩类别	围岩稳定性	围岩总评分 T_{JPTBM}	支　护　类　型
Ⅰ	稳定。围岩可长期稳定，一般无不稳定体	$T_{JPTBM} > 85$	不支护或局部锚杆或局部喷薄层混凝土。大跨度时，喷混凝土、系统锚杆加钢网。
Ⅱ	基本稳定。围岩整体稳定，不会产生塑性变形，局部可能产生掉块	$85 \geqslant T_{JPTBM} > 65$	应力破坏区支护类型：不支护或局部锚杆加喷混凝土。对应力型破坏频发段，采用系统锚杆和挂网及时支护并喷混凝土加固
Ⅲ	局部稳定性差。围岩强度不足，局部会产生塑性变形，不支护可能产生塌方或变形破坏。完整的较软岩，可能暂时稳定	$65 \geqslant T_{JPTBM} > 45$	喷混凝土，系统锚杆加钢筋网。跨度为 20～25m 时，并浇筑混凝土衬砌。 应力破坏区支护类型：系统锚杆、挂钢筋网、喷混凝土；局部不稳定段加密系统锚杆，槽钢支撑，槽钢之间可焊接加密钢筋。锚杆采用梅花形布置方案，加垫板，喷混凝土
Ⅳ	不稳定。围岩自稳时间很短，规模较大的各种变形和破坏可能发生	$45 \geqslant T_{JPTBM} > 25$	初喷钢纤维混凝土、系统锚杆加钢筋网，并浇筑混凝土衬砌。 应力破坏区支护类型：应力释放孔、高压注水、加密系统锚杆、钢筋网、喷混凝土；局部不稳定段槽钢支撑，槽钢之间可焊接加密钢筋，或工字钢或格栅支撑或浇筑混凝土衬砌。
Ⅴ	极不稳定。围岩不能自稳，变形破坏严重	$T_{JPTBM} \leqslant 25$	可酌情增设一定的仰拱

围岩分类判别公式如下：

$$T_{分值} = -22.616 + 1.018R_b + 1.190r - 0.094F \qquad (3.6-5)$$

式中：R_b 为岩石强度，MPa；r 为刀盘转速，r/min；F 为推进力，MN。

由于 TBM 结构特点为钻头部位为全封闭式、机身为半封闭式，一旦前方地质条件较差，待 TBM 钻头通过后可能立即发生垮塌，该分类预测模型主要应用于硬岩 TBM 掘进条件下，预测钻头前方围岩的质量，为可能出现的地质灾害提供及时指导。

为了进一步验证 JPTBM 分类体系的适用性，收集了 1 号引水隧洞（K13+575～K12+200，K11+000～K10+435）和 3 号引水隧洞（K11+381～K10+053）的 TBM 掘进数据，计算地质分值并预判出围岩类别，与现场围岩类别进行比较，其吻合率分别为88.45%和88.39%。综合来看，JPTBM 围岩分类体系适用性较好。

3.7　本章小结

深埋水工隧洞勘察的主要任务是查明地下洞室区的工程地质条件和水文地质条件，提出合适的洞室位置和轴线方位意见；对洞室围岩稳定和渗流进行评价，为洞室支护设计、防渗与排水设计提供地质资料和参数，准确的地质资料是工程安全的重要保障。其中工程地质勘察综合了工程地质测绘、遥感信息技术，结合以广域电磁法为代表的物探测试技术，并充分利用深钻孔和长探洞可观察性的特点，在孔内或洞内开展地质勘察、科学试验、超前勘探，或将长探洞作为项目的一部分，真正做到一洞多用、综合测孔。针对深埋水工隧洞位于高海拔、高山峡谷区的水文地质特点，采用大范围水文地质调查定性、长时段岩溶水动态观测、人工法和天然法岩溶水示踪、水均衡研究半定量，少量钻孔、深平洞勘探定量的勘察研究技术。

深部原始地应力是深埋隧洞工程的重要地质资料之一，地应力的大小、方向是评价地下工程岩体性状、岩体渗透性、围岩稳定性、岩爆及围岩变形等不可或缺的资料。

以锦屏二级水电站引水隧洞为工程实践，提出了超长隧洞地应力场的综合分析方法，即在宏观地应力分析基础上，通过研发超高压水压致裂法测试技术，随现场工程开挖验证和动态修正局部地应力大小和方向，最后进行规律的进一步认识和归纳，得到隧洞沿线的地应力场分布规律。

对于深埋隧洞围岩分类而言，我国水电行业常用的 4 种围岩分级方法多未充分考虑高地应力和高外水压力环境的影响。锦屏二级水电站以大水沟长探洞围岩分类为原型，总结、对比、归纳出适合高地应力、高外水压力条件下的围岩分类方法，建立了高地应力及高外水压力条件下的围岩分类体系（JPF 系列）及相应的支护措施。JPF 系列围岩分类体系是在水电围岩分类规范 HC 分类基础上建立起来的以 JPHC 分类为主、JPQ 分类和JPRMR 分类为辅助的分类手段，通过长探洞开挖后围岩稳定情况对分类结果进行比较、印证。

第 4 章

深埋岩体力学特性
与机理研究

4.1　概述

深埋水工隧洞建设过程中，经常遇到高地应力导致的围岩破坏，因此需要深入研究围岩的岩体力学特征，而岩体力学特性与应力水平密切相关，本章基于该问题，探讨地下工程围岩的岩体力学特征和围岩破坏的基本特征，并着重介绍高应力破坏的相关数值分析技术。

深埋水工隧洞由于地应力量级普遍较高，隧洞开挖过程中，一般会伴随围岩的高应力破坏，从岩体力学特性角度，洞周一定深度的围岩在应力调整过程中出现屈服破坏，屈服程度的不同对应着不同的高应力破坏程度，深入研究围岩在高应力条件下的损伤和破裂时，需要把握围岩的力学性质，尤其是围岩进入到峰值强度后非线性阶段的力学性质。

本章首先总结围岩应力型破坏的基本类型，以及近年来地下工程建设过程中关于围岩峰后强度的认识，接着以锦屏二级水电站深埋引水隧洞为例，介绍相关深埋大理岩力学特性的研究方法以及在引水隧洞围岩损伤破裂深度研究方面的应用，为其他深埋地下工程的高应力破坏分析提供参考。

4.2　深埋岩体力学特性

4.2.1　深埋隧洞围岩高应力破坏类型

Martin 等根据不同的岩体质量条件和不同地应力条件，总结了相应的围岩破坏类型。其中岩体质量用 RMR 指标来体现，分成三类岩体：RMR 大于 75、RMR 介于 50 和 75 之间、RMR 小于 50。

不同的地应力水平，按照应力强度比来表征（σ_1/σ_c 为应力强度比），其中 σ_1 表示地应力的大主应力，σ_c 表示岩块的单轴强度，二者单位都采用 MPa。

（1）低初始应力水平条件下（$\sigma_1/\sigma_c < 0.15$），隧洞开挖后的重分布应力不超过岩体强度，因此岩体不发生高应力破坏，围岩开挖响应以弹性响应为主。

（2）中等初始应力水平（$0.15 < \sigma_1/\sigma_c < 0.4$），完整岩体在中等应水平条件下会出现轻微的应力型破坏，如片帮、板状剥落等；块状岩体的应力型片状破坏会明显地受到结构面的影响，但总体上破坏位置与地应力的特征存在联系；破碎岩体在中等应力条件下，较低应力水平更容易产生垮塌破坏，并且破坏的规模更大。

（3）高初始应力水平（$\sigma_1/\sigma_c > 0.4$）。完整岩体在高应力水平下以严重的高应力破坏为主要破坏形式，包括强烈的片帮、破裂、板状剥落、不同等级的应变型岩爆等；块状岩体的高应力破坏与结构面的展布特征密切相关，开挖后更多是表现为多种结构面-高应力组合型破坏、断裂型岩爆等；破碎岩体在高应力条件下的开挖响应表现为严重的坍塌和强烈的鼓胀变形。

依据岩体质量水平（3 类）和应力水平（3 类）可以形成 9 种组合情形。围岩的应力型破坏是洞室开挖后，二次应力水平超过岩体强度，使得开挖面附近的围岩部分进入峰后强度的结果；从数值分析角度，需要关注岩体的峰后强度，以便更好地把握应力型破坏的规模和程度。与之不同的是，结构面控制型问题则突出了结构面组合和结构性状的影响，此时岩体基本处于弹性，客观上也不需要过多地去关注峰后强度，研究的重点是结构面组合形成的潜在失稳块体的分布特征以及潜在破坏深度。

针对脆性硬岩的具体破坏类型而言，可以按照控制性因素区分为结构面控制性、应力控制型、结构面-应力组合型三大类型；而以破坏的表现形式可以分为岩爆、片帮、破裂、坍塌和块体破坏等常见类型。

（1）片帮破坏。片帮破坏是岩石工程界对常见片状破坏的统称，由工程类比经验可知片帮破坏的一般特点：

1）片状破坏按照剥落厚度可以区分为薄片状、片状和板状破坏，如图 4.2-1（a）所示。片状破坏所产生的剥片较薄，一般 1～2cm 居多，板状破坏的厚度较厚，如图 4.2-1（b）所示，一般超过 3cm，厚度较大的甚至可以超过 10cm。

2）无论是片状还是板状剥落，本质上都是低围压条件下原生裂隙或微裂隙平行于开挖面扩展导致的宏观破坏模式，属于张性破坏。

3）片帮破坏在洞室开挖后数小时即可发生，并且随着时间的推移可以导致一定深度的围岩发生普遍的损伤破裂，如图 4.2-1（c）所示。江边水电站地下厂房母线洞拱脚部位片帮破坏累计深度达 1m。

4）片帮裂纹扩展的长度与 σ_1/σ_3 的比值相关，比值越大裂纹扩展长度越长。最终的发育深度由 σ_1/σ_3 为常数控制，即从洞壁向围岩内部一定深度内，σ_1/σ_3 的比值会不断减小到裂纹扩展的阈值，相应片帮的发展也是由开挖面向内部发育到这个特定的深度。其中裂纹扩展的阈值受岩性和地应力状态等因素制约。

5）破坏持续的时间与岩性和地应力水平有关，一些试验和工程案例表明，湿度变化也可能对片帮产生影响，主要表现为破坏时间延长。有些洞室的片帮破坏［如图 4.2-1（d）所示］可以持续数年乃至更长的时间。

6）及时喷射混凝土封闭有利于控制片帮破坏的时间效应。

（2）破裂。围岩破裂指洞室开挖后，围岩的二次应力水平超过岩体启裂强度而产生的破裂现象，破裂可以是片帮的延续，也可以最后发展成应力坍塌，还可以保持破裂的继续发展。与片帮相比，破裂产生的裂纹没有明显的方向性。围岩破裂按照其产生裂纹的尺寸可以划分成宏观破裂和微破裂两种，前者可以通过肉眼观察到，后者可以通过围岩渗透率测试试验、波速测试试验、声发射/微震监测等进行测量。

（3）结构面-应力组合型破坏。结构面-应力组合型破坏是深埋大型洞室的主要围岩破坏形式之一，与片帮、破裂等不同，结构面-高应力组合型破坏体现了结构面对高应力破坏的影响。

不少工程的勘探洞或交通隧洞中，可以观察到顶拱片帮破坏深度比较稳定，但在顶拱

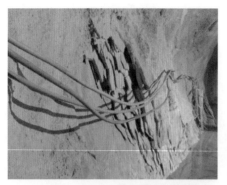

(a) 锦屏二级水电站辅助洞的片状破坏

(b) 瑞士 Gotthard 隧道的板状破坏

(c) 江边水电站地下厂房母线洞的片帮破坏

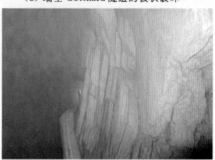

(d) 丹巴水电站勘探平洞的板状破坏

图 4.2-1　常见的片帮破坏特征示例

部位存在隐伏缓倾结构面，局部洞段顶拱片帮破坏深度明显增大。颗粒离散元方法可以直接模拟围岩的破裂，提供了深入认识这一问题的技术手段。图 4.2-2 是 PFC 模拟的锦屏二级水电站引水隧洞 1350m 埋深条件下，顶拱隐伏的刚性结构面距洞壁开挖面不同距离时，对顶拱围岩应力型破裂的影响。岩体参数根据该洞段的声波测试成果（顶拱和两侧边墙的围岩破裂深度在 1.8m 左右）进行反演验证。结构面的迹长按 10m 考虑，结构面倾角 5°，分别考虑刚性结构面距顶拱 1m、2m、3m 和 4m 的情形［即图 4.2-2 中的 (a)、(b)、(c)、(d)］，隧洞直径为 13m。

　　上述数值分析成果显示，即便是对初始地应力没有影响的刚性结构面，也可以在洞室开挖过程中影响围岩破裂的范围和深度，进而导致结构面-高应力组合型破坏出现。这种破坏模式比较复杂，与结构的产状、性状以及在洞室出露的部位有关。

4.2.2　深埋岩体力学特征室内试验

　　对于深埋水工隧洞的岩体力学特征研究而言，除了常规的峰值强度外，需要重点研究岩块的两个基本力学特征：①岩块峰后强度，相应的试验是全应力-应变路径的三轴试验，并且试验围压的设定要足够全面，以便揭示围压对峰后强度的影响；②岩块的启裂强度和损伤强度，主要通过裂纹密度的统计或声发射试验，揭示不同应力水平对岩块裂纹扩展的影响。

　　除了上面两个基本的力学特征之外，还可以考虑补充调查深埋岩块的初始裂纹分布特征

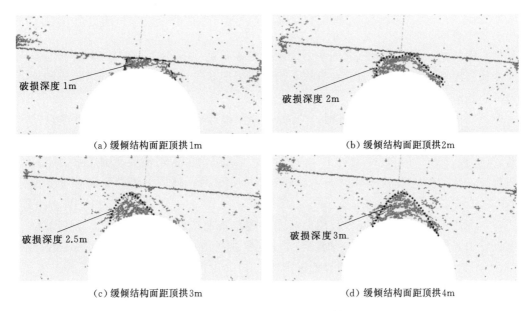

(a) 缓倾结构面距顶拱1m　　　　　　　　(b) 缓倾结构面距顶拱2m

(c) 缓倾结构面距顶拱3m　　　　　　　　(d) 缓倾结构面距顶拱4m

图 4.2-2　刚性缓倾结构面距顶拱深度

以及取样损伤情况，相应地通过 CT 扫描试验，了解岩块初始裂纹的分布。之所以强调需要了解初始裂纹分布和取样损伤影响，是因为一旦存在这种情况，则试验得出的岩块单轴强度（UCS）会低于实际的 UCS，进而导致采用这种低估 UCS 和 Hoek-Brown 强度准则估算的岩体强度低于实际强度，这个问题在我国深埋地下工程中显得尤为普遍，需要引起重视。

下面以锦屏二级水电站深埋隧洞为例，介绍峰后力学特征的试验内容、成果与相关分析。采用锦屏辅助洞白山组 2000m 埋深的大理岩试样开展试验研究，试验在 MTS 试验机上进行，围压按照应力加载，轴向压力按照应变加载，所有的试样均获得了应力-应变全过程曲线。白山组大理岩三轴试验的围压范围为 2~50 MPa。图 4.2-3 为锦屏白山组大理岩三轴试验成果。

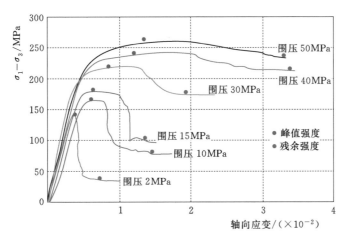

图 4.2-3　锦屏白山组大理岩三轴试验成果

从图 4.2-3 中可以看出，围压对白山组大理岩峰后力学特性的影响非常显著，表现在以下几个方面：

（1）围压增大，峰值强度和残余强度之间的差值随之减小。表 4.2-1 是不同围压条件下峰值强度和残余强度汇总表，可以看出峰值强度和残余强度的差值随着围压的增大呈单调减小趋势。

（2）当围压水平超过 10MPa 时，应力-应变曲线达到屈服阶段后并不会快速跌落，而会体现出明显的延性特征，即保持应力水平不变而发展一定的轴向应变，然后才开始发生跌落。应力-应变曲线在峰值附近平缓段的长度与围压水平密切相关，围压水平越高，平缓段越长，比如围压分别为 10MPa、15MPa、30MPa 时，峰值平缓段的轴向应变长分别为 0.20%、0.42%、0.75%。

（3）围压水平较高时，峰值强度向残余强度跌落曲线的斜率明显变缓。从图 4.2-3 中可以看出，当围压达到 30MPa 时，应力-应变曲线由峰值强度 249MPa 降至残余强度 203MPa，此过程中曲线的斜率明显低于围压 2～15MPa 时峰值强度跌落过程的斜率。

（4）白山组大理岩的脆—延转换特征对围压水平非常敏感，一般围压超过 6MPa 时，即可以观察到一定的延性特征，围压达到 10MPa 时，可以观察到比较明显的延性特征，显著区别于围压 2MPa 时的典型脆性响应的应力-应变曲线。

（5）在较高的围压水平下，白山组大理岩屈服后的应力-应变曲线响应接近于理想塑性材料的力学特征，没有明显的残余强度阶段。

锦屏白山组深埋大理岩后屈服阶段的应力-应变曲线与围压的关系非常密切，在低围压条件下，应力-应变曲线到达峰值强度后快速跌落，呈现出明显的脆性特征；随着围压的增高，试样到达峰值强度后并不会快速跌落，延性特征明显增强；围压进一步增高至 50MPa 时，试样的后屈服阶段接近于理想塑性材料的力学响应。因此可以用脆—延—塑转换来概括白山组深埋大理岩随围压的变化所展现出来的峰后屈服特征。

表 4.2-1　　　　　　　　锦屏白山组大理岩峰值强度和残余强度汇总表

编　号	围压 /MPa	峰值强度 /MPa	残余强度 /MPa	峰值强度－残余强度 /MPa
A46-1	2	143	42	101
A19-3	10	174	90	84
A19-4	15	193	115	78
A23-1	30	249	203	46
A22	40	281	252	29
C23-2	50	309	283	26

针对 Lac du Bonnet 花岗岩开展了三轴试验，花岗岩在围压条件下的应力-应变曲线与锦屏白山组深埋大理岩形成显著差别，主要表现在两个方面：①随着围压的增高，Lac du Bonnet 花岗岩并未显现出某种延性特征，而是始终保持强烈的脆性特征，即便围压达

到 60MPa，岩块屈服后应力-应变曲线也未出现延性段，而是与低围压条件下相一致，快速发生跌落；②Lac du Bonnet 花岗岩峰值强度和残余强度之间的差值随着围压水平的增大而增大，而锦屏白山组大理岩的峰值强度和残余强度的差值随着围压的增大而减小，最后趋于相等。图 4.2 - 4 为锦屏白山组大理岩峰值强度和残余强度拟合曲线，注意到残余强度的斜率要大于峰值强度，因此随着围压的增大，峰值强度和残余强度趋于相等，岩块屈服后呈现出接近理想塑性材料的力学响应特征。

Lac du Bonnet 花岗岩残余强度线性拟合曲线的斜率始终小于峰值强度线性拟合曲线的斜率，因此峰值强度和残余强度的差值随着围压的增大，在 0～60MPa 的围压范围内，Lac du Bonnet 花岗岩始终表现出强烈的脆性特征，这一点显著区别于锦屏白山组大理岩的三轴试验成果。Lac du Bonnet 花岗岩和锦屏白山组大理岩的三轴试验均是按照正常应力路径进行的（先施加围压，再施加轴压），图 4.2 - 5 为三峡花岗岩按照其他应力路径加载的峰值强度和残余强度的拟合曲线，可以看出峰值强度的斜率要大于残余强度的斜率，这一点与 Lac du Bonnet 花岗岩的试验成果是一致的。

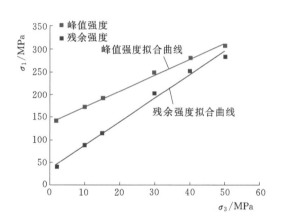

图 4.2 - 4　锦屏白山组大理岩峰值
强度和残余强度拟合曲线

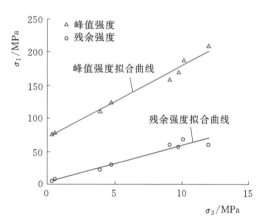

图 4.2 - 5　三峡花岗岩峰值强度和
残余强度包络线（正常加载路径）

对比大理岩和花岗岩的试验成果可以看出，两种类型岩石的峰后强度特征存在着显著的差异。花岗岩在不同应力路径下的三轴试验结果均表明，峰值强度和残余强度的差值随着围压的增大而增大，而锦屏白山组大理岩，其峰值强度和残余强度的差值随围压的增大而减小。

4.2.3　深埋岩体力学参数取值

深埋岩体力学参数取值需要重点考虑围压（即埋深）对峰值强度的影响，而残余强度的确定要更复杂一些，建议参考相关经验准则确定，并根据实际的松弛圈测试成果反演经验方法确定的残余强度是否合理。

为考虑围压影响，推荐采用 Hoek - Brown 准则参数表征岩体强度，峰值强度若采用黏聚力和摩擦角的方式表达，则建议采用 Hoek - Brown 准则进行拟合。

4.3 深埋岩体本构模型与描述方法

4.3.1 常用本构模型

岩石工程中常用的弹塑性本构模型有 2 个：Mohr - Coulomb 弹塑性模型和 Hoek - Brown 弹塑性模型。按照对岩体参数的不同理解，弹塑性模型的峰值强度和残余强度存在两种取值方法：摩擦强化型和综合强度软化型。表 4.3 - 1 列出了 Mohr - Coulomb 弹塑性模型和 Hoek - Brown 弹塑性模型在两种岩体取值指导思想下的主要力学特征。

表 4.3 - 1   岩体弹塑性模型力学特征

摩擦强化型的描述方法	综合强度软化型的描述方法
基于 Mohr - Coulomb 弹塑性模型的描述方法： • CWFS 取值方法 • 屈服后黏聚力 c 减小、摩擦角增大 • 仅适用于完整性好的脆性岩体 • 传统的参数取值方法不适用于峰值强度的描述	基于 Mohr - Coulomb 弹塑性模型的描述方法： • 屈服后黏聚力 c 和摩擦角均减小 • 适用于完整性好的脆性岩体和岩体质量一般的岩体 • 传统的参数取值方法适用于峰值强度的描述
基于 Hoek - Brown 弹塑性模型的描述方法： • DISL 取值方法 • 屈服后 m_b 和 s 均增大 • 仅适用于完整性好的脆性岩体 • 传统的参数取值方法不适用于峰值强度的描述	基于 Hoek - Brown 弹塑性模型的描述方法： • 屈服后 m_b 减小，s 可以保持不变 • 适用于完整性好的脆性岩体和岩体质量一般的岩体 • 传统的参数取值方法适用于峰值强度的描述

注 m_b、s、a 为反映岩体特征的经验参数，其中 m_b、a 为针对不同岩体的无量纲经验参数，s 反映岩体破碎程度，取值范围为 $0 \sim 1.0$。对于完整的岩体，$s=1$，$a=0.5$。

无论是哪种岩体参数，取值的指导思想均认为岩体屈服后，力学指标随着屈服程度的增加不断变化，直至达到残余强度。摩擦强化的强度描述认为岩体屈服后的黏聚力 c 不断降低而摩擦角不断增高（Mohr - Coulomb 本构描述），称之为 CWFS 取值方法；或者认为 m_b 增加而 s 减小（Hoek - Brown 本构描述），称之为 DISL 取值方法。

图 4.3 - 1 是采用 CWFS 取值方法和 DISL 取值方法模拟的 URL 试验洞的 V 形破坏，

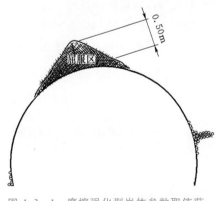

图 4.3 - 1 摩擦强化型岩体参数取值获得 V 形破坏形态（Diederichs, 2003）

图中灰色部分是塑性区，其形状和深度与实际的破坏具有良好的一致性。为了获得这种 V 形塑性区形态，采用 Mohr - Coulomb 模型进行数值分析时峰值黏聚力和峰值摩擦角的取值分别为 35MPa 和 22°，残余黏聚力和残余摩擦角分别为 0.1kPa 和 50°。V 形破坏处岩体非常完整，GSI 评分达到 95 以上，因此可以近似地认为该处的岩体强度与小尺度强度相差不大。CWFS 模型计算时的峰值黏聚力取 35MPa，和试验值 44.4MPa 相差不大，CWFS 模型的峰值摩擦角取值仅 22°，黏聚力的取值与常规的经验认识有较大的差别。DISL 模型的峰值强度取值区别于传统的 GSI 推荐取值，按照经验方法估计 URL 试验洞的花岗岩强度峰值 $a=0.5$，$s=1$，$m_b=m=25$，DISL 取值方法的 Hoek – Brown 本构模型取值分别是 $a=0.25$，$s=0.033$，$m_b=m=1$。

部分学者采用软化模型再现 V 形高应力破坏，若使用 Mohr – Coulomb 模型，则岩体屈服后黏聚力和摩擦角均降低；若采用 Hoek – Brown 模型，则岩体屈服参数 m_b 和 s 均减小。采用 Hoek – Brown 模型时，残余强度 UCS 取值 120MPa，m_b 峰值取 9，残余值取 1.2。采用 Mohr – Coulomb 模型时，黏聚力峰值取 25MPa，残余值取 7MPa，摩擦角峰值取 48°，残余值取 35°。

上面对现阶段能够模拟 V 形高应力破坏的本构模型和数值方法进行了综述，从模拟 V 形破坏形态和深度角度，两种岩体参数取值方法存在差别，关于强度的认识有如下区别：

（1）CWFS 取值方法和 DISL 取值方法对脆性岩体屈服破坏后强度描述从规律上更符合试验室和现场的观察，即黏聚力降低，摩擦角增大，且有学者指出当黏聚力降低到 70% 时，摩擦角才开始增大。

（2）综合强度软化认为岩体屈服破坏后，黏聚力和摩擦角均降低，该种取值方式可能没有在机制上反映黏聚力和摩擦角的实际变化特征，即随着裂纹的扩展，岩体黏结强度不断丧失，而摩擦强度不断提高。

4.3.2　深埋大理岩脆—延—塑转换特征

Hoek – Brown 本构模型可以描述大理岩的脆—延—塑转换特征，Hoek – Brown 强度准测自 1980 年提出以来，一些学者致力于将强度准则转变为本构模型，这些努力包括 Hudson 等的早期尝试以及 Carter 和 Shah 等在 20 世纪 90 年代初期的研究工作。Cundall 指出"这些研究工作均假设流动法则与强度准则之间存在固定的关系，因此流动法则是各向同性的，但 Hoek – Brown 强度准测本质上却不是"。因此，Cundall 发展了一种基于 Hoek – Brown 强度准则的非固定流动法则，流动法则除了与应力水平相关外还与岩石（体）的损伤程度相关。

Cundall 开发的 Hoek – Brown 本构模型，其屈服方程为

$$F=\sigma_1-\sigma_3-\sigma_{ci}\left(m_b\frac{\sigma_3}{\sigma_{ci}}+s\right)^a=0 \tag{4.3-1}$$

式中：σ_1 为最大主应力；σ_3 为最小主应力；σ_{ci} 为岩石单轴强度；m_b、s 和 a 为与岩体力学性质相关的常数。模型假定最大塑性应变增量 Δe_1^p 和最小塑性应变增量 Δe_3^p 满足如下关系：

$$\Delta e_1^p=\gamma\Delta e_3^p \tag{4.3-2}$$

其中，因子 γ 与应力水平相关，并且在每一步塑性应变增量计算中更新该数值。

Hoek – Brown 模型视屈服时的应力水平引入了四种流动法则：

（1）关联流动法则，描述低围压条件下的屈服特征，此时岩块（体）的体积应变率增长最快，而关联流动准则可以从理论上确保体积应变得到最大程度的增长。关联流动的流动法则为

$$\Delta e_i^p=-\gamma\frac{\partial F}{\partial\sigma_i} \tag{4.3-3}$$

可以求得关联流动的因子为

$$\gamma_{af} = -\cfrac{1}{1 + a m_b \left(m_b \cfrac{\sigma_3}{\sigma_{ci}} + s \right)^{a-1}} \tag{4.3-4}$$

（2）等体积流动准则，当围压增大至较高水平（σ_3^{cv}）后，岩块屈服后在后续的加载过程中体积保持恒定，用于描述高围压条件下的屈服特征。流动法则表达式为

$$\gamma_{cv} = -1 \tag{4.3-5}$$

（3）径向流动法则，描述岩块拉应力下的张性破坏。流动法则为

$$\gamma_{rf} = \frac{\sigma_1}{\sigma_3} \tag{4.3-6}$$

（4）组合流动，当围压介于 $0 \sim \sigma_3^{cv}$，岩块屈服后的流动法则应当介于关联流动和等体积流动之间，因此采用组合流动准则加以描述。组合流动法则为

$$\gamma = \cfrac{1}{\cfrac{1}{\gamma_{af}} + \left(\cfrac{1}{\gamma_{cv}} - \cfrac{1}{\gamma_{af}} \right) \cfrac{\sigma_3}{\sigma_3^{cv}}} \tag{4.3-7}$$

仅有上述 4 种流动法则仍不足以描述脆—延—塑转换特征。Hoek - Brown 本构模型中允许岩块（体）屈服后 m_b、s、a 等强度参数随着塑性应变 ε_3^p 的累积而变化，因此可以描述屈服后的材料强化和软化行为。Cundall 进一步在软化和硬化描述中引入了一个与最小主应力 σ_3 相关的乘子 μ，μ 用于描述不同围压水平下 m_b、s、a 等强度参数随塑性应变 e_3^p 的变化特征，本质上属于一个缩放因子，但是通过合理的设置在不同围压水平下 μ 的取值可以达到描述脆—延—塑转换特征的目的。

自 Cundall 完成该本构模型的开发以来，Diederrichs 等（2003）首先将该模型应用于花岗岩脆性破坏的描述，成功再现了加拿大 URL 的 V 形破坏，相应的模型参数取值规律称为 DISL。由于 Hoek - Brown 模型包含了 4 种流动法则和软化（硬化）缩放因子 μ，因此普遍认为该模型适用于描述具有复杂峰后力学特征的硬岩的高应力破坏。

在不同围压水平下，锦屏白山组大理岩的峰后特征脆—延—塑较 Lac du Bonnet 花岗岩的脆性特征要复杂，因此在描述脆—延—塑转换特征时，除了需要正确设置好峰值强度参数和残余强度参数，还需要正确设置缩放因子 μ。

描述脆—延—塑转换特征一共需要 8 个强度参数，其中 4 个描述峰值强度，另外 4 个描述残余强度。除了给出峰值强度和残余强度外还需要给出峰值强度随塑性应变 e_3^p 的变化过程和应变软化描述的缩放因子。

下面通过一个三轴试验数值模拟的例子说明脆—延—塑转换描述的技术方案。表 4.3 - 2 给出了脆—延—塑转换描述中岩块屈服后峰值强度参数随塑性应变的变化过程。

表 4.3 - 3 给出了设定的缩放因子 μ 和最小主应力的关系。表 4.3 - 2 和表 4.3 - 3 中的试验成果均表明围压水平超过 15MPa 后，延性特征的增长较低于 15MPa 时要显著，因此对 μ 和围压水平的设定参考了上述规律性的结论。

表 4.3 – 2　　　　　　　脆—延—塑转换描述中强度参数随塑性应变的变化

参　数	$e_3^p/\%$	σ_{ci}/MPa	m_b	s	a
峰值强度	0		9	1	0.5
延性段	0.12	140	9	1	0.5
残余强度	0.23		10.5	0	0.65

表 4.3 – 3　　　　　　　应变软化缩放因子 μ 随最小主应力的变化

σ_3/MPa	0	5	10	15	20	30
μ	1	0.95	0.85	0.80	0.60	0.1

图 4.3 – 2 是采用表 4.3 – 2 和表 4.3 – 3 中的参数模拟常规三轴试验所获得的应力-应变曲线。数值模拟仅采用了一个标准尺寸单位（1m×1m×1m），消除了数值模拟过程中的应变局部化现象，计算获得的应力和应变完全取决于本构模型的特征和岩体参数。

图 4.3 – 2 给出了数值模拟在不同围压下的应力-应变曲线，可以看到应力-应变曲线反映了岩样在 30MPa 围压条件下屈服后呈现出塑性响应特征，而低围压条件下（0～10MPa），岩块屈服后应力-应变曲线快速跌落，但峰值强度和残余强度的差值随着围压的增大而减小，并且应力-应变曲线在保持峰值应力不变的情况下能够发展的轴向应变随着围压的增大而增大。总体上试验所揭示出的脆—延—塑转换特征的各个细节均可以通过合理地设置表 4.3 – 2 和表 4.3 – 3 中的岩体参数得到完全的体现。

描述脆—延—塑转换的 Hoek – Brown 力学参数取值规律与 DISL 方法形成了显著的差别，主要体现在脆—延—塑描述更强

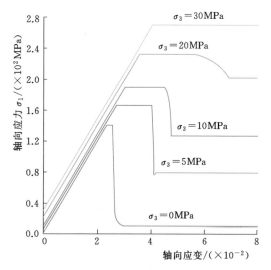

图 4.3 – 2　大理岩岩块尺度脆—延—塑
转换特征描述

调对缩放因子 μ 的理解和设定。为了区别于 DISL 方法，将描述脆—延—塑转换的岩体参数取值规律命名为 BDP(Brittle – Ductile – Plastic) 方法。

4.4　深埋岩体开挖响应与围岩稳定性特征

对于深埋硬岩隧洞而言，数值分析的工作重点是确定围岩开挖后的破裂损伤深度，也即低波速带。当选定合适的本构模型和力学参数后，可以用计算塑性区的深度与现场实测松弛圈深度去对比，从而验证岩体参数和地应力的认识是否合理。验证工作完成后，可以采用验证后的参数预测其他埋深条件下围岩的松弛深度。

在主应力图（图 4.4-1）中，启裂强度、峰值强度和片帮强度围成的黄色区域即是围岩潜在破损区域所对应的可能应力状态。片帮强度可以通过室内试验获得，对于 Lac du Bonnet 花岗岩片帮强度为 $\sigma_1/\sigma_3 = 10 \sim 20$，锦屏大理岩初始裂隙较 Lac du Bonnet 花岗岩发育，因此原则上片帮强度更低，再加上采用片帮线包含了围岩破损，因此该值更低，初步的反分析成果表明数值接近 10。

总体上，关于锦屏大理岩 Ⅱ 类岩体的破损区域的深度可以根据两个方面的信息进行判断：

（1）应力路径落在片帮强度、启裂强度和峰值强度所围成的三角形区域，则表明围岩破损比较严重，接近破坏状态。

（2）高围压下围岩应力路径屈服后并开始向残余强度发展可以作为围岩最大破损深度的判据。

锦屏大理岩 Ⅱ 类岩体的峰值强度采用传统的 GSI 强度指标进行估计：单轴强度取 140 MPa，GSI 分值取 75，大体积岩体相对岩块而言由于包含了更多的节理、裂隙，因而其脆—延—塑转换的围压水平更低，这里假设围压达到 15MPa 时，岩体屈服即进入理想塑性状态。

锦屏二级水电站 2 号、4 号引水隧洞采用钻爆法分上、下断面开挖，2 号引水隧洞在 1733m 埋深段是典型的 Ⅱ 类岩体，落底开挖之前在该断面的两侧拱脚布置了密集的声波测试孔，该断面隧洞左侧拱脚的破损深度为 $1.8 \sim 2m$。采用上一节的 Ⅱ 类岩体强度进行数值分析，监测左侧拱脚 1m、1.5m、2.0m、2.5m、3.0m 深度的应力路径，

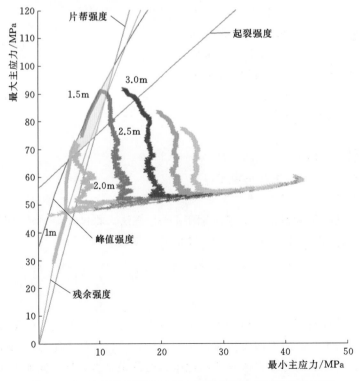

图 4.4-1　2 号引水隧洞 1800m 深度 Ⅱ 类岩体破损深度预测

并将计算得到的应力路径在主应力平面上进行表达，同时标上峰值强度、残余强度、启裂强度和片帮强度以示参考。启裂强度、片帮强度和峰值强度围成一个三角形区域，为围岩潜在破损区域所对应的应力状态，应力路径触及到该区域即表明该点的围岩可能出现破损。该断面左侧拱脚 1.5m 深度的应力路径穿过黄色三角形，2.0m 接近三角形区域但并未穿过，因此数值计算获得的潜在破损深度超过 1.5m，但不到 2.0m，与声波监测获得的 1.8m 相接近。上述过程本质上是岩体地应力条件、岩体强度参数的综合验证。

完成上述验证后即可按照上述参数和地应力条件来预测不同埋深段隧洞断面不同部位的围岩破损深度。

图 4.4-1 预测的全断面开挖的 TBM 隧洞在 1800m 埋深段右侧拱肩的破损深度为 2.5～2.8m。

4.5　本章小结

深埋地下工程的核心是理解和控制围岩的高应力破坏，高应力破坏体现为岩体强度和承载力之间的矛盾，工程实践表明，把握深埋地下工程的岩体力学性质和强度特征需要对试验方法、数值模拟方法和设计方法等多个环节进行改进。

锦屏二级深埋隧洞研究工作的基础和出发点便是脆性大理岩的力学特性和描述方法。岩体力学特性的主要研究内容包括岩体强度特征、本构模型、岩体力学参数、围岩高应力破裂描述方法等多个方面的内容。

本章概要地介绍了深埋岩体力学特征的试验方法，以及岩体参数确定的基本原则，并通过具体的案例介绍了数值方法在深埋地下工程中的应用。由于深埋地下工程的复杂性，岩体力学特征和参数的取值需要建立在系统的室内试验、现场测试和分析研究的基础上，不能过多地依赖于经验方法。

第 **5** 章

深埋水工隧洞结构设计理论与方法

5.1 概述

由于岩体和赋存环境的多样性，以及衬砌与围岩联合工作机理的复杂性和不确定性，水工隧洞设计与计算分析难度远大于一般地面结构，加之隧洞埋深不断增加，深埋水工隧洞与常规水工隧洞工程相比有其特殊性，很多技术问题已经超越了设计规范的范围，可借鉴的工程较少。

近年来，我国在水工隧洞结构设计理论与工程实践方面取得了较大进步，从以隧洞衬砌为中心，由衬砌单独承载的设计理论阶段，发展到目前以衬砌与围岩联合承载的设计理论阶段；从把围岩当作一种作用在衬砌上的荷载，发展到以围岩为中心，研究加固围岩、充分发挥围岩自承能力；从利用结构力学方法进行近似计算，发展到利用电子计算机运用数值方法进行仿真计算分析。这些设计方法及思路的变化极大地促进了我国水工隧洞建设技术的进步。

本章以锦屏二级水电站深埋引水隧洞结构设计经验为基础，对深埋水工隧洞设计过程中遇到的技术难题进行整理总结，认识深埋条件下水工隧洞的承载结构体系，尤其是与浅埋条件下相比其特殊的承载形式变化，希望能够为后续类似工程建设提供借鉴。

5.2 设计理念

5.2.1 联合承载结构

由于岩体和赋存环境的多样性，以及衬砌与围岩联合工作机理的复杂性和不确定性，水工隧洞设计难度远大于地面结构，深埋长大水工隧洞由于埋藏深、洞线长、洞径大，更增加了其设计难度。

实践证明，深埋水工隧洞的主要承载结构仍是围岩自身，喷锚支护和二次衬砌及高压固结灌浆等加固围岩的措施，主要目的是使喷锚支护和围岩灌浆加固圈形成复合体联合承载，确保松动圈围岩稳定性，使之能给内部围岩提供三轴围压应力状态，依靠三轴围压应力状态下的内部围岩自身来承担隧洞开挖卸载的地应力和地下水压力。二次衬砌与围岩、喷锚支护联合承载，提供灌浆盖重，共同确保隧洞结构安全，同时可改善隧洞的过流条件，防止围岩松弛。

大直径的深埋水工隧洞衬砌结构承担外水压力的能力较弱，为了保证隧洞结构的长期安全运行，针对雨季暴雨等极端恶劣气候条件下造成的外水压力短时间急剧上升情况，对隧洞进行固结灌浆防渗处理形成防渗加固圈，并通过在衬砌结构上设置系统减压孔，快速均衡排泄衬砌外水，使得衬砌外缘的外水压力始终控制在设计允许值范围内，确保衬砌结构不致因外水压力过大而垮塌破坏。深埋水工隧洞在高外水压力条件下联合承载结构体系示意图见图 5.2-1。

5.2.2 设计原则

5.2.2.1 隧洞结构总体设计原则

根据结构设计要求和围岩条件，水工隧洞结构设计总体原则为：①施工期主要依靠喷锚支护满足围岩稳定安全，待围岩开挖应力调整和变形基本结束后施工混凝土衬砌；②在围岩喷锚支护和混凝土衬砌基础上，结合系统固结灌浆措施，提高围岩承载能力和防渗能力，以达到隧洞稳定安全运行的目的；③围岩渗透稳定需同时满足内水外渗和外水压力要求，通过针对性的高压固结灌浆满足渗透允许梯度要求；④隧洞混凝土衬砌

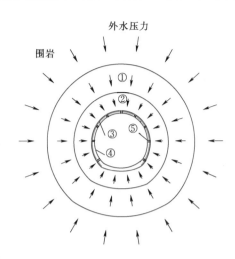

图 5.2-1 联合承载结构体系示意图
①—防渗灌浆圈；②—高压固结灌浆圈；
③—喷层；④—衬砌；⑤—减压孔

结构与围岩形成联合受力结构，按限裂结构设计。混凝土衬砌结构同时为固结灌浆提供盖重，并满足外水压力下抗外压强度及稳定要求。

根据上述设计原则，深埋水工隧洞设计可按以下总体方案实施：

（1）喷锚支护维持围岩稳定。水工隧洞开挖后，采取系统喷锚支护措施，确保围岩稳定，减少表层围岩破损。

（2）必要时采取钢筋混凝土衬砌，提高隧洞结构运行可靠性。深埋水工隧洞开挖后洞壁围岩高应力松弛、破损、剥落现象较为普遍。为提高水工隧洞的永久安全可靠度，改善隧洞过流条件，降低水头损失，可设置二次衬砌，待隧洞围岩开挖应力调整和变形基本结束后施工，并通过回填灌浆方式保证围岩和混凝土衬砌形成联合受力结构。

（3）采用高压固结灌浆系统加固围岩。隧洞洞周围岩可能存在裂隙、断层等不利结构面，必要时可通过高压固结灌浆进行充填处理，提高围岩承载能力和防渗能力。

（4）地下水特别发育洞段可采用透水衬砌结构。深埋水工隧洞沿线一般外水压力较大，而大跨度衬砌结构抵抗外水压力的能力较弱，较大的外水压力可能导致隧洞混凝土衬砌开裂破坏，因此高外水压力需依靠围岩自身、支护衬砌结构及灌浆加固圈联合承担，可在地下水发育洞段的混凝土衬砌周圈布置减压孔，减小衬砌外缘的外水压力。

（5）深埋水工隧洞软岩洞段，在高地应力条件下围岩变形较大，为确保隧洞长期运行可靠性，可适当增加混凝土衬砌厚度，尽量采用近似圆形衬砌断面，并结合隧洞水文地质条件和内水压力情况，采取措施限制衬砌混凝土开裂，减少衬砌裂缝以及内水外渗对围岩的不利影响。

（6）深埋水工隧洞岩溶发育洞段，存在衬砌结构破坏和内水外渗风险，岩溶空腔需通过混凝土置换、回填及固结灌浆等措施进行针对性加固，部分恢复围岩弹性抗力，按限裂结构进行混凝土衬砌设计，混凝土衬砌和围岩及灌浆加固圈共同组成防渗承载结构。

5.2.2.2 开挖支护主要设计原则

深埋水工隧洞在保证合理的过水断面和必要的混凝土衬砌厚度的前提下，应尽量兼顾现场施工方便。根据工程经验，水工隧洞采用类圆形断面是一个很好的选择，可以兼顾水力学条件和隧洞结构稳定，同时方便施工。锦屏二级水电站引水隧洞钻爆法施工洞段开挖直径为 13.0～14.3m，大部分洞段采用四心圆马蹄形开挖断面，部分洞段采用施工条件更好的平底马蹄形断面。

针对水工隧洞沿线地层岩性、埋深、围岩条件等的不同，一期支护设计时系统锚杆、喷混凝土等支护参数选择也不同，应满足隧洞施工期围岩稳定安全需要，后期结合二次衬砌和围岩固结灌浆满足运行期围岩稳定安全需要。隧洞支护设计参数的选择主要考虑以下因素：

（1）考虑不同岩性围岩在开挖响应方式上的差异，同时与区段地应力场划分相结合，综合确定支护方案。

（2）针对深埋高地应力洞段，隧洞开挖后高应力破坏明显，支护体系需要系统快速、有效发挥支护的作用，以及具有一定的冲击韧性，以应对岩爆可能产生的冲击破坏。

（3）针对深埋软岩地层，支护设计工作中应高度重视超前支护的重要性，并在施工过程中控制隧洞开挖进尺，降低爆破开挖对洞室稳定的不利影响，根据安全监测和物探检测反馈的信息，实时掌握围岩稳定状态，运用"动态支护"理念，及时调整支护参数，应对异常情况的处理。

（4）根据工程实践，在同等条件下，钻爆法与 TBM 两种开挖方式对深埋水工隧洞围岩松弛深度不会产生根本性的差别，但是必须充分认识到爆破本身对围岩造成的损伤，即钻爆法开挖洞段岩体的损伤程度大于 TBM 开挖洞段，钻爆法的支护设计也要强于 TBM 开挖。

5.2.2.3 固结灌浆设计原则

深埋水工隧洞防渗设计的主要思想是通过灌浆加固隧洞周边围岩，使其成为承载和防渗阻水的主要结构。

水工隧洞固结灌浆圈是保证围岩稳定，并与支护体系共同承受内外水压力的重要结构。针对实际地质情况和工程需要，水工隧洞固结灌浆一般有破碎围岩固结灌浆和高压防渗固结灌浆等若干类。高压防渗固结灌浆是抵御隧洞周圈高外水压力、控制渗透稳定、减少渗透量的主要手段；灌浆圈加固深度宜按洞径和水力渗透梯度要求确定。结合锦屏二级水电站深埋水工隧洞情况，固结灌浆具体设计原则如下：

（1）破碎围岩固结灌浆属常规灌浆类型，主要为改善岩体的力学性能，提高其承载能力，同时在一定程度上普遍提高围岩的抗渗性能，其灌浆设计参数应满足水工隧洞规范要求，并结合现场灌浆试验和施工便利性确定。

（2）高压防渗固结灌浆是抵御隧洞周圈高外水压力、控制渗透稳定、减少渗透量的主要手段，灌浆设计参数（灌浆孔深度、间排距、压力等）和灌浆圈渗透性应满足高外水压力条件下抗渗透稳定允许梯度要求，并结合现场灌浆试验和施工便利性确定。

（3）岩溶洞段固结灌浆是在岩溶空腔完成混凝土或砂浆回填后进行的防止内水外渗的固结灌浆，其灌浆设计参数及灌浆圈渗透性应满足内水外渗及渗透稳定允许梯度要求，并结合现场灌浆试验确定。

（4）浅层固结灌浆是针对硬脆性岩体在高应力条件下表层洞壁普遍发生松弛破裂、鼓胀破坏的情况采用的。浅层固结灌浆配合二次钢筋混凝土衬砌给深部围岩提供三向受压条件，提高围岩的承载能力。其灌浆设计参数应根据隧洞沿线地应力水平和实测围岩松弛深度分段确定。

5.2.2.4 岩溶洞段设计原则

为提高水工隧洞岩溶发育洞段围岩的完整性、均匀性、承载能力和渗透稳定性，避免运行期间产生大量内水外渗，减少水量（电量）损失，保护临近边坡及建筑物安全，可针对隧洞岩溶发育特点，采取置换、回填混凝土及固结灌浆的加固处理措施。岩溶洞段设计原则如下：

（1）采取 CT 物探、地质钻探及施工信息收集等综合手段查清工程主体建筑物区域岩溶发育情况，尤其是潜伏岩溶形态。

（2）对于直径大于 5m 的大、中型溶洞，在封堵或引排可能的地下水满足后续施工条件后，根据围岩情况及时采取喷锚支护，必要时补充钢筋网、钢拱架等加强措施。随后在清除溶洞内钙化、松散堆积物后回填混凝土，充填溶洞空腔（当溶洞处于顶拱时，混凝土回填应采用预埋管，并分层回填）。当溶洞延伸较长，难以完全填充密实时，按渗透稳定要求控制回填混凝土的充填范围。混凝土回填工作完成后进行裸岩固结灌浆加固空腔周边围岩（可同时起到检验混凝土回填质量的作用）。后期施工衬砌混凝土，并进行系统固结灌浆。

（3）对于直径为 0.5～5m 的小型溶洞或溶蚀宽缝，在封堵或引排可能的地下水后，对稳定性不佳的充填型溶洞，应先根据围岩情况进行周边喷锚支护，并清除溶洞内松散充填物后进行系统支护，再采用混凝土回填溶洞空腔（当溶洞处于顶拱时，混凝土回填应采用预埋管），然后进行裸岩固结灌浆加固空腔周边围岩，后期施工衬砌混凝土，并进行系统固结灌浆。

（4）对于洞径小于 0.5m 的溶蚀宽缝、溶蚀裂隙和溶孔等，在封堵或引排可能的地下水后，进行系统喷锚支护，再回填（置换）溶蚀缝隙。施工条件允许时，应尽可能采用混凝土分层充填，也可采用水泥砂浆灌注密实，随后进行裸岩固结灌浆加固围岩，后期施工衬砌混凝土，并进行系统固结灌浆。

（5）隧洞沿线规模较大、发育较为集中的岩溶空腔需集中处理，其他尺寸和深度较小，且分布较为零散岩溶洞段在完成局部溶孔、溶蚀裂隙的混凝土、水泥砂浆回填后，均需进行系统裸岩灌浆，后期施工衬砌混凝土，再进行一次系统固结灌浆。

（6）经过置换、回填及固结灌浆处理后的围岩长期稳定渗透水力梯度参考相关规范和类似工程经验确定，一般按不大于 5～10 控制。

5.3 支护设计和动态反馈分析

5.3.1 支护设计基本流程

地下工程位于复杂岩土介质中，具有很强的不确定性和模糊性，传统单一的计算分析方法和理念无法完全满足工程需求，需综合经验方法、理论分析、数值模拟等多种分析方法进行系统分析（图 5.3-1）。

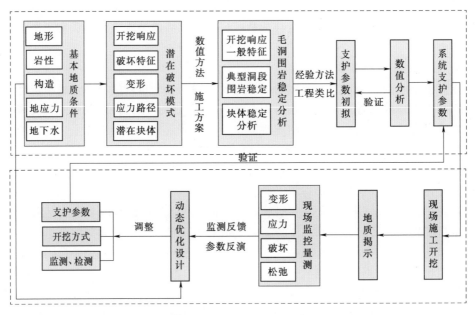

图 5.3-1 隧洞围岩稳定分析及支护设计技术路线

隧洞动态支护设计流程大致可以归纳如下：

（1）工程基本条件。首先从地形、岩性、构造、地应力等基本地质条件，结合隧洞结构特征，分析隧洞围岩的开挖响应、破坏特征等，初步判断围岩稳定问题的类型（变形控制、应力控制、结构面控制或多种因素组合控制）和潜在破坏模式。

（2）围岩稳定分析。通过解析方法或数值方法，分析隧洞开挖响应一般特征、典型洞段稳定性、块体稳定性，获得隧洞无支护条件下的围岩稳定特征。

（3）支护设计。根据隧洞基本特征、围岩稳定性以及无支护条件下数值计算成果，结合经验方法（如工程类比法、规范经验参数或 Q 系统法等方法）初步拟定隧洞支护参数。必要时再通过数值计算分析评价支护参数的合理性，并结合数值计算成果进行适当调整，确定隧洞系统支护参数。

（4）动态反馈及优化设计。在现场施工开挖过程中，根据实时揭示的地质条件，以及现场监控量测数据开展反馈分析，进行隧洞开挖支护动态优化设计，对支护参数、开挖方式、监控量测等进行动态调整优化，指导隧洞开挖施工全过程。

实际工程中，上述隧洞动态支护设计流程需要设计单位、承包商、科研机构等的通力协作，设计单位内部也需要各专业相互配合、协作。

5.3.2 动态反馈分析方法

反馈分析主要是指利用实测资料反馈有用的信息，对未来的围岩力学行为进行预报；而反分析主要是指岩石材料参数的反演分析，包括初始应力场的回归分析、本构模型的反分析等。反分析主要是由实测资料反求参数。

　　由于深埋水工隧洞埋深大、地应力高，隧洞开挖后，围岩应力路径极其复杂，其力学行为的演化是一个动态过程。由施工开挖产生的卸荷过程，实际上是岩体应力场不断调整的过程，由此将引起岩体结构、能量集度及宏观力学性质发生相应的变化，而这些变化由于高地应力条件而变得更为复杂。一般可利用隧洞施工前已经开挖地质探洞和辅助洞室，开展部分现场监测和测试工作，基于现场监测和测试数据以及开挖揭露的围岩稳定性情况进行地应力场分析、岩体力学性质及参数反演，为隧洞相关问题的研究提供重要的基础。但是由于监测数据和认识深度有限，且开挖洞形、尺寸、方法以及地层和地应力等条件的不同，隧洞开挖过程中仍无法准确预知围岩破坏模式和程度，无法事先确定有效的调控方案。因此，有必要进一步利用每条隧洞施工开挖过程中所获得的新地质信息、新监测数据和测试数据进行校验和可能的更新（再次反演），获得更接近实际的地应力场和岩体力学参数，以这些更新的参数再对隧洞后续施工和围岩支护参数进行信息化动态优化设计和调整，对其围岩稳定性进行重新评价，对局部围岩稳定性问题进行及时动态调控，基于当前开挖地层段的认识进行后续开挖段围岩响应的预测和开挖支护建议。

　　以锦屏二级水电站引水隧洞为例，由于其具有深、长、大等工程特点，在加之沿线复杂的地质构造发育条件，使得工程施工期围岩稳定性的分析过程需要合理的理论方法指导才能够有效进行，该方法必须解决对未开挖围岩的地质条件的全面的认知、对地应力场条件有较准确的控制、对岩体条件和力学参数有效的识别、对开挖过程细致的考虑和模拟，同时还要能够根据开挖过程中所揭露的和获得的更多的工程信息进行不断修正和分析完善。上述对深埋隧洞工程围岩稳定性分析的具体要求直接促使研究中需要提出一个较为完善的分析技术和方法体系，以及基于围岩稳定性评价结果做出合理的灾害防治策略、支护设计方法等。图 5.3-2 给出了锦屏二级水电站深埋隧洞施工期动态反馈分析方法的技术路线。该方法强调对已有数据信息的深入挖掘和分析过程的动态反馈过程，前者是为了解决深埋隧洞工程围岩未开挖前地质信息的强隐蔽性和力学分析基础数据匮乏等不利问题，而后者则是结合深埋隧洞工程施工特点，即开挖过程将使对围岩条件的认识更加深入、对灾害类型的把握更加全面，引入反馈机制确定合理的力学模型及参数，进一步使分析结果符合客观实际，从而对围岩稳定性的评价和风险评估更加准确。

　　图 5.3-2 中前期基础信息（包括地质条件、地应力状态、力学参数、岩体条件、灾害类型及破坏模式等）事实上也是经过一个非常复杂的分析过程后确定的，是动态反馈分析的基础。这里仍以锦屏二级水电站引水隧洞工程为例加以详述。

　　基于锦屏二级水电站引水隧洞工程因其 7 条隧洞并行排列和不同开挖时期和阶段的工程特点，为未开挖洞段围岩的稳定性分析提供了更全面的信息和分析数据，实际工作中建立了工程类比分析与评估预测技术作为未开挖洞段围岩稳定性的初步判定，作为图 5.3-2 动态反馈分析方法的前期基础研究，提供对未开挖洞段围岩力学行为和灾害特征总体把握的依据，也提供更加准确的岩体结构信息、地质条件、地应力条件，以及合理评价未开挖洞段围岩力学行为的力学参数和模型等，这一工程类比分析与评估预测技术流程如图 5.3-3 所示。

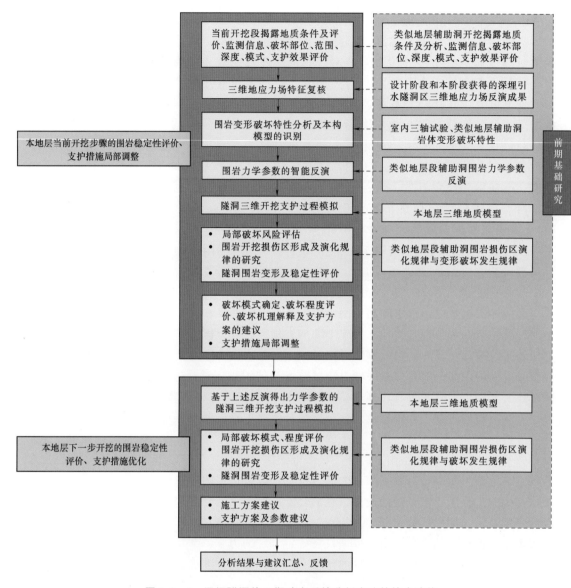

图 5.3-2 深埋隧洞施工期动态反馈分析方法的技术路线

锦屏二级水电站引水隧洞开挖时，仅有辅助洞和施工排水洞先于其开挖，因而工程类比分析主要以辅助洞和施工排水洞作为信息依据。实际上，对于其他引水隧洞的工程类比分析中并未局限于辅助洞和施工排水洞，只要所研究的洞段在未开挖时其他洞段已开挖完成，均可作为研究未开挖段围岩稳定性的有力数据信息，这里仅用引水隧洞为典型案例对工程类比分析方法的核心思想加以阐述。具体分析步骤可概括如下：

（1）综合分析辅助洞和施工排水洞对应未开挖洞段的地质条件，包括岩层、围岩分类等，汇总对应洞段围岩脆性破坏特征和程度，将围岩脆性破坏的位置与相应的地质条件联系起来，总结对应的规律性。

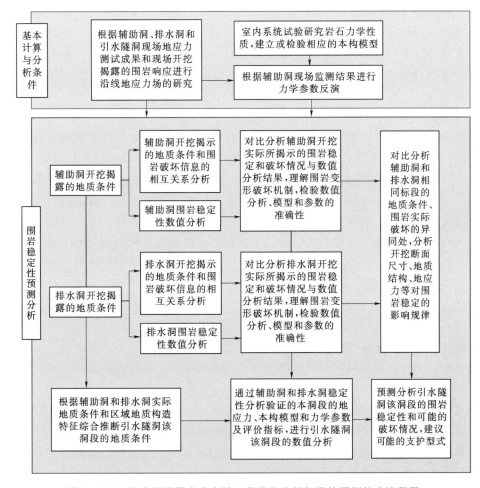

图 5.3-3 引水隧洞围岩稳定性工程类比分析与评估预测技术流程图

（2）对辅助洞和施工排水洞相应洞段揭露的地质条件进行对比分析，分析在同一洞段地质条件的异同，以便更好地将其类比到引水隧洞。

（3）根据总结得出的围岩脆性破坏发育程度与地质条件的对应规律，验证辅助洞和施工排水洞分析中所用力学模型和力学参数的合理性，选择和确定合理的力学模型和力学参数并开展引水隧洞相应洞段围岩的力学分析，包括开挖响应、破坏程度和破坏位置的评估，考虑隧洞开挖的阶段性和不同开挖方法、开挖步骤的影响等，其中力学分析的围岩条件，如岩体结构，以从辅助洞和施工排水洞获得的信息为依据加以详细考虑。

（4）直接工程类比获得的灾害估计结果与力学分析的结果，综合推出引水隧洞围岩可能的破坏形式和破坏程度及其与地质条件的对应关系。

5.3.3 常规支护设计方法

5.3.3.1 经验设计法

由于岩体的复杂性和不确定性，开挖揭露前难以十分准确地获得隧洞的地质条件，岩体属于"灰色""模糊"介质，仅仅依靠理论计算尚不能完全解决具体工程的支护设计问题，因此在隧洞稳定分析及支护设计中综合多种分析方法很有必要。对于隧洞中的喷锚支护，目前还不能像对地面结构那样，通过理论计算来精确地确定结构尺寸和参数，在很多情况下，必须得借助于一些经验方法来进行设计，通常这些经验方法在实际工程中发挥着举足轻重的作用。

1. 工程类比法

工程类比法是发展最早，也是当前锚喷支护设计中应用最为广泛的方法。目前国内与喷锚/锚喷支护相关的规范仍以工程类比法为主，如《水工隧洞设计规范》（DL/T 5195—2004）、《岩土锚杆与喷射混凝土支护工程技术规范》（GB 50086—2015），均在工程类比基础上，给出了不同跨度及不同地质条件下的隧洞锚喷支护类型及经验参数。

工程类比法是在围岩分类的基础上，根据拟建工程的围岩等级、工程规模等，结合已建类似工程的经验，通过工程类比，直接确定锚喷支护参数。它与设计者的实践经验有很大关系。然而，要求每一个设计人员都具有丰富的实践经验是不切实际的。为了将特定岩体条件下的设计与个别的工程相应条件下的实践经验联系起来进行工程类比，做出比较合理的设计方案，正确的围岩分类是非常必要的。进行围岩分类后，就可根据不同类别的岩层，确定不同的支护形式和参数。

值得注意的是，工程类比通常需要涉及地质、力学、工程等多方面因素，采用工程类比法设计时，必须认真分析相似工程隧洞的工程地质条件差异，支护参数作相应调整，切忌生搬硬套。

2. Q 系统法

Q 系统法由挪威岩土所 Barton 博士于 1974 年建立，它是指导隧洞支护设计的围岩质量评分体系，同时也可兼作岩体分类系统，因此被广泛用于地下工程的支护设计中。Q 值与围岩分类的大致对应关系见表 5.3-1。

表 5.3-1 Q 值与围岩分类的对应关系

Q 值	1000～100	100～4	4～0.1	0.1～0.01	0.01～0.001
围岩分类	I	II	III	IV	V

Q 系统法包含了 6 个评分要素，包括岩石质量指标 RQD、节理组数 J_n、节理粗糙度系数 J_r、节理蚀变系数 J_a、裂隙水折减系数 J_w、应力折减系数 SRF，通过多个要素较为综合地反映了岩体的实际情况，计算公式如下：

$$Q = \frac{RQD}{J_n} \times \frac{J_r}{J_a} \times \frac{J_w}{SRF} \tag{5.3-1}$$

式中：RQD 为岩石质量指标；J_n 为节理组数；J_r 为节理粗糙度系数；J_a 为节理蚀变系数；J_w 为裂隙水折减系数；SRF 为应力折减系数；Q 值的范围在 0.001～1000，Q 值越高岩体质量越好。

Q 值与系统支护对应关系如图 5.3-4 所示。

不同类型和用途的地下洞室，支护要求和重要性有所差异，为了将 Q 值和地下洞室的支护要求联系起来，Barton 定义了等效开挖尺度 D_e 这一参数：

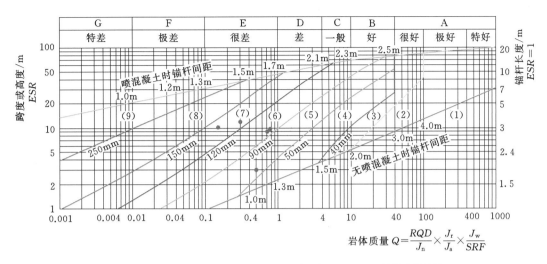

$$D_e = 洞室跨度、直径或高度/开挖支护比（ESR）$$

支护类别
(1)无支护
(2)随机锚固
(3)系统锚固
(4)系统锚固加 40～100mm 厚素砂浆混凝土
(5)锚固加 50～90mm 纤维砂浆混凝土
(6)锚固加 90～120mm 纤维砂浆混凝土
(7)锚固加 120～150mm 纤维砂浆混凝土
(8)锚固、加肋及大于 150mm 厚加纤维砂浆混凝土
(9)浇筑混凝土衬砌

图 5.3 - 4　Q 值与系统支护对应关系图

$$D_e = 洞室跨度、直径或高度/开挖支护比（ESR）$$

开挖支护比（ESR）与洞室的使用目的、维持洞室稳定性所要求安装的支护系统的安全程度有关，Barton 建议 ESR 按表 5.3 - 2 取值。

表 5.3 - 2　　　　　　　　　　开挖支护比 ESR 取值

洞　室　类　型		ESR
A 临时采矿巷道		3～5
B 垂直竖井	a 圆形断面	约 2.5
	b 矩形或方形断面	约 2.0
C 永久采矿巷道、水工隧洞（不包括高压管道）、平洞、竖井和大型开挖工程的导洞		1.6
D 蓄水室、水处理厂、非等级公路和铁路隧洞、调压室、交通隧洞		1.3
E 电站、大的公路和铁路隧洞、防空洞、进出口段		1.0
F 地下核电站、火车站、体育或公共设施、工厂		0.8
G 长期都很重要的洞室和隧洞，以及输气管线隧道		0.5

通过开挖支护比（ESR）和 Q 值可以很简单直接地确定支护类型和支护量。但准确估算支护量是非常困难的，Barton 也指出对于质量较差的岩体（$Q<1$），Q 系统法所预测的支护量可能会偏离实际。原因是软弱岩体的性质如膨胀、塑性挤出等因素并未在 Q 系统中得到直接的考虑和体现。目前主流的观点认为，断层或软弱带的支护设计应当综合采用多种互补的设计方法，并认真复核。同时 Barton 建议将 Q 值和上述 6 个评分要素结合

起来使用，因为仅仅使用 Q 值来确定支护会使设计显得过于死板，进而使得其他形式的支护失去应用的机会和空间。

需要特别说明的是，Q 系统经验设计方法中收集类比了大量实际工程作为样本，很大一部分工程为公路、铁路、矿山隧道，工程的性质、特殊性和支护要求与水工隧洞有较大差异，因此水工隧洞的支护设计不宜仅参照 Q 系统法，宜同时结合其他多种方法综合考虑。

5.3.3.2　解析法

解析法是一种最为基本的围岩稳定分析方法，虽然不能准确地描述围岩的失稳、破坏过程，但大致上仍能初步评价隧洞成洞条件和稳定状况，对各种洞形方案及处理措施进行对比分析，同时具有解析解精度高、分析速度快和宜于进行方案比较等优点。

目前发展了多种隧洞围岩稳定解析法，通过线弹性、弹塑性、黏塑性解析方法可以获得隧洞变形、应力及塑性区深度等，了解洞周围岩体应力、变形或破坏情况，为支护设计提供参考依据。应用比较广泛的芬纳（Fenner）公式和卡斯特纳公式（Kastner），主要基于理想弹塑性介质轴对称问题，国内外许多学者随后提出了一些考虑围岩应变软化、扩容等效应的计算方法，以及非轴对称荷载的近似解和考虑围岩松动圈分布的解析解。

对于一般硬岩隧洞工程的岩石力学问题，弹性解析解、弹塑性解析解基本能满足工程要求，然而对于岩体应力-应变超过峰值应力和极限应变，围岩进入全应力应变曲线的峰后段时，解析法不再适宜，对于工程中的多孔、非均质和各向异性、分层开挖、复杂体形等问题，解析法也无法解决，因此其应用在一定程度上受到较大限制。实际工程中洞室形状各种各样，岩体性质、地应力条件、施工方式等都是十分复杂的，因此理论解析法只能用于工程初步设计，初步掌握隧洞的基本特性，更精细化设计还需借助于数值计算等方法解决。

5.3.3.3　数值计算法

经验方法是定性的分析方法，并不能得到定量或半定量的结果。解析法通常也只能进行规则洞室的平面问题分析，并且对于岩体介质的非均质性、非连续性、非线性以及复杂的加卸载条件和边界条件难以考虑。相比之下，数值计算法具有较广泛的适用性，不仅能模拟岩体的复杂力学与结构特性，也可很方便地分析各种边值问题和施工过程，并对工程进行预测和预报，因此数值计算方法是解决岩土工程问题的有效工具之一，也是支护设计的有效分析手段。随着大规模的岩体工程建设和计算机技术的迅猛发展，岩体数值模拟技术得以快速发展，数值计算也不再像以往受制于计算机的软硬件性能，已从早期的辅助研究方法逐渐演变为当前岩土工程广泛采用的基本设计方法和依据。当前岩石力学数值计算方法得到迅猛发展，出现了有限元、有限差分、离散元、边界元、流形元等多种数值模拟技术，使复杂岩石力学工程问题的研究发生根本性变化。下面主要介绍目前比较通用、应用广泛的几种数值计算方法。

（1）有限元法：是目前已广泛应用的岩土工程与结构分析的有力工具，是把一个实际的结构物或连续体用一种由多个彼此相联系的单元体所组成的近似等价物理模型来代替。通过结构及连续体力学的基本原理及单元的物理特性建立起表征力和位移关系的方程组，解方程组求其基本未知物理量，并由此求得各单元的应力、应变及其他辅助量值。如 ANSYS、ABAQUS、MIDAS-GTS、MARC、Phase 等常用有限元分析软件，均能满足隧洞围岩稳定分析和支护设计。由于有限元法是基于连续力学的分析方法，因此对于不连续结构面的处理，其处理效率和计算结果不尽如人意。但其完善的计算理论和较早的实际工程应用，仍然是目前岩土工程界广泛采用的数值计算方法。

（2）有限差分法：是求解给定初值和边值问题的数值方法之一，随着计算机技术飞速发展，其独特的计算格式和流程使其显示出了明显的优势和特点。其主要思想是将待解决问题的基本方程组和边界条件近似地改用差分方程来表示，即由有一定规则的空间离散点处的场变量（应力、位移）的代数表达式代替。这些变量在单元内是非确定的，从而把求解微分方程的问题转化成求解代数方程的问题。其实质与有限元法基本类似，只是求解过程和方法不同。比较有代表性的有限差分数值分析软件如 FLAC、FLAC 3D，在岩土工程中得到广泛应用，可用于隧洞开挖、支护设计。但其同样是基于连续力学的分析方法，与有限元法一样，对不连续结构面的处理较为复杂和烦琐。

（3）离散元法：是 20 世纪 70 年代开始兴起的一种数值计算方法，特别适用于节理岩体的非连续力学分析。与有限元法相似，将区域划分为单元，单元受节理等不连续面控制，在今后的运动过程中，单元节点可以分离，即一个单元与其邻近单元可以接触也可以分开，单元之间相互作用的力可以根据力与位移的关系求出，而个别单元的运动则完全根据该单元所受的不平衡力和不平衡力矩大小按牛顿定律确定。比较有代表性的离散元法数值分析软件（如 UDEC、3DEC），可以较为理想地描述离散介质力学行为。若不考虑完整岩石的变形（岩石作为刚体考虑），可不用单元网格划分，模型由结构面切割成的块体组成，用于刚体极限平衡分析。如隧洞受断层、错动带等不连续构造影响较大，或块体稳定评价，采用离散元法比较方便和适用。

岩体数值计算方法多种多样，但总体归纳为两大类，即连续方法和非连续方法。总体说来，连续方法及其本构关系研究更为深入，应用也更为广泛，非连续方法近年来也得到快速发展。由于岩体介质的复杂特性，往往采用两种分析方法并举的方式，这深刻反映了复杂岩体介质受结构面主导的基本特点。岩体结构的基本特点是岩体结构中存在大量结构面、加固措施（锚杆、锚索、排水）等次级结构，其力学效应显著，连续和非连续方法处理这些次级结构均有难度，因此连续和非连续方法发展的趋势是互相渗透，需根据待分析问题的侧重点和条件来确定具体的分析方法和思路。

需要说明的是，由于围岩地质条件复杂多变，力学模型和岩体力学参数不易选定测准，加之计算过程中很难准确考虑施工方法、支护时机等因素的影响，所以数值计算成果仅作为设计参考，开挖支护设计时还应综合运用工程类比法、Q 系统法等经验设计方法。

5.3.3.4　动态优化设计法

由于岩体介质复杂，存在许多不确定性，对于隧洞围岩稳定和支护设计，依据目前的技术水平，无论采用何种方法都不可能得到十分精确的结果。另外由于工期、经费、勘测手段等因素的限制，在地下洞室施工开挖前不可能将地质信息了解得十分清楚，而必须通过开挖后所揭示的地质条件对围岩类别、围岩类型、围岩结构、地质断层等进行再认识和再确认。因此，地下工程的复杂性和不确定性决定了在其施工开挖过程中必须采用设计、施工、监测、反馈、设计变更、指导施工的循环开挖模式，即动态优化设计。

地下工程动态设计又称为信息化设计，与地面工程截然不同的是地下工程中的勘察、设计、施工等各环节之间需交叉、反复、变更等。"动态"指的是随着施工开挖的不断进行，围岩变形逐渐发展，地质条件随现场揭示不断发生变化，因此监测反馈及优化设计是随着整个施工开挖过程不断变化的，不间断地贯穿于整个工程的施工过程中，甚至在洞室开挖完成后的正常运行期往往仍需进行监测反馈和优化设计工作。

在地下工程可行性研究和初步设计阶段，首先根据前期地质勘察和试验数据进行预设计，初步选定设计方案、开挖方案和支护参数；然后根据初步设计方案进行施工开挖，同时还需在施工过程中进行现场监测、超前预报、地质揭示等工作，通过现场数据和变化情况分析围岩稳定状态及围岩和支护的工作状态；再结合类比反馈、理论反馈或可靠度反馈方法进行反馈分析，对预设计时的开挖、支护方案进行动态调整；最后进行后续开挖并重复循环上述信息反馈工作，直至地下洞室安全建成并稳定运行。地下工程动态设计是一个长期的动态变化过程，将工程类比、理论计算、经验类比及物理模型试验等多种设计方法最大限度地容纳其中，各取所长，优势互补，充分发挥各种方法的作用，综合分析评判洞室围岩稳定状态，将传统的一步到位设计方法变为多步动态调整，更符合工程实际和需求。

地下工程动态设计的本质是通过现场监控量测信息动态调整支护参数、支护方案及施工方法，其实质是反馈分析方法的正确合理运用，而其核心内容是选择合理的支护时机，充分发挥围岩的自承能力，通过现场监测调控围岩变形。允许围岩适度变形，但又不至于因变形过大引起围岩过度松弛破坏，采取及时有效的支护措施抑制围岩变形的有害发展，实现洞室围岩支护结构的安全性和经济性。依据现场监测是"新奥法"主要倡导的核心理念，也是现代支护理论的主要体现。

5.3.4 围岩破坏模式

经过几十年的工程实践总结，可以将深埋隧洞破坏模式主要区分为块体破坏，应力型破坏，软岩大变形破坏，岩溶、断层破碎带破坏，以及特定地质条件下的 TBM 撑靴挤压导致的垮塌等破坏模式，由于破坏机理和支护理念存在不同，需根据具体情况确定。

块体破坏主要指结构面切割形成不稳定块体，该不稳定块体在重力驱动下失稳。

应力型破坏主要是指应力损伤、应力节理（破裂）、片帮、岩爆和应力坍塌等几种形式。应力型破坏代表了应力和岩体强度之间矛盾的差异程度，如应力水平低于岩体峰值强度时可以产生应力损伤，而开挖过程中很快达到峰值强度时则可以产生岩爆。

软岩大变形破坏主要是深埋软岩隧洞工程由于隧洞埋深大、地应力高、岩体相对软弱，因此隧洞在深埋高应力环境下显示出典型的软岩变形特征。同深埋条件下硬岩隧洞所产生的岩爆、应力松弛等剧烈的开挖响应不同，软岩隧洞开挖的应力、应变响应相对缓和，历时更长。

5.3.4.1 块体破坏

一般指结构面切割形成的块体在重力驱动下失稳。深埋条件下单条节理附近被压坏或剪坏的块体也可以形成掉块现象，该种情况下不需要 3 条或 3 条以上的结构面切割形成特定的潜在失稳块体。江边水电站主厂房下游边墙结构面组合块体破坏见图 5.3-5。

5.3.4.2　应力型破坏

决定应力型破坏的基本因素是岩体地应力水平和岩体力学特性。在硬质岩石条件下，结构面发育特征可以成为重要影响。因此，在现场观察到的围岩破坏形式不仅反映了应力水平，而且还受到结构面发育特征的影响。结构面发育程度的差异导致了围岩开挖响应方式在性质上存在一定差别，由应力型脆性破坏为主转化为变形问题为主。

在 4.2 节中的图 4.2 - 1 列出了深埋条件下硬岩开挖以后围岩响应的一般特征，简单地说，它主要取决于初始的地应力水平（用最大初始主应力和岩石单轴抗压强度的比值表示）和岩体的完整程度（用 RMR 表示）。

图 5.3 - 5　江边水电站主厂房下游边墙结构面组合块体破坏

剧烈的应力型破坏（如岩爆）由于性质较为特殊，相关内容在其他章节介绍。

1. 应力损伤

应力损伤是脆性岩石的基本特征，即脆性岩石应力水平超过启裂强度以后即可以出现的微破裂现象，室内试验可以有效地揭示这一现象。

深埋工程岩体中应力损伤的破裂程度要更强一些，往往指可以宏观观察到的小型破裂现象。它不仅可以产生声发射现象，也可以导致岩体渗透特性、波速值发生变化，即工程中所称的开挖损伤。

应力损伤可以出现在完整性很好的均质致密岩体中，图 5.3 - 6 是锦屏二级水电站

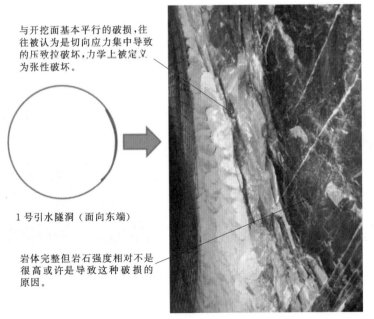

与开挖面基本平行的破损，往往被认为是切向应力集中导致的压致拉破坏，力学上被定义为张性破坏。

1 号引水隧洞（面向东端）

岩体完整但岩石强度相对不是很高或许是导致这种破损的原因。

图 5.3 - 6　完整岩体开挖以后的围岩破损现象

深埋引水隧洞东端1号引水隧洞 TBM 掘进以后完整致密大理岩中出现的破损现象。该破损区域对应的埋深大约为1400m，可以看到破损面与隧洞切向方向基本一致，一般认为这种破损是切向应力集中、法向应力很低时的一种压致拉破坏，往往被定义为拉破坏。

2. 应力节理

应力节理指完全由高应力导致岩体破坏产生的新的破裂现象，其部位与隧洞围岩应力集中区对应，产状受到洞周围岩应力状态的影响，可以与构造节理形成显著差异。由于应力节理是围岩二次应力场作用的产物，给定开挖形态下的围岩二次应力分布因此也反映了围岩原始地应力状态。

图 5.3－7 是锦屏二级水电站2号引水隧洞开挖以后完整岩体出现的应力节理，拍摄点位于东端2号引水隧洞的南侧边墙拱脚一带。相对完整的大理岩中出现了一组弧形的剪切破坏，为隧洞开挖以后二次应力导致的新的破裂现象，即应力节理。不论是产状、位置、破裂的新鲜程度方面，隧洞开挖后产生的应力节理都与地质运动过程中出现的构造节理存在显著差异，现场很容易区分。

图 5.3－7　2号引水隧洞开挖以后完整岩体
出现的应力节理

应力节理的出现标志着围岩应力水平可以超过岩体峰值强度，并且岩体具有脆性特征，即破裂，而不是变形，是围岩开挖响应的主要表现形式。

3. 片帮

片帮属于典型的应力型破坏形式，破坏块体成薄片状。图 5.3－8 和图 5.3－9 给出了两个片帮破坏实例，前者出现在结晶玄武岩中，后者出现在花岗岩中，破坏岩体的片状特征非常典型。

图 5.3－8　白鹤滩水电站勘探平洞内的
典型片帮破坏

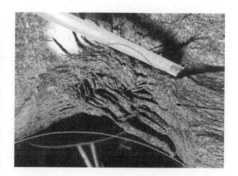

图 5.3－9　加拿大 URL 试验洞发生的
典型片帮破坏

从工程建设的角度看，片帮破坏的出现可以给工程建设很多启示。首先是围岩应力状态足以导致相对典型的应力型破坏，当条件进一步恶化时（如埋深增大），存在岩爆破坏风险。其次，片帮破坏指示了典型的破裂特性，破裂和破裂扩展问题不可避免，几乎所有的片帮破坏深度都会随时间不断增大。此外，片帮破坏程度与深度也和开挖洞径密切相关，在水工隧洞建设中，如果片帮出现在勘探平洞内，则主体工程开挖以后围岩破损问题不可避免，处置不当则可能引起比较严重的工程问题，围岩和支护的长期安全风险是设计工作中需要考虑的问题。

作为典型的应力型破坏，片帮还可以反过来指示岩体初始地应力场特征，特别地，比较相似条件下不同轴线方向围岩片帮破坏程度的差异，可以比较可靠地判断初始地应力场的方位和比值关系。不过，工作中也需要注意片帮的成因，在很多情况下片帮零星地分布在某些洞段，并非连续分布，这一普遍性特征指示了片帮具体成因的一些特点，往往受到某些特定因素的影响，比如工程位于深切河谷地区岸坡应力异常区、褶皱或构造导致的局部地应力现象，等等。

4. 应力型坍塌

与岩爆相似，应力型坍塌也是应力水平超过岩体强度以后的破坏方式，但此时围岩质量相对较差，蓄能能力相对不高，破坏也不是以突然的剧烈方式出现，往往需要经历一个发展历程。视围岩条件，破坏过程中也可能普遍出现声响现象，但不具备冲击性。

图 5.3-10 为白鹤滩水电站 PD62 平洞揭露的 F_{16} 断层影响带所发生的应力型坍塌破坏，该部位出现应力坍塌型破坏的一个重要条件是岩体承载力相对较低。F_{16} 断层影响带内微裂隙非常发育，基本都为硅质充填，表现为细小的矿脉。在浅埋低应力环境下，这种硬质胶结的断层影响带往往不导致明显的工程问题，但受到高应力影响以后，即便是大约 3m 跨度的勘探平洞，也出现了坍塌破坏现象。

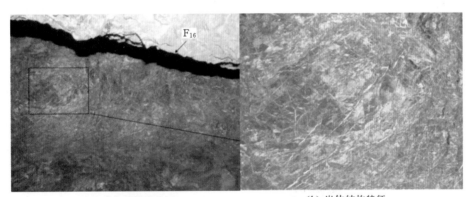

（a）应力型坍塌破坏　　　　　　　　（b）岩体结构特征

图 5.3-10　白鹤滩水电站应力型坍塌破坏坑和岩体结构特征

该实例中值得注意的另一个环节是破坏并非出现在开挖以后的短时间内，而是发生在 1 年以后，具有非常突出的滞后效应。其内在机制应是应力水平低于围岩强度，但足以导致围岩内产生细小裂纹和裂纹随时间的扩展，围岩承载力因此随时间衰减，是破裂扩展时间效应导致的应力型坍塌。破坏的严重滞后现象主要受到驱动应力比的影响，即围岩应力与强度之间的比值相对不是很高。由此类推，当驱动应力比较高时，应力型坍塌出现发生时，滞后开挖的时间会更短一些。

5.3.4.3 软岩大变形

软岩之所以能产生显著塑性变形，是因为软岩中的泥质成分（黏土矿物）和结构面控制了软岩的工程力学特性。一般来说，软岩具有可塑性、膨胀性、崩解性、流变性和易扰动性。

深埋软岩水工隧洞工程面临的主要工程技术问题有隧洞塌方、围岩的塑性大变形、水对岩体强度和变形特征的影响、围岩的长期流变变形、有压引水隧洞的衬砌结构及防渗设计，以及大断面隧洞的施工方案选择等。

5.3.5 块体破坏支护设计方法

5.3.5.1 块体破坏处理步骤

在节理岩体中相对较浅部位开挖隧洞，最常见的破坏类型是隧洞顶拱楔形体的垮落和边墙楔形体的滑动。这些楔形体由相互切割的结构面（如层面和节理面等）组成，这些相互切割的结构面将岩体分割成不连续体，但仍处于相互镶嵌状态。当隧洞开挖产生临空面时，周围岩体对楔形体的阻力被解除，如果切割面是连续的或沿不连续面的岩桥被破坏，上述楔形体就会从开挖面上垮落或滑动。

如果不采取措施加固松弛的楔形体，隧洞的顶部或边墙的稳定性将会迅速恶化，如果允许这些楔形体垮落或滑动，将产生约束力减小，岩体间的结合松弛，随之，其他楔形体也会垮落，这种破坏过程将会持续下去，直到岩体形成自然拱阻止进一步破坏，或直到隧洞充满垮落岩体为止。

对这一问题需要采取的处理步骤是：①确定重要不连续面的平面倾角和倾向；②确定顶部或边墙可能存在的滑动或垮落的楔形体；③依据破坏模型，计算楔形体的安全系数；④按照单个楔形体所要求达到的允许安全系数，计算出需加固的总支护力。

5.3.5.2 楔形体确认

隧洞岩体中楔形体的大小和形状取决于隧洞的尺寸、形状和方向，也取决于不连续面的方向，三维几何问题必然带来庞大的计算，推荐采用 Unwedge 程序进行块体分析（图5.3-11）。该软件可计算潜在不稳定楔形体的安全系数，并可分析支护系统对楔形体稳定性的影响。

Unwedge 程序计算原理如下：

（1）采用极限平衡法分析潜在滑动楔体。楔体的安全系数定义为抗力与驱动力的比值。抗力包括滑面的剪切强度、人工加固措施等。驱动力包括重力沿滑动方向的分量、地震力、裂隙中的水压力等。

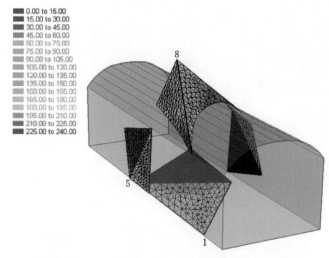

图 5.3-11 采用 Unwedge 程序进行的块体分析

（2）内力或外力的作用点在块体的形心位置。Unwedge 程序由于引入了一些假定，具有某些局限性，包括以下内容：

1）Unwedge 程序应用于分析硬岩中沿开挖面及不连续结构面所形成块体的稳定性。破坏不是应力型控制的，位移发生在不连续结构面，并视块体为刚性体且无内部变形和断裂。

2）程序本质上是计算由 3 组不连续结构面所形成四面体的稳定性特征，在一次计算中最多只能分析 3 个结构面，如果数据输入时超过 3 组结构面，则计算所有可能的组合。

3）结构面假定为平面形态。

4）结构面具有遍布型特征，因此可以在任意位置存在。

（3）分析情况下假定块体破坏的驱动力为重力，没有对开挖面周边的应力特征进行考虑。由此也给分析带来了一定的误差，但该假定所带来的结果是保守的，因为它给出一个偏低的安全系数。尽管如此，用户可以利用该程序的场应力选项来引入初始应力对块体稳定的影响。

（4）Unwedge 程序始终计算开挖面周边由结构面所能形成最大块体的稳定性。该程序允许根据实际情况对其尺寸进行缩放操作。

5.3.5.3　楔形体支护设计

块状岩体中楔形体破坏的一个典型特征是楔形体破坏以前岩体发生的运动很小，对于顶拱楔形体垮落的情况，隧洞开挖一旦完全揭露出楔形体底面就会立即产生破坏；对边墙楔形体，沿着一个平面或两个平面的交线稍有几毫米的滑动一般足以克服这些滑动面上的峰值强度，这表明沿滑面的运动一定很小，因此，支护系统必须对运动提供刚性反应，这意味着机械锚固的锚杆需要事先被张拉，而完全灌浆的锚杆或其他连续耦合装置则可以不事先张拉。

1. 锚杆支护

对于顶拱楔形体，由支护施加的总力应该足以支撑整个楔形体的自重，加上对于出现误差和安装质量等原因进行的补偿，总支护力应为 $1.3W \sim 1.5W$（W 为楔形体自重），对应的安全系数为 $1.3 \sim 1.5$。

当楔形体可以清楚地确定时，可以围绕楔形体的重心均匀的分配支护构件，以阻止任何可能导致安全系数降低的旋转现象发生。

在选择岩石锚杆或锚索锚固时，必须注意这些锚固件的长度和位置，对于注浆锚杆，在楔形体内的长度 L_w 和锚入岩体的长度 L_r 应足够长以提供足够的锚固力（图 5.3 - 12）。锚固长度一般应大于 1m。

对于边墙楔形体的情况，可以用增加滑面上抗剪强度的方式布置锚杆或锚索，这要求大量的锚杆应穿过滑面而不是分离面，同时这些锚杆或锚索应倾斜布置以便保持 $15° \sim 30°$的角度，这样可使滑面上的剪切阻力最大（图 5.3 - 13）。

2. 喷混凝土支护

喷混凝土用于开挖表面呈块状岩体的楔形体的附加支护，如果应用得当会非常有效。这是因为典型楔形体的底面有一个大的周长，因此即使采用相对较薄的一层喷混凝土，在楔形体垮落之前，必须穿过具有较大的横切面积的材料。

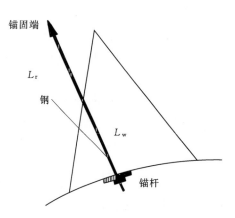

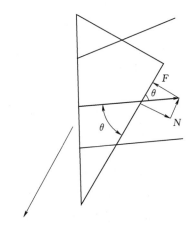

图 5.3 - 12　顶拱楔形体锚杆布置　　　　图 5.3 - 13　边墙楔形体锚杆布置

确保喷混凝土与岩石面牢固地结合，以防止因喷混凝土层的剥落而降低支护力是非常重要的。喷混凝土之前应冲洗岩面，以达到所喷混凝土和岩石面之间良好的黏结。

喷混凝土非常适用于高度节理化的岩体中，在这种情况下，楔形体破坏是一个渐进过程，开始是暴露在开挖面上的小型楔形体，逐渐向岩体内部发展。

5.3.5.4　楔形体支护经验设计

工程实际中，一旦现场巡视发现开挖揭露的潜在失稳块体，现场应及时确定相应的支护，特别是锚杆参数，以尽可能早地对潜在失稳块体进行支护，避免块体垮塌造成人员设备损失甚至引发更大规模的塌方。

此时锚杆参数可按照以下步骤初步确定：

（1）估算块体重量。根据结构面出露的迹线长度，推测可能形成的最大块体尺寸，进而确定块体重量。

（2）根据悬吊理论估算锚杆根数。块体重量确定后，即可按照悬吊理论确定锚杆数量，单根锚杆的拉拔力可引用表 5.3 - 3 所列数据。

表 5.3 - 3　　　　　　　　　　　锚 杆 抗 拔 力

序号	普通砂浆锚杆直径/mm	抗拔力/kN	序号	普通砂浆锚杆直径/mm	抗拔力/kN
1	20	100	4	28	200
2	22	120	5	32	250
3	25	160			

考虑到实际施工过程中某些锚杆不能穿过潜在滑动面或有效锚固长度不够，确定锚杆数量时应考虑 1.5 的安全系数。

5.3.6　应力型破坏支护设计方法

5.3.6.1　围岩支护要求与支护的力学特性

硬岩的应力型破坏支护主要依赖柔性喷锚支护系统，钢拱架和衬砌等典型的刚性支护往往不适合于针对硬岩的应力型破坏，柔性的喷锚支护系统得到广泛应用。针对硬岩的应力型破坏所采用支护手段的"柔性"主要体现在支护材料特性，如锚杆杆材力学特性上。

针对硬岩的应力型破坏原则上需要采用柔性支护系统，但其必要性和对柔性的要求程度也是相对的，与高应力破坏程度相关，同时需要考虑支护的工程目的。对于重大工程尤其是水工隧洞而言都应该使用柔性支护系统，一方面是这类工程对围岩和支护的长期安全性较高；另一方面是水工隧洞运行条件的地下水环境复杂，特别是对于深埋脆性围岩具有破裂时间效应，即便是围岩高应力破坏风险程度相对较低，也建议采用柔性支护系统。除此之外，还需要考虑耐久性等方面的要求，充分考虑围岩和支护的长期安全性。

为了保证施工安全，硬岩的应力型破坏风险对围岩支护的基本要求可以概述如下：

（1）较低破坏风险：如较弱的破损和滞后破裂。这类问题的影响主要是围岩长期安全性，对施工安全影响较小，对支护没有特别要求。

（2）中等破坏风险：表面破坏，如剥落和片帮现象等。对表层支护（如喷层）的要求相对较高，刚性锚杆也可以满足这类条件下的支护要求。

（3）高破坏风险：如强烈片帮和应变型岩爆等。此时需要使用柔性支护系统，考虑到这类强烈的高应力破坏时存在的冲击特性和破坏后围岩所具有的鼓胀变形，支护设计时需要同时考虑支护力、支护材料的抗变形能力和抗冲击能力。

（4）极高破坏风险：指冲击性突出的岩爆破坏，尤其是构造型岩爆。此时必须使用柔性支护，对系统的抗冲击力有着特别突出的要求。

可见，硬岩隧洞支护需要同时考察支护力、抗变形能力和抗冲击能力三个方面的要求。特别是深埋条件下地下工程开挖以后围岩屈服破坏不可避免，高应力的存在不可避免地要求支护系统具备足够的承载能力，足以有效地维持围岩的强度和发挥围岩的承载能力。高应力破坏后期的鼓胀变形可以比较明显和突出，这要求支护系统需要适应后期大变形的需要。而强烈的高应力破坏总是以冲击波的方式出现，支护系统在动力冲击下不仅需要保持安全，而且还需要通过吸收能量的方式维持围岩安全。

在了解不同潜在破坏风险程度下围岩对支护的要求以后，支护设计还需要了解不同支护方式的力学特性。图 5.3-14 是以加拿大矿山行业为例，给出了典型支护单元的力学特性。图中纵坐标表示了承载力，是衡量最大支护力的指标；横坐标表示了变形，描述了支护单元承受变形的能力；各单元荷载-变形曲线下方的面积则描述了该支护单元的吸能能力，即抗冲击能力。

根据图 5.3-14 可知，选择碳钢为杆材的普通螺纹钢锚杆具备良好的承载力，但抗变形能力和抗冲击能力均显得不足。但这里主要针对杆材的力学性质而言，并没有合理地考虑全长黏结螺纹钢锚杆的实际力学机制。实践表明，即便是采用环氧树脂作为黏结剂时，螺纹钢锚杆同样具有良好的抗吸能能力，"锚杆＋黏结"构成的锚固体具有比图 5.3-14 更好的变形能力和吸能能力。

机械胀壳式锚杆也往往采用脆性钢材生产。由于这类锚杆往往进行黏结，杆材的性能基本决定了锚固体的特性。因此，传统的机械胀壳式锚杆往往不仅承载力相对较低（端头锚固形式），而且抗冲击力和抵抗变形能力较弱。在强烈岩爆风险条件下，围岩内的动力波可以破坏这类锚杆的构造。正是因为这一不足，北美深埋矿山行业已经逐渐放弃使用机械胀壳式锚杆。

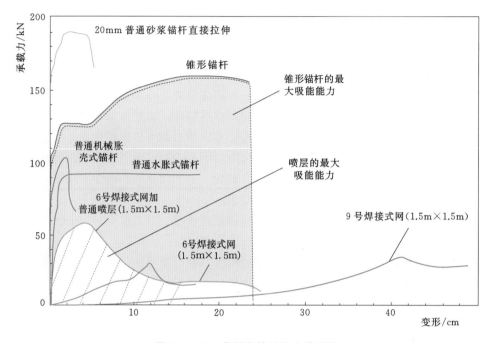

图 5.3-14　典型支护单元力学特性

不过，如果改进机械胀壳式锚杆的杆材或者安装后再进行二次注浆，都可以改变机械胀壳式锚杆或锚固体的性能。在水工隧洞建设中，因为对锚杆有耐久性的要求，在机械胀壳式锚杆基础上增加二次注浆的应用方式已经比较常见。在锦屏二级水电站深埋隧洞的实践中，不仅增加了二次注浆，而且还有意地优化杆体的尺寸和材料性质（延伸率），大大增强了锚杆的承载力和屈服特性，应用过程中不仅没有发生破坏，而且对控制围岩破裂、冲击破坏表现了良好的工程适用性和效果。由此可见，锚杆的性能和效果并不与锚杆的外观类型直接相关，其决定作用的是锚杆的承载力、适应变形能力和吸能能力。

锥形锚杆是专门针对岩爆冲击破坏设计的一种锚杆，杆体由普通圆钢锚杆和扁平状的内锚端构成，其中的内锚杆保证在冲击荷载作用下提供锚固力。锚杆发挥吸能作用主要取决于两个环节：一是杆体的涂层，保证在较高的冲击荷载下杆体和黏结体之间发生摩擦滑移；二是黏结材料的强度。当杆体和黏结体之间发生摩擦滑移时，黏结体发生破裂提供变形空间。这两个环节的共同作用保证了强烈的冲击荷载下锚杆能随围岩出现较大的变形而不出现杆体的破坏。当锚杆具有良好的承载力时，就具备了承载力、适应变形和吸收能量三个方面的良好性能，因此在一个时期被作为强烈岩爆风险条件下的重要手段。当锚杆发挥作用时，要求黏结体强度和杆体强度之间具有比较严格的相关关系，强度过高的黏结体可能导致杆体的破坏，过低时锚固力受到影响，因此采用锚杆时，对施工质量尤其是保持稳定和合理的黏结体强度有着很高的要求，成为限制这一锚杆推广应用的短板。

不过，锥形锚杆的工作原理很好地演示了强岩爆风险下对锚固设计的要求，为针对特定工程条件选择，乃至设计合适的锚杆提供了指导性意义。

国外比较普遍使用的水胀式锚杆属于典型的屈服型锚杆（图 5.3-14）。在达到锚杆峰值强度以后，锚杆并不出现承载力快速降低的现象，而出现如岩体的塑性或延性特征。

因为材料特性的原因，屈服型锚杆的承载力一般并不是很高，这类锚杆的突出优点是吸能能力和适应变形能力，不足是支护力偏低。为此，深埋工程实践中也大量使用的加强型水胀式锚杆通过增加杆体尺寸和管壁厚度的方式增加承载力水平。这一现实也说明了锚杆性能并非一成不变，而是可以根据实际工程需要不断改进和优化，以适应特定工程的特定需要。从这个角度看，大型深埋工程的支护设计可能不仅仅需要选择某种现成的锚杆类型，而且是需要设计出某种特定类型的锚杆。包括水利水电和交通在内的中国民用工程行业并没有形成标准化的锚杆生产和供应体系，很多情况下锚杆生产由承包商自己完成，此时设计工作更需要明确锚杆的性能要求。

喷层和"挂网＋喷层"的共同特征是适应变形能力好但承载力明显不足，并且后者也影响了表面支护的吸能能力（曲线下方的面积大小）。因此在硬岩条件下仅仅依赖喷层或"挂网＋喷层"的表面支护方式显然不能满足抵抗和限制围岩高应力破坏的要求。

当围岩高应力破坏风险相对不高时，单纯的喷层或"挂网＋喷层"具备的适应变形能力往往可以给围岩提供一定的初期支护，但当破裂扩展导致鼓胀变形时，因为这些支护缺乏必要的承载能力，会出现喷层破裂失效的现象。即便此时安装了锚杆，如果喷层或"挂网＋喷层"不能和锚杆有效结合在一起，表面支护仍然缺乏承载力，围岩鼓胀变形还是可以导致支护失效甚至围岩破坏。

当围岩存在高应力破坏风险时，冲击荷载可能超过这些支护的承载力和吸能能力，直接导致支护和围岩的破坏，无法满足工程的支护要求。因此在深埋工程中，不应该单独地将喷层等表面支护单元作为主要手段使用，而是要与锚杆等深层支护进行组合使用。

5.3.6.2 锚杆设计

针对变形问题的支护设计中并不特别强调锚杆长度。与之相反，硬岩条件下对锚杆类型选择和长度设计有着特别的要求。

硬岩条件下锚杆长度都可以按式（5.3-2）计算：

$$L_{min} = D_f(1 + BF) + L_0 \qquad (5.3-2)$$

式中：D_f 为应力破坏深度；BF 为围岩鼓胀系数；L_0 为与锚杆类型相关的参数，相关参数物理意义见图 5.3-15。

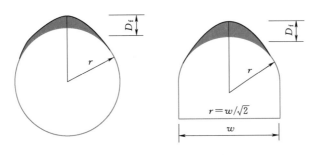

图 5.3-15　相关参数物理意义

该计算式要求锚杆穿过脆性破坏区到达未破坏围岩一定深度。需要进入未破坏围岩的深度主要考察了两个方面因素的影响：一是围岩破裂扩展导致的鼓胀变形；二是锚杆类型和工作机理。进入未破坏围岩的深度一般为锚杆长度的 $10\%\sim20\%$，长度相对较小。破坏深度越大时，破坏坑剖面形态上往往为较狭窄的尖棱状，出现在应力集中部位，并非在整个洞周。也就是说，以应力集中区最大破坏深度作为整个洞周锚杆长度设计的依据，发挥锚固区的承载圈作用。

$$D_f = r \left[1.25 \frac{3\sigma_1 - \sigma_3}{\sigma_c} - 0.51(\pm 1) \right] \qquad (5.3-3)$$

式中：r 为圆形隧洞半径或城门洞形隧洞跨度的 $1/\sqrt{2}$；σ_1、σ_3、σ_c 分别为断面最大主应力、最小主应力、岩石单轴抗压强度。当计算获得的 D_f 很小时，说明围岩基本处于弹性状态，可考虑不进行锚固支护。

式（5.3-2）中的鼓胀系数 BF 以百分比方式表示，计算式如下：

$$BF = 3.1 - 2\ln p \qquad (5.3-4)$$

式中：p 为锚杆的极限支护压力，MPa，为极限承载力除以锚固面积。以直径为 25mm 的锚杆按 1m 和 1.5m 间距为例，BF 的取值为 $4.4\%\sim5.3\%$。

L_0 可以取为锚固段长度。对于屈服型锚杆，L_0 取 1.5 倍的锚杆允许变形量。若以 5% 的允许延伸率为控制指标，则锚杆长度在 3～6m 范围内，L_0 取值为 0.15～0.30m。

如果取岩石单轴抗压强度为 140MPa，不同地应力状态条件下，开挖半径分别为 4m、5m、6m、7m 的隧洞围岩破坏深度和锚杆的最小长度可以根据上述计算式获得，表 5.3-4 列出了相关计算结果。注意：计算中假设自重为最小主应力，断面最大主应力为自重和应力比的乘积关系，即适合于水平主应力大于垂直应力的情形。在锚杆最小长度计算时，综合地取最大破坏深度的 1.10 倍，具体 BF 取 5%，L_0 取 D_f 值的 5%。

表 5.3-4 的计算结果显示，在埋深为 1000～2500m 范围内，锚杆最小长度 L_{min} 为 3.1～4.8m，现场采用了 4.5m 和 6.0m 两种不同长度的锚杆，考虑到锦屏二级深埋隧洞断面应力比略高于 1.0:1，且开挖半径为 6.4m，可以粗略地认为计算结果和实际之间起到了很好的相互印证：锦屏的实践符合一般理论认识，证明根据其他工程实践总结的经验性认识也可以帮助指导锦屏二级水电站深埋水工隧洞的锚固设计。

表 5.3-4 不同条件下围岩破坏深度和锚杆长度汇总

应力比	埋深 /m	D_f				L_{min}			
		4m	5m	6m	7m	4m	5m	6m	7m
1.0:1	1000	—	—	—	—	—	—	—	—
	1500	0.85	1.07	1.28	1.49	0.94	1.17	1.41	1.64
	2000	1.82	2.27	2.73	3.18	2.00	2.50	3.00	3.50
	2500	2.78	3.48	4.17	4.87	3.06	3.82	4.59	5.35
1.5:1	1000	1.34	1.67	2.00	2.34	1.47	1.84	2.20	2.57
	1500	3.02	3.78	4.53	5.29	3.32	4.16	4.99	5.82
	2000	4.71	5.89	7.07	8.24	5.18	6.48	7.77	9.07
	2500	6.40	8.00	9.60	11.20	7.04	8.80	10.56	12.32

应力比	埋深/m	D_f				L_{min}			
		4m	5m	6m	7m	4m	5m	6m	7m
2.0:1	1000	2.78	3.48	4.17	4.87	3.06	3.82	4.59	5.35
	1500	5.19	6.49	7.79	9.09	5.71	7.14	8.57	9.99
	2000	7.60	9.50	11.40	13.31	8.36	10.45	12.54	14.64
	2500	10.01	12.52	15.02	17.52	11.01	13.77	16.52	19.28

在确定锚杆长度以后，锚杆设计还需要考查锚杆支护力（间距、直径、杆材承载能力）和适应变形能力（延伸率），此时锚固系统的吸能能力可以忽略。

如果定义图 5.3-15 中破坏区域（最大深度处）单位面积上的破坏岩体重量为 W，则

$$W = \gamma g D_f \qquad\qquad (5.3-5)$$

式中：γ 和 g 分别为容重和重力加速度。

此时保持围岩稳定需要施加的最小支护力为

$$P_{min} = W\left(1 + \frac{PPV^2}{2gd_{ult}}\right) \qquad\qquad (5.3-6)$$

式中：d_{ult} 为锚杆允许变形量；PPV 为支护部位最大质点振速。当允许变形量越大时，对锚杆最小支护力的要求越小，即适应变形性强的锚杆可以具有相对较低一些的承载力。

注意：即便是不考虑冲击荷载作用和对锚杆吸能能力需求时，在高应力破坏时不可避免地存在波动荷载的作用，锚杆支护力设计时仍然需要考虑这一作用，式（5.3-6）括号内的后端项即描述了波动荷载影响。

如果取式（5.3-6）中 d_{ult} 为 0.1m，当 PPV 分别取 0.5m/s、1.0m/s 和 1.5m/s 时，波动荷载对锚杆支护力要求分别增加 13%、50% 和 113%，显示了动力波对锚杆支护力要求的影响程度。当 $PPV=0$ 时，对锚杆支护力的要求也取决于破坏深度 D_f。根据表 5.3-4，该指标受埋深、开挖洞径和主应力比值大小等几个主要因素的影响。在破坏深度为 5m 左右时，锚杆最小支护压力在 0.135MPa 左右，与 $\phi25mm$ 锚杆按 1.4m 间距布置时所能提供的最大支护力相当。

锚杆支护力设计时也需要考虑围岩安全储备的要求，当定义支护力安全系数 SF_{load} 的大小以后，设计支护力为

$$P_{design} = SF_{load} \times P_{min} \qquad\qquad (5.3-7)$$

当对锚杆承载力考虑 1.5 的安全系数时，对于破坏深度达到 5m 左右的围岩，采用 $\phi25mm$ 锚杆时的设计间距需要减小到 1.15m 的水平。

在满足锚杆支护力设计要求以后，还需要检验锚杆适应变形能力是否满足要求。在定义锚杆变形安全系数 SF_{disp} 的大小以后，锚杆允许变形量为

$$d_{ult} = SF_{disp} \times BF \times D_f \qquad\qquad (5.3-8)$$

由此作为对锚杆延伸率设计或锚固体变形性能（如锥形锚杆）设计的依据。

5.3.6.3 支护经验设计

上面为锚杆设计提供了计算参考依据，实际工作中还可以根据现场围岩出现的破坏方式和严重程度按已有经验确定支护系统在支护力、适应变形能力和吸能能力方面的要求，表5.3-5列出了从硬岩深埋矿山实践中总结提炼的成果。

表5.3-5　　　　　　　　　　　　　不同破坏程度的支护要求

破坏类型	程度	支护力/kPa	变形/mm	能量/(kJ/m²)
鼓胀无弹射	弱	50	30	不要求
	中	50	75	不要求
	强	100	150	不要求
鼓胀且弹射	弱	50	100	不要求
	中	100	200	20
	强	150	>300	50
震动诱发弹射	弱	100	150	10
	中	150	300	30
	强	150	>300	>50

表5.3-5中关于破坏程度弱、中、强的描述和现场观察到的围岩破坏深度及破坏体积相关，一般而言，围岩中仍然出现了深度在0.25m、0.75m、1.75m为临界值的破坏时，对应于表中的弱、中、强。

根据表5.3-5可知，即便是在较强的破坏条件下，围岩对锚杆的支护力要求并不是很高，一般在0.15MPa及以下的水平，喷锚支护足以提供该支护力水平。这与变形条件下的支护设计要求存在很大差别，当围岩变形量增大时，对支护力的要求也显著增高。与对支护力的要求不同，随着破坏风险增高，围岩对支护系统适应变形能力和吸能能力的要求显著提高。这再一次说明在深埋硬岩条件下，当围岩破坏程度加剧时，支护设计不是需要采用拱架等提高刚性支护力，而是需要增加支护的柔性特性增强其适应变形和吸收能量的能力。

在明确上述基本要求以后，设计工作需要了解每种支护单元在支护力、适应变形能力和吸能能力方面的定量特性。表5.3-6的数据来源于加拿大安大略省深埋矿山界，支护单元，尤其是锚杆材质等的差异可以显著影响它们的性能。

表5.3-6　　　　　　　　　　常见支护方式的力学性能

支护方式	极限承载力/kN	极限变形/mm	吸能能力/kJ
19mm环氧黏结螺纹钢锚杆	120～170	10～30	1～4
16mm单股锚索	160～240	20～40	2～6
直径为16mm、长2m长机械胀壳式锚杆	70～120	20～50	2～4
标准摩擦锚杆	50～100	80～200	5～15
普通水胀式锚杆	80～90	100～150	8～12

支 护 方 式	极限承载力/kN	极限变形/mm	吸能能力/kJ
加强水胀式锚杆	180～190	100～150	18～25
16mm 锥形锚杆	90～140	100～200	10～25
6 号钢丝焊接网	24～28	125～200	2～4/m²

5.3.7 软岩大变形支护设计方法

5.3.7.1 软岩隧洞支护结构的特点

软岩隧洞的变形破坏具有自身特点，支护结构只有符合软岩隧洞变形破坏特征，才能维持软岩隧洞的稳定。不符合软岩隧洞变形破坏特征的支护结构不仅难以维持隧洞稳定，而且造价高，不是经济合理的支护结构。很多支护结构在软岩隧洞支护中失败并不是因为它们的强度低，而往往是因为它们的柔性太低或不够，在支护过程中不能做到边支边让，即支护结构不适合软岩的变形破坏特征（从支护曲线看出为何需要释放部分变形量，才能节约支护力）。要维护软岩隧洞的稳定，支护结构必须具备以下特点。

（1）强调柔性支护。理论分析表明，在软岩隧洞变形破坏初期，围岩压力随软岩隧洞变形收敛的增加而减小。因此，支护结构应当具有较大的柔性。这样在支护过程中，支护结构能允许围岩大幅度收敛以降低支护结构所受的围岩压力。因为软岩隧洞的初期围岩压力太大，在这一阶段要阻止围岩进一步变形收敛必须要求支护结构具有大刚度和高强度，但一味提高支护结构的刚度和强度的思路是不可取的，这样会导致支护结构的造价太高。因此，这种支护设计思想正在被工程技术人员摒弃。

（2）支护具有良好的承压变形特性。软岩隧洞变形收敛量大，只有软岩隧洞变形收敛量达到一个较大值时，围岩压力才会有明显的降低，达到支护结构能够承受的范围，这就要求支护结构有较大的可伸缩性。因此，只有支护结构的可伸缩性较大时，才能保证以较低强度的支护结构即能维持软岩隧洞的稳定，从而达到降低支护成本的目的。

同时对可伸缩性要有明确的限制。在软岩隧洞变形破坏过程中，围岩的破坏区不断扩大，当围岩破坏区扩展到一定范围时，围岩压力随软岩隧洞变形破坏而增大。因此，此时支护结构的可伸缩性也应达到极限。这样，支护结构才能够及时阻止围岩进一步变形破坏。从保护隧洞断面满足工程功能要求角度出发，支护结构也必须具有有限的可伸缩性。

（3）对围岩力学状态的改变。软岩的力学试验表明，在无围压的压缩状态下，软岩表现出较强的弹脆性，软岩破坏以后，强度有很大降低，而当围压比较大时，软岩的塑性变形就明显增强，软岩屈服后，强度降低不明显。这说明，一定的围压能够显著改善变形破坏过程，使软岩在变形破坏过程中强度不会有太大的降低，体现在支护结构设计上，就要求支护结构在支护过程中自始至终都能给围岩以支撑，提供一定的支撑力，使围岩在变形破坏过程中强度不至于有太大的降低，同时减小作用于支护结构上的围岩压力。

5.3.7.2 软岩隧洞常用的支护方式

从工程地质方面看，软岩由于其强度较小，无法自稳，因此必须对其进行加固，以满足软岩隧洞工程的要求。在软岩支护的方法措施中，锚喷网架和注浆都需不同程度、不同量地使用。为了更好地发挥各支护结构的潜能，使工程造价经济合理，必须正确认识到它们的作用机理。

软岩隧洞支护从支护时间上分为：

（1）超前支护：超前大管棚（$\phi70\sim\phi120$ 的大直径钢管）、超前小导管（$\phi42\sim\phi70$ 小直径的钢管）、超前锚杆（$\phi16\sim\phi28$ 的钢筋锚杆或注浆锚杆）。

（2）临时支护：一般采用锚杆、钢筋网、喷射混凝土、钢拱架等。

（3）永久支护：一般采用钢筋混凝土或混凝土衬砌，也有直接采用喷射混凝土支护。

5.3.7.3 深埋软岩隧洞工程支护设计要点

深埋软岩本身的低强度和高地应力环境将会导致开挖后出现挤压变形问题，不同的挤压变形程度对应着不同的支护类型。应该说，到目前为止关于深埋软岩隧洞的实践，已积累了比较丰富的经验设计系统和解析理论公式，可以有效地帮助人们进行各种工程环境下深埋软岩隧洞的设计。但总体来说，深埋软岩工程的支护设计需要把握以下几方面：

（1）首先需要判断深埋软岩隧洞的挤压变形等级，不同的挤压变形等级对应着不同的支护理念。对于轻微挤压变形（收敛应变为 $1\%\sim2.5\%$）至严重挤压变形（收敛应变为 $2.5\%\sim5\%$）的隧洞，一般可以采用喷层＋锚杆＋钢拱架直接控制掌子面后的围岩变形量级；对于非常严重（收敛应变为 $5\%\sim10\%$）至极其严重的挤压变形（收敛应变超过 10%），掌子面后方紧跟喷层和锚杆，并采用可伸缩型钢拱架，避免常规钢拱架在大变形条件下扭曲失效，必要时可以采用锚索支护。对于小洞径软岩隧洞，在非常严重的挤压变形条件下，可以考虑采用封闭成环的刚性混凝土衬砌提供强大的刚性支护力；同时还需要根据深埋软岩隧洞的挤压变形等级和水工隧洞过水断面需要、混凝土衬砌结构厚度，综合确定隧洞开挖预留变形量，避免引起二次扩挖。

（2）大断面深埋水工隧洞一般需要分步开挖，支护理念通常也是先采取喷锚支护，后面考虑永久的混凝土衬砌。当掌子面稳定性较差时，还需要考虑超前支护和针对掌子面的临时支护。一期支护通常采用紧跟掌子的系统锚杆＋喷层＋系统钢拱架。

（3）软岩挤压大变形特点突出，且其收敛变形规律一般同时受掌子面效应和时间效应影响，支护时机和支护类型的把握非常关键，支护设计使围岩和支护的变形协调发展。在非常严重和极其严重的挤压变形条件下，为匹配围岩收敛变形的时效性，整个支护过程可采用逐次施加、多步控制的方式，随着掌子面推进，支护措施逐步采用刚性构件。具体可采取如下措施：

1）施加高强度且具有良好延展性的锚杆或锚索支护系统，必要时采用可伸缩式钢拱架。加强锚杆材质的延性特征，使其达到峰值强度以后具备同等程度承载力的同时，仍然有能力承担围岩变形。

2）调整锚杆安装时机和预张拉水平，使用能够抵抗大变形的屈服性锚杆或锚索。适当延后永久支护的安装时间（滞后临时锚固区或掌子面的距离），在早期相对快速的变形发生以后再安装系统支护，使系统支护主要起到控制大变形发展速度和维持围岩长期稳定性的作用。

3）使用可调式锚索，即安装以后若锚索应力偏低时可以进行二次张拉提高锚固力，锚索应力接近设计允许值时可以放松锚索降低其受力水平。可调式锚索已经在国外一些工程中使用，与普通锚索在设备和施工技术要求上基本没有差别，仅仅需要在工艺上进行改造，具有良好的可行性。

4）把握各种支护结构联合作用机理，使得锚杆、锚索、钢筋网、混凝土喷层和钢拱架等支护措施协同作用来维持围岩和结构的长期稳定性。

5）作为联合支护结构的一部分，喷混凝土层因施工方便，且能够快速及时地起到加固围岩的作用，在工程中应用非常普遍。遇到软岩问题时，喷层的厚度、强度和施加时机均是关键，有时还需要分层多次喷射，大型工程中钢纤维混凝土喷层比较常用。

（4）考察软岩流变特性，对永久安全，尤其是支护系统的长期安全性的影响是支护设计需要重点解决的问题。原则上需要加强潜在应力型破坏部位的临时支护强度，要求实现及时性、针对性和系统性，永久支护需要适当的增强支护的抗变形能力，后期设置结构混凝土衬砌分担部分围岩形变压力以维持结构的长期稳定性。永久性支护必须考虑支护时机，保证支护结构能够长期有效发挥支护效果，这就要求支护结构在设计时留有足够的安全空间，比如二次混凝土衬砌施工过早，则不利于围岩地应力的释放和充分发挥围岩的自稳能力，从而导致衬砌结构承受过大的围岩压力。如果二次衬砌施工过晚，则围岩及初期支护可能出现不可控变形，导致隧洞缩径、坍塌事故等，所以合理确定二次衬砌施工时机是保证此类工程施工阶段和长期运行阶段安全性的关键。

（5）深埋软岩隧洞问题的复杂性和不确定性需要进行实时监测反馈分析。在施工阶段，应注重现场监测，包括断面的收敛变形以及支护结构与岩体之间的荷载传递信息等，确切地预报围岩及结构的变形程度及破坏趋势，及时调整、修改开挖和支护的顺序和时机等。

5.3.8　支护优化设计

5.3.8.1　总体原则

深埋地下工程实践中的围岩支护既有非常强的艺术性要求，也有很高的实践性要求。所谓艺术性是指需要很好地把握围岩特性及其对支护的需要，以及各种支护措施的性能并有效地把它们组合在一起，构成满足围岩稳定要求的支护系统。实践性既包括了尝试和修正的过程（这是因为无法一次透彻地认识围岩的支护需求和支护的实际性能），也包括了现场实际作业能力和现场条件的需要。比如现场承包商普遍缺乏熟练的锚杆台车作业人员，锚杆安装工艺成为了制约锚杆类型选择的重要因素，这就是现实问题，需要在支护设计和优化工作中考虑，以保证现实可行性。

例如：在绝大部分洞段，支护方案为"喷＋网＋锚＋喷"的结构方式，即开挖后先进行初喷、挂网后再安装带垫板的锚杆、最后再进行二次补喷。设计上要求锚杆和初喷及网通过锚垫板固定，形成整体。在设计方案中，初喷＋网＋锚杆构成的支护系统不仅满足施工期围岩安全的需要，而且也作为永久支护的一部分，与二次补喷构成永久支护系统。

根据围岩条件的变化，设计的初喷厚度、喷层类型（即掺和料的差别）、锚杆类型和参数等都相应地随之调整，特殊情况（如Ⅳ类、Ⅴ类围岩）增加拱架等支护措施，形成了针对不同围岩条件的具体支护方案。

5.3.8.2 支护的系统性

支护优化工作中涉及的一个普遍性问题是锚杆类型和参数，就锦屏二级水电站深埋引水隧洞实践中揭示的问题而言，现场把支护系统分成初期支护和二次支护，重要原因是现场无法实现支护紧跟掌子面的支护时机要求，因此把此前紧跟掌子面的系统支护一分为二，以满足现场实际施工条件的要求。

把紧跟掌子面的系统支护一分为二实质上说明初期支护不可能完全达到系统性支护的要求，现实中需要解决的问题是什么时候初期支护需要强调系统性和如何保证系统性。

锦屏二级水电站深埋引水隧洞开挖以后的主要响应方式（针对Ⅱ类、Ⅲ类围岩）包括两种，即破裂和岩爆，前者相对缓和，后者多比较激烈。锦屏二级水电站深埋引水隧洞围岩破裂具有明显的滞后性，一般而言，即便在 2200m 以下的深埋段，只要不存在岩爆风险，掌子面以后 1 倍洞径范围内围岩破裂并不严重，围岩往往具有良好的自稳能力。现场实际施工中，正是利用了这一条件，通过分期分序的支护来维持该洞段条件下的高效快速掘进。

但是，当存在岩爆风险、特别是较强的岩爆风险时，初期支护不仅需要实现系统性，而且还需要保证良好的系统性要求。

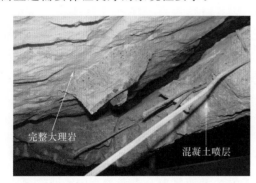

完整大理岩

混凝土喷层

图 5.3－16　喷锚施工顺序错误导致没有
形成系统性支护效果的实例

先喷后锚的作业流程和顺序是保证支护系统性的基本作业要求，图 5.3－16 给出了喷锚施工顺序错误导致的结果。在该实例中，喷层质量、厚度、喷层与中间钢筋网的结合都很好，然而由于喷层和锚杆没有形成组合，实际喷层几乎没有起到支护作用，与开挖面呈脱开状态。在喷锚支护系统中，需要先喷，喷层的表面支护效果最终需要通过锚杆的锚固力实现。

图 5.3－16 中揭露的另一个问题是垫板，图中的垫板已经弯曲，显示锚杆受力和围岩变形明显。从表面看，垫板似乎不能有效地适应这种变形，这可以成为支护系统中的薄弱环节，并因此直接影响到支护系统的整体承载力和效果。

深埋岩爆条件下对垫板性能、形态、大小等有着特殊的要求，垫板在喷锚支护体系中起着纽带的作用，直接决定了支护的系统性能。

5.3.8.3 支护时机

支护时机是深埋地下工程，特别是对支护永久安全有着明确要求的水工隧洞而言极为重要的环节。为了同时保证施工进度与施工安全，锦屏二级水电站引水隧洞在施工过程中采用了分期支护的策略，其中初期支护为临时支护，起维护施工安全的作用。临时支护采取了喷锚支护或网＋锚杆支护，支护范围主要限于顶拱一带。比如，1 号引水隧洞 TBM 掘进段采用钢筋网＋水胀式锚杆；3 号引水隧洞 TBM 掘进段则采用钢筋网＋水泥药卷锚杆；2 号和 4 号引水隧洞钻爆法开挖则均采用喷混凝土＋水胀式锚杆。二次支护为永久支护，TBM 掘进段采用喷混凝土＋系统锚杆，钻爆法掘进隧洞则采用施加系统永久锚杆和再喷护封闭的方式。

初期支护目的是满足围岩基本稳定安全的需要，保证施工作业安全；二次支护主要针对围岩长期稳定安全的需要，在大理岩洞段，主要是限制破裂的扩展。现场实施的初期支护可以纳入到永久支护系统中，但支护类型选择、支护量主要是满足施工安全的需要。因此，不能起到永久支护作用的水胀式锚杆仍然可以用于初期的临时支护。

二次支护允许滞后掌子面一段距离，以满足现场实际施工组织条件。但滞后距离需要有严格控制，总体地，随着埋深增加，滞后距离减小。具体可以根据现场围岩破裂情况和监测结果而定。原则上，当埋深小于 1800m 时，滞后距离可以相对较大，不超过 60m；当埋深大于 2000m 时，滞后距离一般应小于 30m。在强岩爆风险段，初期支护强度需要达到系统支护的要求，即系统支护紧跟掌子面。

当永久支护滞后距离不能满足要求时，可进行分区加强支护，需要在初期支护基础上增加重点部位的加强支护，特别是锚固，以控制掌子面后方围岩的破裂现象和破裂程度，控制围岩承载力的衰减，达到最大程度发挥围岩承载力的目的，帮助维持围岩和支护系统的永久安全。

隧洞开挖以后，初期支护对支护时机的要求主要限于岩爆等特殊条件下，在岩爆风险条件下，"尽可能快速地完成系统支护"几乎成为了决定锚杆类型和施工流程的因素，体现在：①降低掘进进尺以减短出渣和支护工作时间消耗，使得爆破后能尽可能及时地完成支护施工，发挥支护对岩爆破坏的抵抗和抑制作用；②能快速安装且立即发挥作用成为岩爆条件下初期支护锚杆类型选择的标准，辅助洞大量使用水胀式锚杆就是因为这类锚杆满足"能尽快安装和立即发挥作用"的条件。

锦屏二级水电站引水隧洞岩爆风险条件下支护时机还涉及喷层和锚杆的搭配使用问题，开挖后及时和保证厚度与质量的喷层可以有效抑制岩爆，特别是应变型岩爆的产生。因此可能导致的问题是以喷层代替锚杆或者锚杆安装滞后等问题。喷层的作用在掌子面拱效应突出的部位最典型，在掌子面向前推进以后，喷层的作用不断衰减。因此，现场应重视利用掌子面拱效应范围内的喷层作用，做到及时喷护，同时还需要特别注意锚杆的跟进，避免拱效应消失、喷层作用降低过程带来的围岩稳定风险。

二次支护也存在一个时机问题，特别是锚杆的安装时机，这一点在锦屏二级深埋引水隧洞施工中尤其突出。锦屏大理岩突出的破裂扩展时间效应使得过早安装的锚杆存在受力过大、应力超限的风险，而过晚安装又不能有效地抑制围岩破裂的扩展，不利于围岩长期安全。不论在理论上还是在现实中，合理地确定锚杆安装时机是一项非常困难的工作，理论上对破裂扩展时间效应的定量描述还非常欠缺，现实中只有当问题暴露出来才能判断锚杆安装时机的合理性，而在施工过程中几乎不可能做出准确的经验判断。

因此，解决这一问题的基本途径是尽可能地抑制围岩破裂发展，维持围岩承载力和长期安全。如果认为存在普遍的锚杆应力超限问题时，后期采用其他加固措施（如衬砌）来增加支护系统在运行期的长期安全。

5.4 高压灌浆设计

5.4.1 高压灌浆类型

水工隧洞灌浆加固圈是保证围岩稳定，并与支护体系和混凝土衬砌共同承受围岩压力和内外水压力的重要结构。深埋水工隧洞埋深大，地应力高，外水压力大，若依靠常规的钢筋混凝土衬砌承载巨大的外压荷载是不现实的，因此通过喷锚支护和二次衬砌及高压固结灌浆等措施加固周边围岩，使围岩成为隧洞承载和防渗阻水的主要结构，这也是深埋水工隧洞防渗承载结构设计的主要思想。

灌浆，又称注浆，是将一定材料配制成的浆液，用液压、气压或电化学方法将其灌入到岩土体的孔隙、裂隙等结构面中，使其扩散、胶凝或固化，使岩土体形成强度高、抗渗性能好、稳定性高的新结构体，从而达到改善岩土体物理力学性质的目的。一般而言，常规灌浆具有充填、压密、黏合和固化4种作用，其作用大小随被灌岩土体的地质特性、灌浆材料的类型、压力大小和施工工艺而定。

高压灌浆技术通过采用较高的灌浆压力扩大浆液的影响范围，有可能减少钻孔数目，还能使岩体微细裂隙张开，提高浆液的可灌性，以达到降低岩体的渗透性和改善岩体力学特性的目的。通常认为灌浆压力超过3MPa时为高压灌浆。国际上采用高压灌浆的工程有很多，例如：日本黑部川大坝灌浆采用5～8MPa；法国Malgovert电站输水隧洞高压灌浆采用9.85MPa等。

深埋水工隧洞一般洞线长，沿线地质条件复杂，可能存在围岩高地应力破坏、突涌水、断层破碎带等主要工程地质问题，需要根据工程实际情况，进行固结灌浆加固，提高围岩完整性，确保工程运行安全。根据锦屏二级水电站深埋引水隧洞工程经验，其灌浆类型主要有混凝土衬砌段顶拱回填灌浆、常规破碎围岩固结灌浆以及高压防渗固结灌浆等。其中固结灌浆又可划分为4类，即主要出水带区域的高压防渗A型固结灌浆、出水带影响区的高压防渗B型固结灌浆、常规破碎围岩和岩溶洞段的C型固结灌浆（西端绿泥石片岩洞段的E型固结灌浆也属此类）、浅层D型固结灌浆，各类固结灌浆相互独立，均不叠加。

高压防渗固结灌浆是抵御隧洞周圈高外水压力、控制渗透稳定、减少渗透量的主要手段；破碎围岩固结灌浆则属常规灌浆类型，主要为改善岩体的力学性能，提高其承载能力，同时提高围岩的抗渗性能；岩溶洞段固结灌浆是在岩溶空腔完成回填混凝土或砂浆后进行的防止内水外渗的固结灌浆；而浅层固结灌浆是针对硬脆性岩体在高应力条件下表层洞壁普遍发生松弛破裂、鼓胀破坏的情况而设计的，浅层固结灌浆配合二次钢筋混凝土衬砌给深部围岩提供三向受压条件，提高围岩的承载能力，同时提高围岩的防渗性能。

5.4.2 回填灌浆设计

根据《水工隧洞设计规范》（DL/T 5195—2004），为保证混凝土衬砌与围岩的紧密结合以实现传力至围岩的目的,混凝土、钢筋混凝土衬砌段顶部(顶拱)必须进行回填灌浆。回填灌浆的范围、孔距、排距、灌浆压力及浆液浓度等,根据隧洞的衬砌结构型式、运行条件及施工方法等综合确定。根据工程实践,回填灌浆的范围宜为顶拱中心角 90°～120°,其他部位视衬砌浇筑情况确定。孔距和排距宜为 3～6m,灌浆压力一般混凝土衬砌可采用 0.2～0.3MPa,钢筋混凝土衬砌可采用 0.3～0.5MPa,灌浆孔应深入围岩 10cm 以上。

深埋水工隧洞由于高地应力的存在,围岩松弛破裂、内外水压力、衬砌相互作用关系复杂,必要时需开展现场试验确定回填灌浆参数。如锦屏二级水电站 2 号引水隧洞全线混凝土衬砌段顶拱 90°～120°范围均进行回填灌浆,回填灌浆孔结合固结灌浆孔进行,间距同固结灌浆孔(间距为 2.0～3.0m),入岩 10cm;回填灌浆采用水灰比(重量比,余同)0.5:1 的纯水泥浆,浆液采用 P·O42.5 普通硅酸盐水泥拌制,28 天抗压强度不低于25MPa;为确保设计龄期前衬砌结构安全,回填灌浆在衬砌混凝土达到 70% 强度后进行,灌浆压力根据现场试验成果采用 0.5MPa,以有效提高回填灌浆质量。

回填灌浆质量检查参照规范要求,采用钻孔注浆法。回填灌浆质量检查在该部位灌浆结束 7 天后进行。检查孔布置在顶拱中心线、脱空较大、串浆孔集中及灌浆情况异常的部位,孔深穿透衬砌深入围岩 10cm。每 10～15m 布置 1 个或 1 对检查孔。采用钻孔注浆法进行回填灌浆质量检查时,向孔内注入水灰比 2:1 的浆液,在规定压力下,初始 10min内注入量不超过 10L,即为合格。

回填灌浆完成后,现场进行全洞长范围的雷达检测,检测岩体与混凝土胶结面回填是否密实。

5.4.3　常规破碎围岩固结灌浆设计

5.4.3.1　破碎围岩灌浆

1. 一般破碎围岩固结灌浆

水工隧洞一般破碎围岩固结灌浆主要针对硬脆性岩体的Ⅳ类及以下围岩洞段进行,灌浆孔入岩孔深一般为 1 倍隧洞半径,灌浆孔间排距根据地质情况在 2.0～3.0m 之间选择,且对称布置,灌浆压力在不低于内水压力 1.5～2 倍的基础上适当增加,以提高固结灌浆质量和耐久性。固结灌浆宜在该部位的回填灌浆结束 7 天后进行。

2. 岩溶洞段围岩灌浆

对于岩溶集中发育洞段,地质条件较为复杂,固结灌浆是防止内水外渗的重要措施之一,其包括衬砌前无盖重(裸岩)固结灌浆和衬砌后有盖重固结灌浆。

(1)衬砌前无盖重(裸岩)固结灌浆。岩溶发育洞段置换、回填混凝土(或砂浆)的目的是填充溶蚀空腔,恢复围岩弹性抗力及堵塞渗漏通道。但回填混凝土施工工艺本身存在客观的技术缺陷,如难以确保回填质量、充填范围有限、无法充填尺寸相对细小的溶腔裂隙、无法充填洞周潜伏岩溶形态,等等。裸岩固结灌浆则可以在一定程度上弥补以上不足,为洞室衬砌结构预留足够的安全裕度。

裸岩固结灌浆是一种低压充填型灌浆,一般在喷混凝土支护施工完成后进行。一方面可以满足灌浆过程中的围岩稳定需要;另一方面可以利用喷层提供一定的盖重,减少可能的漏浆。

水工隧洞岩溶发育洞段，衬砌按限裂设计，经过加固处理的围岩仍为主要承载和防渗结构。灌浆加固深度宜按洞径和水力渗透梯度要求确定，裸岩灌浆压力则根据内水压力及围岩条件综合确定。

（2）衬砌后有盖重固结灌浆。实践表明，对于隧洞沿线孔隙较大的围岩，衬砌前无盖重固结灌浆吸浆量大，灌浆效果好，但由于裸岩固结灌浆受边界条件限制灌浆压力不可能采用太大，浆液扩散半径及灌浆范围有限，灌浆圈的密实度和可靠度不高，当隧洞充水时，对于透水衬砌来说尚不能有效阻止内水外渗，仍有必要进行衬砌后有盖重固结灌浆。衬砌后有盖重固结灌浆要求同一般破碎围岩固结灌浆。

3. 软岩洞段固结灌浆

深埋水工隧洞中的软弱岩体因其特殊的岩石物理力学特性和水理特性，以及经受施工期洞室开挖的扰动、长期变形和地下水侵蚀等影响后围岩承载能力减弱，需通过固结灌浆进行加固，使得围岩的均匀性、整体性和围岩的物理力学指标得到保证和提高。

一般软弱岩地层岩体强度低，裂隙不甚发育，岩体可灌性差，围岩受爆破开挖、浸水等外界作用的影响比较明显，围岩固结灌浆的要求有别于隧洞沿线的其余地层，需在通过普通水泥灌浆对洞周岩体松弛裂隙、支护结构背后脱空范围进行全面充填加固的基础上，再通过颗粒更细的细水泥灌浆对岩体内的隐性裂隙和局部脱空死角进行补充加固，达到进一步提高围岩整体性、抗渗性和抗变形能力的目的。

5.4.3.2 表层松弛区浅层固结灌浆

锦屏二级水电站深埋引水隧洞围岩室内试验成果和现场开展的大量原型监测表明：

（1）高应力作用下，硬性岩体的长期强度将比短期强度低约 20%，开挖后如不及时进行支护，完整的岩体将发生破裂、剥落、片帮，损伤区的范围也将向深部一定范围内扩展。

（2）长期处于高应力、高渗透压力环境下，部分支护锚杆可能面临失效的风险，加上锚杆支护时机滞后等问题，仅在施工期进行喷锚支护的围岩体在运行期存在较大的安全风险，实施钢筋混凝土衬砌以保证深埋水工隧洞围岩长期稳定、确保其安全可靠非常必要，而固结灌浆可以作为衬砌后在这类地质条件洞段的加固措施。

对于硬岩应力型破坏（损伤、节理、片帮）洞段，建议采用钢筋混凝土衬砌结构，同时为加固洞壁表层已破损的岩体，布置浅层固结灌浆（D 型固结灌浆）。该类型灌浆孔入岩深度仅要求穿越围岩松弛破损区，灌浆孔间排距可根据洞段围岩破损程度及灌浆试验确定，灌浆压力在常规灌浆技术要求范围内尽量取上限，以提高灌浆补强质量。

以锦屏二级水电站 2 号引水隧洞为例，根据现场施工情况和安全性、经济性比较，引水隧洞全长采用钢筋混凝土衬砌结构，同时在高地应力洞段，为加固洞壁表层已破损的岩体，布置浅层固结灌浆（D 型固结灌浆）。灌浆参数具体为：灌浆孔入岩孔深根据表层围岩松弛深度在 3.0～6.0m 之间选择，间排距为 3.0m，边顶拱梅花形布孔，每排 11～12孔，灌浆压力在不低于内水压力 1.5～2 倍的基础上适当增加到 3.0～6.0MPa，以提高固结灌浆质量和耐久性。

表 5.4-1 为锦屏二级水电站 2 号引水隧洞常规破碎围岩固结灌浆参数表，供参考。

表 5.4 - 1　　　　锦屏二级水电站 2 号引水隧洞常规破碎围岩固结灌浆参数表

类型	灌浆孔深 /m	间排距 /m	分段长度 /m	分段灌浆压力/MPa	备　　注
C 型固结灌浆（一般破碎围岩固结灌浆）	6.0	2.0～3.0	不分段	3.0	西端有盖重固结灌浆（桩号 4+500 段以西）
	6.0	2.0～3.0	孔口段 0～2.0	3.0	东端及中部有盖重固结灌浆（桩号 4+500 段以东）
			孔深 2.0～6.0	6.0	
C 型固结灌浆（岩溶洞段）	6.0	2.0	不分段	3.0	西端岩溶洞段
	6.0	2.0	孔口段 0～2.0	2.5	东端岩溶洞段
			孔深 2.0～6.0	6.0	
	12～20	2.0	孔口段 0～2.0	2.5	末端岩溶集中发育洞段
			孔口段以下（分段长度不大于 6.0）	6.0	
E 型固结灌浆（绿泥石片岩）	9.0	2.0	孔口段 0～4.0	3.0	普通水泥灌浆
			孔深 4.0～9.0	6.0	
	4.0/6.0	2.0	不分段	3.0～5.0	细水泥加强灌浆
D 型固结灌浆	3.0	3.0	不分段	3.0	西端一般及中等松弛洞段（桩号 4+500 段以西）
	4.5	3.0	不分段	3.0	东端及中部一般及中等松弛洞段（桩号 4+500 段以东）
	6.0	3.0	孔口段 0～2.0	3.0	严重松弛洞段（桩号 8+500～10+000 段）
			孔深 2.0～6.0	6.0	

注　1. 表中参数为衬后固结灌浆。
　　2. D 型固结灌浆段底板不灌浆。

5.4.3.3　常规破碎围岩固结灌浆检查验收标准

常规破碎围岩固结灌浆基本上为有盖重固结灌浆，检查验收标准如下：

（1）常规固结灌浆检查验收标准有灌后压水试验检查和声波检查两种。

（2）压水试验检查孔数量不少于灌浆孔总数的 5%，声波检查孔数量不少于灌浆孔总数的 2%，检查孔布置在灌浆过程中吸浆量大的钻孔附近，并且必须有一定数量的孔布置在顶拱，且每个单元工程内均应布置检查孔。

（3）压水试验采用单点法，检查工作宜在该部位灌浆结束 3 天后进行。要求检查孔在 1.0MPa 压力下（同时大于内水压力），85% 以上试段的透水率不大于 1.0Lu，其余试段的透水率值不超过 1.5Lu，且分布不集中时为合格。压水试验检查孔与灌浆孔应错开，并尽可能布置在耗灰量大的灌浆孔附近。

（4）岩体声波波速测试检查孔孔深同灌浆孔孔深，声波检查孔也与灌浆孔错开，根据灌浆分段表示灌后声波值。岩体波速测试，在该部位灌浆结束 14 天后进行，其孔位的布置原则同压水试验检查孔。

（5）各种钻孔的封孔质量，应根据监理人的指令进行抽样检查，检查重点在封孔异常孔位及仰孔部位，抽检比例不小于总孔数的 5%。

5.4.4 防渗固结灌浆设计

围岩是地下工程中主要的承载结构，对于深埋、超高压裂隙地下水作用下的隧洞工程，这一思想不但仍然适用，并且应该得到进一步的发展和应用。水工隧洞防渗高压固结灌浆目的是加固隧洞围岩、封闭隧洞周边岩体裂隙，提高隧洞围岩的整体性和抗变形能力，增强围岩抗渗能力和长期渗透稳定性，防渗灌浆加固圈是隧洞围岩承载和防渗阻水的主要结构，也是有效控制渗漏量的重要措施，是深埋水工隧洞建设工作重点之一。

为了最大程度减小隧洞施工、运行对工程区域水文地质环境的影响，在隧洞施工期封堵主要的集中出水点后，尚需对沿线的出水带和出水点进行高压固结灌浆处理，采用高压力把水泥浆液充填到岩体裂隙中，通过浆液的凝固结石，减小裂隙的宽度，增加裂隙的粗糙度，使裂隙面受到灌浆压力作用而被压紧，成为闭合状态，达到减小围岩渗透系数、降低围岩渗透性的作用，从而达到防渗效果，同时防渗灌浆圈又是隧洞高外水压力的主要承载结构，必须具有一定的厚度和耐久性。

锦屏二级水电站引水隧洞横穿跨越锦屏山，埋深大，外水压力较高，引水隧洞中部外水压力高达 8MPa 以上，若依靠常规的钢筋混凝土衬砌承载巨大的外水压力是不现实的，因此通过灌浆加固周边围岩使其成为承载和防渗阻水的主要结构，是隧洞防渗结构设计的主要思想。为加快施工进度、提高灌浆工作性价比，在工程建设过程中，根据现场实际施工情况和出水洞段地下水的封堵思路，确定堵水灌浆与防渗固结灌浆合二为一，并在混凝土衬砌施工前先进行无盖重灌浆，一次性把地下水推到隧洞边壁 12～15m 以外，既保证后续的混凝土衬砌施工条件，又保证防渗灌浆圈的基本防渗厚度达到设计要求，确保后期混凝土衬砌完成后的浅层固结灌浆不再新揭露大水点，避免重复堵水的施工工序；待混凝土衬砌施工完成后进行浅层 6m 的防渗固结灌浆。

5.4.4.1 防渗固结灌浆参数选择

深埋水工隧洞的防渗固结灌浆参数应根据隧洞水文地质实际揭露条件和高压防渗灌浆试验效果综合确定。锦屏二级水电站深埋引水隧洞防渗固结灌浆参数参考以下因素确定。

1. 防渗固结灌浆的分类

根据隧洞沿线主出水带的划分及灌浆施工难度，将防渗固结灌浆划分为 A 型和 B 型。其中，A 型防渗固结灌浆适用于主出水带且灌浆施工时地下水出露、封堵施工难度较大洞段，基本为隧洞内突涌水洞段，需要与衬砌前堵水灌浆结合，及时实施；B 型防渗固结灌浆适用于出水带及外围影响区，且灌浆施工时已基本干枯、施工难度较小的洞段，可以在衬砌后施工。

2. 防渗固结灌浆圈的设计

防渗固结灌浆圈的设计应考虑隧洞区水文地质条件和围岩渗透特性，并依据相关规范及工程经验进行确定。

锦屏山属裸露型深切河间高山峡谷岩溶区，主要接受大气降水补给。引水隧洞区域地下水受岩溶形态（主要为溶蚀裂隙和岩溶管道）控制，以垂直发育为主，压力高、流量大。除集中涌水带外，一般洞段的岩体渗透系数小，抗外压能力较强。因此，集中涌水带及其影响带需要通过高压固结灌浆封堵岩溶裂隙、管道等出水构造，整体降低原岩渗透系数，提高围岩抗渗性能和承载能力。

集中涌水洞段先采用孔深 12.0～15.0m 的堵水灌浆，衬砌后再进行孔深 6.0～12.0m 的防渗固结灌浆（施工期涌水量仍较大且外水压力仍较高的大型涌水带采用 12.0m 灌浆孔深；其他集中涌水洞段灌浆孔深为 6.0m），以有效加强隧洞周围相对浅层围岩（1～2 倍隧洞半径）的灌浆质量，实现衬砌混凝土（布置减压孔）与灌浆圈内围岩的联合承载，确保设计目的实现。

具体的，对于主出水带且灌浆施工时地下水出露的 A 型防渗固结灌浆区域，灌浆孔深 6.0～12.0m，排距 3.0m，每排 16 孔，根据涌水段实际地下水发育情况，局部特大涌水洞段可加密灌浆孔，排距 2.0m，每排 20 孔。对于出水带及外围影响区，且灌浆施工时已基本干枯的 B 型防渗固结灌浆区域，灌浆孔深 6.0m，排距 3.0m，每排 16 孔。

固结灌浆采用水灰比 0.5∶1～3∶1 的纯水泥浆，浆液根据现场地质条件和灌浆试验情况，均采用 P·O42.5 普通硅酸盐水泥拌制，现场施工实践证明能够满足灌后质量检查合格标准。

3. 防渗固结灌浆压力选择

灌浆压力不能赋存在岩体中，但灌浆压力是灌浆浆液输送并确保灌浆耐久性的重要指标。对于渗、涌水洞段，灌浆压力需要比外水压力高 1.5～2.0MPa；地下水压力相对较小洞段，灌浆压力则需满足灌后岩体透水率降低至设计目标的要求。

表 5.4-2 为锦屏二级水电站 2 号引水隧洞防渗固结灌浆参数表，供参考。

表 5.4-2　　　　　　锦屏二级水电站 2 号引水隧洞防渗固结灌浆参数表

部　　位	灌浆孔深 /m	间排距 /m	分段长度 /m	分段灌浆压力 /MPa	备　　注
A 型固结灌浆	6.0	2.0～3.0	孔口段 0～2.0	3.0	主出水带
			孔深 2.0～6.0	6.0	
	12.0	2.0～3.0	孔口段 0～2.0	3.0	
			孔深 2.0～6.0	6.0	
			孔深 2.0～12	6.0	
B 型固结灌浆	6.0	3.0	不分段	3.0	西端引水隧洞
			孔口段 0～2.0	3.0	东端及中部引水隧洞
			孔深 2.0～6.0	6.0	

5.4.4.2　防渗固结灌浆检查验收标准

防渗固结灌浆检查验收标准为灌后压水试验检查和声波检测两种，并根据灌浆特性以压水试验检查为主要验收标准。

1. 灌后压水试验检查验收合格标准

（1）灌后岩体透水率设计要求。防渗固结灌浆后围岩应至少满足通过渗控计算要求的隧洞周圈岩体渗透系数标准，并具有可施工性。

（2）灌后岩体透水率检查时的水压力要求。相关规范规定，灌浆压力大于 3.0MPa 时，压水试验压力按地质条件和工程需要确定。虽然提高压水试验检查压力从理论上可以更好地模拟及检验隧洞运行期外水压力抬升后的岩体承载力和渗漏情况，但这种自内而外的压水试验检查方法与隧洞实际的承担外水压力工况有所不同。因此，压水试验检查的压力选择尚应充分考虑渗控分析成果、表层岩体松弛情况、压水试验检查设备容量等多重因素。实践证明，在要求岩体透水率基本不超过 3.0Lu 的前提下，采用 2.0MPa 压力进行压水试验检查是合适的。

（3）压水试验检查验收合格标准。根据以上分析成果，压水试验检查验收合格标准具体如下：

1）压水试验检查孔数量不少于灌浆孔总数的 5％，声波检查孔数量不少于灌浆孔总数的 2％，检查孔布置在灌浆过程中吸浆量大的钻孔附近，并且必须有一定数量的孔布置在顶拱，且每个单元工程内均布置检查孔。

2）压水试验采用单点法，当灌浆压力不大于 3.0MPa 时，检查孔压水试验压力为 1.0MPa，在压水试验压力下，85％以上试段的透水率不大于 1.0Lu，其余试段的透水率值不超过 1.5Lu，且分布不集中时为合格；当灌浆压力大于 3.0MPa 时，检查孔压水试验压力为 2.0MPa，在压水试验压力下，85％以上试段的透水率不大于 3.0Lu，其余试段的透水率值不超过 4.5Lu，且分布不集中时为合格。压水试验检查孔与灌浆孔应错开，并尽可能布置在耗灰量大的灌浆孔附近。

2. 声波检测质量检查验收标准

从检验防渗固结灌浆效果来说，灌后岩体声波检查是必要的，可以检验灌后岩体的致密性、均匀性，其合格标准应根据现场地质条件初定，并通过现场灌浆试验最终研究确定。岩体波速测试检查孔孔深同灌浆孔孔深，声波检查孔应与灌浆孔错开，应根据灌浆分段表示灌后声波值。

5.4.5　小结

深埋水工隧洞灌浆主要有混凝土衬砌段顶拱的回填灌浆、常规破碎围岩固结灌浆以及高压防渗固结灌浆等，具有不同的目的和效果，针对性地解决不同的围岩稳定问题。根据锦屏二级水电站深埋引水隧洞工程经验，将固结灌浆划分为主要出水带区域的高压防渗 A 型固结灌浆、出水带影响区的高压防渗 B 型固结灌浆、常规破碎围岩和岩溶洞段的 C 型固结灌浆（绿泥石片岩洞段的 E 型固结灌浆也属此类）、浅层 D 型固结灌浆四大类，不同类别的固结灌浆采用不同的灌浆参数，各类固结灌浆相互独立，均不叠加。这一理念使得深埋水工隧洞灌浆设计思路清晰明了，提高了工程效益，通过引水隧洞现场灌浆实施和运行情况来看，效果良好，具有重要借鉴意义。

通过对锦屏二级水电站深埋引水隧洞数值分析、现场试验、充排水试验，结合现场大量的监测和物探检测资料分析表明，防渗固结灌浆圈阻水承载作用良好，布置减压孔的透水衬砌外缘水压力较小，在高外水压力下能够保证隧洞结构安全。通过隧洞高压固结灌浆承载圈现场原位渗压试验表明，高外水压力下围岩灌浆承载圈未发生水力劈裂破坏情况，经过良好的灌浆处理，围岩的抗外压渗透稳定性是有保障的。

因此，通过对围岩的高压固结灌浆加固周边围岩使其成为承载和防渗阻水的主要结构，这是隧洞防渗结构设计的主要思想，也是深埋水工隧洞建设的核心之一。

5.5　结构设计

5.5.1　复合承载结构体系

深埋水工隧洞设计遵循围岩的稳定性主要依靠围岩的自承能力，围岩是主要承载结构，采用喷锚支护和二次衬砌以及高压固结灌浆加固围岩等措施，形成复合承载结构（图5.5-1），确保隧洞内表层松动圈围岩的稳定性，使之能给内部围岩提供三轴围压应力状态，依靠三轴围压应力状态下的内部围岩自身来承担隧洞开挖卸载地应力和高地下水压力，从而确保隧洞在深埋、高外水压力条件下的安全稳定性。

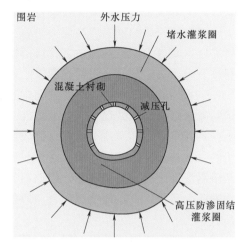

图 5.5-1　深埋高外水压力水工隧洞复合承载结构示意图

另外，为了保证深埋大断面水工隧洞的长期安全运行，针对雨季暴雨等极端条件下可能造成的外水压力短时间急剧上升，在隧洞全长全断面进行固结灌浆防渗处理，形成防渗圈，并可通过在衬砌结构上设置系统减压孔，快速均衡排泄衬砌外缘外水，使得衬砌外缘的外水压力始终控制在允许值范围之内，确保衬砌结构不致因外水压力过大而垮塌失稳。

5.5.2　复合承载结构设计

深埋水工隧洞秉承复合承载结构设计思想，主要承载结构是围岩自身，通过喷锚支护和二次衬砌及高压固结灌浆等措施加固围岩，使喷锚支护和围岩灌浆加固圈联合承载，以应对极端复杂地质条件下的隧洞长期安全问题。衬砌结构主要起到加固、支撑、维持三个方面的作用，与岩体的初期支护共同保证在内外水压力条件下围岩的稳定。

5.5.2.1　设计原则

根据水工隧洞结构设计要求和围岩条件，水工隧洞复合承载结构设计总体原则如下：

（1）施工期主要依靠喷锚支护满足围岩稳定安全，待围岩开挖应力调整和变形基本结束后施工混凝土衬砌。

（2）在围岩喷锚支护和混凝土衬砌基础上，结合系统固结灌浆措施，提高围岩承载能力和防渗能力，以达到隧洞稳定安全运行的目的。

（3）围岩渗透稳定需同时满足防止内水外渗和外水压力承载要求，通过针对性的高压固结灌浆满足渗透允许梯度要求。

（4）隧洞混凝土衬砌按限裂结构设计。混凝土衬砌结构同时为固结灌浆提供盖重，并满足外水压力下的结构抗外压强度及稳定要求。

5.5.2.2 设计方案

根据隧洞结构设计总体原则，结合锦屏二级水电站深埋引水隧洞的设计经验，深埋水工隧洞承载结构设计方案如下：

（1）喷锚支护确保围岩稳定。水工隧洞开挖后，采取系统喷锚支护措施，确保围岩稳定，减少开挖面表层围岩破损，待围岩开挖应力调整和变形基本结束后施工混凝土衬砌。

（2）全长采用钢筋混凝土衬砌，提高隧洞运行可靠性。水工隧洞埋深较大，洞室跨度较大，隧洞开挖后洞壁围岩高应力松弛、破损、剥落现象较为普遍。为提高隧洞的永久安全可靠度，减少大型长隧洞放空检修的概率以及由此带来的经济损失，全长采用钢筋混凝土衬砌是合适的，同时通过回填灌浆，保证围岩和混凝土衬砌整体性。

（3）采用高压固结灌浆系统加固围岩。围岩存在的裂隙、断层等不利结构面，通过高压固结灌浆进行充填处理，提高承载能力和防渗能力，以达到隧洞安全运行的目的。

（4）深埋水工隧洞地下水发育洞段可采用透水衬砌结构。在深埋水工隧洞工程中，隧洞沿线一般外水压力较大，而大跨度衬砌结构抵抗外水压力的能力较弱，较大的外水足以导致隧洞混凝土衬砌开裂破坏，因此高外水压力必须依靠围岩自身、支护衬砌结构及灌浆加固圈联合承担，并在地下水发育洞段的混凝土衬砌周圈布置减压孔，减小衬砌外缘的外水压力。

（5）深埋水工隧洞软岩洞段在高地应力条件下围岩变形较大，通常围岩还会伴有突出的遇水软化问题，混凝土衬砌与喷锚支护和围岩形成复合式结构共同承载。为确保隧洞长期运行的可靠性，需适当增加混凝土衬砌厚度，尽量采用近似圆形衬砌断面，并结合隧洞水文地质条件和内水压力情况，采取措施尽量限制衬砌混凝土开裂，减少衬砌裂缝以及内水外渗对围岩的不利影响。

（6）深埋水工隧洞硬岩洞段，地应力水平较高，围岩透水性弱，衬砌结构主要起抑制表层围岩进一步松弛、破裂的作用，防止支护系统在外水压力作用下失效，在钢筋混凝土衬砌后进行浅层松弛破裂的固结灌浆，提高其完整性，形成围岩、系统支护和衬砌结构的复合承载结构。

（7）深埋水工隧洞岩溶发育洞段，由于岩溶形态的存在，洞周局部失去约束，存在衬砌结构破坏和内水外渗风险，岩溶空腔需通过混凝土置换、回填以及固结灌浆等措施进行针对性加固，部分恢复围岩弹性抗力。

5.5.3 复合承载结构安全性评价

隧洞在运行期将承担内外水压力，特别是隧洞沿线的地下水位较高，所承担的外水压力较大，需论证工程运行期引水隧洞在高外水压力作用下衬砌结构安全性。

5.5.3.1 评价思路

对于深埋水工隧洞，赋存条件极为复杂，高地应力、高外水压力和内水压力下，围岩的长期力学特性与浅埋工程完全不同，由此直接导致衬砌荷载的复杂性和特殊性，既有围岩长期变形产生的压力，也有外水压力和内水压力，而围岩长期变形压力既来自于高应力下围岩时效破裂产生的膨胀变形，也来自于渗流场变化导致围岩内有效应力改变引起的附加变形，因此，传统的衬砌设计理念已不适应这种复杂工况。目前规范中的设计方法难以充分评估并考虑这些极端条件的作用效应。数值模拟方法在综合考虑多种因素耦合作用、真实模拟围岩和衬砌响应方面具有无可比拟的优势，因此，分析一般采用此类方法开展工作，为衬砌结构设计和评价提供直接依据。

当然，由于介质本身及其力学响应、赋存环境等的极端复杂性，采用数值模拟方法完全模拟现场实际情况是不切实际的。而在岩体工程领域，长期以来数值分析方法的实践应用表明，通过对介质本身及边界和初始条件等的合理简化、对介质宏观力学响应的准确描述，能够获得可靠的分析成果，并能够为工程设计提供重要的依据和支撑。

对于某一个典型洞段，具有一定的开挖断面形状、衬砌结构型式和厚度，以及该洞段最高的外水头、一定的内水头和该洞段最大的埋深条件。但随着施工进程和运行条件的不断变化，环境条件也随之不断变化。因此，数值模拟需要考虑环境条件的阶段性和工程状态的继承性。

在施工开挖期，外水主要表现为突涌水，即高压水通过揭露出的通道喷出。而这些管道是局部的、集中发育的，并非普遍发育的贯通裂隙。另外，围岩条件较好的岩性非常致密，也不是理想中的孔隙介质。因此，在此期间的分析并未考虑外水头的影响，围岩的稳定性主要取决于岩体结构完整性、地应力和初期支护情况。

在衬砌和灌浆圈完成后，原来的导水通道被浆液封闭，已经破裂的岩体其裂隙也被浆液充填，高外水头被阻隔在灌浆圈外。但在地应力及外水压力长期作用下，灌浆圈内岩体也会损伤、破裂（图 5.5-2），此时发育的裂隙分布将相对均匀，形成裂隙网络，与施工期的通道不同。经过裂隙水的长期运移，灌浆圈渗流场逐渐形成。此时的数值模拟应考虑渗流应力的耦合作用。不同阶段或工况下衬砌结构安全性分析总体思路如图 5.5-3 所示。

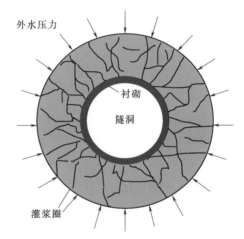

图 5.5-2　灌浆圈内岩体损伤致裂示意图

5.5.3.2　边界条件

分析可以在渗流和应力耦合方式上进行简化，而简化的前提是保证分析结果的实用性和可信度，而非由此导致不可靠的结果。分析中需要分别计算施工期形成的渗流场和运营期的稳定渗流场，在各阶段形成的渗流场的基础上，考虑孔隙压力的作用，计算得到有效应力场。在渗流场的计算中，内水头的考虑相对简单，只要在衬砌和减压孔边界设定内水压力即可，而外水头则需要考虑模型尺寸的影响。

在有限差分软件 FLAC 3D 计算中边界条件的设定与有限元分析软件有所不同，FLAC 3D 中允许只有应力边界，可以不设置位移约束边界，只需要保证模型不会在边界应力作用下发生运动即可。此外，FLAC 3D 中的渗透边界和外水头荷载边界的设定也比有限元灵活，可以先初始化模型内的渗透场再设定边界，将外水头换算成孔隙压力，并根

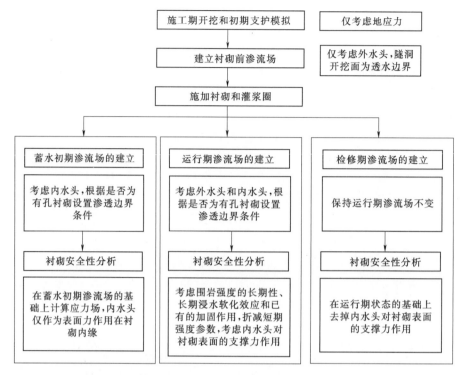

图 5.5－3　不同阶段或工况下衬砌结构安全性分析总体思路

据重力梯度初始化模型孔隙压力场，模型沿 x 轴两侧边界设定为固定水头边界，其余边界设为 FLAC 3D 中默认的不透水边界。模型的应力边界条件和渗流边界条件示意图如图 5.5－4 所示。

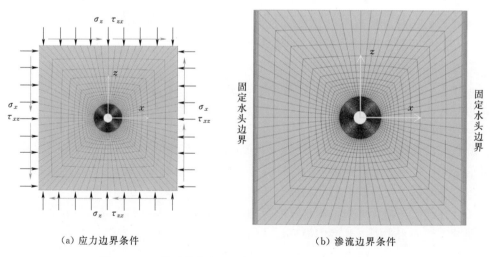

（a）应力边界条件　　　　　　　　　　　（b）渗流边界条件

图 5.5－4　模型的应力边界条件和渗流边界条件示意图

5.5.3.3　减压孔效果模拟

为保证衬砌结构安全性，深埋深埋水工隧洞衬砌结构可布设系统减压孔，以缓解衬砌所受的外水压力荷载。

采用 FLAC 3D 根据锦屏二级水电站引水隧洞结构建立模型进行计算分析，围岩和衬砌均采用六面体实体单元建立，长×宽为 100m×100m，隧洞开挖半径为 6.8m，衬砌厚度为 0.8m。在衬砌中采用实体单元等间距布置减压孔（图 5.5 - 5）。

由减压孔的泄压效果示意图（图 5.5 - 6）和数值计算结果（图 5.5 - 7）可以看出，不设减压孔时［图 5.5 - 6 左侧和图 5.5 - 7（a）］，围岩中外水压力等值线呈平行于开挖边界的均匀梯度分布，总体呈现为近似圆环辐射状结构，但由于重力作用，表现出上小下大的鸡蛋形状；设置减压孔时［图 5.5 - 6 右侧和图 5.5 - 7（b）］，围岩中外水压力等值线呈波浪形分布，在减压孔中心位置处达到波峰，在相邻两孔中心达到波谷，意味着外水压力在减压孔处达到最小值，而在相邻减压孔中心位置处达到最大值。

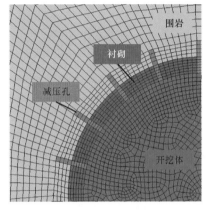

图 5.5 - 5　减压孔计算模型

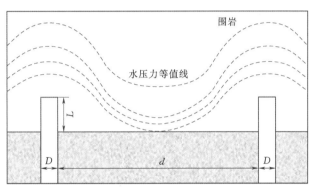

图 5.5 - 6　泄压效果示意图

L—减压孔入岩深度；D—减压孔直径；d—1/2 减压孔间距

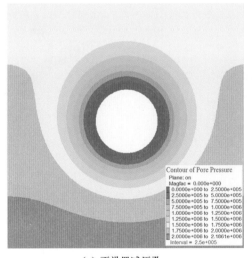

（a）不设置减压孔

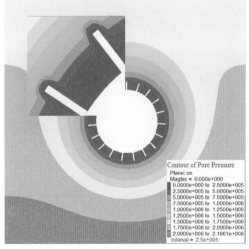

（b）设置减压孔

图 5.5 - 7　泄压效果的数值计算结果

孔隙水在裂隙岩体中的渗流过程中，一部分势能为了克服流动阻力而逐步消散，其余的势能逐渐转换为动能。混凝土衬砌未施工时，孔隙水沿开挖面均匀渗出，由于开挖面为自由渗流边界，渗透压力为0，因此，围岩内渗流场逐渐形成平行于开挖边界的环形辐射状渗流场，如图5.5-6左幅和图5.5-7（a）所示；混凝土衬砌施工后，开挖边界不再透水，由于渗流梯度的存在，浅层围岩水量逐渐聚集，围岩孔隙水压力略有回升，并随时间增加而导致渗流场逐渐恢复成初始渗流场状态，但在衬砌施工一段时间并设置减压孔后，新的渗流自由面形成，围岩内孔隙水逐渐从减压孔向隧洞内部渗出，形成图5.5-6右幅和图5.5-7（b）所示的波浪状渗流场。

5.5.3.4　工程案例分析

选取锦屏二级水电站4号引水隧洞的某典型断面进行建模计算，断面基本信息汇总见表5.5-1。

表5.5-1　　　　　　　　　　　断面基本信息汇总

部位	4+420	埋深/m	1800
岩层	砂板岩	内水头/m	42.9
围岩类别	Ⅲ	外水头/m	241
开挖洞径/m	14.3		

4号引水隧洞计算模型如图5.5-8所示，模型中通过接触面单元模拟围岩与衬砌之间的相互作用。

衬砌与钢筋的应力计算结果分别如图5.5-9和图5.5-10所示。

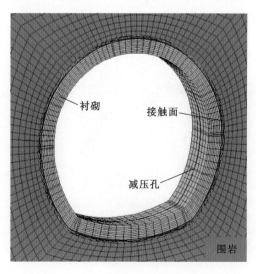

图5.5-8　4号引水隧洞计算模型

图5.5-9　衬砌最大压应力计算结果
（单位：MPa）

由计算结果可以看出衬砌内部存在应力集中，集中部位分布在拱底和拱脚处，最大压应力为 2.2MPa；钢筋受压，最大压应力为 21.6MPa，位于拱底，钢筋与混凝土应力均未超过其各自的屈服强度，表明衬砌结构在运行期处于安全状态。

4 号引水隧洞钢筋计应力监测成果如图 5.5-11 所示，实测钢筋应力与计算钢筋应力对比见表 5.5-2。

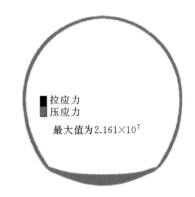

图 5.5-10　钢筋应力计算结果

表 5.5-2　　　　　　　实测钢筋应力与计算钢筋应力对比　　　　　　单位：MPa

部位	底板	拱顶	右拱腰	左拱腰
实测值	21.49	0.63	2.01	5.87
计算值	21.61	5.04	5.90	6.55

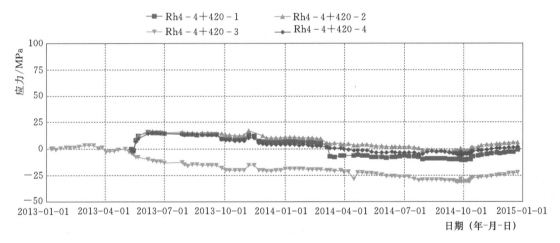

图 5.5-11　4 号引水隧洞钢筋计应力监测成果

由对比结果可以看出，实测值与计算值基本吻合，可以控制在一定的测量误差范围内，这是由于在衬砌拱顶、左右拱腰位置都设置有减压孔，会形成一定程度的应力集中，对该位置处的钢筋应力造成一定程度的增大。而在实际工程中，减压孔并没有在钢筋应力计附近布设，其影响可以忽略，造成了实测值与计算值存在一定误差。

5.5.4　复合承载结构安全性评价标准

对于复合承载结构体系，其中包含了围岩、支护、衬砌结构、灌浆圈等多个组成元素，因此在对其进行安全性评价时，也需要对每个元素进行评价，确保每个元素都处于安全状态，复合承载结构安全性评价体系见图 5.5-12。

5.5.4.1 围岩稳定安全标准

1. 施工期围岩稳定安全标准

为确保引水隧洞围岩稳定和工程安全，隧洞施工过程中应坚持动态设计理论，重视现场监测对设计施工的指导作用。隧洞开挖过程中，选择典型断面安装埋设多点位移计、锚杆应力计等监测仪器，通过对现场监测资料的分析，掌握围岩的变形和应力调整情况，并适时调整隧洞开挖支护参数，确保围岩稳定和工程安全。

锦屏二级水电站引水隧洞开挖过程中，围岩稳定性采用现场试验、监

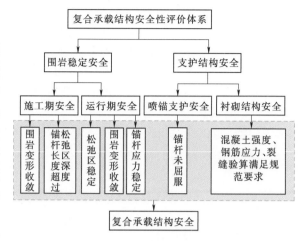

图 5.5－12　复合承载结构安全性评价体系

测数据进行反馈分析，根据埋设在隧洞周边的多点位移计和棱镜等观测试验仪器监测资料，分析隧洞施工期的收敛变形，从而评判隧洞施工期的围岩稳定性。

根据《锚杆喷射混凝土支护技术规范》（GB 50086—2001），隧洞周边的实测位移相对值应小于表 5.5－3 中的允许位移相对值。

围岩稳定性判别标准问题，不仅同围岩类别及其地质因素有关，而且还同施工方法、支护手段等人为因素有关，是比较复杂的。锦屏二级水电站引水隧洞西端绿泥石片岩段地质条件较差，上断面开挖后初期变形较大，在进行二次扩挖时，严格控制上断面围岩收敛变形值，仅当隧洞上断面围岩周边收敛变形速率小于 0.2mm/d 时，方可进行二次扩挖施工。

表 5.5－3　　　　　　　　　隧洞周边允许位移相对值　　　　　　　　　　　%

围岩类别	埋　　深/m		
	<50	50～300	>300
Ⅲ	0.10～0.30	0.20～0.50	0.40～1.20
Ⅳ	0.15～0.50	0.40～1.20	0.80～2.00
Ⅴ	0.20～0.80	0.60～1.60	1.00～3.00

注　1. 周边位移相对值指两测点间实测位移累计值与两测点间距离之比。两测点间位移值也称收敛值。
　　2. 脆性围岩取表中较小值，塑性围岩取表中较大值。
　　3. 本表适用于高跨比 0.8～1.2 的地下工程：Ⅲ类围岩跨度不大于 20m；Ⅳ类围岩跨度不大于 15m；Ⅴ类围岩跨度不大于 10m。
　　4. Ⅰ类、Ⅱ类围岩中进行量测的地下工程，以及Ⅲ类、Ⅳ类、Ⅴ类围岩中在标注 3 范围之外的地下工程，应根据实测数据的综合分析和工程类比方法确定允许值。

另外，锦屏二级水电站引水隧洞初期采用锚喷支护，后期全长采用钢筋混凝土衬砌作为永久支护方式。根据《锚杆喷射混凝土支护技术规范》（GB 50086—2001）的规定，待围岩变形基本结束后进行混凝土衬砌施工，以减少衬砌初始荷载。为此，混凝土衬砌施工时机需满足下列 3 项标准时方可进行：

（1）隧洞周边水平收敛速度小于 0.2mm/d；拱顶或底板垂直位移速度小于 0.1mm/d。

（2）隧洞周边水平收敛速度，以及拱顶或底板垂直位移速度明显下降。

（3）隧洞位移相对值已达到总相对位移量的 90％以上。

2．运行期围岩稳定安全标准

运行期引水隧洞沿线外水压力将会逐步恢复抬升，高外水压力条件围岩稳定性判别主要依据围岩松弛圈和塑性圈是否持续扩展、围岩变形是否持续收敛以及锚杆应力是否控制在屈服强度范围内等 3 项主要原则予以判断。

目前，由于深埋工程高外水压力的特殊性，尚没有统一的判断标准，可通过有限元数值计算，并结合围岩监测成果予以判别。

5.5.4.2　围岩渗透稳定安全标准

水工隧洞灌浆加固圈是保证围岩永久稳定，并与支护体系和混凝土衬砌共同承受内外水压力的重要结构。其中，高压防渗固结灌浆是抵御隧洞周圈高外水压力、控制渗透稳定、减少渗透量的主要手段，灌浆圈加固深度宜按洞径和水力渗透梯度要求确定。

隧洞一般洞段的岩体完整性好，岩体较均一，渗透系数小，抗渗能力较强；而岩溶发育区或地下水发育洞段，近岸坡岩溶管道和出水构造等不良地质体的存在，破坏了岩体的均质性和完整性，围岩渗透系数较大，易发生渗透破坏，属于隧洞渗流稳定设计的控制洞段。因此，对于岩溶发育洞段和集中涌水带及其影响带需要通过高压固结灌浆封堵岩溶裂隙、管道等出水构造，整体降低原岩渗透系数，提高围岩抗渗性能和承载能力。

一般洞段由于沿线地应力水平相对内水压力较高，内水外渗风险较小，破碎围岩洞段固结灌浆孔深入岩深度根据规范要求，按不低于 1 倍隧洞半径设计即可。

近岸坡岩溶发育洞段围岩抗渗透设计原则，主要根据内水外渗下的渗漏水量控制要求确定。根据类似工程经验，该类洞段渗透梯度要求结合类似工程经验控制在不大于 5。

隧洞地下水发育洞段，主要满足高外水压力下的围岩抗渗透稳定要求，另外需要控制渗漏量，隧洞围岩固结灌浆圈渗透坡降按不大于 50 控制。

5.5.4.3　衬砌结构安全标准

水工隧洞一般采取限裂理论开展设计工作。根据《水工隧洞设计规范》（DL/T 5195—2004）的相关规定，按正常使用极限状态设计时，混凝土衬砌结构最大裂缝宽度长期组合下不应超过 0.25mm，短期组合下不应超过 0.30mm。

5.5.5　小结

深埋水工隧洞的支护设计遵循围岩承载的设计思想，充分发挥围岩的承载能力，采用喷锚支护和二次高压固结灌浆加固围岩等措施，使围岩和喷锚支护系统形成复合承载结构，最终通过支护和围岩共同实现围岩长期稳定的需要。

对于深埋水工隧洞，高地应力、高外水压力和内水压力共同作用下，围岩的力学特性与浅埋工程是完全不同的，由此直接导致衬砌结构设计的复杂性和特殊性，传统的衬砌设计理念已不适应这种复杂工况，目前相关规范中的设计方法也难以充分评估并考虑这些极端条件的作用效应，复合承载结构运行期的安全性成为工程关心的主要问题。

为了保证复合承载结构的安全性，提出了内外水压力作用下复合承载结构数值模拟方法和安全分析方法，以及高应力和内外水压力作用下复合承载结构的安全评价指标，可以为深埋水工隧洞设计、施工和安全运行提供技术支撑。

5.6 检修通道设计

深埋水工隧洞一般会穿越高应力和高外水压力赋存区，隧洞运行期间具有一定的风险，需在隧洞沿线布置相应的检修通道，以实现隧洞的检修功能。以锦屏二级水电站为代表，其深埋水工隧洞群检修通道设计颇具特色。

5.6.1 检修通道总体布置

锦屏二级水电站引水隧洞断面大，跨越高应力和高外水压力赋存区，结合相关规范要求在隧洞沿线布置了 4 组检修通道，以实现引水隧洞洞群全洞段的检修功能。

（1）在隧洞进水口事故闸门门槽下游侧各布置 1 个检修竖井，利用闸门启闭机垂直启吊小型车辆，实现从 4 条隧洞进口进入内部的检修功能。

（2）利用引水隧洞首、尾施工支洞（即西引施工支洞、东引施工支洞），结合施工支洞堵头设置手推式平板钢闸门，实现从 1 号、4 号引水隧洞洞首、尾进入隧洞内部的水平运输检修功能。

（3）在引水隧洞尾部，利用东引施工支洞布置 1 条位于引水隧洞下部的检修平洞，在为 4 条引水隧洞提供排水通道的同时，实现从 2 号、3 号引水隧洞尾部进入隧洞内部的检修功能。

引水隧洞检修通道设计示意图见图 5.6-1。

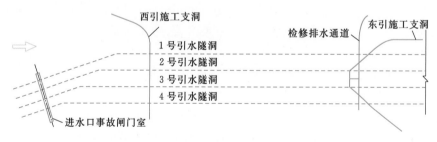

图 5.6-1　引水隧洞检修通道设计示意图

5.6.2 检修通道结构设计

引水隧洞的检修通道系统主要包括进水口事故闸门室检修竖井、引水隧洞末端检修排水系统、引水隧洞检修通道及施工支洞进人门等。

1. 进水口事故闸门室检修竖井结构布置

引水隧洞线路特长而且断面大，只有具备中、大型机械进入的条件才能进行常规的检修、清渣等运维工作。锦屏二级水电站在进水口事故闸门室闸门槽下游侧布置 4 个净尺寸为 9.5m×6.5m（长×宽）的检修竖井，通过进水口事故闸门室的启闭机，从检修竖井吊运隧洞检修车辆和机械，进入引水隧洞进行检修，也可作为施工期最后的撤离通道。

2. 引水隧洞末端检修排水系统设计

考虑到引水隧洞洞线较长，局部洞段外水压力较大，隧洞采用透水式衬砌，为防止隧洞放空检修时外水内渗造成洞内积水影响正常的检修维护和清理工作，同时结合施工支洞封堵的设计，在上游调压室前约 300m 处设置检修排水系统，如图 5.6 - 2 所示。

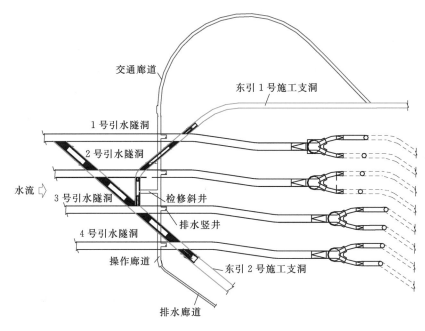

图 5.6 - 2　引水隧洞末端检修排水系统平面布置示意图

　　检修排水系统由隧洞排水竖井和平洞、交通廊道、操作廊道、排水廊道以及检修斜井等部分组成。为排除放空检修时洞内积水，每条引水隧洞底部设置排水竖井和平洞与操作廊道相连，竖井直径为 2.0m，高约为 25m，平洞断面为城门洞形，开挖断面尺寸为 5.8m×5.7m（宽×高），衬砌厚度为 0.5m，长约为 9.6m。排水竖井和平洞内设排水钢管，钢管直径为 70cm，管外回填混凝土，钢管出口设闸阀，压力等级为 3.0MPa。隧洞正常运行时闸阀关闭，放空检修时闸阀打开，洞内积水通过排水钢管排至操作廊道排水钢管，再经排水廊道排至排水洞。排水廊道与排水洞平行布置，相距 45m，廊道总长约为 230m，纵坡约为 1.037%，城门洞形断面，断面尺寸为 3m×3m（宽×高），进口接操作廊道，进口高程约为 1541m，出口经 45°转角与排水洞相连，出口高程约为 1538.475m。操作廊道为城门洞形断面，开挖断面尺寸为 5.8m×5.7m（宽×高），衬砌厚度为 0.5m，长约为 250m，为便于排水，隧洞底坡为 1%。交通廊道按单车道设计，城门洞形断面，断面尺寸为 5m×5m（宽×高），隧道总长约为 505m，纵坡为 3.847%。起点位于东引 1 号施工支洞内，距施工支洞洞口约 253m，起点高程约为 1563m；终点接检修排水操作廊道，终点高程约为 1543m。为便于 2 号、3 号引水隧洞的检修，同时结合东引 1 号施工支洞垂直 2 号、3 号引水隧洞段的封堵设计，在操作廊道上游侧布置了一条检修斜井，连接操作廊道与东引 1 号施工支洞在 2 号、3 号引水隧洞之间的堵头空心段，检修斜井断面尺寸和结构布置同操作廊道，倾角为 45°，底部布置上下楼梯和搬运轨道，便于检修人员和检修设备的通行。2 号、3 号引水隧洞间的东引 1 号施工支洞堵头内也布置进人通道，分别通往 2 号和 3 号引水隧洞，堵头内设置手推式平板钢闸门，钢闸门断面尺寸为 2.4m×

2.0m（宽×高），以利于手推车等设备和人员更为方便地进入2号、3号引水隧洞进行检修和清渣等例行工作。

隧洞检修排水系统位于引水隧洞末端岩溶发育区，为防止运行期隧洞内水外渗造成检修通道发生大量渗漏，检修排水系统操作廊道、闸阀廊道和检修斜井等位于引水隧洞下方的洞室在衬砌后进行系统固结灌浆处理，灌浆孔入岩深3.0m，间排距为3.0m，灌浆压力为2.5MPa，灌后质量检查大部分孔段要求85%小于1Lu，全部小于1.5Lu。

3. 引水隧洞检修通道及施工支洞进人门设计

锦屏二级水电站引水隧洞检修通道依托施工期的施工支洞设置，引水隧洞沿线利用首、尾施工支洞（西引施工支洞、东引施工支洞），结合施工支洞堵头布置手推式平板钢闸门，实现从1~4号引水隧洞首尾进入的水平运输检修功能。

为了进一步方便电站运行后的引水隧洞检修，结合引水隧洞施工支洞的布置以及支洞后期封堵的要求，引水隧洞共布置有6个施工支洞检修进人门，具体位置和结构设计参数见表5.6-1。

施工支洞检修进人门设置于施工支洞封堵体内，从引水隧洞内至封堵体方向依次为进人门上游段、进人门钢衬段、进人门下游段和封堵体空心段。

进人门上游段为封堵体同引水隧洞衬砌结合段，矩形断面，钢筋混凝土结构，断面尺寸为4.0m×3.2m（宽×高），长度为1.5~7.59m。

为防止隧洞内水外渗，进人门钢衬段按照水力梯度5~10选取钢衬段长度。钢衬材质为Q345R，根据外水荷载作用，经三维有限元分析，确定钢板厚度为16mm，为确保混凝土浇捣质量，钢衬段底板设置振捣孔和排气孔，根据混凝土浇筑后底板敲击脱空情况进行补充接缝灌浆，灌浆压力为0.2MPa。进人门下游段内安装手推式立轴钢闸门，闸门尺寸2.4m×2.0m（宽×高），下游段通道尺寸同闸门尺寸一致，通道长度根据闸门传力和通道布置需要设置，为4.0~9.2m。进人门下游段为钢筋混凝土结构。

以引水隧洞东端进人门为例，引水隧洞施工支洞进人门典型结构布置型式如图5.6-3所示。

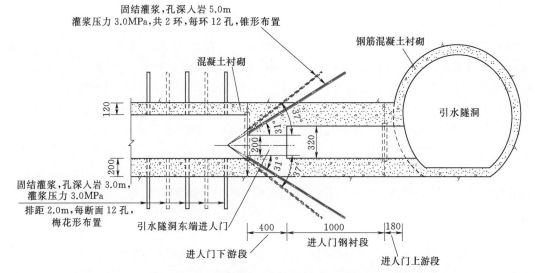

图5.6-3 引水隧洞施工支洞进人门典型结构布置型式（尺寸单位：cm）

表5.6-1　锦屏二级引水隧洞施工支洞检修进人门具体位置和结构设计参数表

序号	名称	位置	进人门上游段			进人门钢衬段			进人门下游段			备注
			断面尺寸/m（宽×高）	长度/m	底板高程/m	断面尺寸/m（宽×高）	长度/m	底板高程/m	断面尺寸/m（宽×高）	长度/m	底板高程/m	
1	1号引水隧洞西端进人门	1号引水隧洞北侧西引1号支洞内	4.0×3.2	1.5	1619.188	4.0×3.2	7.5	1619.188	2.4×2.0	4.0	1619.488	
2	4号引水隧洞西端进人门	4号引水隧洞南侧西引2号支洞内	4.0×3.2	1.5	1619.188	4.0×3.2	7.5	1619.188	2.4×2.0	4.0	1619.488	
3	1号引水隧洞东端进人门	1号引水隧洞北侧厂9号支洞内	4.0×3.2	1.5	1565.69	4.0×3.2	10	1565.69	2.4×2.0	4.0	1565.99	永久进人门
4	2号引水隧洞东端进人门	2号引水隧洞南侧引1号支洞内	4.0×3.2	1.8	1566.34	4.0×3.2	10	1566.34	2.4×2.0	4.0	1566.64	
5	3号引水隧洞东端进人门	3号引水隧洞北侧引1号支洞内	4.0×3.2	1.8	1566.34	4.0×3.2	10	1566.34	2.4×2.0	4.0	1566.64	
6	4号引水隧洞东端进人门	4号引水隧洞南侧引2号支洞内	4.0×3.2	7.59	1566.09	4.0×3.2	10	1566.09	2.4×2.0	9.2	1566.39	

5.6.3 小结

深埋长大引水隧洞检修概率相对较大，结合相关规范要求，沿线布置检修通道是必要的。但该类隧洞工程一般均缺少沿河施工支洞，且洞群间干扰较大，实现全洞段检修通道的布置存在一定难度。锦屏二级水电站引水隧洞所采用的检修通道能够满足工程安全运行要求，为类似工程设计提供了有益参考。

5.7 本章小结

锦屏二级水电站深埋水工隧洞与常规水工隧洞相比，高地应力、高外水压力及复杂的地质条件形成了工程区复杂和恶劣的外在客观环境条件，承载结构设计有其特殊性，很多技术问题已经超越了已有规范的范围，且无类似的工程可借鉴。在建设过程中，以解决深埋水工隧洞所面临的重大关键技术问题为研究对象和突破口，开展了大量的科技攻关与工程实践，系统融合勘测信息、岩石力学理论、动态反馈分析方法和国内外工程设计经验、规范与理论，解决了支护和复合承载结构设计等关键技术，总结形成了一套适用于深埋水工隧洞的设计理论和方法。锦屏二级水电站已安全运行多年，4 条引水隧洞经过两轮放空检查，运行正常，验证了这套深埋水工隧洞的设计理论和方法的正确性，可以为类似工程提供经验借鉴。

第 **6** 章

深埋水工隧洞施工

6.1 概述

随着工程技术的不断进步，已建隧洞在断面尺寸和规模、埋深、施工速度等方面不断取得新突破和新成就。1982 年建成的芬兰佩扬奈水工隧洞长 120km，断面面积为 15.5m²；2002 年建成的引黄入晋工程南干线 7 号隧洞全长约 42km，直径为 4.2～4.3m；2012 年建成的锦屏二级水电站 4 条引水隧洞单条长度达 16.7km，直径达 13.8m；锦屏二级水电站引水隧洞最大埋深为 2525m；穿越阿尔卑斯山的勃朗峰隧道埋深为 2480m。

深埋水工隧洞往往是一个工程的关键线路项目，其施工工期决定了整个工程的工期长短，确保深埋水工隧洞工程安全、快速施工对整个工程建设意义重大。要实现深埋隧洞安全、快速施工，与隧洞施工方法、施工布置、施工通风、出渣技术等密切相关。

6.2 钻爆法施工

6.2.1 开挖方法

钻爆法是传统的隧洞开挖方法，由于锚喷支护技术的进步和推广应用，实现了较大断面一次爆破开挖成型，促进钻爆法施工机械向大型化、高效率方向发展。目前该法仍为岩石隧洞的主要开挖方法。

隧洞钻爆开挖方法通常由岩石特性、地质条件、断面形状和施工设备及人员素质等因素决定，主要有全断面法，上、下半断面法（台阶法）和短台阶法 3 类，各种开挖方法的适用条件及主要优缺点见表 6.2-1。

表 6.2-1　　　　　　　　各种开挖方法的适应条件及主要优缺点

开挖方法	适 用 条 件	主 要 优 缺 点
全断面法	适用于地质条件较好的大、中型断面隧洞以及各种围岩情况下的中、小型断面隧洞	优点：一次开挖成型，可采用机械化施工，施工速度快，与衬砌无干扰或干扰小
上、下半断面法（台阶法）	适用于开挖高度大于 10m 的隧洞和地质条件较差、开挖面自稳有困难的中、小型隧洞	优点：施工安全保证性较高。 缺点：上、下半断面难平行作业，尤其是空间小的隧洞
短台阶法	适用于地质条件差、节理较发育的隧洞或为全断面开挖隧洞克服短范围内不良地质及工序转换时使用	优点：能防止围岩有较大的变形，施工安全保证高。 缺点：上、下断面难平行作业，施工程序复杂，施工速度慢

1. 全断面开挖法

对于开挖高度小于 10m 的中、小断面隧洞，在地质条件较好的情况下，宜优先考虑采用全断面开挖方法。对于大直径隧洞，当开挖高度大于10m以后，常采用上、下台阶法开挖。近年来，随着钻孔机具、装渣机械、火工器材、锚喷支护技术的进一步发展，逐步打破了惯用的分部开挖方法，转而向大断面、全断面开挖过渡。全断面法开挖一次完成，空间大，干扰少，有利于使用大型机械和实现综合机械化，提高了成洞速度。

国内外长隧洞工程施工中采用全断面开挖的工程实例见表6.2-2。

表6.2-2 国内外长隧洞工程施工中采用全断面开挖的工程实例

项 目	隧洞类型，长度 /km	隧洞断面尺寸	开挖方式	钻孔设备
终南山铁路Ⅱ线隧道平行导洞	铁路隧道，18.26	4.8m×5.8m（宽×高）	全断面开挖	H178三臂钻孔台车1台，TH568-10轨行门架三臂钻孔台车1台
大瑶山隧道	铁路隧道，10.08	13.2m×10.0m（宽×高）	全断面与半断面开挖结合	瑞典TH282-2型四臂液压凿岩台车和COP1038HD型液压凿岩机
兰新铁路乌鞘岭隧道	铁路隧道，20.05	圆形，直径为8.76m；卵形，断面面积为53.32m²	全断面与半断面开挖结合	自制多功能钻孔台车，手风钻
川藏公路二郎山隧道	公路隧道，4.2	单心圆轮廓，内轮廓半径为4.83m	全断面开挖	自制台架配合气腿式风钻钻孔，同时配备12台手风钻
日本五里峰铁路隧道	铁路隧道，15.18	马蹄形断面，洞径为11.3m	全断面开挖结合微台阶开挖	三臂液压凿岩台车配合0.7m³级液压破碎机
锦屏辅助洞	公路隧道，17.5	A线：开挖断面7.0m×7.6m（宽×高）。B线：开挖断面7.5m×8.2m（宽×高）	全断面开挖	东端：TH353E三臂凿岩台车；西端：TOMROCK和ATLAS二臂凿岩台车

2. 上、下断面开挖法（台阶法）

对于开挖高度大于10m的隧洞，一般的钻孔机械难以一次钻孔爆破成型，通常采用上、下断面开挖法施工。上部开挖高度根据选用的钻孔设备工作高度及顶拱混凝土浇筑所要求的高度等而定，一般在7~8m。上部分开挖，可采用全断面开挖或先中导洞再扩两侧或先开挖一侧再开挖另一侧，随断面宽度及机械设备而定。下部台阶扩挖可采用预裂梯段爆破一次开挖到底或在两侧边墙留一定厚度的保护层，待中间开挖后再进行修整。

上、下断面开挖法（台阶法）施工主要有以下优点：①开挖顶部时遇到差的岩层，可及时进行支护；②可使钻孔与出渣平行作业，施工速度快；③台阶开挖有两个自由面，爆破效率高，一次爆破量大，便于发挥设备的生产能力；④台阶法开挖可用轻型钻机，设备费用低，因而钻孔成本低；⑤可根据部分断面提前揭示前方地质条件。

主要缺点有：①由于分层施工，需增加施工通道工程量；②施工工序多，施工组织复杂,与全断面开挖比较,施工工期较长;③施工供水、供电、供风、通风等管线需要二次布设,增加了重复投资。

3. 短台阶法

对于地质条件差、节理较发育的大、中隧洞,或全断面隧洞开挖遇软岩、断层、涌泥、涌水等不良地质条件时可考虑采用短台阶法进行施工。如武广客运专线坪岭隧道采用短台阶平行流水作业的方法,在Ⅳ类、Ⅴ类围岩段开挖过程中,缩短了初期支护闭合时间,改善了初期支护的受力条件,控制了围岩变形量,并在不同地质条件下实现了施工工艺的快速转换,保证了工程安全、平稳施工和工程对工期及施工质量的要求。短台阶法开挖施工示意图见图 6.2-1。

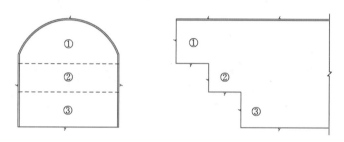

图 6.2-1　短台阶法开挖施工示意图

①—拱部开挖及初期支护;②—中间部分开挖及两侧边墙初期支护;③—下部开挖及两侧边墙初期支护

短台阶法施工主要有如下特点:

(1) 多作业面平行施工,工效较高,减小了对围岩的扰动。

(2) 在地质结构复杂多变,软硬围岩相间的隧道施工中,便于调整施工方法,控制工程进度和工期。

(3) 能适应不同跨度和多种断面型式。

(4) 爆破施工可以分成多个作业面进行,将集中爆破转化为分散爆破,既减少了对围岩的扰动,又充分利用了时间、空间,还增加了爆破临空面,降低了炸药消耗。

6.2.2　施工通道

深埋水工长隧洞的施工,由于各种因素,特别是由于地质条件复杂,进口和出口不具备交通条件,施工困难,通常需要设置各种施工辅助隧洞(如施工支洞、通风洞、排水洞等),将隧洞划分成若干独立的洞段,增加开挖工作面,实现"长洞短打",加快施工进度。

邻近和超前的施工辅助隧洞还有另一个作用是超前探明地质情况,并为主洞安全、快速地通过不良地质洞段创造条件。施工辅助隧洞的形式主要有施工支洞、斜(竖)井和平行导洞 3 种,其作用和适应条件各不相同。

1. 洞口选择及洞外场地布置

洞外施工场地的布置及辅助隧洞洞口选择需要根据水工隧洞及相关地下建筑物的布置、工程量、工期、地形地质条件、结构型式、施工方法、施工道路布置及施工机械等因素经技术经济比较确定,需要考虑以下因素:

（1）洞外场地总布置方案及洞口选择应服从工程整体施工总布置规划要求，并规避地质灾害。洞外场地布置集中、紧凑，减少占地面积；并充分利用荒地、滩地和坡地，不占或少占耕地。洞口距离居民设施满足安全要求，且洞口方向不要正对居民设施。

（2）洞外施工通道应结合主体工程枢纽布置、施工总布置、地形地质条件及施工支洞选择情况统筹考虑。洞外场地总布置应满足环境保护、水土保持与节能降耗和卫生防疫要求。

（3）地下工程附近场地狭窄、施工布置困难时，洞外场地布置可采取下列措施：结合枢纽布置适当利用库区场地，布置前期施工临建工程；结合主体工程施工方案，研究采用地下布置或半地下布置；充分利用山坡进行小台阶式布置；提高临时房屋建筑层数和适当缩小间距；重复利用场地；利用弃渣填平洼地或冲沟作为施工场地。

2. 施工支洞和斜（竖）井布置

施工支洞和斜（竖）井主要作为人员及施工机械设备进出通道、废弃物（弃渣、涌水等）运输通道、材料（钢筋、混凝土等）运输通道和施工通风通道，其布置需要服务于隧洞的施工。为满足"长洞短打"需求，需要沿深埋水工隧洞主线布置施工支洞等辅助隧洞；全断面掘进机施工法需要做好组装场地等的规划布置。需要考虑以下因素：

（1）采用钻爆法开挖时，施工支洞在主洞轴线上的间距不宜超过 3km；部分深埋水工隧洞工程不具备布置施工支洞的条件，独头施工段的长度较长，如锦屏辅助洞工程中间无法布置施工支洞，长 17.5km 的隧洞仅从进出口两个工作面施工，独头最长距离为 9.7km。

（2）考虑施工机械的能力和施工便利性因素，采用竖井与斜井作为辅助隧洞时，高差宜小于 200m。在实际施工中，也有超过这个高差的，如乌鞘岭隧道。

（3）若在邻近布置有永久的隧洞，应充分利用附近的永久隧洞作为施工支洞，或从永久隧洞分岔设置施工支洞。

（4）宜充分利用地质探洞等其他已有邻近洞室作为通风通道，或者扩大后作为施工通道。

（5）施工支洞的断面尺寸应根据材料、设备等的运输需要确定，兼顾排水沟（管）及通风管等管线的设置和安全距离要求。断面高度以施工支洞本身开挖时，装渣机械装渣工况时的高度要求为主要考虑因素；当施工支洞作为大件设备运输通道时，还需满足大件运输的要求。有压力钢管运输需求的工程，需要做好运输线路规划，沿线的施工支洞及洞室断面应满足压力钢管运输需求。采用单车道时，为满足双向行驶时会车需求，每 200～400m 宜布置一个错车道。

（6）设置的施工支洞宜"一洞多用"，有利于缩短工期、均衡各工作面的工程量，有利于改善洞内施工期通风条件和减少施工干扰，有利于为工程运行期创造检修条件，有利于为分期建设工程创造条件。

（7）施工支洞布置应选择施工支洞轴线地质条件较好地段，洞线较短，工程量小，各支洞承担的工程量大体平衡；施工支洞的洞口高程满足相应的防洪标准，附近有适宜的弃渣场地。

（8）施工支洞洞线宜与主洞正交，斜交时交角不宜小于 45°，有利于保证交叉口处围岩的稳定。交叉口及施工支洞转弯段应满足运输车辆和运输物件的最小转弯半径和转弯洞段加宽值的要求。

（9）施工支洞进口处的底高程宜低于与主洞交汇点的底高程，有利于自流排水。

（10）采用机车牵引有轨运输的坡度宜不大于3%；采用无轨运输的坡度应不超过9%，相应坡长不超过150m，局部最大坡度不宜大于15%；采用卷扬机牵引有轨运输的坡度不宜超过25°；采用带式输送机的上坡坡度不宜超过15°，以满足安全和机械通行能力需求。

（11）竖井和斜井吊运作业是不连续的，且吊运能力低，与平洞施工不配套以至影响平洞的施工进度，应尽量避免采用竖井或斜井作施工支洞。

（12）布置斜（竖）井的工程应采取各种措施提高其运行安全。采用斜井作为施工支洞，倾角不宜大于25°，井身纵断面不宜变坡与转弯，下水平段应有长度不小于20m的缓冲空间，斜井的一侧应设置宽度不小于0.7m的人行道；采用竖井作为施工支洞可布置在隧洞轴线上或其一侧，当布置在隧洞一侧时，与隧洞的净距宜为15～20m，竖井内设爬梯，并符合相关规范要求。斜井或竖井井底应布置回车场及集水井。

3. 平行导洞

深埋水工隧洞设计中，布置两条以上的隧洞是十分有利于施工和缩短工期的。在仅有一条隧洞的情况下，有时为主洞施工需要，在主洞一侧另开挖平行于主洞的一条辅助隧洞，或称平行导洞，解决主洞施工期的交通运输、施工通风、排水、安全通道等问题，其布置示意及特点见表6.2-3。

表 6.2 - 3　　　　　　　　　　　　平行导洞布置示意及特点

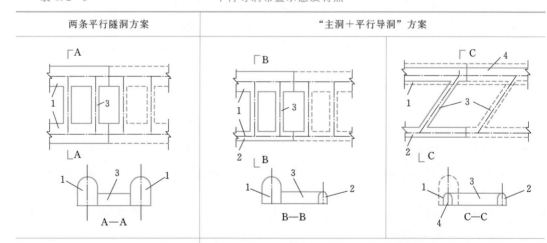

两条平行隧洞方案	"主洞＋平行导洞"方案	
优点是可以改善施工通风条件，两条平行隧洞可以互为安全、运输通道，有利于组织流水作业，缩短工期，但在两条平洞间需开挖横通洞，增加施工费用	只有一条主洞，为了施工通风、运输及其施工要求在主洞附近开挖平行导洞，采用横通洞与主洞连接。平行导洞可与主洞在同一高程上或不同高程上。此方案除开挖横通洞外还要开挖平行导洞，使工程造价增加，但可加快施工进度	
	主洞全断面开挖，适应于地质情况比较明朗或地质较好的情况	主洞先开挖导洞，有利于提前探明地质情况或在地质情况较差时采用

注　1—主洞；2—平行导洞；3—横通洞；4—导洞。

秦岭铁路隧道工程包括相距 30m 的 I、Ⅱ两条平行线路。施工时在Ⅱ线隧道先期开挖导洞，一方面是为 I 线 TBM 施工探明地质条件；另一方面是通过横洞与 I 线连接，在 TBM 通过前事先对断层破碎带等不良地质洞段进行处理。

天生桥二级水电站 3 条引水隧洞，各长 9.55km，施工中利用 1 号与 2 号、2 号与 3 号引水隧洞两两分别组成有机的施工系统，实现一种最优的施工程序：1 号、2 号主洞同时掘进，两洞间钻爆法施工段 300m 左右设一联结两主洞的横通洞。当第二条横通洞形成后，即可从 1 号主洞往掘进方向进行混凝土衬砌，1 号主洞出渣经第二条横通洞进入 2 号主洞转 2 号施工支洞运出，混凝土由 2 号施工支洞进入 2 号主洞转第一条横通洞进入 1 号主洞，以后随着掘进前方横通洞的不断形成而出渣，混凝土衬砌依次往前进行。这样可使第一条主洞工期大约缩短一半，使首批机组发电时间得以提前。天生桥二级水电站 1 号、2 号引水隧洞施工布置示意如图 6.2-2 所示。

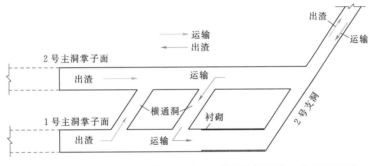

图 6.2-2　天生桥二级水电站 1 号、2 号引水隧洞施工布置示意图

6.2.3　循环进尺及月进尺

循环进尺与开挖进度是密切相关的，循环进尺是手段，开挖进度是目的。一般来说，只有选择配套的机械、安排得当的循环工序、辅以科学的管理才能获得合理的循环进尺，达到较高的开挖月进尺。

6.2.3.1　合理循环进尺

循环进尺主要与隧洞断面大小、给定的开挖循环时间有很大的关系。而合理掘进速度主要与作业面主要工序安排、机械设备的生产能力、工人的技术熟练程度有着直接的关系。

循环进尺就是炮孔深度与炮孔利用率的乘积，实际上也是研究一次爆破的钻孔深度问题。大量的实践研究表明：工程爆破临空面条件越好，单位延米的爆破石方量就越大，即钻孔工作量少，爆破的松散效果比较理想，而且炸药消耗量也减少；反之，由于爆破的临空面条件不好，增大了岩石爆破的夹制作用，这必然会采取多打炮孔（即多钻孔）、多用炸药的措施加以弥补，否则将可能留下较深的残孔，使炮孔利用率降低，这样会使钻孔工作量增大，炸药用量加大。

1. 根据经验公式计算

如何合理地选用循环进尺，即选择炮孔深度问题，可根据多年工程实践经验的积累、统计得到的经验公式来计算，计算式为

$$L = (0.5 \sim 0.8)B \tag{6.2-1}$$

式中：B 为断面宽度，m；L 为炮孔深度，m。式中的系数，小断面选小值，大断面选大值较为合理。当然炮孔深度也需要根据钻孔设备的性能、钻孔效率、工人施工习惯和施工班次安排来确定。

2. 根据掘进循环时间计算

炮孔深度一般也可以根据掘进循环时间来进行计算，计算公式为

$$T_循 = \phi t_1 + Nt_2 + t_3 + t_4 + t_5 \qquad (6.2-2)$$

其中 $\qquad t_1 = NW/vm; \quad t_4 = WS\eta/P$

式中：$T_循$ 为各工序在一个循环内所需时间的总和，h；t_1 为开挖面上的全部钻孔时间，h；ϕ 为钻孔与装岩的平行作业系数，用手风钻时 $\phi=0.3\sim0.5$，不平行作业时则 $\phi=1.0$；N 为开挖面上的炮孔总数；t_2 为一个炮孔的装药时间，Nt_2 为全部炮孔完成装药所需的时间，h；t_3 为爆破后的通风散烟时间，h；t_4 为出渣时间，h；t_5 为准备工作与交接班时间，h；W 为炮孔深度，m；v 为一台钻机的钻孔速度，m/h；m 为同时工作的钻机台数（在同一个工作面）；S 为开挖面的面积，m²；P 为装岩出渣（实方）的生产率，m³/h；η 为钻孔利用系数（一般 $\eta=0.8\sim0.9$）。

经过整理后得到炮孔深度：

$$W = (T_循 - Nt_2 - t_3 - t_5)mvP/(PN\phi + Smv\eta) \qquad (6.2-3)$$

通过计算得出的钻爆参数，往往是经过几次试算的结果，因为一开始有很多未知数，需要根据经验、工程类比等方法估算，然后逐次渐进。

一般来说，炮孔深度越深，单循环的进尺越高，但钻孔的深度与钻孔机械有关。如西康铁路秦岭隧道Ⅱ线平行导洞采用的 TH178 三臂台车最大钻孔深度为 5.15m，TH568-10 门架式台车最大钻孔深度为 4.9m。随着孔深的增加，钻孔效率降低，而且孔易出现弯曲孔，孔之间的误差过大，影响爆破效果，爆破后往往留有较深的残孔（0.5~1.0m）。而且开挖宽度只有 4.8m，左右偏移想布下 110cm×110cm 的掏槽孔很困难，布设太靠上，底板孔起爆不好，往下布置接近底板上半部起爆效果又不好。某年 8 月以前倾向于打深孔，想用深孔来获取高进尺，但掏槽布置困难，爆破效果并不好；之后规定孔深只能打 4.5~4.6m，取得了很好的效果。8—11 月钻爆情况比较详见表 6.2-4。

表 6.2-4　　　　　　　　　8—11 月钻爆情况比较表

项　目	单位	8月	9月	10月	11月
月平均炮孔深度	m/个	5.0	4.6	4.5	4.5
平均炮孔总数	个	106	101	98	98
月装药量	kg	41265	38726	36889	39412
月平均循环进尺	m	4.38	4.22	4.24	4.27
平均炮孔利用率	%	87.6	91.8	94.2	94.9
月平均钻爆时间	h：min	7：15	5：59	5：09	5：15
月循环次数	次	57	69	75	78
月进尺	m	250	290.8	318	333
作业时间	h	745	740	724	748
单位时间进尺	m/h	0.336	0.393	0.439	0.445

不难看出，在围岩地质条件相差不多的情况下，由于炮孔深度的不同，炮孔数量随孔深相应增多，用药量增大，循环时间加长，循环次数减少，炮孔利用率降低，最终反映在单位时间的进尺降低。由此可以说明盲目地增加孔深来提高进尺的不科学性，也证明了在不同的断面条件下，要结合实际情况确定一个合理的钻孔深度。

6.2.3.2　合理开挖月进尺

合理开挖月进尺，它的数学含义是合理循环进尺和月循环次数的乘积。但它的真实意义不仅仅在此，也包含着用较佳的经济指标达到高的均衡的开挖速度。

掌子面上影响循环时间的关键工序有钻孔、装药、爆破、通风、找顶、出渣、临时支护等。合理地组织施工，严密地安排各工序间的衔接，对加快施工进度起着非常重要的作用。典型的有轨运输隧洞开挖施工作业网络见图 6.2-3。

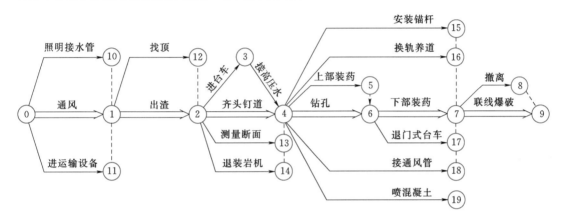

图 6.2-3　典型的有轨运输隧洞开挖施工作业网络

锦屏辅助洞工程 2007 年开挖埋深进入 1850m，岩爆相对频繁，且由于提前加大纵坡，电瓶机车牵引力不足及其他设备老化，故障率高。2007 年全年 A 线辅助洞共掘进2221.3m，B 线辅助洞掘进 2223.9m，月平均进尺约为 185m/月。根据统计分析，2007年日平均进尺约为 6.08m/天，平均为 1.643 循环/天，单循环进尺约为 3.714m。平均每米开挖洞长钻孔装药爆破时间约为 82.478min，出渣时间约为 60.59min，铺轨时间约为6.66min，排险时间约为 14.2min（表 6.2-5 和表 6.2-6）。

表 6.2-5　　　　　　　　　2007 年 B 线辅助洞东端开挖施工日进度分析表

日　期	平均日进尺 /(m/天)	平均日循环 /(循环/天)	平均循环进尺 /(m/循环)	备　　注
2007 年 1 月	5.88	1.375	4.277	其中有 6 天暂停开挖，处理不良地质洞段
2007 年 2 月	4.79	1.29	3.71	其中有 3 天暂停开挖，处理不良地质洞段，2 天春节暂停开挖
2007 年 4 月	6.35	1.742	3.648	
2007 年 5 月	6.90	1.87	3.695	
2007 年 6 月	6.01	1.645	3.65	

日　期	平均日进尺 /(m/天)	平均日循环 /(循环/天)	平均循环进尺 /(m/循环)	备　注
2007 年 7 月	5.69	1.533	3.713	
2007 年 8 月	6.45	1.677	3.846	
2007 年 9 月	5.97	1.667	3.582	
2007 年 10 月	6.03	1.733	3.479	
2007 年 11 月	6.14	1.774	3.462	其中有 1 天暂停开挖，处理不良地质洞段
2007 年 12 月	6.70	1.767	3.794	

表 6.2 - 6　　　　　　　　2007 年 B 线辅助洞东端开挖单循环用时分析表

日　期	平均循环钻孔装药爆破时间/min	平均循环出渣时间 /min	平均循环铺轨时间 /min	平均循环排险时间 /min	平均循环凿岩台车故障时间/min
2007 年 1 月	389.6	256.6	31.78	42	49.7
2007 年 2 月	无统计	250.5	无统计	无统计	80.65
2007 年 4 月	307.8	218.9	26.13	53	1.26
2007 年 5 月	371.5	221.7	22.70	40.5	4.9
2007 年 6 月	300	215.4	25.7	54.8	8.4
2007 年 7 月	287.6	227.7	22.3	55.7	3.3
2007 年 8 月	288.2	222.2	26.9	69	6.0
2007 年 9 月	296.6	214.9	28.8	53.7	1.82
2007 年 10 月	305.04	207.69	28.04	48.2	6.1
2007 年 11 月	264.7	207.7	17.4	55.4	1
2007 年 12 月	252.2	232.04	17.5	55.3	1.67

6.2.4　施工通风

对于深埋隧洞施工而言，施工通风常常是整个工程施工方案和施工组织不可忽视的内容。在机械化作业情况下，施工通风不仅为洞内施工提供新鲜空气，排出粉尘及各种有害气体，创造良好的劳动环境，保障施工人员的健康与安全，而且是维持施工机械设备正常运行的必要条件。

过去由于对施工通风工作缺乏足够的重视而采用了不尽合理的通风方案，不仅增加了施工成本，也严重影响了施工人员的身心健康和施工进度。而深埋长隧洞施工过程中，施工通风难度增加，为了能达到隧洞作业环境标准，改善施工人员的劳动条件，保证顺利施工，采用合理的施工通风方案显得尤为重要。

6.2.4.1　深埋隧洞施工通风的特点

深埋长引水隧洞由于其特有的工程特点，其施工通风具有如下特点：

（1）通风量需求大。隧洞长且多个工作面同时开挖，使得爆破及运输产生的粉尘和废气成倍增加，对总风量与风压的要求高。

（2）通风难度大。隧洞长且其埋深大，很难布置支洞和通风竖井，进风通道和通风散烟的通道少，存在通风距离长、风压损失大、通风量不足等问题；且排烟距离远，其他施工环节干扰多等，加大了通风难度。

（3）采用长大直径风管，风管漏风量大。由于隧洞长、埋深大，需要采用长大直径的通风管，风管接头增多，增加了漏风量。

6.2.4.2 深埋隧洞施工期通风方式分类

隧洞施工采用的通风方式一般可分为自然通风、机械通风和巷道通风。

1. 自然通风

在气压、温度和自然风力等各种自然因素的作用下，使空气获得能量，并沿隧洞流动的现象，称为自然通风。而借助于自然因素产生的使空气流动的能量，称为自然风压。

自然风压是由进、出风口的高度差或空气的密度差而产生的。因此，在竖井中装有通风设备时，也应考虑自然风压的影响，自然风压对机械风压的影响有时是有利的，有时则是不利的。对于没有竖井、斜井或钻孔的短隧道，由于隧道底部和顶部仍有一定的高差，自然风压仍然存在；但对于长隧道来说，这种作用是不显著的，可以不予考虑。

2. 机械通风

机械通风包括多种方式，一般根据隧洞的长短、是否存在施工辅助隧洞、自然地质条件来选择不同的通风方式。一般隧洞机械通风方式主要有压入式通风、抽出式通风、混合式通风三种。

（1）压入式通风。压入式通风（图 6.2-4）有效射程大，冲淡和排除炮烟的作用比较强；工作面回风不通过风机和通风管，对设备污染小，在有瓦斯溢出的工作面采用这种方式比较安全；可以用柔性风管；工作面的污浊空气沿隧洞流出，沿途就一并带走隧洞内的粉尘及有毒、有害气体，对改善工作面的环境更有利。但是压入式通风在长距离掘进情况下排除炮烟需要的风量大，通风排烟时间较长，回风流污染整条隧洞。

图 6.2-4 压入式通风示意图

应用压入式通风时注意，风机安装位置应与洞口保持一定距离，一般应大于 30m；风筒出口应与工作面保持一定距离，对于小断面、小风量、小直径风管，该距离应控制在 15m 以内，对于大断面、大风量、大直径风管，该距离可控制在 45~60m 以内。

（2）抽出式通风。抽出式通风（图 6.2-5）在有效吸程内排烟效果好，排除炮烟所需风量小，回风流不污染隧洞。但抽出式通风的有效吸程很短，只有当风筒离工作面很近时才能获得满意的效果。当风机或者风筒离工作面很近时，往往造成工作面设备布置较困难，在全断面钻爆法开挖时，通风设备有被爆破飞石击坏的可能。

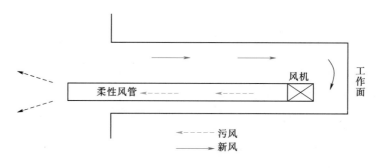

图 6.2-5　抽出式通风示意图

（3）混合式通风。混合式通风系统如图 6.2-6 所示。抽出式（在柔性风管系统中作

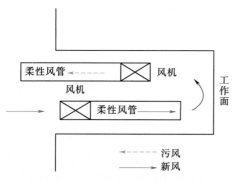

图 6.2-6　混合式通风系统示意图

压出式布置）风机的功率较大，是主风机。压入式风机是辅助风机，它的作用是利用有效射程长的特点，把炮烟搅混均匀并排离工作面，然后由抽出式（压出式）风机吸走。这种方式综合了前两种方式的优点，适合于大断面长距离隧洞通风，在机械化作业时更为有利。

3. 巷道通风

国内特长单线隧洞和双线交通隧洞工程已越来越多，为了缩短施工通风距离，常利用平行导洞、斜井、竖井、钻孔等作为施工辅助通风通道，结合这些工程特点，创造了双巷并行通风、混合式通风的新方法。

（1）双巷并行通风。如图 6.2-7 所示，在两条平行隧洞之间，每隔一段距离用联络横洞贯通，在主洞和横洞内分别安装压入式风机和从 Ⅰ 线向 Ⅱ 线的抽出式风机，使新风流从 Ⅰ 线流入，经工作面后回风从 Ⅱ 线排出。为避免循环风，应将靠近洞口一端的联络横洞密闭。

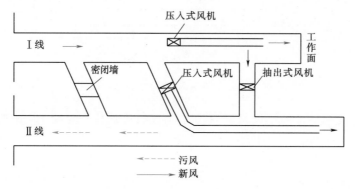

图 6.2-7　双巷并行通风示意图

以前在加设辅助平行导洞的情况下也应用双隧并行通风法，但都将抽出风机安装在平行导洞洞口并增设控制风门，常存在施工干扰。图 6.2-7 的布置型式有利于两个工作面同时分别作业，互不干扰，设备和能耗投入较少，很适合于主洞和平行导洞或双隧洞并行作业。

（2）混合式通风。如图 6.2-8 所示，在隧洞进风流中安装压入式风机向工作面送入新鲜空气，在斜井、竖井或钻孔中安装抽出式风机，使污浊空气沿斜井、竖井或钻孔流出。当隧洞与地面的高差较大时，有时也可以利用自然风压，不用抽出式风机。但由于自然风压随季节和地面气候变化较大，因此大多数情况下都需要安装抽出式风机，且其风量应大于压入式风机的风量。若条件允许，抽出式风机也可以安装在斜井、竖井或钻孔的顶部出口位置。

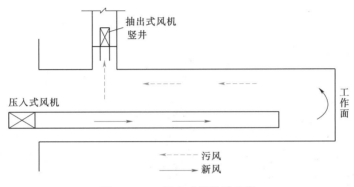

图 6.2-8　混合式通风示意图

6.3　TBM 法施工

隧道掘进机是指掘进、支护、出渣等施工工序并行连续作业，是机、电、液、光、气等系统集成的"工厂化"流水线隧道施工装备。随着 TBM 的多样化及性能的不断提升，它在我国城市轨道交通、铁路、公路、水电、矿山、输水、排污等工程中的应用日益广泛。

在我国，习惯上将用于岩石地层的掘进机称为 TBM，用于软土地层的掘进机称为盾构机。

6.3.1　TBM 设备种类

全断面岩石掘进机（Full Face Rock Tunnel Boring Machine，TBM），是一种靠旋转并推进刀盘，通过盘形滚刀破碎岩石而使隧洞断面一次成型的机器。

全断面岩石掘进机根据其结构特点和适应地质条件等分为支撑式（开敞式或敞开式）、护盾式、扩挖式和摇臂式。在国内应用较多的有支撑式和护盾式全断面岩石掘进机。

1. 支撑式全断面岩石掘进机

支撑式全断面岩石掘进机（图 6.3-1）是利用支撑机构撑紧洞壁以承受向前推进的

反作用力及反扭矩的全断面岩石掘进机，适用于岩石整体性较好、隧洞沿线断层规模小、岩石抗压强度中等及以上总体地质条件较好的隧洞。

掘进机主机上根据地质情况可选择配置临时支护设备，如圈梁（环梁或钢拱架）安装机、锚杆钻机、钢丝网安装机、超前钻机、管棚钻机等，喷混凝土机、灌浆机一般装置在后配套上。

若遇有局部破碎带或松软夹层岩石，则可由掘进机所附带的超前钻机和灌浆设备，预先固结周边岩石，然后再开挖。

2. 护盾式全断面岩石掘进机

在整机外围设置与机器直径相一致的圆形护盾结构，分为单护盾、双护盾（伸缩式）和三护盾3类，以利于掘进松软破碎或复杂岩层的全断面岩石掘进机。

单护盾全断面岩石掘进机（图6.3-2）适用于脆性岩层或低强度岩层掘进，这种设备配合管片衬砌或顶管工艺，利用衬砌的管片或管段支撑隧洞围岩并获得掘进机向前的推力。

图6.3-1　支撑式全断面岩石掘进机　　　　图6.3-2　单护盾全断面岩石掘进机

当遇到复杂岩层，岩石软硬兼有，则可采用双护盾全断面岩石掘进机（图6.3-3）。遇软岩时，软岩不能承受支撑板的压应力，由盾尾副推进液压缸支撑在已拼装的预制衬砌块上或钢圈梁上以推进刀盘破岩前进；遇硬岩时，则靠支撑板撑紧洞壁，由主推进液压缸推进刀盘破岩前进。

3. 扩挖式全断面岩石掘进机

扩挖式全断面岩石掘进机掘进时，先打导洞，然后扩挖至设计断面。掘进机因受边刀允许速度小于3.0m/s的制约，一般直径要求小于9m。此类设备缺点是导洞贯通后才能扩挖，工期长；导洞和扩挖需要两套设备，投资较大。

4. 摇臂式全断面岩石掘进机

刀具和摇臂随机头一起转动，摇臂的摆动是由液压缸活塞杆的伸缩来传递，通过摇臂使刀具内外摆动，转动与摆动两种运动的合成使刀具以空间螺旋线轨迹破碎岩石，可掘进圆形或带圆角的矩形隧洞断面。其推进

图6.3-3　双护盾全断面岩石掘进机

方式是靠支撑板及推进液压缸推进机头，这与支撑式掘进机推进方式类同。

这种掘进机重量轻、搬运方便、造价低；机身有足够的空间用于布置钻孔及灌浆设备，作业状况容易直接观察；洞壁支护衬砌后，整机能够退出洞外；推力小、支撑比压小，适用于开挖岩石较软的隧洞。

6.3.2　TBM 设备选型

6.3.2.1　设备选型原则

设备选型必须仔细分析隧洞地质条件、设备、施工及管理经验水平等，使选择确定的设备对地质条件适应性好，才有可能发挥出掘进机设备的施工优势。

1. 开敞式掘进机

对于硬岩、中硬岩、围岩较完整、有一定的自稳性围岩条件的隧洞较适合开敞式掘进机施工。

使用开敞式掘进机施工，开挖和支护是分开进行的，可以直接观察到已开挖揭露的岩面条件，可有针对性地采取围岩初期支护措施。开敞式掘进机刀盘后有空间安装一些临时、初期支护设备，如圈梁安装器、锚杆钻机、超前钻机、喷射混凝土设备、灌浆设备等，可以应对遇到的规模不大的不良地质条件。

另外，开敞式掘进机不需要费用较高的管片衬砌，开挖支护和衬砌分开施工，可以保证隧洞衬砌质量。相比于护盾式掘进机，开敞式掘进机的主机价格减少约 20%，设备投资更省。

2. 护盾式掘进机

该类掘进机开挖和管片衬砌同步完成，利用已安装的管片作为主机向前推进的基础，因此，该机在软弱围岩和破碎地层中可以掘进，解决了开敞式掘进机在软弱围岩和大规模断层带中支撑靴不能提供有效支撑的问题。双护盾在后盾上也设置了支撑靴，由支撑靴提供向前的推力。

虽然护盾式掘进机有圆筒形护盾保护，在掘进的同时进行了管片安装，但它更适用于相对稳定、岩石抗压强度适中、地下水不太丰富的地层。当遇地应力变化大、岩石松动或塌落、挤压围岩、围岩变形快等地层条件时，如不能迅速通过，则护盾有被卡住的危险。

6.3.2.2　TBM 选型影响因素

1. 地质因素

TBM 选型必须考虑到以下地质因素：

（1）隧洞沿线地形、地貌条件和地质现象，进出口边坡的稳定条件；隧洞地质的岩性，软弱、膨胀、易溶和岩溶的分布，以及可能存在的有害气体及放射性元素。

（2）隧洞岩层的性状，主要断层、破碎带和节理裂隙密集带的位置、规模和形状。

（3）地下水位、水温和水的化学成分特别是涌水量丰富的含水层、汇水构造等，以预测掘进时突然涌水的可能性并估算最大涌水量。

（4）围岩工程地质分类，以及各类岩体的物理力学性质、参数和对不同围岩的稳定性给出的评价。

TBM 性能的发挥在很大程度上依赖于工程地质和水文地质条件，如岩体的裂隙等级、岩石的单轴抗压强度和耐磨性将决定 TBM 掘进速率和工程成本；隧洞埋深、围岩的等级、涌水大小等涉及掘进后的支护方法、形式及种类。例如：硬岩的隧洞掘进通常首选开敞式 TBM，但考虑地质上的非均一性，也需要开敞式 TBM 具备通过软弱围岩的能力。

2. 设备保障因素

每台 TBM 都要根据地质条件、支护要求、工程进度和开挖洞径而制造。即使是同类型主机，尚需自主确认驱动型式、控制系统、测量系统、记录系统等规格和关键参数，特别是与之配合的后配套系统更是关系到 TBM 技术性能和效率的发挥。

3. 科学管理因素

隧洞工程本身带有一定的不确定性，这方面取决于预测地质资料和实际地质状况的一致性；也取决于面对地质条件的变化、施工管理和施工组织的应变能力。有经验的、善于管理的施工承包商，可以降低由于地质条件的变化带来的风险。

TBM 是由数十台设备组成的一个联动体，任何一台设备出现故障，都将影响 TBM 的正常工作，并直接影响掘进效率。每道工序、每个岗位的管理都是保证整机连续作业的关键。

6.3.2.3 主要技术参数的确定

1. 刀盘尺寸

开敞式掘进机，确定刀盘尺寸的主要因素有工程设计成洞洞径、预留变形量（掘进误差、围岩可能发生的变形量、衬砌误差等，可根据工程地质条件确定）、初期支护厚度、二次衬砌厚度。

护盾式掘进机，确定刀盘尺寸的主要因素有管片的外径尺寸、护盾掘进机的类型、盾尾设计类型（即密封盾尾或开放盾尾）、各护盾壳的厚度、刀盘中线相对护盾中线的偏移、刀盘滚刀的磨损范围、径向超挖量、管片底拱下凸台的结构高度。

2. 刀盘推力

刀盘的最大推力取决于盘形刀的结构和数量，当盘形刀数量确定后，每把盘形刀的承载力越大，则所形成的总推力也越大。盘形滚刀所能达到的承载力：17in 刀具可实现 250kN/把的推力，19in 刀具可实现 300kN/把的推力，均应用较为成熟。19in 和 17in 刀具在一样的运行条件下，即同样的刀间距、同样的荷载、同样的刀刃宽度，由于 19in 刀圈磨损量增大 30%，寿命增长，从而节省了更换刀具的时间，加快了掘进速度。若轴承允许，则可增加刀具数量，以获得较好的破岩效果并降低开挖费用。

6.3.3 TBM 组装及步进

6.3.3.1 TBM 及连续皮带机组装

TBM 作为大型隧洞施工设备，在组装前，应制定可行方案，按照技术文件的要求，分别完成各部位的组装，并连接为一个整体，认真调试，以达到设计的性能。

一般来说，组装之前需要完成下列全部准备工作：

（1）组装场地施工：根据场地情况，将地面开挖至与隧洞底部高程一致的平面，并对

TBM 主机组装部位进行地面硬化至要求的接地比压，完成主机部件摆放区域划分、与地面直接接触各主要部件安装位置的确定并标注。

（2）吊机就位：用于 TBM 组装的吊机一般为 2 台门吊，1 台门吊用于主机组装，1 台门吊用于后配套组装，门吊也可根据需要增加。

（3）风、水、电保障：组装工作需大量通用与专用机具，在组装场地内合理配备电力、高压风、高压水，合理布置配电箱、排水、照明与通信等设备。

（4）机具配置：检查所有机具、料具是否齐备，状态是否完好，确保其使用性能，各类机具、料具分门别类存放。

（5）消防器材配备：合理配备灭火器、灭火砂等消防器材。

为保证 TBM 在整个组装过程的顺利、安全、准确，确保其原有的设计精度，在整个组装过程中应遵循以下技术要求：①平稳吊装，确保安全；②拆箱注意保持其原有设计尺寸，避免损伤构件原有加工精度；③以适当的方式与材料认真清洗；④对照图纸正确安装；⑤根据螺栓的级别按正确的顺序与扭矩紧固；⑥电气与液压件安装应给予高度重视，以免由于错接而导致误动作。专用的设备和工具要根据说明书严格操作，保证安装设备的精度和可靠性。

TBM 后配套完成安装，整机完全进洞后，将皮带存储机构、张紧机构、硫化平台、主驱动系统等设备安装于平台上并逐项调试。安装后部的皮带支架及配套滚轮，待皮带机终端全部安装完成后将终端与后配套处移动尾端连接，同时接好水管、风筒及电缆，随整机一起步进。

6.3.3.2 主机（含连接桥）组装

TBM 主机的组装（图 6.3－4），首先以主机的几大构件拼装为主，然后根据先主机部件后辅机部件、先主要结构件后零碎构件、先零件后部件、先内部后外部、先下层后上层的安装顺序进行组装，最后再考虑走台、盖（踏）板、扶梯、护栏、传感器元件、控制元件，以及信号线路、强电线路、液（气、水）压管路的布设。为便于安装并提高安装工效，在不发生冲突的原则下，上述顺序也可以穿插进行。

6.3.3.3 TBM 调试

TBM 整机组装完成后，需要对掘进机各个系统及整机进行调试，以确保整机在无负载的情况下正常运行。调试过程可先分系统进行，再对整机的运行进行测试，测试过程中详细记录各系统的运行参数，对发现的问题及时分析解决。掘进机的分系统包括电气系统、液压系统及机械结构件等。

电气系统调试内容包括电路检查、分项用电设备空载调试、分项用电设备加载调试、各设备急停按钮调试、控制系统调试等。

液压系统调试内容包括空载和加载时泵和液压管路的调试、加载时执行机构的运行情况。步进系统的

图 6.3－4 主机在组装中的 TBM

调试在主机安装完成后就进行，主要包括液压泵站负载运行时的状态和步进机械结构运转情况。

其余各分系统调试根据组装和步进程序组织实施。各系统运转情况正常后再进行整机的空载调试。

6.3.3.4 TBM 步进

TBM 组装完毕后，要利用步进装置步进到出发洞室，一般可采用轨行式步进机构。

1. 安装步进机构

（1）在钻爆法施工完成的隧洞内进行隧洞底部的清理整形施工，并提前铺设钢轨，对钢轨铺设基础进行加固，轨面高度和洞外组装场地地面高度相同，钢轨自主机尾部铺设至出发洞前。

（2）在主机前支撑、后支撑部位布置安装步进小车，小车行走在预先安装好的轨道上，在行走路线上布置推动油缸的支撑点，间距以推动油缸行程的一半为准。

（3）主机组装基本结束后，在刀盘支撑的后面和后支撑的下面安装步进的两台行走小车并和主梁和后支撑连接。同时将其他的辅助支撑装置拆除。

2. 步进

结合洞外场地情况以及 TBM 组装计划，场地足够时，TBM 组装成整体可以一次步进到出发洞。如果场地有限，TBM 步进也可分为两个阶段：第一阶段是从刀盘到部分后配套台车组装基本完成后，立即向洞内步进一段，为后续的后配套组装留出空间条件；第二阶段是剩余的后配套组装工作结束并完成整机调试后，整机步进到出发洞。

TBM 步进步骤如下：

（1）拆除组装时安装的各种辅助支撑，保留和 TBM 步进有关的设备支撑和步进小车。

（2）在刀盘的下支撑后面安装步进推进油缸，并和辅助的小型液压泵站连接进行功能的调试工作。

（3）将步进推进油缸和刀盘后面的步进小车连接，推动整机前移。整机供电调试成功后即可利用 TBM 自身的支撑和推进系统进行步进。

（4）步进到出发洞洞口时，拆卸刀盘下支撑下部的步进装置，移动下支撑进入圆形出发洞内。将步进装置拖离主机的行走路线，放置于洞室的两侧，移动整机进入出发洞。

6.3.3.5 TBM 始发与试掘进

（1）TBM 始发利用事先施工完成的出发洞，出发洞长度根据 TBM 刀盘至支撑靴的距离确定，支撑靴支撑洞壁提供推进反力后按照正常掘进施工的程序开始进行开挖。首先需要将掌子面处理平整，先空载旋转刀盘，再慢慢向前推进，初始推进力选择较小推力，以逐渐对推进系统磨合。同时对 TBM 各部位设备进行整体测试，检查设备能力是否达到要求。

（2）试掘进开始要适当控制掘进速度，掘进速度不宜过大。

（3）试掘进过程中，各作业工序操作手逐渐熟练完成各作业环节，期间同时进行设备的调整和改进。

6.3.4　TBM 进尺分析

目前已施工工程中掘进施工月进度最高的已达 1500m 以上，也有部分工程月进度小于 100m，掘进机进度可能存在 500％的上下浮动，故在掘进机施工规划中合理安排掘进施工进度，在掘进过程中提供强有力的技术保障措施，才能够按照进度计划顺利施工。

1. 掘进机进尺分析

掘进机的日掘进进尺为净掘进速度值与日净掘进时间的乘积。掘进机的月掘进进尺为日掘进进尺与月总施工时间的乘积。计算公式如下：

$$V_{\mathrm{D}} = V_{\mathrm{p}} T_{\mathrm{D}} \eta \tag{6.3-1}$$

$$V_{\mathrm{p}} = 0.06 hn \tag{6.3-2}$$

$$V_{\mathrm{M}} = V_{\mathrm{D}} T_{\mathrm{M}} \tag{6.3-3}$$

式中：V_{D} 为日掘进进尺，m/d；T_{D} 为日总施工时间，h，取 24h；η 为掘进机工时利用率，即纯掘进时间与总施工时间的百分比，％；V_{p} 为净掘进速度值（每小时掘进数），m/h；h 为滚刀贯入度，mm/r，与岩石裂隙发育程度、岩石耐磨度等相关；n 为刀盘旋转速度，r/min；V_{M} 为月掘进进尺，m/月；T_{M} 为月总施工时间，d，取 25d。

秦岭铁路隧道北口施工中，在岩石干抗压强度 78～137MPa、石英含量 20％～30％的情况下，Writh 掘进机保证的最小掘进速度为 2.6m/h；隧道南口施工中，在混合花岗岩和混合片麻岩的地质条件下，其干抗压强度为 105～325MPa，实施过程中的平均掘进速度为 1.06～2.96m/h。

掘进机实际掘进进度中应考虑掘进机的利用率、掘进速率，以及与之相关的设备、地质、供应、管理等许多方面的因素。

2. 工时利用率

掘进机工时利用率决定了工程计划的实施，影响因素如下：

$$\eta = \frac{T_{\mathrm{b}}}{T_{\mathrm{b}} + T_{\mathrm{t}} + T_{\mathrm{tbm}} + T_{\mathrm{tak}} + T_{\mathrm{a}} + T_{\mathrm{c}}} \times 100\% \tag{6.3-4}$$

式中：η 为掘进机工时利用率（即在 24h 或单位时间内，掘进机纯掘进时间所占的比例，若达到 40％及以上时，可以认为取得了较高水平）；T_{b} 为掘进时间（在其他条件具备时，取决于岩石的贯入度）；T_{t} 为换步时间（平均 5～10min）；T_{c} 为更换刀具及检查时间（它取决于刀圈的寿命、掘进速率和更换刀的时间，一般换一把 17in 刀具约 40min）；T_{tbm} 为掘进机主机维修保养时间（一般规定每天强制保养时间不少于 6h）；T_{tak} 为掘进机后配套设备维修保养时间（与主机的维修保养同时，可不计入）；T_{a} 为其他各种零碎时间（包括岩石支护、等待运输渣料、等待材料、测量和激光移位、电缆移位、水管移位、风管连接等，另外还包括设备故障停机、施工组织、管理不当额外待机等）。

工时利用率的高低反映了掘进机在工程中的综合水平，除了地质状况外，也反映了管理水平。

3. 工程类比法验证

国内外采用掘进机施工隧洞的部分实例见表6.3-1。

表6.3-1　　　　　国内外采用掘进机施工隧洞的部分实例

序号	工程名称	长度/m	直径/m	岩石种类	掘进机型号	开挖日进尺/m 平均值	开挖日进尺/m 最高值	开挖月进尺/m 平均值	开挖月进尺/m 最高值
1	法国Spie排水洞	10000	5.80	砂岩	TBV580H	16.30	36.30	358.0	625
2	危地马拉Hochtief隧洞	5100	5.64	石灰岩	TBV564H	7.60		198.0	
3	危地马拉Hochtief隧洞	11400	5.64	石灰岩	TBV564H	11.10		290.0	
4	美国芝加哥下水道	5424	5.13	白云岩、石灰岩	MK21	14.50	41.70	319.0	
5	美国芝加哥下水道	7315	6.73	石灰岩	MK22		53.0		668.4
6	美国芝加哥下水道	8458	9.17	石灰岩	MK30	25.40	46.00	294.0	751.0
7	美国芝加哥下水道	7498	9.83	石灰岩	MK30		44.70		
8	美国芝加哥排污洞	5304	4.21	石灰岩	Robbins141	42.80	80.80	771.0	1341.0
9	美国芝加哥排污洞	6706	6.70	白云岩、石灰岩	Robbins222	23.00	45.70	499.0	654.0
10	美国芝加哥排污洞	7925	10.80	白云岩、石灰岩	Robbins353	15.40	36.60	309	545
11	美国芝加哥排污洞	5700	10.80	白云岩、石灰岩	Robbins353	18.59	36.00	361	552
12	美国芝加哥排污洞	4200	9.85	白云岩、石灰岩	Robbins321	17.80	43.60	332	573
13	美国芝加哥排污洞	6983	9.85	白云岩、石灰岩	Robbins321	19.80	41.50	418	617
14	美国芝加哥排污洞	6550	10.80	白云岩、石灰岩	Robbins354		48.75		684.5
15	美国芝加哥排污洞	7254	9.80	白云岩、石灰岩	Robbins322		65.10		753.0
16	加拿大Gradnerdan水工洞	5578	7.82	软页岩	Robbins261		62.50		
17	纽约Buffalo地铁	5739	5.66	白云岩、石灰岩	Robbins181			305.0	
18	英国Kleder隧洞	12700	3.65		Robbins123		47.10		609.0
19	美国Buckskin引水隧洞	10668	7.16	凝灰岩	Robbins233	15.50	33.00	325.0	
20	加拿大Rogers隧洞	8537	6.80	板岩、千枚岩	Robbins222		62.80		847.0
21	奥地利Vorarlberg隧洞	10366	6.25	白云岩	Robbins204		44.0	580	
22	美国Fresm水工洞	6701	7.30	花岗岩、白云岩	Robbins243		44.0	580	
23	加拿大Kemano引水隧洞	16093	5.70	白云岩、石灰岩	Robbins189		80.5		1300.8
24	英法海底隧道	25000	8.36	白垩岩	Robbins271		75.50		1719.1
25	瑞士Bozberg公路	7100	11.87	石灰岩、砂岩	Robbins381	12	23.75		290.0
26	挪威Svarbisen水工隧洞	8500	3.50	板岩、花岗岩	Robbins1215	35.0	75.80		1086.8
27	中国香港电缆洞	5535	4.80	花岗岩	Robbins153			592	1143.0
28	中国引大入秦工程	11000	5.50	砂岩、泥板岩	Robbins1811	46.00	65.60	890	1300.8
29	中国引大入秦工程	5400	5.50	砂岩、泥板岩	Robbins1811		75.20	1266.0	1400.0
30	法国谢拉水电站	19000	5.8	花岗岩、片麻岩、板岩、页岩	TBV580H	16.30	36.30		625.0

序号	工程名称	长度/m	直径/m	岩石种类	掘进机型号	开挖日进尺/m 平均值	开挖日进尺/m 最高值	开挖月进尺/m 平均值	开挖月进尺/m 最高值
31	中国秦岭铁道隧道进口段	5244	8.8	混合片麻岩、混合花岗岩	Wirth		40.8	317	528
32	中国秦岭铁道隧道出口段	5622	8.8	混合片麻岩、混合花岗岩	Wirth		35.2	345.6	509
33	德国威斯特法煤矿	12700	6.1	页岩、砂岩	Robbins201		30.6		
34	锦屏二级水电站1号引水隧洞	5860	12.4	大理岩	Robbins			234	611
35	锦屏二级水电站3号引水隧洞	6300	12.4	大理岩	Robbins			249	680
36	兰渝铁路西秦岭隧道		10.23	千枚岩、变质砂岩	Robbins				842.5
37	锦屏二级水电站排水洞	5770	7.2	大理岩	Robbins			320	753
38	辽宁大伙房引水工程T1	20700	8.03	石英砂岩、正长岩	Robbins			586	1058
39	辽宁大伙房引水工程T2	18030	8.03	石英砂岩、正长岩	Wirth			452	731
40	吉林中部城市引松供水T2	25000	7.9	凝灰岩、花岗岩	铁建重工			670	

6.3.5　影响 TBM 掘进的因素

6.3.5.1　影响因素

影响 TBM 掘进的因素有施工组织管理、TBM 设备故障、连续皮带机故障、材料及配件供应、喷锚支护、风水电供应、地质条件影响、超前地质预报工作影响等。

1. 地质条件影响

深埋长隧洞地质条件复杂，例如某工程 TBM 掘进过程中隧洞顶部偏右约 90°范围经常发生片帮、掉块和小规模塌方等情况，同时在隧洞腰线部位因支撑靴压力作用也时常发生掉块。这些地质问题既影响掘进又增加了后续处理、清渣工作量。根据经验，护盾出露后及时挂网、喷射混凝土是解决上述问题的有效手段，但 TBM 上的设备布置设计格局一旦成形，改造起来往往要占用较长的时间，受布置空间的限制，有时往往难以实现或不得不牺牲其他的功能。

2. 设备原因影响

某工程 TBM 掘进机钢拱架安装器工作效率低，安装一榀钢拱架需用时 2.5h 以上，而且不能实现局部安装钢拱架；L1 区锚杆钻的前置位置距护盾尾部较远（约 2m），在需要的时候不能在护盾出露后及时钻孔；锚杆钻不能实现自动接杆、自动换杆、自动注浆功能。

3. 洞外皮带机原因影响

连续皮带机是常与 TBM 配套使用的出渣运输设备，但皮带机运行过程中的皮带变频器故障、皮带断裂等多种因素，往往在 TBM 停机因素中占的比例较大。

4. 施工管理影响

施工管理影响主要表现在承包商不能根据不同地质条件形成一套完整有效的施工组织和工序安排，不能及时应对现场出现的特殊地质情况等。

6.3.5.2 锦屏二级水电站工程实际施工情况

锦屏二级水电站1号引水隧洞TBM于2008年4月1日完成组装前的准备工作；2008年4月9日主轴承运抵现场；2008年4月16日正式进入组装；2008年9月18日TBM组装工作完成，基本具备连续掘进的条件；经调试于2008年11月16日开始试掘进。截至2010年10月25日，共计施工25个月（其中因改造设备停机48天），共掘进5317m，平均每月221.5m，最高月进尺为611m（2010年2月）。

3号引水隧洞TBM于2008年4月完成组装前的准备工作；2008年4月17日至5月29日，主机刀盘主梁等大件运抵现场；2008年5月26日正式进行组装；2008年11月15日组装调试完毕。2008年9月19日开始步进；2008年9月30日晚步进至掌子面；2008年11月16日开始试掘进。截至2010年10月25日，共计掘进5986m，平均月进尺为249.4m，最高月进尺为680m（2010年1月）。

从掘进机试运行至2010年2月25日之间，1号、3号引水隧洞TBM施工时间占比统计详见表6.3-2、表6.3-3、图6.3-5～图6.3-7。

表6.3-2　　　　　　　　　1号引水隧洞TBM施工时间占比统计表

序号	日　　期	日常维护	TBM掘进	停机支护	洞外皮带影响	TBM皮带机故障	机械意外故障	其他	备　注
1	2008年11月	20%	4%	22%	48%	0%	2%	4%	
2	2008年12月	21%	18%	29%	11%	13%	6%	2%	
3	2009年1月	17%	11%	47%	11%	6%	4%	4%	
4	2009年2月	12%	8%	28%	43%	5%	1%	3%	
5	2009年3月	15%	21%	19%	14%	10%	7%	14%	
6	2009年4月	13%	15%	46%	6%	8%	9%	3%	
7	2009年5月	8%	18%	17%	27%	3%	10%	17%	
8	2009年6月	11%	14%	35%	7%	1%	21%	11%	
9	2009年7月	10%	15%	53%	8%	1%	10%	3%	
10	2009年8月	12%	19%	38%	10%	1%	9%	11%	TBM改造停机17天
11	2009年9月	0%	0%	0%	0%	0%	0%	0%	TBM改造
12	2009年10月	15%	18%	32%	16%	2%	2%	15%	
13	2009年11月	18%	28%	16%	19%	4%	7%	8%	
14	2009年12月	17%	24%	16%	13%	19%	5%	6%	
15	2010年1月	17%	34%	9%	15%	5%	15%	1%	
16	2010年2月	16%	29%	8%	7%	14%	13%	13%	

表6.3-3　　　　　　　　　3号引水隧洞TBM施工时间占比统计表

序号	日　　期	日常维护	TBM掘进	停机支护	洞外皮带影响	TBM皮带机故障	机械意外故障	其他	备　注
1	2008年11月	5%	5%	2%	70%	16%	2%	0%	
2	2008年12月	7%	18%	26%	24%	10%	9%	6%	

序号	日 期	日常维护	TBM掘进	停机支护	洞外皮带影响	TBM皮带机故障	机械意外故障	其他	备 注
3	2009年1月	16%	20%	14%	10%	14%	17%	9%	
4	2009年2月	4%	4%	2%	44%	1%	11%	34%	
5	2009年3月	9%	21%	13%	12%	14%	4%	27%	
6	2009年4月	16%	17%	25%	3%	1%	9%	29%	
7	2009年5月	17%	13%	24%	30%	0%	3%	13%	
8	2009年6月	13%	31%	15%	13%	4%	6%	18%	
9	2009年7月	13%	45%	13%	13%	4%	4%	8%	
10	2009年8月	1%	2%	0%	1%	0%	96%	0%	扣减螺栓处理
11	2009年9月	15%	27%	21%	4%	2%	27%	4%	
12	2009年10月	17%	18%	31%	6%	4%	1%	23%	

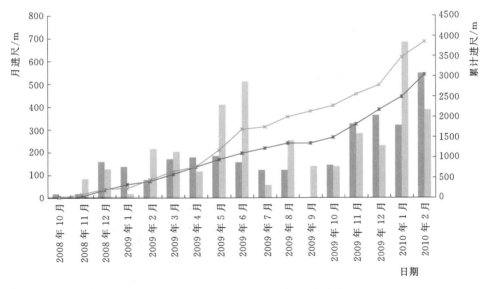

图 6.3-5　引水隧洞 TBM 掘进统计图

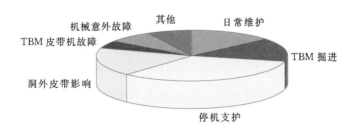

图 6.3-6　1 号引水隧洞 TBM 施工时间占比统计图

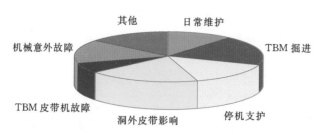

图 6.3-7　3 号引水隧洞 TBM 施工时间占比统计图

6.3.6　开挖与衬砌

在采用掘进机开挖时，也有采用衬砌紧跟开挖的施工方式，主要有以下 3 种类型：

（1）全断面钢筋混凝土预制块衬砌，在掘进机向前推进的同时即完成预制块拼装及灌浆工作。

（2）底板用预制块衬砌，随后用钢模台车或套筒式模板进行拱圈的混凝土浇筑。

（3）底板采用现浇混凝土，掘进机开挖的石渣由皮带机跨过底板浇筑段输送到后面的矿车里，由于矿车要等到底板现浇混凝土达到一定强度后才能向前延伸，限制了掘进机的开挖速度，并且掘进机后配套系统也拖得很长。

部分深埋长隧洞采用开挖与衬砌平行作业的施工方法，取得了较快的施工速度。

西秦岭隧道右线出口段 TBM 施工段采用特殊设计的衬砌台车跟随 TBM 开挖同步进行衬砌施工。衬砌施工先后顺序为：①仰拱预制块铺设；②隧道小拱墙浇筑；③边顶拱衬砌。边顶拱衬砌台车的设计可保证通风风筒、连续皮带机结构等顺利通过而不中断 TBM 的正常施工。由于 TBM 的施工作业速度比较快，同时考虑到横通道和辅助洞室的开挖，为了更好地完成衬砌施工，采用三部衬砌台车同时作业。TBM 步进段安排一部标准半径为 4950mm、变径范围为 4900～5000mm 的大模板液压衬砌台车施工。完成该段的衬砌施工后，该台车改装成标准半径为 4520mm 的台车，进行 TBM 掘进段横通道和辅助洞室段正洞施工。TBM 掘进段安排两部标准半径为 4520mm、变径范围为 4450～4540mm 的大模板液压衬砌台车跟随 TBM 开挖同步进行衬砌施工。在满足施工步距要求的前提下，第 2 部台车尽可能地紧跟 TBM 后面，对围岩较差洞段及时进行衬砌施工，有能力的情况下尽可能多施工，以减小后面台车的施工压力；第 3 部台车跟在第 2 部台车的后方，预留横通道等辅助洞室的施工位置，完成其他位置的衬砌作业。

6.3.7　施工通风

通风系统是隧洞施工的生命线。通风方案必须与隧洞施工组织相协调，并采取"合理布局，优化匹配，防漏降阻，严格管理"的综合管理措施，为隧洞内施工人员创造一个适宜的作业环境，同时也为维持 TBM 和其他机电设备正常运行提供必要的条件。

6.3.7.1　大伙房水库输水工程施工通风

大伙房水库输水工程 TBM3 施工段长 18594.16m，以 16 号支洞为界，分成 TBM3-

1 和 TBM3-2 两段施工。TBM 在主洞出口完成组装调试后，掘进 8913m 到达 16 号支洞，完成 TBM3-1 段掘进。经过检修并重新安装连续皮带输送机、增设支洞固定皮带输送机后，再掘进 9777m 后拆除。16 号支洞为 TBM3 施工段的中间辅助支洞，长 643m，作为 TBM3-2 施工段出渣、通风、材料运输的通道和紧急出口。TBM3-1 段施工段通风长度为 8913m，TBM3-2 段施工段通风长度为 10420m。

为确保工作面劳动环境卫生指标达到《水工建筑物地下工程开挖施工技术规范》（DL/T 5099—2011）的标准规定，设备制造商提出 TBM 后部风量要求为 $1200 \sim 1800 \mathrm{m}^3/\mathrm{min}$。结合 TBM 施工地区的气候条件，认为 TBM 后部新鲜空气供应量取为 $1500 \mathrm{m}^3/\mathrm{min}$（即 $25 \mathrm{m}^3/\mathrm{s}$）、洞内风速为 0.5m/s 是合适的，可以满足 TBM 施工段的通风和除尘要求。

根据 TBM3 施工段的施工组织计划和工期要求，由于其洞径大、施工长度大，TBM3-1 段采用压入式通风方式，风机安装在洞外，距洞口 30m（待 TBM 推进到洞内后再安装风机和风筒）送风到 TBM 后配套系统，给工作面供风，污风从主洞断面直接排出洞外。TBM3-1 段通风系统布置如图 6.3-8 所示。

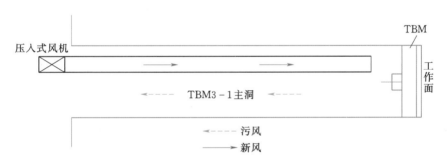

图 6.3-8　TBM3-1 段通风系统布置示意图

TBM3-2 段掘进时，风机布置在 16 号支洞口外部，距洞口 20m 左右，采用压入式送风方式。新鲜空气从 16 号支洞断面进入，通过大直径通风软管送到 TBM 后配套系统，再经过 TBM 后配套系统上的辅助风机送到施工作业面。施工面的污风从主洞断面流出，再经过 16 号支洞排出洞外。TBM3-2 段通风系统布置如图 6.3-9 所示。

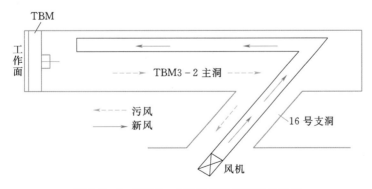

图 6.3-9　TBM3-2 段通风系统布置示意图

TBM 后配套系统的通风与隧道通风是一个统一的整体，包括新风供应系统和除尘系统。新鲜空气从后配套系统尾部的软风管储存箱进入，由后配套系统的增压风机送到 TBM 前面。一部分空气补充后配套系统前部集尘器所需的空气；一部分从后配套系统尾部释放，从隧洞内返回。

TBM 后配套上装设有吸尘器和湿式过滤器，用来吸收 TBM 滚刀破岩时产生的粉尘和喷射混凝土时产生的粉尘，吸尘器和过滤器应定期清洗或及时更换过滤器。另外，在 TBM 掘进过程中，刀盘前部工作面采取喷水降尘的措施。

6.3.7.2　锦屏二级深埋隧洞群施工通风

随着综合技术的进步，深埋隧洞群的布置趋于向复杂化方向发展，借助于计算机智能化仿真辅助技术，可实现隧洞群协同立体通风。锦屏二级水电站深埋隧洞群钻爆法和 TBM 组合的开挖施工方法，采用隧洞群协同立体通风技术，解决了复杂条件下隧洞群施工通风难题。

1. 引水隧洞东段钻爆法与 TBM 掘进协同通风

1 号及 3 号引水隧洞东段为 TBM 施工，其通风由风管从专用通风洞口直接引风到掘进工作面，经过除尘等处理后由洞身排出。经工作面后的返程风质量仍然较高，可以作为其他隧洞掘进的新风，2 号、4 号引水隧洞东段钻爆法掌子面分别利用了 1 号、3 号引水隧洞 TBM 的返程风实现了协同通风（图 6.3-10）。

2. 引水隧洞中段多工作面施工立体通风

充分利用锦屏 A、B 线辅助洞作为通风通道，通过从掌子面沿引水隧洞经通风竖井和通风平洞与辅助洞连通，A 线辅助洞进风，B 线辅助洞排风。在引水隧洞多工作面同时施工时，A 线辅助洞内风速不超过规范要求，B 线辅助洞可以同时满足运营和施工通风的要求（图 6.3-11）。

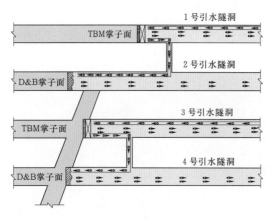

图 6.3-10　东段钻爆法与 TBM 掘进协同通风示意图

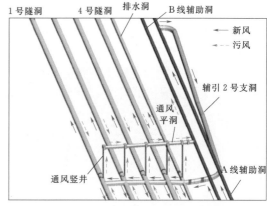

图 6.3-11　中段立体通风示意图

6.4　出渣

深埋长隧洞施工的物料运输方式是长隧洞建设的关键问题之一。深埋长隧洞的施工支洞一般较少，交通运输只能依靠有限的几条通道，导致单线运输强度大、运距远，运输成本高，设备组织管理困难。在隧洞施工中，一般的装岩出渣的时间可占一次循环时间的30%～50%，所以缩短出渣时间是提高掘进速度的重要环节，选择合理的出渣方式直接影响隧洞的施工速度和施工成本。

目前长隧洞施工出渣运输方式主要有无轨运输、有轨运输及连续皮带机运输（带式运输）3 种。

（1）无轨运输不用承托导向体，以无轨车辆作运输容器的运送方式。在中国水利水电工程施工中，汽车运输因其操纵灵活、机动性大，能适应各种复杂的地形、路况，已成为最广泛采用的运输方式。

（2）有轨运输需要承托导向体，在隧道内铺设轨道，以有轨机车牵引矿车作容器进行渣体、材料、人员的运送。在工程施工中常采用电瓶机车和柴油机车进行牵引，其中电瓶机车因其无污染、维护方便、可靠性较高等特点，在长隧洞开挖出渣和材料运送中应用较多。

（3）带式运输采用驱动装置，通过传动滚轮，以输送带为运输容器实现散碎物料的连续运送。带式运输具有输送量大、结构简单、维修方便、部件标准化等特点，广泛应用于水电、矿山、冶金等行业。带式运输方式与隧洞内交通运输隔离，对隧洞交通没有干扰，不产生污染，一般可大大减少洞内交通运输强度，是一种新型的隧洞开挖出渣方式。近年来，该方式在隧洞施工中得到越来越多的应用，特别是配合掘进机施工出渣。

6.4.1　出渣方式

6.4.1.1　无轨运输出渣

随着大型隧道施工机械的引进和发展，在很多隧道施工条件下，无轨运输因其灵活性，相比有轨运输反而拥有更高的施工速度和工效，在隧洞施工中得到了更为普遍的采用。

当然，无轨运输应对单头超长掘进的情况，也有很多困难。根据《铁路隧道设计规范》（TB 10003—2016），要求单口施工长度达到 2000m，需增设竖井或斜井解决隧道正洞施工的通风问题，但目前很多隧道工程单口施工均远远突破了此项规定。在无轨运输作业条件下，内燃机设备废气排放量大，污染源分散在隧道沿程，稀释比较困难，其施工通风技术难度远大于有轨运输作业。如日本关越公路隧道长 11km，正洞和辅助坑道均采用全断面开挖、锚喷支护的无轨运输方式施工，工作面离洞口最长距离为 4.7km。锦屏辅助洞西端采用射流式风机组成巷道式通风，独头掘进长达 9.7km，创造了无轨运输巷道式通风的成功范例。

日本五里峰铁路隧道全长 15.18km，圆形断面，直径为 11.3m，隧道施工时间为1992—1995 年。五里峰铁路隧道上田工区采用无轨运输的方式出渣，先用 4.2m³ 的侧卸式装载机将石渣临时运离开挖面，保证开挖面上能连续作业，石渣二次转运再装入18.5m³ 的集装箱内用两台集装箱载重汽车运出洞外；五里峰铁路隧道户田工区采用无轨运输方式出渣，3m³ 电铲装渣和可在洞内转向的 25t 大型翻斗车出渣。

一般来说，随着单头掘进长度增加，无轨运输出渣的经济性将很快不及有轨运输。根据已有研究成果，考虑采用全断面开挖、小型机械施工，以满足装载机的效率来控制出渣循环时间和运输设备的配置，施工设备的选配以常规和经济合理为原则开展相应的典型性分析。国内隧道施工无轨运输设备配置 $2.0m^3$ 轮式装载机、8t 自卸汽车在隧道出渣成本及影响的分析，与有轨运输常用的立爪装渣机、梭式矿车、8t 电瓶车、24kg/m 钢轨和 8号道岔典型的有轨运输模式相比，随着掘进长度的增加，无轨运输出渣成本的增长速度明显高于有轨运输，主要表现在机械台班费用和施工通风费用的增加。从经济技术的角度划分其适用范围的临界点，单口掘进 1100m 以内，无轨运输出渣成本低于有轨运输；1100m 以上，无轨运输出渣成本将可能高于有轨运输。

6.4.1.2　有轨运输出渣

有轨运输在长大隧洞施工中，产生的污染少，通风问题相对容易解决，也特别适用于隧道断面相对较小的铁路隧道。在凿岩设备、装渣机械和大功率牵引机车和大容量运渣车辆合理配套的情况下，有轨运输为高效的长大隧洞施工出渣运输方式之一。

锦屏辅助洞东端洞渣的运输由两个专业机械运输队施工，采用有轨运输，洞内布置四轨双线，洞口设转渣场，采用先进的扒渣设备 ITC312 挖掘装载扒渣机装渣（图 6.4-1），采用 CDXT-12T 电瓶车牵引 $16m^3$ 梭式矿车运输出渣（图 6.4-2），轨道采用 38kg/m 重轨、900mm 轨距，电瓶车和梭矿车皆配备制动装置，保证有轨运输的安全性。

图 6.4-1　ITC312 挖掘装载扒渣机装渣　　　　图 6.4-2　梭式矿车运输出渣

米花岭隧道施工中采用加拿大麦克唐纳隧道进口机械设备，选用了活动地板和大型装渣机，并配以大容量梭式矿车出渣，圆满解决了快速出渣这一制约着采用钻爆法快速施工的难题，从而大大缩短了整个循环作业时间，加快了施工进度。同时活动地板的采用，也解决了有轨运输中长期存在的齐头无轨段的延长和轨道铺设造成循环中断的困难。

秦岭终南山铁路Ⅱ线隧道全长 18.46km，马蹄形断面，净空尺寸为 6.48m×8.45m（宽×高），隧道采用有轨运输的方式出渣。采用 ITC312H4 挖掘装掘机装渣，两辆 $14m^3$ 梭矿联挂配 18t 电瓶车或 JMD24 内燃机车运输，双轨道，轨距 900mm，按四轨三线布置。

6.4.1.3　带式运输出渣

深埋长大隧洞 TBM 施工，内燃机牵引有轨运输系统和带式运输系统是国内外施工中两种主要采用的出渣运输方式，但内燃机车污染较重，对长大隧洞施工通风有很高要求。

近年来，由于动态分析技术、可控起动技术、自动张紧技术、中间驱动技术、高速托辊技术等高新技术的应用，使带式出渣运输系统具有连续输送、可输送距离远、运量大、污染小、TBM设备利用率高等优点，从而得到了越来越多的关注，正在成为隧道施工出渣运输系统的重要发展方向。

国内隧道施工采用带式运输出渣的实例在逐年增多；在美国、欧洲、日本、澳大利亚等地的隧道施工中已有较多工程采用的实例。美国波士顿长16km、直径7.92m的隧道工程就采用了宽914mm、出渣能力800t/h的皮带运输系统。理论上讲，连续带式输送机可以无限延伸，但目前的技术水平为15km左右。

相对隧洞内其他运输方式，带式输送系统具有以下优点：①由于无需等待渣车，可以使TBM设备获得较高的利用率，因而可获得快得多的掘进速度；②施工管理较为简单，需要较少的施工人员和较低的劳动强度；③没有重载机车所产生的污染，降低了对通风机和通风管的要求；④由于没有渣车，可采用较轻的轨道进料；⑤可以在渣车所不能行驶的更大的倾斜条件下运输；⑥洞外不需要翻车卸渣机；⑦采用皮带运输出渣系统，可以使TBM后配套系统的设计更轻、更短；⑧由于具有对不同直径隧道工程的广泛适应性，皮带运输系统具有更高的可再利用性；⑨运行能耗较低；⑩带式运输系统整个性价比高于隧洞内其他运输系统。

同时，带式输送系统也具有以下缺点：①带式运输出渣系统初次设备投资较高；②不适合转弯半径小的隧道（半径小于600m的隧道）。

出渣运输作业在隧洞掘进整个循环时间中占有很大比例，必须建立高效的出渣运输系统，使运输系统能够满足强度要求，确保施工进度。对于具有施工洞线长、洞径大、坡度陡、运渣量大、通风条件差等特点的隧洞快速掘进施工，带式运输系统具有较明显的优势。

辽宁省大伙房水库输水隧洞全长85.32km，采用3台TBM与钻爆法联合施工，长皮带机主要承担TBM开挖洞段出渣运输任务，与3台TBM相配套的连续皮带机长度分别约为10km、8km和10km，皮带宽均为900mm，带速为3.0m/s，运输能力为800t/h，采用钢丝绳皮带，每节皮带长500m。连续皮带机设置有皮带储存仓，一次可储存500m长的皮带，随着TBM的掘进，皮带在液压装置的控制下不断向外释放，当释放完毕后，可通过硫化技术将新一节500m的皮带接入存储仓中。硫化橡胶高温热焊一节皮带两个接头硫化完成大约需24h。工程实景见图6.4-3～图6.4-6。

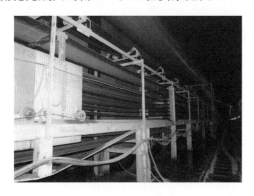

图6.4-3 胶带储存仓

图6.4-4 洞内转料点

图 6.4-5　洞外胶带转料点　　　　　　　图 6.4-6　洞内长胶带机

6.4.1.4　混合运输出渣

混合运输出渣指采用多种方式结合的运输方式，部分深埋长隧洞，在开挖前期采用无轨运输方式，待开挖洞段较深时，由于施工通风难度增加，需要采用通风难度较小的有轨运输方式或带式运输方式。部分深埋长大洞室群，由于施工方法的不同，需要采用不同种类的运输出渣方式。

1. 锦屏辅助洞工程

锦屏辅助洞为锦屏一、二级水电站跨锦屏山交通隧洞，布置有上下行平行的 A、B 两条隧洞，各长约 17.5km，两洞间距 35m，隧洞为城门洞形，洞径约 5.5m。隧洞采用传统钻爆法分东、西两端施工，计划各施工约 9km，隧洞无施工支洞布置条件。

锦屏辅助洞东端前 3km 采用无轨运输，自卸汽车运输出渣。3～9km 段采用有轨运输方式，采用单线轨道，满足两洞施工需求，每 800m 布置一个错车道。有轨车道主要满足隧洞开挖需求，衬砌采用无轨运输方式，根据隧洞底板衬砌进展，轨道在施工期通过两洞间横向通道挪移。

锦屏辅助洞西端采用无轨运输方式，开挖与衬砌同期施工。一般情况下，一条洞用于交通，另一条洞进行后续衬砌施工。

2. 锦屏二级水电站引水隧洞工程

锦屏二级水电站引水隧洞共计 4 条，呈平行布置状，单洞长约 16.7km，隧洞中心距为 60m，最大埋深为 2525m。引水隧洞工程于 2007 年 7 月开工，2011 年 12 月 4 条隧洞全线贯通。隧洞开挖同时采用有轨、无轨、带式 3 种运输方式进行出渣。

锦屏二级水电站引水隧洞西段标段采用钻爆法施工、无轨运输方式。东段标段 1 号、3 号引水隧洞 TBM 法施工出渣采用连续皮带机运输，材料采用有轨运输的方式（图 6.4-7）；东段 2 号、4 号引水隧洞钻爆法施工段出渣采用无轨运输。连续皮带机出渣系统包括洞内和洞外两部分。

洞内连续皮带机系统（图 6.4-8）主要由皮带支架、皮带、皮带仓等组成。皮带仓为连续皮带机的重要组成部分，为 TBM 掘进前进过程中随连续皮带的延伸而提供储备。1 号、3 号引水隧洞洞内连续皮带长合计约 12.5km，洞渣经连续皮带后，在东引 2 号施工支洞内经斜皮带转渣，并与 3 号引水隧洞洞内连续皮带汇合，经洞外皮带系统至弃渣场。

图 6.4 - 7　有轨运输站台　　　　　图 6.4 - 8　洞内连续皮带机系统

洞外连续皮带机系统起点是东引 2 号施工支洞与 1 号引水隧洞的交叉口,终点为模萨沟弃渣场高程 1496m 平台。连续皮带机系统按照填充率为 0.75 设计,总输送能力大于 4600t/h,采用双线布置,每线皮带额定运输能力不低于 2300t/h,每线皮带最大运输能力不低于 2800t/h。同时利用连续皮带机系统将模萨沟砂石加工系统生产的成品骨料返送至 1560m 高线混凝土系统,运输强度大于 400t/h。

洞外连续皮带机顺程上行洞渣输送系统有 15 套皮带机,线路总长约 7.3km,总驱动功率约 6886kW,最大输送能力为 5600t/h,最大速度为 3.5m/s。返程下行骨料输送系统有 8 套皮带机,线路总长约 6.4km,总驱动功率约 360kW。皮带机最大爬坡度为 15°,最小水平曲线度半径为 1200m,最大垂直曲线度为 600m,最大单条皮带机的长度为 5.9km。

6.4.2　出渣方式选择

6.4.2.1　出渣方式选择因素

隧道施工出渣运输方式的选择主要影响因素有隧道断面大小、工期、地质及地形条件、施工机械设备情况和施工成本等。

中国长大铁路隧道施工长期以来一直采用有轨运输。自 20 世纪 80 年代起,由于大型隧道施工机械的引进,开始在双线隧道中采用无轨运输。近年来,无轨运输又在单线铁路隧道及小断面水工隧洞施工中推广应用。采用 TBM 掘进施工,目前一般均采用带式运输系统,以保证大强度、均匀连续出渣要求。

6.4.2.2　出渣运输方式优缺点

无轨运输出渣的主要优点:工序简单,装载运输方便,设备通用性好,运输组织灵活,应付突发事件的能力强,施工附加工作量小,对场地条件的要求较低,洞口场地不受限制,同一条隧洞的不同洞段可以进行相关工序平行作业。但长隧道、特长隧道因为解决通风问题的难度较大,无轨运输车辆的尾气加剧了洞内空气的污染,因而对施工通风的要求较高,这是无轨运输的最大缺点。

有轨运输出渣的主要优点:洞内废气排放少,污染较低,对施工通风的压力较小,施工场地较整洁,隧洞洞底得到保护,施工进度受隧洞长度的影响较小。主要缺点:

设备通用性较差，洞口需要的场地大，轨道铺设等施工附加工程量较大，被轨道占压部位的后序工作施工组织较困难，施工灵活性比无轨运输要低，对地下水等不良地质洞段施工的适应性较差。锦屏二级水电站引水隧洞施工时通过横通道转场改变出渣线路实现掘进和混凝土衬砌平行作业，其他工程中也有混凝土衬砌采用二次施工（上部3/4和下部1/4）的方案。

连续皮带机出渣的主要优点：运行可靠，可长时间连续工作，输送距离长，运量大，动力消耗低，生产率高，降低生产成本，适应性强又灵活，易于实现自动化和集中化控制。主要缺点：系统故障时影响时间较长，需要定期对系统停机保养维修，建设皮带机系统工期长，投资较大。

连续皮带机出渣在锦屏二级水电站引水隧洞工程、大伙房水库引水工程、冰岛卡拉尤卡水电站引水隧洞工程等水利水电工程的出渣运输中得到了较为广泛的应用，为TBM的快速掘进创造了必要的条件。在龙开口、龙滩、向家坝等大型水电工程中采用连续长皮带机输送成品砂石骨料满足了混凝土浇筑。

6.4.2.3　出渣运输方式比选

相似条件下有轨运输平均月进尺和最高月进尺与无轨运输相当，无明显优劣。但无轨运输比有轨运输通风量大，据不完全统计，一般大62%～260%，费用相对较高，无轨运输与有轨运输通风费用之比约为3∶1。关于运输道路所需的费用，无轨运输要求每隔一定距离开挖一会车段，而有轨运输的轨道费用较高。但无轨运输要消耗大量轮胎，其费用也相当可观。在人工费方面，因无轨运输节省劳力，其人工费要比有轨运输低。在施工组织与管理方面，无轨运输的优点是明显的，它不需要牵引车，也不需要铺设轨道，节省了充电设备（电瓶车牵引时），也省去了延伸轨道工序，可减少施工人员和简化工序，施工管理简单，劳动强度低。此外，当洞外地形要求上坡或远距离弃渣时，汽车运输机动灵活，是有轨运输无法相比的。

无轨运输的优点主要是施工组织、管理简单，可以节省劳动力，汽车运输机动灵活，对洞外地形适应性强，上坡、远运均较方便，装、运设备洞内洞外都能用。正是由于这些优点，无轨运输还会在隧道施工中被继续采用。但是，通风困难、施工干扰大、机械设备保养维修工作量大等问题又使其使用范围受到限制。而有轨运输在这些方面要优于无轨运输。因此，无论是有轨运输还是无轨运输，不能简单地判别，需根据具体情况选择运输方式。应该根据隧道的长短、断面大小、工期、地质及地形条件、机械设备装备情况，结合两种运输方式的优缺点综合分析决定。对于长隧道及较长的中等长度隧道，施工通风及干扰将是重点问题。尤其是通风问题，对施工人员的健康与安全非常重要。由于通风、干扰及洞内会车对开挖、衬砌速度影响较大，要达到较高的均衡成洞速度，采用有轨运输将更有把握。对于地质条件较好的短隧道，相对来说，无轨运输的优点将更突出，而其缺点的影响很小，可以做到上场快、进度快，采用无轨运输是比较理想的。

钻爆法开挖隧洞已有近200年的历史，至今仍在隧洞开挖方面占主导地位，它不仅在施工方法方面一直有所发展，而且机械设备也有很大改进，如凿岩台车化、装岩机械大型化、运输车辆大型化及联合机组化。与隧洞开挖大断面一次循环所爆破的岩渣数量相协调,装岩机械也朝着大型化方向发展。一般装岩出渣的时间可占一次循环时间的 30%～50%,所以缩短出渣时间是提高掘进速度的重要环节。国外从以下两个方面改进装岩机械:一是将装岩机斗容加大,现已加大至 1～2m³;二是改进装渣作业的连续性,一般在装岩机尾部配一皮带运输机,如日本的 RS-95 型、美国的康威-100 型及古德曼-100 型装渣机,都可以避免后卸式的作业间歇性。此外,为尽量减少装岩作业所占用的时间,尽快将掌子面的石渣运出,采取了二次倒运的办法。运输车辆大型化是一种共同的趋势。以轨式斗车为例,20 世纪 60 年代容量为 3～6m³,70 年代达到 6m³ 以上。美国弗拉蒂赫德隧洞用 10m³,日本大清水隧洞用 15m³,瑞士圣戈达公路隧洞用 30m³。轨式斗车大型化主要是从减少洞内调车作业角度考虑的。由于斗车大型化,牵引车的动力亦随之加大,因此内燃机车进洞在 20 世纪 60 年代已出现,以往使用的 8～10t 电瓶车,目前在日本已发展到 15～30t,而圣戈达公路隧洞更采用了 1000 马力、重 75t 的电机车。轨式斗车大型化以后,国外通过以下途径提高装载系数:一是装岩机械配有转载皮带机;二是车体内自带转载卸载设备。有轨运输在装运环节上存在空车、重车的调车问题,通常使用平移调车器、垂直调车机、浮放道岔等。除轨式斗车外,无轨运输车的容积也在逐步增大,无轨运输车在洞内一般用转车台转向,或车辆本身正反向都可操纵(双向),还有一些运输车可在一侧制动使其原地转向。

为解决出渣量大和出渣运输连续性的要求,日本近年来已普遍采用斜井配合长皮带运输机的方式,如长 22.28km 的大清水双线铁路隧洞,五个用斜井开挖的工区中有两个是用上述方法出渣的。此外,津轻海峡青函海底隧洞全长 53.85km,海底部分 23.3km,两端分别设 1315m 和 1210m 斜井,内装皮带机出渣。斜井内设皮带运输机出渣,在斜井底部设置一个容量 200～500m³ 的储渣仓,弃渣用斗车运卸至储渣仓内,经振动上料器破碎后,将碎渣送上皮带运出。皮带宽度有 0.9m、1.2m 和 1.5m,其中 0.9m 宽的皮带运输能力为 150t/h。青函隧洞用 1.5m 宽皮带,运输能力可达 750t/h。

近年来,中国铁路、公路、水利水电等大型施工企业均装备了大量的进口多臂凿岩台车、高效低污染的挖装机械、有轨和无轨运输等成套设备,有轨和无轨运输的运用条件都已有了非常大的突破。

6.5　深埋隧洞快速施工

深埋隧洞一般都具有埋深大、洞线长的特点,将穿越岩性不同、岩体完整性不一、类型不同的地质单元,往往会存在高地应力和岩爆、地下涌水、有害气体、高地温、断层及破碎带、岩溶等主要工程地质问题,以及长距离施工通风、长距离物料运输、长距离施工风水电供应、长距离强制性排水等技术问题。深埋隧洞的特性决定了其往往是整个工程的关键项目,其施工工期的长短决定着工程的社会效益和经济效益,而有关的开挖、支护、衬砌、施工通风等施工工序和措施又和施工工期密切相关,如何实现深埋隧洞快速、安全施工对工程建设意义重大。

6.5.1　施工工序及其特点

隧洞施工通常包括开挖、出渣运输、施工通风、初期支护、二次衬砌、灌浆等工序，深埋隧洞因为其埋深大、洞线长等特点，往往是制约工程建设工期的关键项目，要实现深埋隧洞快速施工，需要对每个工序进行研究，根据每个工序的施工特点，制定相适应的方案。深埋隧洞施工工序及其特点如下。

1. 开挖

深埋隧洞由于深埋的特点，难以布置施工支洞、竖井、斜井等施工辅助隧洞来实现"长洞短打"。深埋隧洞由于工作面少，想要实现快速施工，最重要的措施之一就是选择合适的开挖施工方法，保持较高开挖进尺速度的可持续性和安全性。

2. 出渣运输

深埋隧洞一般不布置或布置很少的施工支洞，交通运输只能依靠有限的通道，导致单线运输强度大、运距远、运输成本高、设备组织管理困难。在施工过程中，出渣运输时间占一次循环时间较长，选择合理的出渣方式和组织方式、缩短出渣时间是实现深埋隧洞快速施工的重要环节。

3. 施工通风

良好的通风效果对于深埋隧洞施工非常关键，可以保持隧洞良好的工作环境、保证机械的正常工作。深埋隧洞往往独头掘进洞线长，存在通风需求大、缺乏辅助的通风通道且大长通风管漏风量大的特点，应根据各工程的不同特点，因地制宜，选择合适的通风方案，对实现深埋隧洞快速施工意义重大。

4. 初期支护

初期支护的目的是维持围岩稳定，通过适时地给围岩提供支护力，与围岩共同工作，控制围岩变形，调整和改善围岩应力状态，发挥围岩的自承能力，达到洞室稳定的目的。深埋隧洞由于洞线较长，沿线地质条件复杂，如果初期支护不及时或支护力度不够，容易引起塌方等地质灾害，对投资、工期及施工安全影响较大。因此，选择合适的支护方案，及时对围岩进行加固，是实现深埋隧洞快速施工的重要措施之一。

5. 衬砌和灌浆

深埋水工隧洞永久运行期间，往往存在高流速、高内水压力等特点，需要对隧洞进行混凝土衬砌，并对围岩进行灌浆。衬砌和灌浆通常可以与隧洞开挖同步进行，但需落后开挖掌子面一定距离。深埋隧洞一般独头施工长度较长，衬砌施工工作面狭窄，衬砌薄，操作条件差，立模工作量大，施工时间长。衬砌结构和灌浆施工对施工通道干扰较大，合理地组织施工和安排工序，采用钢模台车等先进设备，对实现深埋隧洞快速施工有较大的意义。

6.5.2　快速施工技术

6.5.2.1　开挖技术

1. 钻爆法开挖

钻爆法是一种传统的隧洞开挖方法，由于其灵活性和对复杂地质条件的广泛适应性，在隧洞施工中一直扮演着非常重要的角色。随着凿岩台车的出现和装载、运输设备的大型化，钻爆法的施工速度有了大幅度的提高，在世界范围内得到广泛的应用。

采用钻爆法修建的深埋长隧洞，想要实现快速施工，主要有以下方法：

（1）增加施工通道。在技术、经济条件允许的情况下，布置施工辅助隧洞（平洞、斜井、竖井等），实现"长洞短打"，是实现深埋长隧洞快速施工最为有效的办法。

（2）优化设备选型。优化施工机械、设备的选型，采用大容量、高效率的施工机械并配套使用，也是实现深埋长隧洞快速施工的主要方法。

目前，先进的凿岩机械主要有阿特拉斯公司等生产的凿岩台车，尤其是电脑控制的全液压多臂凿岩台车。装载机械主要有立爪式、正装侧卸式装载机等，如博伊特（BROYT）D1000 装载机斗容高达 $5m^3$，小时装渣能力为 1000t。出渣运输主要有 $8\sim24m^3$ 大斗容梭式矿车、双向自卸汽车和铰接卡车等有轨或无轨运输工具。例如：秦岭Ⅱ线平行导洞（断面尺寸 $4.8m\times6.2m$）施工时，钻孔机械采用 TH568-10 轨行门架三臂钻孔台车，装载机械采用 ITC312H4 挖掘装载机，运输机械采用两辆 $14m^3$ 梭式矿车，月平均开挖进尺 280m，最高月进尺达 456m，实现了快速施工。

（3）优化施工组织。采用钻爆法开挖的隧洞，开挖作业过程主要包括钻孔、装药、通风、出渣、接轨（采用有轨运输方式时）等，优化各工序施工组织、衔接，节省开挖循环时间，也是实现深埋长隧洞快速施工的主要方法。

2. TBM 法开挖

TBM 法是近年来发展较快的一种隧洞施工技术。它以 TBM 为核心设备，以大型现代化装载运输机械为辅助设备，采用全断面掘进机法施工，掘进、出渣、支护等工序一次完成，全断面一次成型，施工进度快，安全性好，通风要求低，衬砌支护工程量少。因而，TBM 法也已经成为国内外深埋长隧洞开挖选择采用的方法之一。

TBM 法的出现本身就是以实现长隧洞快速施工为主要目的的，因此，选择适合工程条件的掘进设备，加强各工序保障措施，实现 TBM 的顺利施工，就是实现隧洞快速施工的方法。TBM 法通常是为某个具体工程量身定做，根据工程特定的布置条件和地质条件并借鉴以往 TBM 施工的经验而设计，每一台新的 TBM 都是经验积累和先进科学技术应用的结果，因而，今天的 TBM 在性能上有了很大的改进，对地质条件有了更强的适应性。

（1）TBM 适宜于石灰岩、砂岩、页岩、黏土岩等中等至软岩地层，尤以抗压强度 $30\sim150MPa$ 的中等硬度多裂隙围岩为最佳。美国布朗柯隧洞长 12.802km，直径 2.99m，岩层为软页岩，抗压强度 $7\sim35MPa$，采用 Robbins 公司的 TBM 施工，平均月进尺 1046m，最高月进尺 2059m。

（2）在抗压强度大于 200MPa 的坚硬地层也可考虑采用 TBM 修建隧洞。秦岭特长铁路隧道Ⅰ线进口工区 TBM 施工段，长 5244m，开挖直径 8.8m，岩层主要是坚硬的片麻岩，抗压强度一般为 $60\sim200MPa$，最高达 320MPa，采用 Wirth 公司的开敞式 TBM 施工，平均月进尺 345m，最高月进尺 509m。

（3）在深埋长隧洞施工过程中，通常需要穿越复杂地层，TBM 对软岩地层也有较强的适应性。引大入秦灌溉工程 30A 隧洞长 11.649km，开挖直径 5.53m，穿过前震旦系结晶灰岩、板岩夹千枚岩，第三系含漂石砾岩、砂砾岩、泥质粉砂岩及砂岩等软硬不同的地层岩性，单轴抗压强度 2.79～133.7MPa，采用 Robbins 公司的双护盾 TBM 施工，平均月进尺 890m，最高月进尺 1300.8m。

（4）TBM 还可用于含有少量断层破碎带、溶洞、涌水的地层，由于 TBM 设备庞大，灵活性较差，因此对于此类地层，关键在于需要提前探明并采用其他办法妥善处理，使TBM 顺利通过。

（5）TBM 一般不适于塑性地压大的软岩、类砂性土构成的软弱围岩和具有中等以上膨胀性的岩段，对于强岩爆以上地段 TBM 适应性差。

（6）在工程布置上，TBM 适用于洞线为直线或曲率半径不小于 150m 的曲线的圆形隧洞的施工。

（7）设备购置费用大，质量大，安装和运输较困难，且设备具有专用性，必须按照工程需要专门定制。

3. 联合（混合）开挖法

鉴于 TBM 法和钻爆法具有各自的施工特点和适用条件，深埋长隧洞施工中切实可行的方法也可以采用将 TBM 法和钻爆法结合、发挥各自优势的联合掘进。秦岭铁路隧道工程是联合掘进法的典范，工程包括相距 30m 的 Ⅰ、Ⅱ 两条平行线路。施工时在 Ⅱ 线隧道先期开挖导坑，一方面是为 Ⅰ 线 TBM 施工探明地质条件；另一方面是通过横洞与 Ⅰ 线连接，在 TBM 通过前事先对断层破碎带等不良地质洞段进行处理。锦屏二级水电站工程采用钻爆法和掘进机法联合施工，在遭遇极强岩爆和高压大流量涌水的情况下，仍提前实现了发电目标。

4. 开挖方法的选择

钻爆法和掘进机法是目前广泛采用的深埋长隧洞的开挖方法，两者各有所长。由于洞口及不良地层处理等的需要，深埋长隧洞施工时钻爆法往往不可缺少。在工程布置和地质条件合适、经济条件允许的情况下是否采用 TBM 法施工，主要取决于施工进度要求和两种方案的经济比较，往往需要通过综合分析来决定，但有以下趋势：

（1）深埋长隧洞工作面数量难以增加，采用 TBM 法施工，进度较快，对于进度优先的工程具有优势。

（2）根据德国、英国、日本的工程统计，用 TBM 法开挖长度小于 3km 的隧洞不经济，应该采用钻爆法。

（3）据统计，掘进机成洞成本随隧洞长度增长而下降，3～6km 下降很快，到 8km 后趋于不变，超出大修期限又要增加。因此，大于 6km 的隧洞可以采用 TBM 法（不宜超出大修期限）施工；3～6km 隧洞的施工方法应通过综合分析来决定。可见，对于深埋长隧洞的施工，在设置支洞较为困难的情况下，只要布置条件、地质条件合适的洞段在6km 以上，也可选用 TBM 法。

《水电工程施工组织设计规范》（DL/T 5397—2007）规定，符合下列条件时，可对隧洞开挖采用岩石掘进机方案进行研究和比较：①洞径为 3～12m，洞线比较顺直，洞长超过 5km 的永久性长隧洞；②围岩岩性为中硬岩石，开挖断面内岩质均一，围岩类别为Ⅰ～Ⅲ类（报告中除注明外，均为水电工程分类），岩溶不发育，不存在地下暗河和大涌水，断层破碎带较少，围岩变形小。

6.5.2.2　支护技术

隧洞的支护类型、参数根据围岩条件、断面大小等因素确定，合理的支护类型、支护及时性是确保深埋隧洞快速、经济、安全施工的前提条件。

深埋隧洞常用的支护类型有喷混凝土、钢筋网、锚杆、预应力锚杆、钢筋拱肋、钢拱架、超前小导管或管棚等。喷锚支护是隧道开挖施工中采用较多的一种支护方式，锚喷支护应跟随开挖面进行。锚喷支护的效果与施工方法有很大关系，特别是开挖程序、爆破方法、掘进进尺、支护顺序和支护时机。

初期支护顺序和支护时机与围岩稳定时间有关。对设置系统锚喷支护的洞段，支护应紧跟开挖面进行；对稳定性差的洞段，更要及时支护，爆破后立即喷混凝土封闭岩面，控制围岩变形，待出渣后再挂网喷混凝土，安装锚杆，达到设计要求，必要时，采用钢拱架与锚喷联合支护。对松散、破碎、自稳能力很差的围岩，采取超前锚杆、管棚或预注浆等方法加固岩体，再按短进尺、弱爆破、及时支护的原则进行开挖。

6.5.2.3　衬砌技术

衬砌是在隧洞已经进行初期支护的条件下，用混凝土等材料修建的内层衬砌，具有加固支护，减小糙率，美化外观，方便设置通信、照明、监测等设施的作用，以满足各种功能需要。

隧洞混凝土衬砌的特点是工作面狭窄、衬砌薄、操作条件差、立模工作量大、施工时间长，因此，对模板型式及结构要求如下：安装、拆卸方便，重量轻，周转快，使用次数多等。模板型式依隧洞洞型、断面尺寸和施工方法而定。隧洞工程使用的模板有木模板、组合钢模、钢模台车、针梁式钢模台车、拖模、底拱钢模台车等。为实现隧洞快速施工，对于标准断面隧洞，一般使用钢模台车，对异形断面、渐变段等部位使用木模或组合钢模。

隧洞衬砌混凝土一般为二级配，最大骨料粒径为 40mm，每个浇筑段长一般为 9~16m。加强混凝土运输的保证性也是实现隧洞快速施工的重要方面，对于中小型隧洞，一般采用斗车或轨式混凝土搅拌运输车，电瓶车牵引运入洞内，混凝土泵送入仓；对于大中型隧洞，采用无轨作业时，通常采用 3~9m³ 轮式搅拌运输车运输混凝土，泵送入仓。

6.5.2.4　施工方案

要实现深埋水工隧洞的快速施工，不仅要选择科学合理的施工方案，而且在实施过程中要根据具体的施工条件、地质条件的变化对现行施工方案及时进行调整，以实现工程建设目标为目的。锦屏二级水电站引水隧洞施工是一个比较典型的例子。

1. 洞群开挖施工顺序

锦屏二级水电站 4 条引水隧洞和 2 条辅助洞及 1 条排水洞组成 7 条平行的大型深埋隧洞群，自南向北依次为 A 线辅助洞、B 线辅助洞、排水洞、4 号引水隧洞、3 号引水隧洞、2 号引水隧洞、1 号引水隧洞。A、B 线辅助洞先期均采用钻爆法开挖，并于 2008 年 8 月顺利贯通。为满足施工期排水，排水洞掌子面领先引水隧洞掌子面。为保证 1 号机组按期发电，1 号引水隧洞需率先贯通，其后依次完成 2 号、3 号、4 号引水隧洞的施工。

锦屏二级水电站深埋长隧洞群施工，由于施工通道布置困难、大容量出渣强度高、大流量涌水逆坡排水安全风险高、长距离通风难度大、施工组织难度很大，需科学安排洞群施工程序和施工方法，以实现洞群整体快速掘进。

2. 引水隧洞施工方案及优化调整

锦屏二级水电站引水隧洞具有洞线长、岩石强度适中、可钻性好的特点，适合采用 TBM 施工，以充分发挥其掘进速度快的优势。引水隧洞中部高埋深段高地应力易诱发岩爆，施工安全风险极大，适合发挥钻爆法灵活的优势。经过论证，引水隧洞采用了钻爆法和 TBM 法组合的开挖施工方案。实施初期的施工方案为 1 号、3 号引水隧洞以 TBM 法为主，其余隧洞采用钻爆法施工。

引水隧洞开始进入开挖高峰后，高地应力岩爆和大流量涌水严重制约了引水隧洞施工进度，致使引水隧洞施工工期滞后较多。2009 年年底，现场利用已经贯通的锦屏辅助洞及掌子面超前的排水洞，先后增设 3 条辅引、2 条排引施工支洞等通道，在 4 条引水隧洞全洞长范围增加施工工作面，将引水隧洞施工方案由 1 号和 3 号引水隧洞以 TBM 为主，其余隧洞采用钻爆法施工，转换为 1 号和 3 号引水隧洞东段以 TBM 为主、中部利用通过已经贯通的锦屏辅助洞和超前的排水洞设置施工支洞"长洞短打"多工作面钻爆法施工（图 6.5-1）。

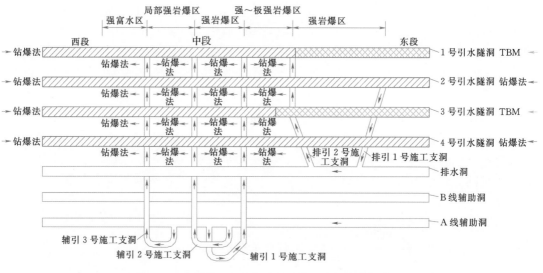

图 6.5-1　锦屏二级水电站洞群施工方法布置示意图

2010 年 7 月底，辅引 1 号、2 号施工支洞到达 1 号引水隧洞工作面；2010 年 10 月底，辅引 3 号施工支洞到达 1 号引水隧洞工作面。通过辅引施工支洞、排引施工支洞实现了多工作面施工。以 2010 年为例，引水隧洞全年完成了约 21.4km 上断面开挖，提高了引水隧洞施工进度的保证率和可控性。

2011 年 6 月 6 日，锦屏二级水电站 1 号引水隧洞实现上台阶全线贯通，并在年内实现了全部 4 条引水隧洞贯通，提前实现了工程预期目标。

　　施工方案具有可变性，针对地下水、岩爆等问题，施工过程中先后采取了增加排水洞解决地下水问题、采购大直径 TBM 加快引水隧洞施工进度、从辅助洞开挖施工支洞加快引水隧洞施工进度等一系列措施。

第 7 章

深埋水工隧洞重大地质
灾害识别与防控技术

7.1 概述

深埋水工隧洞随着埋深的不断增大，高地应力、岩爆、岩溶、高压突涌水及涌泥、围岩大变形、高地温、有害气体等地质灾害风险进一步加剧。工程实践显示，随着埋深的不断增大，地应力总体呈逐渐增高的趋势，地温也逐渐增高，深层地下水网络系统与浅层地下水网络系统有着明显的不同，深埋隧洞特有的工程地质灾害风险越来越突出，所带来的施工条件、施工方法和工程处理措施更加复杂，总体上工程的风险性和难度越来越大。因此，需要开展对工程可能存在的重大地质灾害进行识别，预测可能发生的灾害类型，并建立深埋水工隧洞建设灾害风险综合识别技术体系，为工程设计、施工及管理决策提供至关重要的灾害风险防控信息。

对深埋水工隧洞各种地质灾害的认识是开展地质勘察和超前地质预报的前提。在地质勘察时，应首先搜集分析工程区的工程地质和水文地质资料，预估工程区可能存在或发生的地质灾害类型，制定针对性的勘察方案和超前地质预报体系，确保隧洞顺利施工。

7.2 超前地质预报

7.2.1 超前地质预报方法

国内外隧洞地质灾害超前预报目前主要有以下几种方法：直接预报法（水平钻孔法和超前导坑法）、地质分析法（工程地质调查法、地表地质体投射法、断层参数预测法和经验法）、物探法［TSP 超前预报技术、地震负视速度法、水平声波剖面法、真地震反射成像技术、BEAM（Bore-Tunneling Electrical Ahead Monitoring）法、陆地声纳法、面波法、探地雷达法、瞬变电磁法和红外探测法等］、超前探孔法和地质物探综合分析法等。常用方法介绍如下。

7.2.1.1 工程地质分析法

工程地质分析法是建立在地学基础上，从地貌学、地层学和构造地质学等地学学科的角度，并结合具体工程，预测分析隧洞施工掌子面前方地质体的性质。工程地质分析法主要有工程地质调查法、地表地质体投射法、断层参数预测法和经验法。

（1）工程地质调查法是通过地表和隧洞内的工程地质调查与分析，掌握隧洞所处地段的地质结构特征，推断隧洞掌子面前方的地质情况。调查内容包括隧洞的埋深、地层的产状特征、岩性、岩体的完整程度、断裂构造与节理的发育规律、岩溶带发育的部位、地质构造的产状与形态等。

（2）地表地质体投射法是在鉴别已揭露岩层及不良地质体的位置、规模、性质和产状的基础上，应用地面、地质界面和地质体投射公式推测分析岩层及不良地质体在隧洞出露的位置。地表地质体投射法可分为岩层岩性和层位预测法、地质体延伸预测法和不良地质前兆预测法。

（3）断层参数预测法是利用断层影响带内的特殊节理及其规律分布的特点，经对大量断层影响带系统编录得出经验公式，推测隧洞内断层破碎带的位置、规模和性质。

（4）经验法是总结分析不良地质体被揭露前所表现的前兆标志，认识此类前兆标志与不良地质体的关系，通过观察分析前兆标志预测隧洞掌子面前方临近的不良地质体位置。锦屏二级水电站隧洞工程地质分析经验法预测见表 7.2-1。

表 7.2-1　　　　　　　　　　锦屏二级水电站隧洞工程地质分析经验法预测表

预测内容	预测经验
可能发生涌水的部位	（1）可溶岩与非可溶岩接触界面。 （2）暗河、沟谷穿过部位。 （3）隧洞通过的断层，向斜、背斜核部位置。 （4）近 EW 向和 NNE 向结构面是工程区内地下水活动的重要通道，是隧洞可能发生涌水的部位。 （5）近 EW 向结构面相交处及 EW 向结构面与层面相交部位也是可能发生涌水的位置
可能发生涌水的前兆	（1）当隧洞由弱可溶岩进入强可溶岩的边界部位时，可能发生涌水。 （2）当黑色岩体进入白色或花斑状岩体时，前方可能出现涌水。 （3）当隧洞由渗、滴水段进入线状渗水段时，可能出现集中涌水。 （4）隧洞进入向斜一翼时可能发生涌水。 （5）当在富水带出现 NEE～NWW 向及近 SN 向结构面，且结构面上富含铁锰时，可能出现涌水。 （6）风钻孔内出现浑水，前方可能有涌水；若浑水能喷射 5m 以上，则前方可能有大于 30～50L/s 的涌水存在；当超前钻孔内出水能喷射 3.5m 以上，或涌水速度大于 7m/s，或风钻孔内有涌水速度大于 14m/s 的出水，则前方可能出现大于 20L/s 的涌水存在。 （7）当地温测值出现比前一点低时，可能有涌水
可能出现断层破碎带的前兆	节理裂隙组数及密度剧增，岩石强度降低，出现压裂岩、碎裂岩，岩石风化相对强烈，泥质含量增加，结构面上铁锰增加等，或超前钻孔中出现较大的涌水往往是出现断层的前兆

7.2.1.2　TSP 超前预测技术（TSP 法）

1. TSP 法原理

TSP 法是根据地震反射波法原理设计，利用人工激发的地震波在波阻抗差异界面上产生反射的原理，对隧洞掌子面前方及周围临近区域地质状况进行预报。在隧洞侧壁人工激发的地震波向掌子面前方及周围岩体各方向传播，当遇到波阻抗不同的地质界面时，将产生反射波和透射波，其中部分反射波返回掌子面，被埋设在隧洞侧壁的传感器所接收，记录地震反射波信号。透射波则继续向前传播，当遇到新的波阻抗差异地质界面时，又一次产生反射波并返回掌子面。透射波继续前行，遇到新的界面再次反射，直至地震波信号衰竭为止。

根据地震波传播理论，地震波纵波在垂直界面入射的情况下，其反射系数为

$$R_{12} = \frac{\rho_1 v_{p1} - \rho_2 v_{p2}}{\rho_1 v_{p1} + \rho_2 v_{p2}} \qquad (7.2-1)$$

式中：R_{12} 为反射系数；ρ_1、ρ_2 为反射界面两侧介质的密度，kg/m^3；v_{p1}、v_{p1} 为反射界面两侧介质的地震波纵波速度，m/s；$\rho_1 v_{p1}$、$\rho_2 v_{p2}$ 为介质的波阻抗。

由式（7.2-1）可看出，反射系数的大小与界面两侧介质的波阻抗差异程度有关，反射系数的绝对值大小决定反射波的能量，反射系数的正负决定反射波首波的相位，因此根据地震反射波的能量及首波相位的变化可以推断反射界面两侧地质体的性质。TSP 法超前预报原理示意图见图 7.2-1。

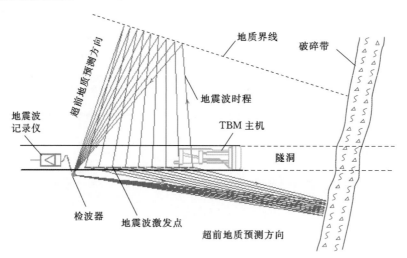

图 7.2-1　TSP 法超前预报原理示意图

2. TSP 法特点

TSP 法应用于隧洞超前预报具有以下特点：

（1）有效探测距离一般为 150～200m，适宜于中、长距离预报。

（2）适用于探测掌子面前方波阻抗差异较大的地质界面。

（3）对规模大、延伸长的地质界面或地质体探测效果好，对规模小的地质体容易漏报。

（4）对位于隧道掌子面正前方的陡立地质体探测效果好，对位于隧道侧壁的或缓倾角的地质体探测效果较差。

（5）对软弱破碎带、断层破碎带及岩性界面等面状构造探测效果较好，对不规则形态的三维地质体（如溶洞、暗河等不良地质体）的探测效果较差。

（6）对与隧道轴线呈大角度相交的地质构造探测效果较好，而对与隧道轴线以小角度相交的地质构造探测效果较差。

3. 各类地质体的反射影像点特征

TSP 法反射影像点表现为由不同能量点环组成的弧形带，是识别地质构造的基础图件。弧形带分为红带和黄带。红带反映由硬岩变为软岩的界面，黄带反映由软岩变为硬岩的界面。能量点环越大，表示界面差异越明显，软硬岩的强度差别越大；反之亦然。不同地质体的影像点识别特征如下：

（1）断层破碎带：红点环带与黄点环带相邻，先红点环带后黄点环带，红点环带明显、能量点环大，黄点环带不明显、能量点环小。

（2）节理：孤立的红点环带或孤立的黄点环带。

（3）硬岩带：明显、孤立的较大黄点环带。

（4）软岩带：孤立或系列红点环带。

（5）溶洞、暗河：不规则或系列黑洞。

（6）富水地质体：小黑洞与小红点混杂。

4．TSP 法判别准则

在利用 TSP 法预报成果识别地质体或地质构造时，一般以反射压缩波（P 波）数据为主，结合反射剪切波（S 波）数据进行综合判别。TSP 法判别准则如下：

（1）正反射振幅表明硬岩层，负反射振幅表明软岩层；反射振幅越强，表明软硬岩的差异越大。

（2）若 S 波反射较 P 波强，则表明地层含水。

（3）V_p/V_s 或泊松比 μ 突然增大，表明地层可能含水。

（4）若 V_p 下降，则表明地层中裂隙或孔隙度增加。

（5）关于 V_p/V_s：固结地层的 $V_p/V_s<2.0$，水饱和未固结地层的 $V_p/V_s>2.0$，含水疏松地层的 V_p/V_s 可增大到 5；当地层孔隙中充满水时，V_p/V_s 从 1.4 增大到 2.0 或更大；当岩石的孔隙充满气时，V_p/V_s 从 1.3 增大到 1.7；V_p 与孔隙度 ϕ 和含水率有关，V_s 仅与岩石骨架速度有关，当 V_s 不变而 V_p 增大，表明地层含水率增高。

7.2.1.3　探地雷达法

1．探地雷达法原理

探地雷达法是一种用于探测地下介质分布的广谱（1MHz 至 1GHz）电磁技术。根据电磁波理论，在均匀无限介质中，电磁波在介质中传播可近似为均匀平面波，考虑低耗介质极限情况：$\dfrac{\sigma}{\omega\varepsilon}\ll 1$ 时，$\alpha\approx\omega\sqrt{\mu\varepsilon}$，则介质中电磁波速度为

$$v=\frac{1}{\sqrt{\mu_0\varepsilon_r\varepsilon_0}}=\frac{c}{\sqrt{\varepsilon_r}} \tag{7.2-2}$$

式中：v 为电磁波速度，m/ns；c 为真空中的电磁波传播速度，m/ns；ε_0、ε_r 为介质的相对介电常数；μ_0 为介质的导磁率。

电磁波在传播过程中，遇到不同的介电常数界面时将产生反射波和透射波。由于探地雷达一般采用窄角反射法，其发射天线与接收天线的间距较小，基本满足垂直入射与垂直反射条件。在非磁性介质，电磁波垂直入射情况下，电磁波反射系数为

$$R=\frac{\sqrt{\varepsilon_{r1}}-\sqrt{\varepsilon_{r2}}}{\sqrt{\varepsilon_{r1}}+\sqrt{\varepsilon_{r2}}} \tag{7.2-3}$$

式中：R 为电磁波反射系数；ε_{r1} 和 ε_{r2} 分别为反射界面两侧介质的相对介电常数。需要特别指出的是，由于水的相对介电常数为 81，比岩石和空气的相对介电常数要大得多，因此含水地质构造或地质体的电磁波反射系数 R 均为负值且绝对值较大，这是判断地层是否含水的重要标志。

探地雷达法所接收到的反射电磁波信号经滤波、增益恢复、时深转换等数据处理后形成雷达图像。从雷达图像中识别地层结构或地质构造，读取目标地质体的反射波旅行时

间，根据介质的电磁波速计算其埋深：

$$h = \frac{1}{2}\sqrt{V^2 T^2 - x^2}$$ (7.2-4)

式中：h 为目标地质体的埋深，m；x 为发射天线和接收天线的间距，m；V 为介质中的电磁波速度，m/ns；T 为时间，ns。

2. 探地雷达法特点

探地雷达法应用于隧洞超前预报具有以下特点：

(1) 有效探测距离一般为 10~30m，适宜于短距离预报。

(2) 适用于探测界面两侧介电常数差异较大的地质界面。

(3) 对规模大、延伸长的地质体探测效果较好，对规模较小的地质体探测效果较差。

(4) 对张性结构面探测效果较好，对闭合结构面探测效果较差。

(5) 对充水、充泥或空腔的地质体或结构面探测效果较好。

(6) 适宜于探测与测线平行或以小角度相交的结构面。

(7) 在掌子面适宜探测与隧洞轴线呈大角度相交的结构面，在侧壁或底板适宜探测与隧洞轴线以小角度相交的结构面。

(8) 对不规则形态的三维度地质体，如溶洞、暗河等不良地质体的探测效果相对较好。

3. 各类地质体的雷达图像识别特征

各类地质体的雷达图像一般具有以下特征：

(1) 断层、节理及岩性界面等面状构造的反射波同相轴一般为线状，张性结构面反射波能量强，闭合结构面反射波能量弱；当断层、破碎带或张性节理含水时，反射波能量增强，反射波同相轴呈"亮线"状，其首波相位与入射波反向（图7.2-2）。

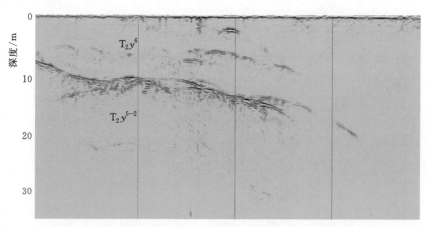

图 7.2-2　典型岩性界面雷达图像

(2) 规模较大的岩溶同相轴一般呈双曲线形态（图7.2-3），规模较小的溶蚀通道同相轴一般表现为点状反射。岩溶的反射波信号较强，充水、充泥岩溶的首波相位与入射波反向，岩溶空腔的首波相位与入射波同向。

(3) 软弱破碎带及断层破碎带内反射波同相轴杂乱，反射电磁波信号衰减较快。

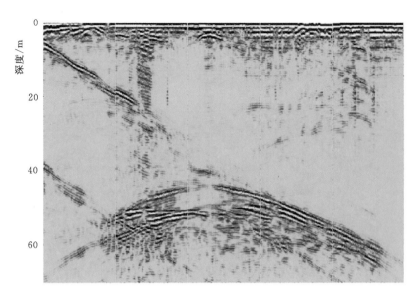

图 7.2 - 3　岩溶雷达图像

7.2.1.4　微震监测法

1. 微震监测的基本原理

材料或结构在外力、内力或温度变化等的作用下，内部产生变形或损伤的同时，以弹性波的形式释放出部分应变能，这就是声发射（Acoustic Emission，AE）。岩石在外界应力作用下，其内部将产生局部弹塑性能集中现象，当能量积聚到某一临界值之后，会引起微裂隙的产生与扩展，微裂隙的产生与扩展伴随有弹性波或应力波的释放并在周围岩体内快速释放和传播，即岩石的声发射，相对于尺寸较大的岩体，在地质上也称为微震（Microseism，MS）。

岩体在破坏之前，必然持续一段时间以声波的形式释放积蓄的能量，这种能量释放的强度随着结构临近失稳而变化，每一个微震信号都包含着岩体内部状态变化的丰富信息，对接收到的信号进行处理、分析，可作为评价岩体稳定性的依据。因此，可以利用岩体声发射与微震的这一特点，对岩体的稳定性进行监测，从而预报岩体塌方、冒顶、片帮、滑坡和岩爆等地压现象。

微震监测就是利用传感器对岩体中微震事件形成的声发射信号（弹性波）进行监测、记录，通过信号采集、数据处理确定震源的位置，以帮助人们对岩体稳定性做出恰当的判断和预测。也就是说，微震监测即为岩体的声发射法监测，其原理如图 7.2 - 4 所示。

微震监测可用于岩爆预测。由于岩石介质一般是非均匀的，因此，任何岩体在宏观破坏前一般都会产生许多细小的微破裂。这些微破裂会以弹性能释放的形式产生弹性波，并可被安装在有效范围内的微震传感器接收。利用多个传感器接收这种弹性波信息，通过反演方法就可以得到岩体微破裂发生的时刻、位置和震级，即地球物理学中所谓的"时、空、强"三要素。根据微破裂的大小、集中程度、破裂密度，则有可能推断岩石宏观破裂的发展趋势，特别是微破裂分布及其丛集规律（即变形破坏过程局部化现象），就可以对

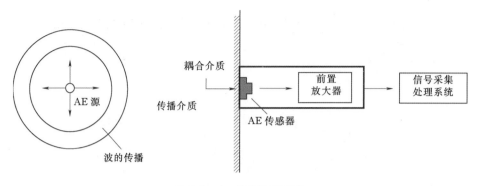

图 7.2 - 4　微震监测原理

岩爆的发生进行预测预报。

　　2. 微震信号处理

　　隧道施工过程中的噪声杂多，会影响微震监测结果的准确性，如爆破、出渣、铺设掘进机轨道等机械工作还会引起微震事件的发生。如果不能准确地将这些噪声所引起的干扰信号剔除，将会严重影响微震监测的准确性。由于这些干扰信号产生的条件和环境等因素的不同，它们会表现出不同的特点，可以归纳为以下四种类型：

　　（1）工频干扰。主要是各类机械设备在作业过程中产生的噪声，如大型钻孔设备、鼓风机、钻机等，还有就是微震监测系统本身产生的电气噪声，其基本特点是规律性较强。

　　（2）人员活动干扰。主要是工作面附近人为活动过程中产生的作业噪声，如架设轨道、出渣、放炮、连接管道、敲打钻杆、从机车上搬卸重型材料等过程中产生的噪声。人为活动噪声是最难滤除的一种噪声，因为它产生的方式多样化，呈现出的规律性一般不强，频率变化范围较宽，振幅变化也较大。

　　（3）随机干扰。主要是传感器附近的岩壁片帮、垮落，以及安装探杆的钻孔内、孔口岩壁垮落时碰击到探杆或传感器引起的噪声。随机噪声的特点：幅度大小不定，波形形状很像有效微震信号，但信号的出现比较集中。

　　（4）爆破干扰。爆破信号是所有干扰信号中数量最多的，也是最突出的一种信号。但是爆破信号与岩体破裂、裂纹产生和扩展产生的微震信号有着明显的差异：波形上，每次（段）爆破之间的间隔时间较短，而且间隔时间相等或接近，所以爆破产生的信号各震相位急促短暂、持续时间短、衰减快、清晰明了。

　　微震中必须对监测传感器接收到的微震信号进行处理，进行滤噪，才能得到对岩爆预测有用的微震信号。滤波的主要步骤：根据前期试验测试结果，设置采集仪滤波参数，进行硬件滤波；利用传感器对噪声信号的差异反映和敏感性进行协同滤波；考虑到主要有效信号位于掌子面附近，而传感器在掌子面后方的实际情况根据信号到时与传感器位置进行滤波；根据试验阶段建立的噪声数据库，利用人工神经网络方法进行滤波；最后，通过监测系统示波窗进行噪声滤除。图 7.2 - 5 为滤波前后微震事件对比。

　　通过对滤波后微震事件的波形图、波谱频谱以及微震信号到时分析，即可得到微震事件的相关指标参数。

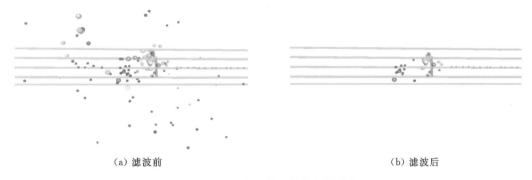

(a) 滤波前   (b) 滤波后

图 7.2-5 滤波前后微震事件对比

3. 微震源定位

在微震源周围以一定的网度布置一定数量的传感器,组成传感器阵列,当监测岩体内出现微震时,传感器即可将信号拾取,并将这种物理量转换为电压量或电荷量,通过多点同步数据采集测定各传感器接收到该信号的时刻,连同各传感器坐标及所测波速代入方程组求解,即可确定微震源的时空参数,达到定位的目的。这种根据微震信号到达同一阵列内不同传感器时所形成的一组时差,经过几何关系的计算确定微震源位置的方法就是时差定位法。该方法确定出来的微震源为一确定点,其可靠性高。该监测系统中采用时差定位来确定微震源位置(图 7.2-6)。

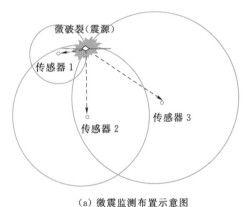

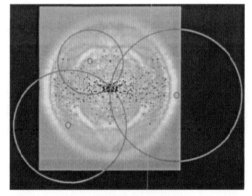

(a) 微震监测布置示意图   (b) 微震事件定位效果图

图 7.2-6 平面上微震事件定位模型

陈炳瑞等引入了粒子群微震源分层定位算法,利用智能技术解决传统方法对系数矩阵的依赖,联合反演解决波速难以确定的问题,相互耦合解决隧道工程传感器阵列范围之外微震源定位不准的问题,提高了岩爆预报的准确性与及时性。

4. 微震评价指标

微震现象表征岩体稳定性的机理很复杂,微震监测技术通过对信号波形的分析,获取其内含信息,以帮助人们对岩体稳定性做出恰当的判断和预测。针对这类信号特征,主要记录与分析下列具有统计性质的量:

(1)事件率(频度)。指单位时间内声发射与微震事件数,单位为次/min,是用声发射或微震评价岩体状态时最常用的参数。对于一个突发型信号，经过包络检波后，波形超过预置的电压值形成一个矩形脉冲，这样的一个矩形脉冲称为一个事件，这些事件脉冲数就是事件计数，计数的累积则称为事件总数。

（2）振幅分布。指单位时间内声发射与微震事件振幅分布情况，振幅分布又称幅度分布，被认为是可以更多地反映声发射与微震源信息的一种处理方法。振幅是指声发射与微震波形的峰值振幅，根据设定的阈值可将一个事件划分为小事件或大事件。

（3）能率。指单位时间内声发射与微震能量之和，能量分析是针对仪器输出的信号进行的。

（4）事件变化率和能率变化，反映了岩体状态的变化速度。

（5）频率分布。

7.2.1.5 地震负视速度法

地震负视速度法是利用地震反射波特征来预报隧洞掌子面前方及周围邻近区域的地质情况。该方法在已开挖洞段靠近掌子面的侧壁或底板一定范围内布设激震点和接收点，选用多炮共道或多道共炮方式记录地震波信号，当隧洞掌子面前方反射界面与隧洞直立正交时，所接收的地震反射波同相轴在记录上呈负视速度。通过分析地震反射波及其同相轴的特征，预报隧洞掌子面前方岩性界面、断层带和破碎带等位置。

7.2.1.6 真地震反射成像技术

真地震反射成像技术，即 TRT（True Reflection Tomography）法，由美国 NSA 工程公司开发，采用空间多点激发和接收的观测方式，充分获取隧洞掌子面及附近空间地震波场信息，利用速度扫描和偏移成像技术，确定岩体中反射界面的位置，计算掌子面前方围岩地震波速度，划分围岩类别。

7.2.1.7 红外探水法

红外探水法是利用地下水的活动会引起岩体红外辐射场强的变化，通过测量岩体红外辐射场强，根据围岩红外辐射场强的变化幅值来确定隧洞掌子面前方是否存在隐伏的富水体。

7.2.1.8 BEAM 法

BEAM（Bore - Tunneling Electrical Ahead Monitoring）法是基于电法原理开发的超前预报方法，通过外围的环状电极发射屏障电流和在内部发射测量电流，使电流聚焦进入隧洞掌子面前方岩体中，通过测量与岩体孔隙有关的电储存能力的参数 PFE（Percentage Frequency Effect）的变化，预报隧洞掌子面前方岩体的完整性和富水性。BEAM 法是目前唯一适用于 TBM 施工方式的超前预报方法。

7.2.1.9 超前探孔法

超前探孔法是用钻探设备向掌子面前方钻探，从而直接揭露隧洞掌子面前方地层岩性、构造、地下水、岩溶、软弱夹层等地质体及其性质、岩石（体）的可钻性、岩体完整性等资料，还可通过岩芯试验获得岩石强度等指标，是最直接有效的地质超前预报方法之一。当探孔中出现浑水或高压喷射水，则前方可能有涌水。

各主要物探预报方法的应用范围及适用条件见表 7.2 - 2。隧洞超前预报现场作业对开挖施工的影响分析见表 7.2 - 3。

表 7.2 - 2　　　　　　　　　各主要物探预报方法的应用范围及适用条件

序号	预报方法	物性参数	应 用 范 围	适 用 条 件
1	TSP 法	波阻抗	探测喀斯特、断层、破碎带等构造，判断富水性	目标体与围岩的波阻抗差异较大，目标体具有一定的规模或延伸长度，适用于中长距离预报
2	探地雷达法	介电常数	探测喀斯特、断层、破碎带、裂隙及地下水	目标地质体与围岩的介电常数差异显著，适用于短距离预报
3	TRT 法	波速和波阻抗	探测喀斯特、断层、破碎带等构造，判断富水性	目标体与围岩的波速或波阻抗差异较大，目标体具有一定的规模或延伸长度，适用于中长距离预报
4	红外探水法	温度	探测地下水	地下水与围岩存在温度差异，适用于短距离预报
5	BEAM 法	电阻率和极化率	探测地下水，判断地层富水性	围岩电阻率较高，地下水与围岩的电阻率差异明显，适用于 TBM 掘进施工方式

表 7.2 - 3　　　　　　　　隧洞超前预报现场作业对开挖施工的影响分析

序号	预报方法	准备时间/min	测试时间/min	对施工的影响
1	TSP 法	30	30～40	较大
2	探地雷达法	5	10～15	较小
3	TRT 法	120	150～200	大
4	BEAM 法	30	40～60	适用于 TBM
5	红外探水法	5	5～10	无

7.2.2　超前地质预报实施程序

7.2.2.1　综合超前地质预报体系

根据锦屏二级水电站深埋隧洞的超前地质预报试验和实践，建立了宏观超前地质预报（工程地质法）、长期（长距离、50～200m）超前地质预报（工程地质法、TSP 法等）、短期（短距离、0～50m）超前地质预报（探地雷达法等）多步预报预警机制，构成深埋长隧洞施工的地质综合预报体系。预报成果应在工程地质分析的基础上，结合物探方法解译结果，进行综合分析与判断。在施工期间，通过现场各步预报信息反馈，以提高信息解译精度，经综合判断提交相应的超前地质预报报告。根据超前地质预报报告制定相应的预警方案和处理措施，以避免地质灾害的发生，确保隧洞的施工安全。

图 7.2 - 7 为综合超前地质预报示意图，图中主要表示出了宏观预报、长期预报、短期预报、超前钻探、地质反馈分析等相结合的预报方式，即首先通过地质分析宏观上确定所要预报隧洞各段的围岩情况，并进行风险等级划分；在围岩较好的地段，用 TSP 法一般预报距离为 150～200m，而在围岩较差的地段一般预报距离为 100m，当接近不良地质体时，采用探地雷达或瞬变电磁进行短期更精确的预报，同时施工超前探孔进行进一步确认，也可在先行隧洞中从侧向钻探了解不良地质构造的情况。通过这几种手段的结合基本上确定不良地质体的性质和规模。预报结果和开挖揭露情况要及时对比、分析反馈，以不断提高综合超前地质预报的准确性。图 7.2 - 8 为深埋长隧洞综合超前地质预报体系图。

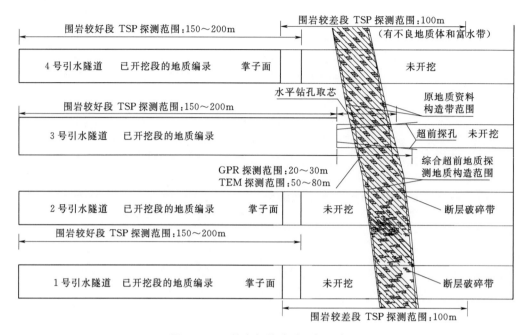

图 7.2－7　综合超前地质预报示意图

7.2.2.2　综合超前地质预报实施程序

1. 宏观超前地质预报

隧洞地质分析与施工地质灾害的宏观预报，是以前期的区域地质资料和深入的地面地质调查和开挖洞段的地质测绘取得的第一手资料为基础，通过工程地质分析方法，宏观预报洞段施工可能遇到的不良地质类型、规模、大约位置和走向，宏观预报地质灾害的类型和发生的可能性。实践证明：隧洞所在地区的工程地质分析是超前地质预报的基础和前提，是隧洞施工地质灾害预报不可或缺的第一道工序。因为只有在工程地质分析和宏观预报的指导下，才能更准确、更有效地实施物探方法超前地质预报和超前钻探预报以及临近警报等后续预报工作。

隧洞宏观预报的具体内容：①隧洞洞身的主要不良地质类型，特别是能够引发施工地质灾害的主要不良地质类型，如岩溶、断层等；②隧洞洞身主要不良地质的空间分布规律；③隧洞洞身主要的地质灾害对隧洞施工的影响。

宏观预报的主要程序：①首先收集、整理工程区区域地质资料，结合地质调查进行资料分析，研究区域断裂及岩溶发育规律，从而判断工程区岩溶发育特征、断裂发育方向及规模，以及可能出现的地质灾害；②根据前期的地质勘察资料，对岩溶隧洞的工程地质和水文地质状况做出预测；③依据前述分析结果，预测地层岩性分布、主要构造、可能突水突泥段、围岩类别、有害气体等洞段的桩号范围及风险级别，提出隧洞需加强预报及预处理的洞段，及计划采取的综合超前地质预报方案，并随开挖过程进行调整。

2. 长距离超前地质预报

采用多种方法的综合勘探技术手段，定性和定量地预报距掌子面前方 50～200m 范围内的不良地质体和地下水。长距离超前地质预报实施程序见图 7.2－9。

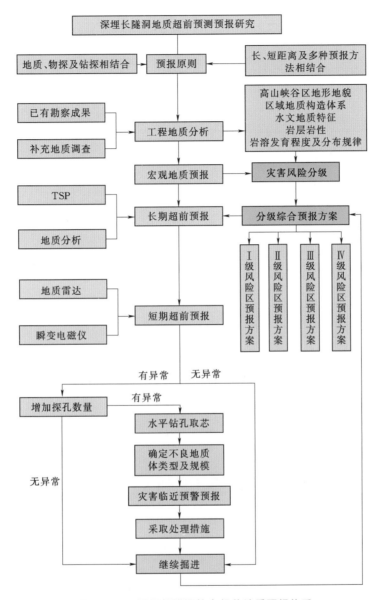

图 7.2 - 8　深埋长隧洞综合超前地质预报体系

长距离超前地质预报分为两个部分：基于地面地质分析的宏观不良地质体预报和隧洞内长距离物探法预报，它是由两种或两种以上的勘探技术手段相结合进行的综合预报。一般采用工程地质法对地表所发现的不良地质体进行预报，采用 TSP 法进行隧洞掌子面前方 150m 的长距离预报，必要时采用其他方法作为 TSP 预报成果的对比验证手段。

预测掌子面前方存在岩层界线、断层、软岩、溶洞和富水带等不良地质体。地质预报主要是查明上述不良地质体的位置和规模，用于指导短期预报。

一般一次预报洞段长 150m，每 100m 预报一次，重复段 50m 预报一次。

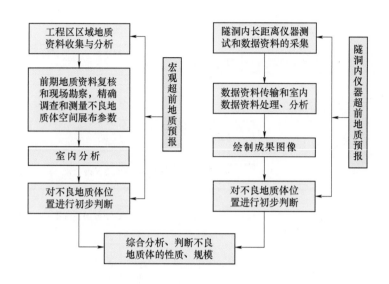

图 7.2 - 9　长距离超前地质预报实施程序

3. 短距离超前地质预报

短期超前地质预报是在长期预报的基础上进行的,预报距掌子面前方 0～50m 范围的不良地质体及地下水,所采用的预报方法主要为物探法预报和超前钻探法预报。主要是通过工程地质法、经验法、探地雷达(含孔内雷达)、超前钻探相结合的方法进行预测,通过对不同地质体标志以及不良地质体出现前的前兆标志确认,对不良地质体可能出露的位置、类型、规模进行预测和判断。

短距离超前地质预报距离分两种情况:①掌子面前方岩体完整,反映信息较强时,通常预报距离为 50m;②掌子面前方裂隙发育,岩体较破碎,反映信息较弱时,一般预报距离为 20～30m。

短距离超前地质预报成果包括地层岩性、构造、岩溶、地下水、围岩类别、有害气体等。

由于短距离超前地质预报是在长期预报的基础上进行的,所以预报的精度一般要优于长期超前地质预报,特别是对不良地质体性质的预报,对地质灾害预报而言,相当于临灾预警。

4. 临灾预警

隧洞掘进过程中,在出现断层破碎带、溶洞、暗河、岩溶陷落柱和洞穴淤泥带之前,一般都会出现各自明显或不明显的前兆标志。这些标志的出现,常常预示前述不良地质体已经临近。另外,探地雷达的跟踪预报和超前钻探、孔内雷达相结合,可有效确定灾害的规模、程度、风险等级及危害性后果。临灾预警主要包括施工地质灾害的环境监测和施工地质灾害发生可能性的判断。通过施工地质灾害临近预警,判断塌方、涌水等不良地质灾害发生的可能性和位置,从而达到减少甚至避免严重施工地质灾害发生的目的。根据隧洞超前地质预报和实际工程经验,隧洞临灾风险等级划分标准见表 7.2 - 4。

表 7.2 - 4　　　　　　　　　　　　隧洞临灾风险等级划分标准

风险等级	宏观地质分析预测	风险描述	预报方案及预警
Ⅰ级风险区	可能的富水带核心部位（流量大于 $1m^3/s$）；极强岩爆发生段；大断层通过段	对人员、设备和施工进度造成特大影响	综合预报方案，红色预警
Ⅱ级风险区	可能的富水带核心部位（流量为 $0.5～1m^3/s$）；强岩爆发生段；较大断层通过段	对人员、设备和施工进度造成重大影响	综合预报方案，橙色预警
Ⅲ级风险区	可能的富水带影响部位（流量为 $0.1～0.5m^3/s$）；中等及轻微岩爆发生段；一般断层通过段	对人员、设备和施工进度造成较大影响	地质分析＋单仪器预报方案，黄色预警
Ⅳ级风险区	可能的富水带影响部位（流量小于 $0.1m^3/s$）；轻微或无岩爆发生段；无断层通过段	对人员、设备和施工进度影响较小	地质分析＋单仪器预报方案，蓝色预警

7.2.3　工程实践

锦屏二级水电站利用雅砻江下游河段 150km 长大河湾的天然落差，通过长约 16.67km 的引水隧洞，裁弯取直，获得水头约 310m。电站总装机容量为 4800MW，单机容量为 600MW。工程枢纽主要由首部拦河闸、引水系统、尾部地下厂房三大部分组成，为低闸、长隧洞、大容量引水式电站。电站引水系统由进水口、引水隧洞、上游调压室、高压管道、尾水出口事故闸门室以及尾水隧洞等建筑物组成。在平面位置上，2 条锦屏辅助洞、1 条施工排水洞、4 条引水隧洞组成的穿越锦屏山的地下洞群自南而北依次平行布置，隧洞一般埋深为 1500～2000m，最大埋深达 2525m。

锦屏辅助洞和引水隧洞具有洞线长、埋深大、洞径大等特点。由于工程区位于区域地质背景及岩溶水文地质条件复杂的地区，在隧洞施工过程中将遭遇高地应力、岩爆、涌（突）水、围岩稳定等地质灾害，其中高压岩溶裂隙涌（突）水和岩爆是隧洞施工的主要地质灾害。锦屏隧洞工程区穿越的地层为三叠系浅海～滨海相、海陆交替相地层，碳酸盐岩占 70％～80％，属裸露型深切河间高山峡谷岩溶区，接受大气降水补给。岩溶化地层和非岩溶化地层呈 NNE 走向分布于河间地块，其可溶岩地层主要分布于锦屏山中部，而非东西两侧。受 NNE 向主构造线与横向（NWW、NEE）扭～张扭性断裂交叉网络的影响，构成了河间地块地下水的集水和导水网络。隧洞突涌水、强岩爆是锦屏二级水电站隧洞开挖施工面临的最主要的地质灾害，将威胁作业人员的生命安全和设备安全，并严重影响工程进度。

7.2.3.1　工程地质预测分析

1. 岩溶发育预测分析

根据地表岩溶形态、勘探成果（钻探、洞探揭露）、水化学（大理岩溶蚀量）、衰减分析和示踪试验反映的岩溶含水介质等方面综合分析预测隧洞线高程的岩溶发育程度。工程区岩溶发育总体微弱，不存在层状的岩溶系统。在高程 2000m 以下，岩溶发育较弱并以垂直系统为主，深部岩溶以 NEE、NWW 向的构造节理及其交汇带被溶蚀扩大了的溶蚀裂隙为主。引水隧洞洞线处于高山峡谷型岩溶区，工程部位总体岩溶发育微弱，洞线高程的深部岩溶形态为溶蚀裂隙和岩溶管道，不存在地下暗河及厅堂式大型岩溶形态；锦屏山两侧岸坡地带岩溶相对发育。

2. 隧洞富水区宏观预测分析

根据工程区岩溶水文地质条件分析，锦屏地区的岩溶地下水的运移十分复杂，尤其雅砻江谷坡地带的地下水深循环流更具自身的特征。雅砻江大河湾"河间地块"为无区外水补给的水文地质单元，其间的大气降水量有典型的随山体高度增高而递增的高程效应。岩溶水受大气降水补给，以大泉排泄为主。在天然状态下区域内宏观地可以分为东、西两部分，东部的地下水自西向东，西部的地下水自东向西流动。隧洞线为南东方向布置，与区域主构造线近于正交。隧洞线中纯大理岩段长约 10km，间层状大理岩段长 4.5km，非可溶岩段长 1.7km。完整大理岩基本不透水，其岩体渗透性和岩溶发育也随埋深增大而减弱，受地质构造控制的溶蚀裂隙将是隧洞涌水的关键因素，即 NNE 向和 NWW 向为主的构造网络的碎裂情况和溶蚀程度，及其与岩溶双层多重介质的上层岩溶水的连通状况将始终控制整个隧洞的涌水状况。根据工程区岩溶水文地质格局，以及长探洞和辅助洞揭露的岩溶水动态、水化学、水同位素特征，可将隧洞沿线划分为 12 个富水带，并对未开挖的隧洞可能涌水段进行预测。

7.2.3.2　地下水灾害识别与预报

在锦屏水电枢纽辅助洞开挖施工期间，完成探地雷达预报 645 期、TSP 预报 10 期，经地质工程师根据辅助洞开挖验证评价，预报准确率达到 86% 以上。图 7.2-10 为辅助洞某出水点探地雷达预报成果及对应的开挖揭露出水点照片，探地雷达预报报告指出："左右两侧壁各发育数组走向为 NWW 的含水结构面，其中右侧壁两组含水结构延伸至掌子面前方右侧约 13m、30m 处，预测掌子面前方 13m 以远有较大含水结构面"，详见图 7.2-10（a）及图 7.2-10（b），随后对该范围进行追踪预报。隧洞开挖揭露，集中出水点位于隧洞右侧壁，沿 N80°～85°W，NE∠82°张性节理破碎带向外喷水，测定流量为 1.26m³/s，喷距约为 3m，总出水量约为 4.1m³/s，详见图 7.2-10（c）。

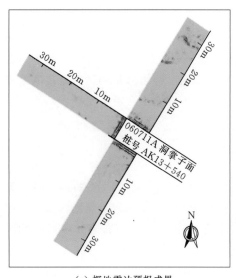

（a）探地雷达预报成果

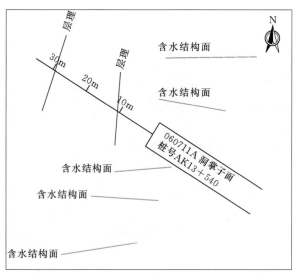

（b）解译图

图 7.2-10（一）　辅助洞某出水点探地雷达预报成果及对应的开挖揭露出水点照片

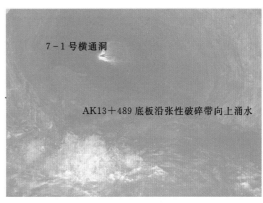

（c）开挖揭露出水点照片

图 7.2－10（二）　辅助洞某出水点探地雷达预报成果及对应的开挖揭露出水点照片

在锦屏二级水电站四条引水隧洞开挖施工期间，共完成探地雷达预报 2149 期（不包括高压管道、调压井、施工支洞等部位 477 期）、TSP 预报 134 期，经地质工程师根据引水隧洞开挖验证评价，探地雷达预报符合率为 96.7%，TSP 预报符合率为 95.0%。图 7.2－11 为引水隧洞某出水点探地雷达预报成果及对应的超前探孔出水照片，探地雷达预报报告指出："南侧边墙发育 NW 向溶蚀裂隙和溶蚀结构面，延伸至掌子面前方 10m 以外，NW 向溶蚀结构面揭露将出现股状涌水～集中涌水"，详见图 7.2－11（a）及图 7.2－11（b）；隧洞开挖揭露，该处南侧边墙沿 N30°W，NE∠75°结构面发育形成 1m×1.5m 管道溶腔，腔内集中涌水，初始水量约为 3370L/s，稳定后水量约为 460L/s，详见图 7.2－11（c）。

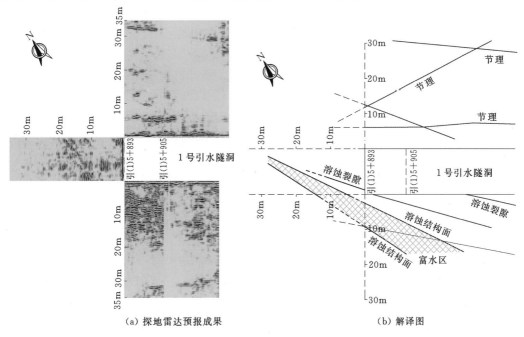

（a）探地雷达预报成果　　　　　　　　　（b）解译图

图 7.2－11（一）　引水隧洞某出水点探地雷达预报成果及
对应的超前探孔出水照片

（c）超前探孔出水照片

图 7.2-11（二）　引水隧洞某出水点探地雷达预报成果及
对应的超前探孔出水照片

7.2.3.3　断层破碎带灾害识别与预报

F_6 断层属锦屏区域断裂，贯穿各条引水隧洞，是锦屏二级水电站引水隧洞重点关注的地质构造。F_6 断层为压扭性结构面，产状为 N45°E，NW∠80°～85°，主断层揭露前有 15m 左右断层影响带，主带内岩性为灰绿色砂岩、大理岩，呈全～强风化状，面绢云母化，岩性软弱，结构面泥可见宽 0.2～0.6m。

针对 F_6 断层的超前预报，以宏观工程地质分析为指导，当开挖接近推测位置 100m 左右时进行 TSP 预报，确定 F_6 断层的位置、规模及性状（图 7.2-12）；然后采用探地雷达法进行追踪预报，在各引水隧洞成功预报 F_6 断层及破碎带。

以 2 号引水隧洞 F_6 断层预报为例进行说明，2 号引水隧洞工程地质分析推测 F_6 断层位置在引（2）2+857 附近，当隧洞开挖至桩号引（2）2+767 位置时进行 TSP 预报，第 JP2X-C2-TSP10 期 TSP 预报发现桩号引（2）2+851～2+880 段为 F_6 断层及破碎带，TSP 预报成果详见图 7.2-13、图 7.2-14 和表 7.2-5；然后在桩号引（2）2+864 掌子面进行探地雷达法预报，第 JP2D-Y2-065 期探地雷达法预报报告确定桩号引（2）2+866～2+882 段为 F_6 断层及破碎带，探地雷达预报成果详见图 7.2-15。

隧洞开挖揭露，在桩号引（2）2+867～2+871 南侧边墙及边拱揭露 NE 向 F_6 断层（图 7.2-16），宽 2.5～3m，带内岩石呈全强风化状，充填断层泥，全风化岩、挤压片岩，断泥可见宽度为 0.1～0.3m。

7.2.3.4　岩溶及溶蚀构造识别与预报

岩溶及溶蚀构造也是锦屏引水隧洞的主要地质灾害之一。岩溶及溶蚀构造主要采用探地雷达法进行识别与预报。

如图 7.2-17 所示，探地雷达预报报告指出：①掌子面前方引（3）0+314～0+293 段推测为溶洞空腔，空腔规模约为 8m×5m；②左壁引（3）0+334～0+328 段 5～18m 范围内岩体溶蚀破碎；③右壁引（3）0+327～0+321 段 8～15m 范围内推测为岩体溶蚀破碎

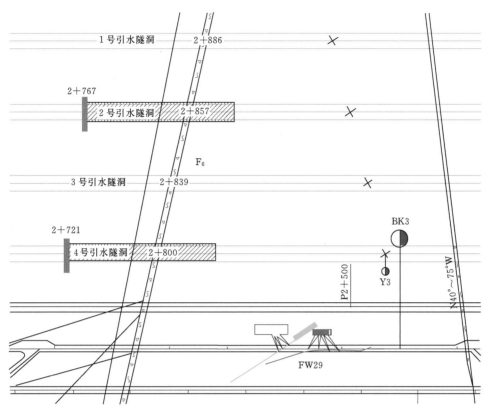

图 7.2 - 12　工程地质分析推测 F_6 断层在各引水隧洞的位置

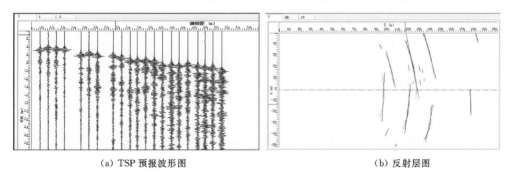

（a）TSP 预报波形图　　　　　　　（b）反射层图

图 7.2 - 13　2 号引水隧洞 F_6 断层 TSP 预报波形图和反射层图

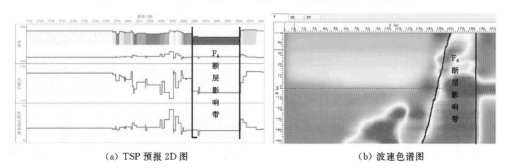

（a）TSP 预报 2D 图　　　　　　　（b）波速色谱图

图 7.2 - 14　2 号引水隧洞 F_6 断层 TSP 预报 2D 图和波速色谱图

表 7.2-5 2 号引水隧洞 F_6 断层 TSP 预报成果表

里程范围/m	围岩完整性与地下水	围岩类别
引（2）2+767～2+800	该段节理发育，局部岩体完整性差，地下水以渗滴水为主，局部线状流水	Ⅱ～Ⅲ类
引（2）2+800～2+851	该段有多条结构面通过，NE 向顺层节理密集发育，局部岩体破碎，洞段潮湿，沿结构面有溶蚀现象，淋雨状渗滴水	Ⅲ类
引（2）2+851～2+880	该洞段引（2）2+867 发现明显结构面，推测为 F_6 断层及影响区，地下水以渗滴水为主，局部线状流水	Ⅲ～Ⅳ类
引（2）2+880～2+897	该洞段围岩完整性差，但节理不很发育，未发现大的含水构造	Ⅲ类

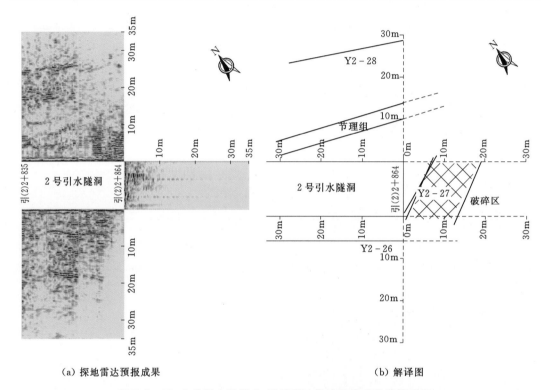

（a）探地雷达预报成果　　　　　　　（b）解译图

图 7.2-15 2 号引水隧洞 F_6 断层探地雷达预报成果及解译图

或溶洞，详见图 7.2-17（a）及图 7.2-17（b）。隧洞开挖揭露，3 号引水隧洞桩号引（3）0+314 右侧揭露一个尺寸约 2m 的溶洞口，沿溶洞口进入为一溶腔，溶腔宽约 13m，高约 14m；溶腔内积水，最大水深约 2m，详见图 7.2-17（c）。

7.2.3.5 岩爆灾害识别与预报

因岩爆是高应力条件下硬脆性围岩开挖卸荷后的一种动力破坏形式，对岩爆的识别预报主要是两种方式：一是在前期地应力勘

图 7.2-16 2 号引水隧洞 F_6 断层开挖揭露照片

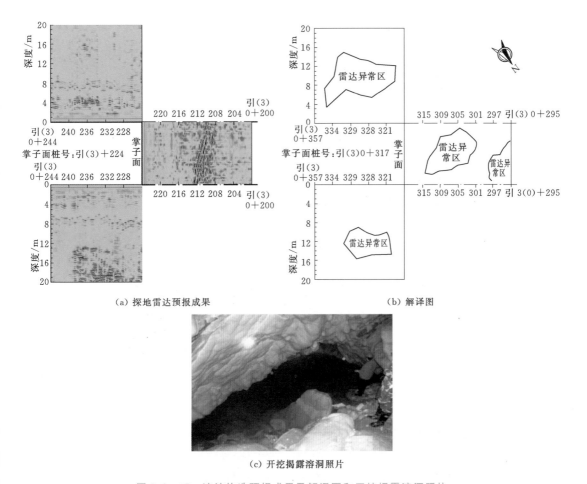

（a）探地雷达预报成果　　　　　　　　　（b）解译图

（c）开挖揭露溶洞照片

图 7.2 - 17　溶蚀构造预报成果及解译图和开挖揭露溶洞照片

测、硬岩力学特性的基础上，采用数值分析方法结合经验进行中长期预测和评价；二是微震监测预报方法。在此只介绍微震监测预报方法。

以 2011 年 4 月 16 日锦屏二级排水洞某次岩爆为例。根据微震信息（微震事件的时域和空间演化分析、能量指数和累积视体积的时域演化分析）、数值分析结果和现场勘查，在 2011 年 4 月 10—15 日期间，连续 6 次分别对 3 - 4 - W（工作面）引（4）6 + 010～070 洞段和排水洞 3 - P - W SK5 + 510～590 洞段高概率预测有发生轻微至中等岩爆的风险，4 月 16 日 3 - 4 - W 引（4）6 + 010～040 岩爆诱发底板隆起（图 7.2 - 18），能量释放较大；排水洞 3 - P - W 掌子面后方 SK5 + 560～540 和 SK5 + 535～530 段南侧边墙处则发生中等岩爆（图 7.2 - 19），岩爆位置与预测预报区域基本一致。

2011 年 4 月 16 日，8：00—10：00 监测到区域 K6 + 010～035，有较多能量较大的微震事件。根据现场岩爆反馈信息，参考强烈岩爆信号的幅值、持续时间等特征参数，确定于 8：56：27 监测到的当地震级为 1.0 的微震事件为本次岩爆所触发，位置 SK5 + 588，与 3 - P - W 中等岩爆发生位置靠近（图 7.2 - 20）。

图 7.2-18　3-4-W 引（4）6＋010～040 段岩爆诱发底板隆起

图 7.2-19　排水洞 3-P-W SK5＋560～540 段发生的中等岩爆

7.2.4　小结

由于深埋水工隧洞埋深大，洞线地形、地质条件复杂，且受到施工掌子面狭小、作业时间短、现场环境干扰大等不利因素影响，要准确识别与预报掌子面前方未揭露的地质灾害存在较大困难。根据多年的隧洞地质灾害预报工作实践，有以下几点认识：

（1）深埋水工隧洞的地质灾害识别与预报应坚持工程地质分析与物探相结合的方法，工程地质分析是基础，物探方法是手段。

（2）物探预报方法不在多，但要简便、有效、准确，且中长距离预报与短距离预报相结合，不同物理方法相结合，如 TSP 法和探地雷达法相结合，获取的不同物理场相互佐证、相互补充，可极大提高预报的准确性和可靠性。

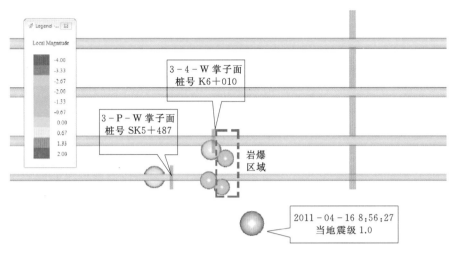

图 7.2 - 20　岩爆发生时微震事件示意图

（3）基于地震波或电磁波反射原理的物探方法，均可能存在反射盲区，特别对缓倾角地质构造或地质体，或走向与隧洞轴线缓交的地质构造，容易漏报或产生较大的位置误差，应在不同位置进行追踪预报、综合分析，如探地雷达法在掌子面的 U 形测线。

（4）隧洞突涌水量的预测十分困难，不仅与富水构造有关，还与地下水的补给、连通性等有关，在预测隧洞突涌水量时应考虑多方面因素进行综合分析，其中探地雷达图像可以提供重要的定性分析依据。

（5）深埋水工隧洞岩爆的预测，在不影响工期的前提下，能快速方便安装、侦查潜在岩爆风险、不要求准确定位的监测方法成为首选，数值分析方法需结合经验和监测方法对岩爆进行中长期预测和评价。

总之，地质灾害的准确预报是确保地下工程安全施工的重要前提，详细、准确的地质勘察和超前预报是实现地质灾害准确预报的重要手段。深埋水工隧洞工程场地环境条件千差万别，可能存在的主要工程地质问题各有差异，地下洞室勘察方法需与场地条件和需要查明的工程地质问题相适应，并与各设计阶段勘察精度要求相适应。工程地质测绘是地下洞室勘察的基础工作，也是选择勘探方法、手段及布置勘探、试验和专门性勘察工作的依据。地下洞室勘察需要在工程地质测绘基础上，针对场地条件和工程地质问题布置勘探（钻探、洞探）、物探和试验（变形、强度及天然地应力）等工作。

深埋水工隧洞往往洞线较长、沿线地形起伏大、跨越地质单元多，地质条件复杂，给地质勘察工作带来难度，通常的勘察方法难以适应，应选用适应地形地质条件的多种勘察方法与手段相结合的综合勘察方法。

地质灾害风险识别是在地质勘察的基础上，为进一步全面查明隧洞沿线的地质条件及不良地质体发育情况开展的工作。隧洞施工超前地质预报是提前识别掌子面前方断层破碎带、岩溶、地下水等地质灾害的关键技术之一，也是地质灾害防控的重要手段。综合超前地质预报体系为今后深埋水工隧洞的顺利建设提供了技术支撑，具有重要借鉴意义。

7.3 深埋隧洞岩爆防治技术

在岩爆灾害的孕育演化和发生过程中，由于受到众多复杂控制因素的影响与控制，高应力条件下的硬岩表现出更加复杂的力学行为，致使硬岩岩爆破坏类型和成因机制也更加复杂。虽然在本书第 5 章中已经系统地论述了深埋水工隧洞的支护设计，但主要是针对非剧烈破坏的脆性破裂损伤类型为主的设计方法，然而深埋隧洞岩爆仅依靠常规的被动支护措施有时很难有效应对，尤其是对于极强岩爆，必须辅以必要的监测预警、主动防护手段，如调整开挖尺寸、布局和顺序、采用先导洞开挖、采用应力解除爆破或应力释放技术等。

本章主要以锦屏二级水电站深埋引水隧洞施工过程中岩爆灾害的现场综合表现、发育和分布规律，以及直接关联的地质、力学和工程等控制条件为例，总结和吸取国内外岩爆研究的重要成果、认识和经验，系统地阐述各种类型岩爆的诱发机制和在深埋隧洞工程实践中岩爆灾害防治研究所取得的最新成果和技术方法，为后续工程的岩爆防治提供参考。

7.3.1 岩爆的基本概念

7.3.1.1 岩爆的定义

岩爆的定义在本书 3.2.2 节中有详细介绍，在此不再赘述。

7.3.1.2 岩爆的分类

岩爆与微震密切相关，基于微震的成因机制差异，不少国内外学者将岩爆概括为两大类，即应变型岩爆和构造型岩爆。前者被认为是完整岩体中应变能集中超过极限后导致的围岩破坏，后者则认为能量变化积累和释放与构造密切相关。矿山行业的大量实践表明，构造型微震事件的能量释放水平和潜在破坏程度要显著高于应变型微震事件。从微震监测信息上来看，应变型微震事件具有数量多、量级小的特点，而构造型微震事件则一般具有次数少但震级大的特征。如从加拿大 Creighton 矿山 1995—2005 年累计 11 年的微震监测成果中发现，28 万次微震事件中里氏震级大于 1.0 级的为 2208 次左右，占 0.8％左右，而这些相对较大的微震事件多属于构造诱发型。然而，构造型岩爆的发生机理目前还不完全清楚，一般认为构造型岩爆的机理与构造地震很相似，即构造上某个部位（如起伏或锁固部位）具有积累高应力的条件，当这种局部应力集中现象超过峰值强度时，导致该部位出现破坏和能量释放，这一过程往往还可导致断裂的错动，导致强烈的能量释放（微震），并以应力波形式冲击围岩，引起围岩的严重破坏。实践表明，诱震构造一般为规模不大的刚性构造，在一些工程中以连通性较差的破裂带出现，具有刚性特性和连通性差被认为是具备积累能量的条件。

构造型岩爆的研究始于 20 世纪 70 年代，在深部矿山开采中开始出现的某些强烈的微震和岩爆往往与断裂构造相关。在 20 世纪 80 年代进行的一系列针对构造型岩爆的试验和研究，深化了对构造型岩爆的认识。图 7.3-1 是南非某深埋矿山发生强烈构造型岩爆破坏后的构造形态，岩爆发生在 2000m 以下的上下两层巷道之间的岩体内。从张开变位后的结构面形态可以清楚地看到，结构面呈粗糙起伏状，刚性特征突出，具备积累能量的条件。破坏发生时伴随着里氏 3.2 级和 2.9 级的地震现象。在破坏发生前，该构造是一条很小的闭合构造，在巷道内很难辨识，破坏后该构造的最大张开宽度近 1m，延伸长度达 70m，给岩爆风险预警造成了很大的困难。

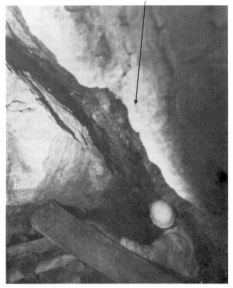

岩爆破坏导致结构面的强烈错位

图 7.3 - 1　南非某深埋矿山发生强烈构造型岩爆破坏后的构造形态

7.3.1.3　岩爆防治技术

1. 岩爆预测

为了预测预防岩爆，必须要有一套比较实用的、可靠的、完整的手段和方法对岩爆进行预测、预报，以便及时采取相应的措施，避免岩爆的发生或将由此造成的损失降低到最低限度。从目前的情况来看，可将现有预测岩爆的方法归纳为两大类：一类是理论法，另一类是监测法。理论法是利用已建立的岩爆各种判据或指标来预测岩爆，例如能量释放率、最大切向应力、弹性应变能等。而监测法是借助一些必要的手段，例如声发射、微震等，直接进行监测或测试，来判别是否有岩爆发生的方法。

2. 岩爆防治

目前，我国隧洞、地下洞室在施工过程中的岩爆防治措施主要有以下几方面：

（1）改善围岩物理力学性能，如在掌子面（开挖面）和洞壁反复喷洒冷水，可在一定程度上降低表层围岩强度。

（2）改善围岩应力条件。根据国内外工程实践经验，岩爆洞段尽量采用钻爆法施工，短进尺掘进；减小药量，控制光面爆破效果，以降低围岩表层应力集中程度。

（3）加固围岩。对于工程区的轻微～中等岩爆的片状爆裂，采用锚喷支护可以取得良好的防治效果，并维持整体围岩的稳定。对于强烈岩爆，尚需增加其他更高强度的支护手段。

7.3.1.4　岩爆认识总结

从工程实践的角度，认识岩爆的目的是为了指导岩爆条件下的工程实践，即进行合理的设计和采取恰当的工程措施。对岩爆的认识起源于工程实践，也在实践过程中不断完善。根据国内外工程实践经验可概括出几点重要的岩爆灾害认识：

（1）岩爆与微震密不可分，岩爆是微震事件导致围岩破坏的一种工程灾害。微震监测系统可用于研究岩体开挖后的应力状态，分析微震事件的类型和成因，从而获得岩体岩爆发生的可能性等信息，作为深部隧洞工程岩爆风险的初判。

（2）高应力条件下硬岩工程围岩中微震事件不可避免，但岩爆灾害可通过工程措施加以控制和规避，从而保证了深埋地下工程的安全施工和顺利建成。在深埋地下工程实践中的高应力不可避免，当围岩满足导致岩爆的条件时，围岩破裂及其导致的微震现象是一种必然结果，当微震足以导致围岩破坏时，即出现了岩爆现象。大部分的深埋地下工程中的岩体都具有较高的强度，即具备良好的蓄能能力，因此总体上具备岩爆发生的基本条件。深埋地下工程实践中微震和岩爆现象的不可避免特征要求参建单位做好充分的准备，包括必要的理论储备、一定的经验，以及不可缺少的设备和材料准备。

（3）岩爆成因机制与微震成因机制密切相关，一定程度上区分了岩爆的类型，决定了不同岩爆类型需采用的防治策略和技术手段。导致微震事件的机制是众多的，可能是完整岩体强度达到了一定限度，也可能是地质构造诱发所致，甚至可能与不同的施工条件密切相关。因此，岩爆的类型是十分复杂的，每种类型的成因机制也是极其复杂的。如地质构造往往是导致强烈微震事件的重要因素，更易于导致岩爆灾害出现，深埋地下工程开挖面附近围岩中存在的地质构造不可避免，也往往难以预测，这也造成了深埋地下工程中强烈岩爆风险的客观性和随机性。

7.3.2 岩爆的发生条件和诱发机制

岩爆是岩体开挖以后围岩应力导致岩体破坏的一种方式，不论其内在机理如何复杂，岩爆破坏离不开两个方面的条件，即应力场条件和岩体力学特性（如强度）。应力场条件通常指开挖后围岩二次应力场，其受初始地应力场状态和工程开挖条件（如工程布局、开挖形态和开挖方式）的控制，同时也取决于岩体力学特性。而岩体力学特性包含了岩体强度、变形特性和结构特征，取决于岩石类型和完整条件等。可见，控制岩爆形成和决定岩爆风险的因素通过直接影响应力场条件和岩体力学特性而间接控制着岩爆灾害过程，并且控制因素是众多的，难以面面俱到。

在明确了岩爆的类型和控制因素以后，结合室内和现场研究获得的岩石力学性质和破坏机制认知，可以分别从不同类型岩爆的发生条件出发来深入研究各类岩爆的形成机制。

岩爆发生机理显著受控于具体地质构造条件以及由其所导致的局部地应力场条件。当不存在不良的局部地应力场时，深埋隧洞开挖后以围岩破裂和滞后破坏响应为主，只有在局部地应力场区域才会形成强度级别较高的岩爆灾害。然而，并非所有的地质构造异常都对岩爆的产生起积极作用，有些地质构造可以抑制岩爆的发生。例如锦屏山背斜核部和NWW向软弱断裂延伸部位都有利于应力水平的降低致使岩爆风险降低。此外，从地质构造对岩爆的控制角度，更要关心特定地质构造及其与开挖面空间关系的影响。总之，局部地质构造是深埋隧洞工程岩爆的关键控制因素。因此，深埋隧洞影响最突出的岩爆类型是与地质构造直接关联的断裂型岩爆，也是开展岩爆研究的重中之重。

7.3.2.1 应变型岩爆

应变型岩爆是最早被人类所认识的岩爆类型，是相对完整脆性围岩应力集中超过强度后突然的能量释放导致的破坏现象，伴有清脆的声响，也可能伴随岩块的弹射现象。锦屏二级水电站引水隧洞应变型岩爆的破坏深度一般不大，多在 50cm 以内，岩爆多发生在掌子面附近（图 7.3-2）。在钻爆法掘进的隧洞中相对难以观察到典型的剧烈应变型岩爆，这可能与浅层岩体的爆破损伤有关。此外，由于应变型岩爆出现在掌子面一带且破坏深度不大，钻爆法掘进时爆破作业也可能破坏了应变型岩爆坑的形态，特别是出现在爆破过程中时，也相对难以被观察到，这也说明了这类岩爆破坏对钻爆法施工的工程影响较小。

从形成机制上，高应力条件或者诱发二次高应力场是该类岩爆发生的必要条件。引水

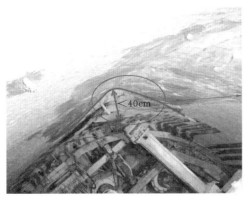

图 7.3-2　某水工隧洞应变型岩爆破坏断面形态

隧洞开挖形成后，掌子面附近原有的三向应力状态的平衡被打破，向二向应力状态转换，应力重新分布，围压消失，径向应力升高。围岩岩爆发生需要经历三个阶段，即裂纹萌生、劈裂成板及剥落、弹射三个阶段（图 7.3-3）。

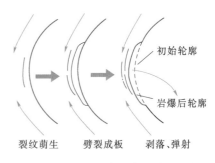

初始轮廓

岩爆后轮廓

裂纹萌生　　劈裂成板　　剥落、弹射

图 7.3-3　应变型岩爆发生的演化过程

应变型岩爆破坏程度，包括导致岩体破坏的深度和宽度范围，与破坏区所在断面上的应力状态直接相关，确切地说是受断面初始应力比直接控制。图 7.3-4 给出了 Detournay 等揭示的应变型岩爆和脆性破坏 V 形破坏形态与断面上初始主应力比之间的关系。可知，对于圆形隧洞，断面上应力比 K 越大，V 形破坏区深度和破坏宽度范围也越大；反之，破坏深度浅且宽度小。

7.3.2.2　构造型岩爆

在深埋隧洞开挖过程中，发生的强烈岩爆基本都与构造有关，在其特定的地质构造环境中，不同构造类型岩爆的孕育特征各不相同，但研究主要集中在两个环节：构造方位和

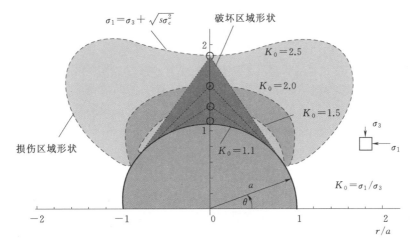

$$\sigma_1 = \sigma_3 + \sqrt{s\sigma_c^2}$$

破坏区域形状

$K_0 = 2.5$

$K_0 = 2.0$

$K_0 = 1.5$

损伤区域形状

$K_0 = 1.1$

$K_0 = \sigma_1/\sigma_3$

图 7.3-4　不同应力比条件下脆性岩体 V 形破坏深度

构造性质。其中构造方位指构造与开挖面之间的空间方位和位置关系，即某些结构面只有以某种特定的方位出现在某些特定位置时才可能导致岩爆的产生。而构造性质指结构面的地质和力学属性，即构造的性质与潜在岩爆风险之间存在的内在关系。

依据在锦屏二级水电站深埋隧洞工程收集的大量岩爆实例及对其深入的分析和研究，初步形成了一套体现锦屏二级水电站深埋隧洞工程岩爆特点和发生机制的岩爆分类方法（表 7.3-1）。该方法既综合考虑了国际上对岩爆分类问题的先进研究成果，也融入了锦屏二级水电站引水隧洞工程岩爆发育特有的特性，下面以锦屏二级水电站深埋隧洞实际发生的岩爆为例，逐一进行详述。

表 7.3-1　　　　　　　　　锦屏二级水电站深埋隧洞构造型岩爆分类方法

构造型岩爆分类	发 育 特 征
端部构造型	NWW 向构造导致的一种岩爆破坏，破坏程度相对剧烈，破坏深度可达 3m 甚至更大。该类岩爆出现仅出现在开挖面不断逼近构造端部的过程中，如果端部远离开挖面，一般不导致岩爆破坏。构造延伸范围内岩爆风险很低
滑移构造型	该类岩爆沿刚性特征的 NW 向构造发生，属于构造滑移诱发微震导致的围岩破坏。该类岩爆国际上报道最多，但锦屏鲜有出现强烈岩爆。此外，岩柱内构造滑移可诱发高储能释放，导致岩柱岩爆，该类型也属于滑移构造型岩爆范畴
应变构造型	该类型现场普遍发育，多出现在掌子面逼近 NE 向断层的过程中，单一岩爆破坏坑形态与应变型岩爆相似。导致这种岩爆的潜在原因有两种：一是断层的存在改变了附近岩体的初始地应力条件，特别是应力比；二是掌子面逼近断层过程中，掌子面和断层之间形成岩柱，二次围岩应力状态受到影响

1. 端部构造型岩爆

锦屏二级水电站深埋隧洞所在区域 NWW 向构造在地质力学性质上属于张扭性构造，也是锦屏山体的导水构造，因此构造面往往风化，某些情况下被软弱物质所充填，反映在力学特性上是构造的刚度和强度相对较低。

图 7.3-5 给出了软弱构造端部岩爆的典型案例，出现在排水洞掘进过程中。端部尖灭部位产生严重岩爆，强烈的震动导致了后方该构造延伸部位外侧围岩的块状坍塌破坏。左侧图片为 NWW 向结构面的分布，结构面与开挖面之间的岩体已经破坏，破坏面清晰，与岩爆爆坑形成显著差别。右侧图片为该构造岩爆的爆源位置，破坏深度可达 3m。

2. 滑移构造型岩爆

锦屏二级水电站现场观察到的硬质 NWW 向构造诱发的岩爆，主要是由于构造刚性且起伏，不连续的构造具备积累能量的条件。图 7.3-6 所示的 NWW 向构造具备刚性特征，且结构面呈起伏状，具备导致构造滑移型岩爆的基本条件。在隧洞向前开挖过程中，掌子面不断逼近前方中等倾角的诱震构造，前方应力集中区对构造应力状态的影响不断加剧。同时，NWW 向构造在顶拱一带与围岩最大主应力方向大角度相交，相对较高的法向应力水平也形成了积累高能量的受力状态，为现场出现连续且大规模破坏提供了必需的地质条件和应力条件，直至导致构造局部发生突然的滑移错动，释放强大的能量并形成强大的冲击波。冲击波不仅直接导致了开挖面一带岩体的破坏（岩爆），而且导致了后方 NWW 向陡倾构造的二次岩爆和坍塌破坏。

图 7.3-5　NWW 向软弱构造端部岩爆

图 7.3-6　NWW 向构造诱发的滑移型岩爆

3. 应变构造型岩爆

与 NWW 向结构面以张扭性特征为主的力学成因相反，受 NW 向挤压构造运动的控制，NE 向构造具有压扭性特征，在岩体力学特性上具有较高的刚度和强度特征，并且也存在端部效应，在附近存在一个局部地应力场，在掌子面逼近 NE 向构造过程中，围岩二次地应力场会因为构造的存在发生变化，并直接影响构造附近的局部初始应力场，并倾向于导致岩爆的破坏。

锦屏二级水电站隧洞绝大部分的掌子面强岩爆都与 NE 向构造相关。NE 向构造能够在构造面上积聚能量，并且与锦屏地区的构造应力（NW 方向）相垂直，因此构造面上的法向应力很高。隧洞掌子面逼近 NE 向构造时，构造面上的法向应力不断得到解除，到法向应力降低到某一阈值时，NE 向构造发生猛烈的剪切滑移，释放大量的能量，进而导致掌子面强岩爆。辅助洞在桩号 AK9+670 发生掌子面强岩爆，岩爆导致掌子面前方 4~5m 范围的围岩被崩落形成约 200m³ 的岩爆块体（图 7.3-7）。

7.3.3 岩爆防治与实践

在深埋隧洞岩爆防治策略和支护设计工作开展之前，必须对深埋隧洞即将开挖洞段开挖后的岩爆风险进行预警，判断可能出现的岩爆类型、等级，甚至是发生位置和破坏程度等，这些信息是制定岩爆防治策略和确定支护类型、方案和关键技术的基础信息。

7.3.3.1 岩爆预警方法

自从岩爆发生以来，工程实践中一直在寻求对岩爆风险的判断和预报方法。尽管在 100余年后的今天，岩爆预警技术经历了从无到有

图 7.3 - 7   NE 向构造诱发的强岩爆

的过程并取得了长足进步，但鉴于问题的复杂性，迄今为止和在未来一段时间内可能仍然无法对岩爆进行预报。在目前状态下，现实中能够实现的是对岩爆风险程度的判断，也就是对是否存在强微震事件的判断。即便能判断潜在的微震事件，但还不能对发生时间、是否导致围岩破坏和导致多大范围的破坏作出可靠的判断，不能进行准确的岩爆预报。

岩爆预警主要有 3 种方法，即经验方法、微震监测和数值分析。这 3 种方法各有优势，工程实践中往往需要这 3 种方法相互结合，尤其是前两种方法的结合，以提高岩爆风险预测的可靠性。

经验方法依据的主要是现场基本条件和开挖面具体条件及现象，前者适合于一般性判断和中长期预警，后者适合于对开挖面一带岩爆风险的判断。与任何经验方法相同，其可靠程度受到具体人员的经验能力以及问题的普遍性影响。具体到锦屏二级水电站工程，岩柱型岩爆风险可以比较可靠和准确地采用经验方法判断，而构造型岩爆风险的经验判断则相对要困难许多。

针对岩爆问题的微震监测技术，最早于 20 世纪 30 年代出现在南非，此后美国开始研究和应用，加拿大等国家随后也加入到这一行列。微震监测技术发展过程主要体现在硬件能力和解译水平两个方面。到 20 世纪 80 年代后期，适用于矿山生产目的的微震监测系统已经开始普遍应用，逐渐取代经验方法成为岩爆风险预警的首要手段。这一过程中硬件技术发展的标志为全波形接收技术，即硬件系统能够接收围岩破裂的全波形信号，而非此前的初至时间，全波形接收技术的现场应用为分析微震机理和提高解译水平奠定了基础。而解译技术仍然处于不断发展中，目前以基于多伦多大学研究成果的 ASC 解译系统 InSite代表了国际前沿发展水平，但仍然存在很大的发展空间。

数值分析方法特别适合于工程前期阶段关于岩爆风险的评价，这一阶段不具备观察现场岩爆破坏特征和开展微震监测的现实条件，数值方法起到关键性作用。但是一旦工程进入施工期以后，数值方法对预警工作的实际价值更多是对已经发生岩爆事件的后分析和帮助提高认识水平，对未来岩爆风险的直接预测缺乏足够的实用价值。数值方法可以准确预测出某些类型岩爆（比如滑移构造型岩爆）的发生条件，但现实中难以事先了解开挖面前方是否存在这种潜在的诱震构造，影响了工程实用性。

7.3.3.2　岩爆防治的基本思路与原则

深埋地下工程界采用的岩爆防治与控制的工作思路、原则和方法可以追溯到 20 世纪 30 年代南非的深埋矿山工程实践中；20 世纪 80 年代，南非政府为控制深埋矿山事故投入了大量的科研力量；90 年代，加拿大也开展了类似的研究工作。这些研究成果为深埋工程实践起到了显著的作用。

岩爆防治与控制主要从两个方面着手：一是降低围岩中的能量集中水平，即降低岩爆风险；二是提高围岩在岩爆条件下的自稳能力，也就是提高围岩的抗冲击能力，因为强烈岩爆都是微震动力波冲击的结果。

岩爆孕育机理研究揭示，应变型岩爆的成因在于应变能量在开挖过程中的积聚、转移和释放，而构造型岩爆的成因还要包括构造控制下能量的积聚、转移和释放以及构造剪切滑移的诱发作用。因此，针对岩爆的发生机理提出了主动能量解除与被动控制相结合的岩爆综合治理指导思想，具体包括三个方面：①快速维持洞壁围岩围压，增加储能能力；②诱导能量释放，消耗和转移能量；③增加支护系统吸能和适应变形能力。

根据上述思路，以图 7.3-8 为基础，岩爆防治支护总体设计原则可以总结为：①始终遵循围岩是隧洞主要承载结构的原则；②支护（喷射纳米混凝土＋水胀式锚杆）紧跟掌子面，以尽可能维持围压，限制围岩破裂发展，有效利用大理岩的延性特性；③充分利用开挖掌子面的拱效应，在掌子面后方及时跟进支护（涨壳式预应力锚杆），控制围岩的高应力破坏；④通过后续系统喷锚支护措施，对围岩损伤破裂区域进行全面加固。

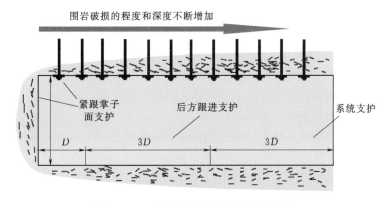

图 7.3-8　岩爆防治支护总体设计原则

把上述的思路转化为工程措施时即成为岩爆防治与控制方法，包括战略性方法和战术性方法两大类：

（1）战略性方法。战略性方法是通过采取一些措施避免岩爆出现，或者降低岩爆出现的可能性或强度。而战术性方法则认为岩爆不可避免，对于可能出现的岩爆应研究如何限制其危害程度或控制岩爆的发生时间。典型的战略性方法是优化工程布置方案、施工方法、开挖顺序等，这些实际上大部分需要在设计阶段完成。在工程进入施工阶段以后，可以使用的战略性方法往往受到很大的限制。战略性方法的效果往往是全局性的，且基本上全部是通过主动降低岩爆风险的方式实现岩爆防治与控制，工程性价比很高，因此，即便是在施工阶段，也需要认真挖掘可行的战略性方法的潜力，发挥其事半功倍的效果。

（2）战术性方法。岩爆控制的战术性方法是通过具体的方法对存在岩爆危害的局部部位进行处理，或者扰动局部岩体的受力状态，或者加强岩体的抗冲击能力。战术性方法的具体的措施可以分为以下两类：

1）主动措施，即降低岩爆风险的手段，如应力解除爆破、优化开挖方式（如台阶）、优化开挖面形态等。这类措施的工程性价比相对较高，但技术难度较大，效果取决于对问题的把握程度。

2）被动措施，主要指支护，其作用是提高围岩对微震的抵抗能力，在微震不可避免的情况下，围岩依然能保持稳定或者尽可能降低破坏程度和范围。这一思路决定了支护的方式和要求，是支护设计和优化的基础。

在深埋地下工程发展过程中，战略性方法、战术性方法（包括主动和被动措施）都取得了长足的进步，可以充分和有效地帮助深埋隧洞掘进过程中的岩爆防治和控制。

7.3.3.3 岩爆防治的战略性方法

1. 隧洞布置

隧洞布置主要指洞轴向方位和洞间间距两个方面。隧洞轴线以平行于最大主应力方向布置为最优，隧洞间距以不存在邻洞之间的相互干扰为根本，确保预留足够的岩柱厚度，避免二次应力叠加。

2. 隧洞断面形状与尺寸

隧洞断面形状对岩爆风险影响程度存在一定影响，一般存在有一定优化空间。断面尺寸大小的影响一般更突出，一般较小（如 5m 直径以下）和较大（如 10m 直径或更大）的开挖断面都有利于抑制岩爆风险。当同等级别的微震出现在较大洞径的隧洞围岩中时，其破坏力更大。

3. 隧洞施工方法

深埋隧洞一般采取两种开挖方式，即 TBM 掘进和钻爆法，这两种施工方式难免对岩爆风险程度和岩爆防治措施造成影响。

在同等条件下，钻爆法开挖的岩爆风险低于 TBM 掘进，这不仅可以从理论上得到解译，也已经在锦屏二级水电站工程实践中得到验证。总体上，TBM 掘进更容易导致岩爆的发生，破坏程度也相对严重。与钻爆法条件下岩爆以危及人员安全为主要影响方式相比，TBM 掘进条件下岩爆对施工进度的影响更大。在处理同等条件下岩爆破坏的施工难度和所需要的时间消耗方面，钻爆法具有显著的优势。两种开挖方式下岩爆主要发生在新开挖面一带，由于钻爆法掘进时可以实施包括对掌子面的封闭处理，使得对岩爆高发段存在人工干预的现实条件。而 TBM 掘进时的岩爆发生在机头覆盖的数米长度范围内，受到 TBM 机器设备的限制，很难在岩爆发生前实施有效的干预。

在施工过程中，爆破开挖采用短进尺、多循环，也可以改善围岩应力状态，这一点已被大量的实践所证实。另外，采用长进尺不易配合其他控制岩爆的措施，例如在进尺过长的条件下，就必须要求应力释放孔或超前应力解除爆破孔的长度，这无疑增加了施工难度。

7.3.3.4 岩爆防治的战术性方法

岩爆防治的战术性方法主要是采取主动能量释放和被动支护控制措施，确保岩爆洞段的施工安全，主要就是采用应力解除爆破和及时有效的支护，尤其是在强烈与极强岩爆洞段需要采用以下措施：主动能量解除爆破开挖→边顶拱危石清理及高压水冲洗→及时喷射混凝土覆盖掌子面→及时实施防岩爆锚固措施（包括快速支护锚杆、挂网、钢支撑等）→后续实施系统支护。

1. 主动能量释放措施

当判明存在岩爆风险时如何采取合理的措施最大程度上保持掘进进尺是工程中十分关心的具体环节问题，主动性措施和支护（被动防御）是实现安全快速掘进的努力方向。可以利用的主动措施包括修正掌子面形态、应力解除爆破和先导洞方案。

（1）修正掌子面形态。修正掌子面形态方案的依据是隧洞掌子面一带围岩高应力区的分布，根据对隧洞开挖应力响应的应力分析，如图 7.3-9 所示，隧洞开挖以后掌子面一带的应力集中区空间形态为一涡壳状区域，当开挖面形态适应这种应力分布形态时，有利于维持围岩的围压水平和维持围岩强度，达到利用围岩强度控制岩爆的目的。

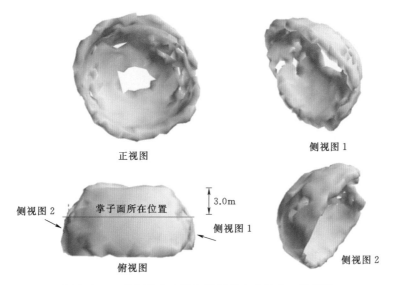

正视图 侧视图 1

侧视图 2 掌子面所在位置 3.0m 侧视图 1 侧视图 2

俯视图

图 7.3-9 钻爆法上台阶开挖围岩应力状态三维视图

掌子面形态修正以后的形态也为涡壳状，中心部位凹进，与周边的进尺差以方便施工为宜，从控制岩爆的角度看可以控制在 2m 左右，也可以略大一些，原则上不超过 3m。从中央到周边平顺过渡，形成总体上的弧形形态。当然，考虑到上台阶开挖掌子面的轮廓，实际将是一个扁平的空间弧形壳。

修正掌子面形态方案具有简单易行的优点，基本不增加任何施工难度，当该方案不足以解决问题时，再考虑增加应力解除爆破。

（2）应力解除爆破。应力解除爆破的目的是解除或降低应力集中区部位的高应力，爆破区域应位于应力集中区范围内，并以能有效解除或降低应力为原则，这是应力解除爆破的基本点。由于应力解除爆破可以改变围岩应力状态，因此，在进行应力解除爆破时，需要了解掌子面一带围岩应力分布状况。

为尽可能降低施工干扰，应力解除爆破多结合在正常的开挖爆破过程中实施，具体表现为多一个爆破序次，因此，应力解除爆破方案的设计还与具体采取的开挖爆破参数有关。现实中岩爆条件下的爆破方案，如爆破进尺长度可能发生变化，应力解除爆破方案相应也需要调整。

图 7.3-10 给出了钻爆法掘进时应力解除爆破的建议布置方案。当增加使用应力解除爆破时，开挖进尺原则上仍然以不超过 2m 为宜。如果增加开挖进尺，则应力解除爆破的爆破段长度需要增大，以外孔段不超过 2m、封堵段不超过 1.5m 为宜，其余为解除段。以进尺 3.8m 为例，应力解除孔深度为 7.6m，则解除段深度需要达到 4m 左右。

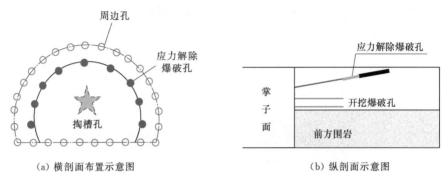

(a) 横剖面布置示意图　　　　　　　　　(b) 纵剖面示意图

图 7.3-10　钻爆法施工条件下的应力解除爆破方案

（3）先导洞方案。当通过强～极强岩爆洞段时，尤其是 TBM 施工洞段，为避免砸伤设备和施工人员，提出了先导洞方案（图 7.3-11），就是在强岩爆风险洞段采用钻爆法开挖先导洞，通过先导洞预先释放高地应力，并同时作为一个地质超前探洞以及超前预处理与微震监测工作面，提供一个良好的预先揭示、监测、分析、处理强烈与极强岩爆的现实条件；然后再二次扩挖的开挖方案。先导洞方案能改善 TBM 设备针对强岩爆手段有限的被动局面。

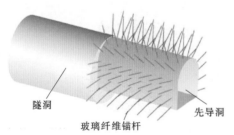

图 7.3-11　强～极强岩爆洞段 TBM
先导洞方案示意图

2. 被动支护控制措施

岩爆条件下对支护的要求取决于两大方面的因素，即围岩初始地应力场条件和围岩基本力学特性。对于硬岩以脆性破裂为主的特点，岩爆防治对系统支护的要求可以归纳如下：

（1）锚杆长度要穿过围岩损伤破裂区，能够有效限制围岩破裂裂纹扩展，加固岩体，提高岩体和结构面的抗剪强度，改善结构面附近的应力分布，具有一定的抗剪切能力。

（2）锚杆应具有良好的抵抗岩爆冲击能力与支护力，研究与实践表明，从耐久性、支护力、抗冲击能力、经济性以及施工便利性角度出发，全长黏结型锚杆的综合技术经济性相对最优。

（3）支护措施要求具备及时性，能够及时迅速发挥作用，保证施工进度和施工安全。可以选用快速的水胀式锚杆与机械胀壳预应力锚杆的组合方案，这两种锚杆能方便快速地给围岩提供第一时间的支护力，弥补全长黏结砂浆锚杆由于砂浆强度增加速度较慢而支护力发挥慢的缺点。

（4）支护措施要求具备系统性。为了适应高地应力围岩表面卸荷与岩爆冲击破坏特点，全部系统锚杆均带外钢垫板，以便紧压围岩表面的挂网或喷层，提高锚杆支护效应，使得锚杆、挂网、喷层之间相互形成完整结构系统，避免相互独立工作，而应在围岩内部与表层要形成联合整体承载支护体系。

（5）喷射混凝土中掺加的钢纤维或有机仿钢纤维，提高混凝土喷层的力学性能，从而进一步提高隧洞围岩表面支护力，以便适应岩爆冲击对锚杆群的分散传力。其中有机仿钢纤维能有效解决 TBM 设备配置的长距离、小管径喷混凝土管路在喷射钢纤维混凝土中容易堵管的缺点，并在力学性能上优于素混凝土与聚丙烯微纤维混凝土。

（6）通过现场应用试验和综合效果评估，最终确定的组合支护方案是采用喷射钢纤维或有机仿钢纤维混凝土及时覆盖裸露岩面的基础上，以水胀式锚杆为随机锚杆和最快速的防治岩爆锚杆，以局部机械胀壳式预应力锚杆作为及时跟进掌子面的局部系统永久支护，部分该类锚杆也作为临时防治岩爆支护，以普通带外垫板的砂浆锚杆作为滞后掌子面一定距离的永久系统支护，在现场取得了比较好的防治效果。

7.3.4　小结

对深埋隧洞工程的岩爆机理的认知决定了岩爆支护系统和防治策略的制定和优化，对工程决策和施工安全具有重要意义。虽然国内外开展了大量深部工程岩爆机理的研究，但因工程环境的差异以及岩爆问题的复杂性，深埋隧洞岩爆机理问题仍然不够清楚，对于特定工程岩爆发育的特殊性更增加了岩爆机理的研究难度。

同时，深埋长大水工隧洞工程在高岩爆风险下的预测预报、施工和支护设计面临巨大挑战，缺少同类工程经验和方法，岩爆灾害所导致的岩体破坏是施工安全和围岩稳定性的极大威胁，严重制约了深埋隧洞工程的安全高效的施工。深埋隧洞工程岩爆预测预报、防治措施和支护设计方法已是迫切要解决的关键科学问题。

为此，在系统地回顾和总结国内外深部工程中岩爆研究的前沿成果后，结合锦屏二级水电站深埋隧洞工程中大量岩爆案例所揭示的客观规律，包括岩爆类型、发育特征和关键控制因素，以岩爆问题最本质的应力场条件、构造地质条件和工程开挖条件为出发点，揭示了深埋隧洞工程施工期各类岩爆发生机制，分析了该类工程环境下关键的岩爆控制因素及各因素的控制机理。以深埋隧洞岩爆灾害的发生机制和岩爆类型为基础，初步探索了预测预报技术，在支护设计、施工方法和岩爆防治技术等方面的综合系统研究，提出了一套系统的深埋隧洞岩爆新防治策略和防治技术，为深埋隧洞安全施工和确保围岩稳定提供科学的理论方法和技术手段。

7.4　高压大流量突涌水治理技术

深埋隧洞大多处于高山峡谷地区，地质条件复杂，揭露高压大流量突涌水的可能性较高，给隧洞施工带来较严重的影响。

在深埋隧洞开挖施工过程中，需要对可能的涌水洞段利用工程地质法和物理预报相结合的综合方法进行超前预测预报，减少施工的盲目性，避免和减少损失。

为满足隧洞快速掘进需要，需要根据地勘成果、预测预报成果提前对洞群施工期导排水进行科学规划。同时，根据突涌水点的流量、压力、出水部位、处理难易程度等特点，采取不同的治理技术，满足工程建设需要。

下面以锦屏二级水电站隧洞群工程的突涌水处理为例加以说明。

7.4.1　涌水特点

锦屏二级水电站隧洞群揭露的涌水具有压力高、稳定流量大等特点。涌水沿溶蚀裂隙突水，形成了锦屏山地区特殊的地下突水特点，特别是溶蚀裂隙隐蔽性强，没有明显的构造异常显示，成片但又随机分布，用常规的水文地质勘探方法难以查明其位置和富水规律。

虽然涌水具有以上不利特点，但锦屏地区特别是在洞线高程区岩溶总体不发育，溶蚀裂隙具有强导水的特征，但没有很大的贮水空间，出水裂隙沿结构面发育。揭露出的溶蚀裂缝突涌水具有高压水特点，随着涌水出流量稳定，出水点附近地下水位逐渐下降，涌水压力会降低。在对高压大流量突涌水的处理过程中，研发了复杂地质条件下高压地下涌水分流减压封堵技术、引流导洞综合封堵技术、沉箱封堵技术和引流控排技术。

7.4.2　分流减压封堵技术

高压突发性喷涌水点采用止水墙灌浆封堵，需要进行高压喷涌水引流、止水墙浇筑、止水墙达到强度后进行灌浆孔钻孔、灌浆封堵、开挖止水墙等工序，其处理工序复杂、施工期长、费用高、难度大、风险高。为此，针对高压突发性喷涌水，研发了分流减压封堵技术，在无止水墙情况下直接封堵高压突发性喷涌水。

7.4.2.1　技术要点及优势

分流减压封堵技术，即无止水墙直接封堵高压突发性喷涌水封堵技术。首先，在高压突发性喷涌水点附近，针对出水构造钻孔，形成多组分流减压孔（图7.4-1），降低涌水点水量和压力，后对主涌水点进行封堵，分流减压孔安装孔口封闭器，再逐个有序进行分流减压孔封堵，最终达到高压突发性喷涌水封堵目的。

7.4.2.2　工程实例

A线辅助洞桩号 AK10＋612 涌水点位于中部第二出水带，岩性为灰～灰白色厚层大理岩，涌水量约 1.5m³/s，涌水点分布在底板中间及右侧边墙底脚和顶拱。洞顶揭露一岩溶空腔，直径约 80cm，深度超过 5m，地下水顺溶蚀空腔涌出（图7.4-2）。

根据现场施工条件和出水情况，采用分流减压封堵技术直接封堵高压大流量涌水点方案。在涌水点附近布置大量分流

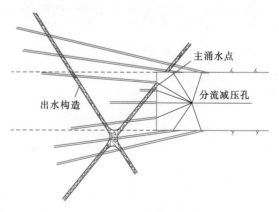

图 7.4-1　分流减压孔布置纵断面图

减压孔，将地下涌水点水从分流减压孔内引流排放，并在分流减压孔内安装可用于止水和高压灌浆的孔口封闭器，降低原出水构造带内涌水量和涌水压力；采用速凝灌浆材料或模袋灌浆直接对原涌水构造进行封堵；最后对分流减压孔进行逐个封堵达到止水效果。为保证隧洞运行安全，事先在涌水构造带影响范围内布置高压固结灌浆，对隧洞进行加固处理。

1. 封堵程序及主要施工技术要求

该案例中封堵程序及主要施工技术要求如下：

（1）在高压涌水点周围针对出水构造布置分流减压孔，保证分流减压孔穿过涌水构造，引出地下涌水，降低原出水构造带内涌水量和涌水压力，并保证钻设的分流减压孔穿涌水结构面时，有一定的岩盘厚度。

（2）在分流减压孔内安装可用于止水和高压灌浆的孔口封闭器。

（3）采用速凝灌浆材料或模袋灌浆直接对原涌水构造进行封堵，灌浆压力比涌水压力高 1.5MPa（或是涌水压力的 2～3 倍）。

（4）对涌水构造带影响区域进行高压固结灌浆施工，加固影响区内岩石。

（5）逐个对分流减压孔进行灌浆封堵，灌浆压力比涌水压力高 1.5MPa（或是涌水压力的 2～3 倍）。

2. 地下涌水点处理效果

图 7.4-3 展示了采用分流减压封堵技术对 A 线辅助洞桩号 AK10＋612 涌水点处理后的效果。

图 7.4-2　桩号 AK10＋612 涌水点中部　　　　图 7.4-3　桩号 AK10＋612 涌水点中部第二
第二出水带现场情况　　　　　　　　　出水带分流减压封堵处理效果

此外，该技术也在 1 号引水隧洞中得以应用（图 7.4-4），同样对大涌水点达到了较好的封堵效果。

7.4.3　引流导洞综合封堵技术

引流导洞综合封堵技术，即采用开挖分流导洞（或绕行洞）、预埋低压钢管和高压钢管导水分级提升压力、施工混凝土堵头、最后关闭高压闸阀等方法，将动水转化为静水，封堵涌水点。

（a）处理前

（b）处理后

图 7.4-4　1号引水隧洞中部第二出水带某大涌水点现场封堵情况

处理方式主要分为"排、控、堵"3个过程，具体如下：

（1）"排"：通过工程措施（如开挖分流导洞、分流孔），将大涌水从主要工作区或交通要道引开，排入排水通道。

（2）"控"：通过工程措施（如安装导流钢管）将大涌水进行控制，做到可自如地关闭和排放大涌水。这是处理涌水问题的重要环节，如不及时进行地下水控制，就无法及时地进行最终的地下水封堵处理。

（3）"堵"：当工程上不需要继续排水减压时，可对大涌水进行封堵，从而彻底解决大涌水的问题。该处理方式用于压力高、流量大的岩溶管道出水，如 A 线辅助洞 AK14＋762 段的出水处理。其封堵程序及主要施工技术要求如下：

1）开挖涌水处理导洞（进一步揭露出水口地形、地质条件），并安装导洞压力钢管（DN1000 低压钢管、DN350 低压及高压钢管）及阀门（DN1000 低压蝶阀、DN350 高压闸阀）。

2）浇筑堵头一期混凝土并进行回填、固结灌浆，回填灌浆压力不小于 1.0MPa，固结灌浆终孔压力为 8.0MPa。

3）施工出水洞模袋围堰，为 A 线辅助洞衬砌混凝土施工提供条件，模袋围堰灌浆是 A 线辅助洞大涌水点封堵工程施工的重点和难点。

4）A 线辅助洞衬砌段混凝土浇筑，并进行回填、固结灌浆，回填灌浆压力为 0.5MPa，固结灌浆终孔压力为 8.0MPa。

5）关闭 DN1000 低压蝶阀，浇筑堵头二期混凝土并进行回填、固结灌浆，回填灌浆压力不小于 1.0MPa，固结灌浆终孔压力为 8.0MPa。

6）关闭 DN350 高压闸阀，拆除高压闸阀后的压力钢管。

引流导洞综合封堵技术示意详见图 7.4-5。

7.4.4　沉箱封堵技术

对于底板大流量涌水点研发了沉箱封堵技术，以解决高压集中大流量地下涌水直接封堵问题。在隧洞底板遭遇大流量、高压涌水后，不改变隧洞洞线的情况下，实现了高压大流量地下水涌水的直接封堵。

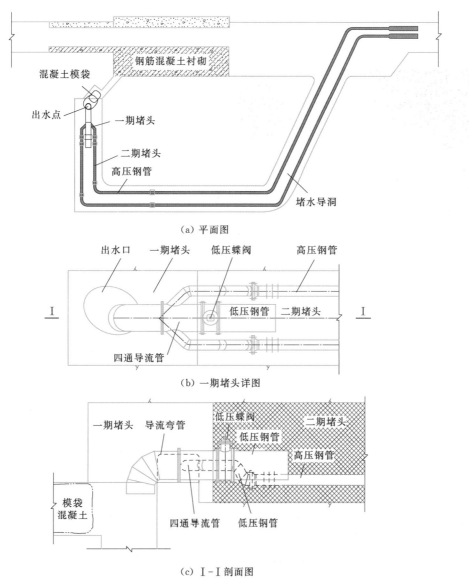

（a）平面图

（b）一期堵头详图

（c）Ⅰ-Ⅰ剖面图

图 7.4-5　引流导洞综合封堵技术方案示意图

1. 技术要点及优势

沉箱封堵技术分为"截、固、引、堵"4 个地下水处理过程。"截"，即对地下涌水构造带影响范围内的地下水全部采用表层封堵，将地下涌水"赶"至主要涌水口涌出，并在主要涌水口两侧形成一定的防渗帷幕；"固"，即在涌水构造带影响范围内，除主涌水通道外进行高压固结灌浆，形成一定岩盘厚度的防渗固结圈；"引"，即在底板主涌水点周边布置足够的分流减压孔，分流主涌水点涌水流量，后在涌水点上部安装预留有大直径分流孔的钢结构归水罩，再在其上部浇筑盖重混凝土；"堵"，即待盖重混凝土强度达到强度要求后，进行灌浆和模袋灌浆对主涌水点进行封堵，随后逐个进行周边分流减压孔封堵，最后拆除盖重混凝土和归水罩钢结构。

2. 工程实例

锦屏二级水电站 3 号引水隧洞内引 (3)

图 7.4-6　引 (3) 13+785~836 洞段
地下水涌水情况

13+785~825 岩性为 $T_2 y^6$ 灰~灰黑色薄层大理岩。经开挖揭示，该段围岩完整性较差，溶蚀性节理裂隙较发育，地下水活动强烈，出水特征主要为沿结构面线状流水、股状涌水及高压力大流量涌水。其中，引 (3) 13+825~836 洞段北侧底脚涌水量为 25~30L/s，北侧边墙集中涌水量为 100~200L/s；引 (3) 13+813 北侧底板，涌水点呈沸水状涌出，涌水量为 200~300L/s；引 (3) 13+790 南侧底板揭露集中大流量涌水，涌水如沸水翻腾，涌水量约为 $1.0 \mathrm{m}^3/\mathrm{s}$ (图 7.4-6)。

根据地下水涌水情况，将该洞段地下水处理分为 3 个阶段进行实施：首先对该渗水洞段边顶拱进行表面封堵；其次对该洞段进行全断面系统高压固结灌浆加固岩盘，并在底板涌水点周围形成截水帷幕；最后再进行底板大水封堵的施工。

(1) 施工技术细节及要求。底板沉箱结构布置如图 7.4-7 和图 7.4-8 所示。沉箱封堵的程序及主要施工技术要求如下：

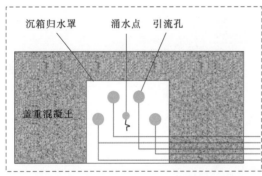

图 7.4-7　底板沉箱结构平面布置图

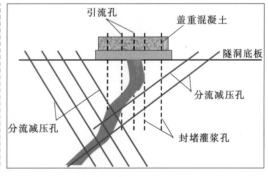

图 7.4-8　底板沉箱结构纵断面布置图

1) 在涌水点影响范围内对其进行表面灌浆封堵，使其形成不小于 3m 厚的岩盘。

2) 在涌水点影响范围内进行系统高压固结灌浆，达到加固岩盘作用。

3) 在涌水点周边针对出水构造布置分流减压孔，保证分流减压孔穿过涌水构造，引出地下涌水，降低原出水构造带内涌水量和涌水压力，并保证钻设的分流减压孔穿涌水结构面时有一定的岩盘厚度。

4) 在涌水点上安装钢结构归水罩，再在其上部浇筑盖重混凝土。

5) 采用速凝灌浆材料或模袋灌浆直接对原涌水构造进行封堵，灌浆压力比涌水压力高 1.5MPa (或是涌水压力的 2~3 倍)。

6) 由近至远逐个对分流减压孔进行灌浆封堵。

7）分流减压孔封堵完成后，对涌水构造带影响区域进行高压固结灌浆加固。

8）拆除盖重混凝土。

（2）地下涌水点处理效果。图 7.4-9 展示了采用沉箱封堵技术对大涌水点处理后的效果。

图 7.4-9　引（3）13+785～836 洞段采用沉箱封堵技术对大涌水点处理后的效果

7.4.5　引流控排技术

对于部分高压大流量突涌水点治理，若采用全部封堵，难度大、工期长，且封堵后的高压大流量地下水将在附近洞段聚集抬升，威胁隧洞本身及邻近洞段围岩稳定和隧洞运行安全。为此，在锦屏二级水电站建设过程中研发并实施了高压大流量突涌水的引流控排技术，达到了处理目的。

在完成集中涌水点附近区域的无盖重防渗固结灌浆后，将地下水归拢至隧洞底板 1～3 个少数集中涌水点，在集中涌水点底板处设置沉箱，通过埋设在沉箱内的排水钢管，将地下水引排至永久排水通道，有效消减隧洞结构承受的外水压力，根据水压监测情况，可对排水钢管上的阀门进行启闭，实现了洞外控排。同时通过沉箱周围的系统防渗固结灌浆措施将隧洞内水隔离，满足了隧洞运行需要。

1. 突涌水带地下水归流处理

对引水隧洞突涌水带及上下游影响带进行 12～15m 的深层高压无盖重防渗固结灌浆，将富水洞段的地下水从两端向中间归拢，最后归流至底板数个集中出水点，实现将富水洞段的地下水（除集中出水点以外）推至 12m 以外，初步形成一定厚度的防渗灌浆圈，为后续施工创造有利条件。

2. 排水钢管埋设施工

对沉箱和永久排水通道之间规划的排水钢管预埋通道进行刻槽施工，并进行槽内垫层混凝土浇筑，而后埋设排水钢管（根据涌水量确定钢管参数），完成后浇筑外包混凝土至隧洞开挖设计高程。

3. 集中涌水点沉箱施工

对归拢的集中出水点水仓开挖，并将排水钢管接入出水点水仓，地下水经预埋的排水钢管引排至永久排水通道。为便于集中水点部位的沉箱准确就位和沉箱内细部结构施工（如沉箱间焊接等），除通过排水钢管自流引排地下水外，再辅以大功率排水泵进行水仓内地下水的抽排，降低水仓内水位，以便钢制沉箱顺利安装。沉箱安装完成，做好沉箱底部防渗处理后，进行沉箱周边混凝土浇筑、截水帷幕和沉箱盖板安装施工，最后进行沉箱上部钢筋混凝土施工。

4. 衬后固结灌浆施工

沉箱部位衬砌混凝土施工完成后，即可进行衬后固结灌浆施工。为保证衬后灌浆施工顺利进行，对于沉箱附近预埋排水钢管的区域，在排水钢管埋设时预埋灌浆管。

高压大流量突涌水引流控排技术示意图见图 7.4-10，实施效果见图 7.4-11。

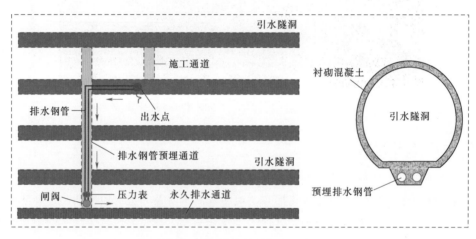

图 7.4-10　引流控排技术示意图

（a）实施前　　　　　　　　　　　　　　　　（b）实施后

图 7.4-11　引流控排技术实施效果

7.4.6　小结

锦屏二级水电站隧洞群揭露的涌水具有高水头、大流量、强交替、突发性等特点，地质探洞实测外水压力高达 10.22MPa。辅助洞揭露突发涌水点 5 个、涌泥点 2 个，单点最

大涌水量为 $5\sim7.3\text{m}^3/\text{s}$，集中涌水段外水压力为 $5\sim6\text{MPa}$，其他一般不超过 4MPa。引水隧洞共揭露流量大于 $50\text{L}/\text{s}$ 的涌水点 42 个，其中流量大于 $1\text{m}^3/\text{s}$ 的涌水点达 6 个，最大单点流量达到 $7.3\text{m}^3/\text{s}$。高压突涌水处理是锦屏二级水电站的关键施工技术问题之一，高压大流量突涌水封堵属世界性难题，国内外尚无成功的经验可供借鉴。锦屏二级水电站隧洞群采用新设备、新技术和新工艺，在突涌水处理方面积累了宝贵的经验。

7.5　深埋软岩大变形控制技术

目前，隧洞工程已经向长大、深埋方向发展。高地应力一旦和软弱围岩相结合，开挖后洞周围岩就会受到高地应力作用，岩体被挤压就可能产生松弛、蠕变，在断面尺寸效应下，往往断面越大越容易产生塌方、大变形。锦屏二级水电站引水隧洞是典型的深埋大直径隧洞，在工程施工过程中部分洞段就遇到了绿泥石片岩大变形问题。绿泥石片岩属于典型工程软岩，隧洞埋深大，地应力环境复杂，岩体强度低、变形大，遇水软化严重，流变效应显著，隧洞开挖期间出现多次大规模塌方（图 7.5-1）、围岩初期支护后的围岩持续变形、临时支护结构损坏等情况，给引水隧洞整个施工过程带来了

图 7.5-1　锦屏二级水电站引水隧洞绿泥石片岩洞段塌方

较大的影响。施工期所遭遇到的大变形问题及揭示的控制性影响因素除影响施工安全，也会对引水隧洞运行期衬砌的长期安全造成极大的威胁，因此必须对深埋大直径软岩隧洞的变形与稳定展开专门的研究，保证隧洞围岩和结构的稳定性。

7.5.1　软岩的基本概念

7.5.1.1　地质软岩

目前，人们普遍采用的软岩定义基本上可归于地质软岩的范畴，按地质学的岩性划分，地质软岩是指强度低、孔隙度大、胶结程度差、受构造面切割及风化影响显著或含有大量膨胀性黏土矿物的松、散、软、弱岩层，该类岩石多为泥岩、页岩、粉砂岩和泥质砂岩等单轴抗压强度小于 25MPa 的岩石，是天然形成的复杂的地质介质。国际岩石力学会将软岩定义为单轴抗压强度为 $0.5\sim25\text{MPa}$ 的一类岩石，其分类依据基本上是强度指标。

该软岩定义用于工程实践中会出现矛盾。如隧洞所处深度足够浅，地应力水平足够低，则小于 25MPa 的岩石也不会产生软岩的特征；相反，大于 25MPa 的岩石，其工程部位足够深，地应力水平足够高，也可以产生软岩的大变形和难支护的现象。因此，地质软岩的定义不能用于工程实践，故提出了工程软岩的概念。

7.5.1.2　工程软岩

工程软岩是指在工程力作用下能产生显著塑性变形的工程岩体。目前流行的软岩定义

强调了软岩的软、弱、松、散等低强度的特点，同时应强调软岩所承受的工程力荷载的大小，强调从软岩的强度和工程力荷载的对立统一关系中分析、把握软岩的相对性实质，即工程软岩要满足的条件是

$$\left.\begin{array}{l} \sigma > [\sigma] \\ U > [U] \end{array}\right\} \tag{7.5-1}$$

式中：σ 为工程荷载；$[\sigma]$ 为工程岩体强度；U 为隧洞变形；$[U]$ 为允许变形。

该定义的主题词是工程力、显著塑性变形和工程岩体。工程岩体是软岩工程研究的主要对象，是隧洞、边坡、基坑开挖扰动影响范围之内的岩体，包含岩块、结构面及其空间组合特征。工程力是指作用在工程岩体上的力的总和，它可以是重力、构造残余应力、水的作用力和工程扰动力以及膨胀应力等。显著塑性变形是指以塑性变形为主体的变形量超过了工程设计的允许变形值并影响了工程的正常使用，显著塑性变形包含显著的弹塑性变形、黏弹塑性变形，连续性变形和非连续性变形等。此定义揭示了软岩的相对性实质，即取决于工程力与岩体强度的相互关系。当工程力一定时，对于不同岩体，强度高于工程力水平的大多表现为硬岩的力学特性，强度低于工程力水平的则可能表现为软岩的力学特性；对于同种岩体，在较低工程力作用下，表现为硬岩的变形特性，在较高工程力的作用下则可能表现为软岩的变形特性。

在浅埋工程中，地质软岩地层易产生塌方，且多是在重力作用下产生的。而在深埋工程中，地质软岩在高应力作用下除发生塌方外，大变形、大地压、难支护现象是控制工程稳定性的难题。但是，发生上述现象的地层不一定是地质软岩，这里面涉及高应力的作用，因此把这类岩体称为工程软岩。

在锦屏二级水电站引水隧洞西端的绿泥石片岩仅就其物理力学特性来讲都属于地质软岩，而且埋深在 1500m 以上，地应力非常高，因此属于典型的工程软岩。

7.5.2 深埋软岩大变形控制因素

7.5.2.1 相对高应力环境与低岩石强度

绿泥石片岩洞段埋深一般为 1550～1850m，自重应力为 41～50MPa，而绿泥石片岩单轴干抗压强度的平均值为 38.8MPa，饱和时为 19.47MPa。可见，从地应力条件与绿泥石片岩强度间相对矛盾关系来讲，工程区地应力场属于极高应力条件。相对较高的应力条件和相对较低的岩石强度条件是控制绿泥石片岩出现一系列大规模塌方和大变形的主要控制因素。又由于绿泥石片岩强度和弹性模量存在一定遇水软化效应（强度软化系数约为 0.5，弹性模量软化系数约为 0.27），进一步加剧了工程区岩体强度与应力条件两者间的矛盾关系，岩体强度应力比甚至小于 0.15，洞壁位移占隧洞半径的 10% 以上，局部变形量超过 0.6m，这些是导致围岩塑性剪切破坏和以塑性变形为主的严重挤压大变形问题出现的客观原因。

此外，从绿泥石片岩洞段松动圈的测试结果显示，绿泥石片岩Ⅳ类围岩洞段松弛范围较大，平均超过 3m，甚至达到 6m，围岩低波速为 3300m/s，平均波速也仅为 4300m/s。大范围和高深度的岩体松弛和较低的围岩波速条件均说明，绿泥石片岩洞段岩体存在显著的岩体破裂过程。绿泥石片岩取芯揭露的岩芯状态也揭示了这一点，钻孔浅部 0～10m 范围内

绿泥石片岩非常破碎，难以获得完整岩芯，这主要是岩体开挖卸荷导致大量新生破裂和结构张开的结果，底板积水的作用也在一定程度上加剧了岩体力学性质的劣化过程。低岩体强度应力比环境或者说突出的相对高应力条件是导致岩体破裂发生的根本原因，岩体在相对高应力下的破裂过程又进一步降低了岩体强度，强化了岩体强度与应力间的矛盾，同时也增加了岩体变形能力，这些也意味着绿泥石片岩洞段围岩变形组成中岩体破裂变形占主导。

7.5.2.2　复杂岩体结构和地质构造

锦屏二级水电站引水隧洞 T_1 地层的绿泥石片岩发育洞段在构造上位于受 NW 向复式褶皱次一级背斜核部，该区段地质构造条件十分复杂（图 7.5-2）。岩层产状较乱，从正常的 NE 向（与洞轴线大角度相交）变化到 NW 向（与洞轴线近平行），岩体被强烈挤压、扭曲、揉皱现象表现得比较明显。这样的地质构造条件不但导致了该区域地应力场特征的复杂性，也导致了绿泥石片岩岩体结构特征的复杂性，直接影响其力学性质和破坏模式。此外，绿泥石片岩的节理开展了剪切试验，发现绿泥石膜节理胶结差，其 c 值几乎为 0，峰值内摩擦角 ϕ 与残余值近似相等，分别为 $24°$ 和 $23°$，表明节理面光滑，内摩擦角的影响很小，这说明绿泥石片岩岩体之间结构面抗剪能力很差。因而，绿泥石片岩岩体整体强度很低，受地质结构的控制明显，在高应力作用下极易发生挤压大变形和塌方破坏。

此外，图 7.5-3 和图 7.5-4 给出了上述断面及其附近洞段围岩最大变形的扫描统计结果。通过对 1 号与 2 号引水隧洞绿泥石片岩断面最大变形情况的统计发现，沿洞轴线方向，绿泥石片岩断面最大变形有着明显的规律性，当越接近背斜核部时，隧洞断面最大变形值明显增大，围岩破坏情况也更加严重，而通常情况下，褶皱核部的地应力要明显大于其翼部，这也就说明了地应力大小对于围岩变形与破坏的影响是非常显著的。

7.5.2.3　水的软化作用

水对软岩力学性质的影响可谓至关重要，甚至对工程的稳定性起到控制性的作用。单轴条件下，绿泥石片岩的峰值强度软化系数达到 0.5，这仅仅是损伤较小的岩块的软化系数。对于表层一定深度范围内的破裂岩体，水一旦进入，其强度软化系数将更小，可导致此范围内岩体强度迅速降低，锚杆与岩体的锚固力也迅速下降，大量的荷载转移至表层支护系统，很容易摧毁支护系统。试验发现，随着围压的升高，峰值强度的软化效应逐渐降低，低围压下软化严重，高围压下软化较轻。这说明，限制变形的发展，提供一定的围压对于控制围岩遇水后的软化可起到一定的作用。

水对绿泥石片岩变形性质的影响效应也是非常显著的。室内试验表明，随着围压的升高，弹性模量软化系数是逐渐升高的，且实际工程由于高围压对裂隙和结构面的压密效应，导致渗透系数降低，故围压效应更加显著。因此，及时提供围压、减小变形、降低围岩破裂、控制渗透系数降低，对于降低水对弹性模量的软化效应非常重要。

7.5.3　软岩变形程度评价方法

软岩开挖后会出现大变形现象，对于软岩的变形程度国际上已经形成了不同的评价方法。本节主要以锦屏二级绿泥石片岩为代表，说明此方法的应用。

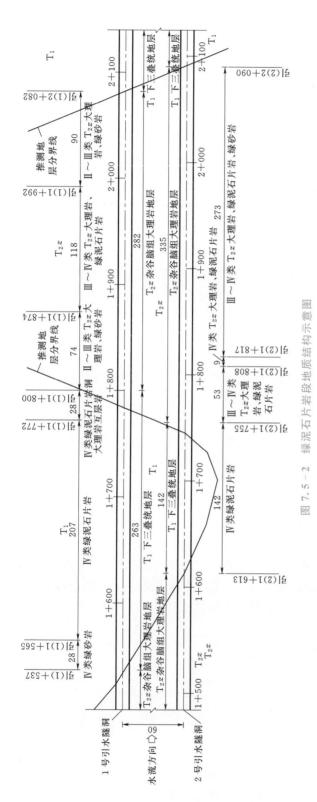

图 7.5 - 2 绿泥石片岩段地质结构示意图

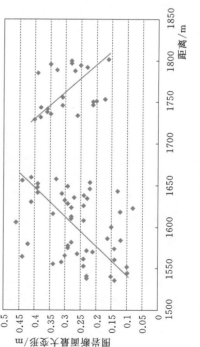

图 7.5 - 4 2 号隧洞绿泥石片岩断面最大变形统计

图 7.5 - 3 1 号隧洞绿泥石片岩断面最大变形统计

根据上述章节的描述可知，对于 1 号和 2 号隧洞大变形洞段在不施以一定支护甚至超前支护手段的情况下，很难维持开挖后短期的自稳。从已开挖洞段的变形量看，很多断面初期支护后的最大变形达到了 0.5～0.7m，为隧洞半径的 7.6%～10.6%。下面参考国际上不同的评价方法来评价隧洞的变形程度。

7.5.3.1　应力评价方法

本节汇总了部分相关的评价方法，岩体挤压程度评价见表 7.5-1。

表 7.5-1　　　　　　　　　　　岩 体 挤 压 程 度 评 价

挤压程度	$\sigma_\theta/\sigma_{cm}$ （ISRM）	$\sigma_{cm}/\gamma H$ （Barla）	$\sigma_{cm}/\sigma_{insitu}$ （Hoek）
无挤压	＜1.0	＞1.0	＞0.35
轻微	1.0～2.0	0.4～1.0	0.2～0.35
中等	2.0～4.0	0.2～0.4	0.15～0.2
严重	＞4.0	＜0.2	＜0.15
锦屏绿泥石片岩地层	12.5	0.16	0.15

现场钻孔取芯计算所得的 RQD 值表明，在孔深 14m 以内，RQD 值较低，相应的岩芯如图 7.5-5（a）所示，而孔深大于 14 后，RQD 值较高，一般为 80～98，相应的岩芯如图 7.5-5（b）所示，根据 GSI 与 RQD 之间的对应关系可知，σ_c 为 38.8MPa，对于Ⅳ类围岩，GSI 取较低值 45，则 σ_{cm} 约为 6.4MPa。上台阶开挖后，最大环向集中应力达 80MPa，因此，$\sigma_\theta/\sigma_{cm}=12.5$，$\sigma_{cm}/\gamma H=0.16<0.2$，$\sigma_{cm}/\sigma_{insitu}=0.15$。将以上数值与表 7.5-1 中的评价标准对比可见，该地层本身就属于严重挤压变形地层。

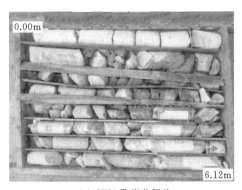 

（a）YK3孔岩芯照片　　　　　　　　　　　（b）YK1孔岩芯照片

图 7.5-5　绿泥石片岩地层钻孔岩芯照片

7.5.3.2　变形评价方法

Barla（1995）在经验统计的基础上提出了隧洞挤压变形的评价方法（表 7.5-2）。Hoek 针对软岩大变形问题也提出了相应的评价方法（表 7.5-2 和图 7.5-6）。表 7.5-2 中的百分数为洞壁位移与隧洞半径的百分比。Barla 提出的评价方法与 Hoek 提出的评价方法在轻微和中等分界值有小的差异，对于本次研究问题影响不大，由于 Hoek 的分级比较细致，所以本次研究采用 Hoek 的分级评价方法。

表 7.5 - 2 基于变形的挤压变形程度评价方法

变形程度	轻微/%	中等/%	严重/%	极严重/%
Barla 评价方法取值	1~3	3~5	>5	
Hoek 评价方法取值	1~2.5	2.5~5	5~10	>10
本书取值	1~2.5	2.5~5	5~10	>10

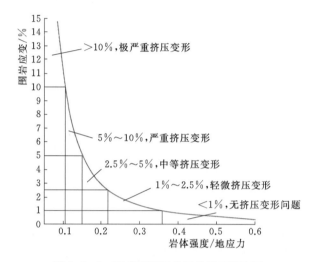

图 7.5 - 6 西端绿泥石片岩地层挤压变形
程度评价方法

(1) 轻微挤压变形程度为 1%~2.5%，对应该隧洞的变形范围为 0.06~0.16m。

(2) 中等挤压变形程度为 2.5%~5%，对应该隧洞的变形范围为 0.16~0.32m。

(3) 严重挤压变形程度为 5%~10%，对应该隧洞的变形范围为 0.32~0.63m。

(4) 极严重挤压变形程度大于 10%，对应该隧洞的变形范围为大于 0.63m。

1 号隧洞大变形洞段引 (1) 1+635~800 段长约 175m，包括 78 个扫描断面，图 7.5 - 7 为其中各个级别挤压变形断面所占的比例。其中，74.36%的断面处于严重挤压变形的范围内，23.08%的断面处于中等挤压变形范围内，其他断面为轻微挤压变形。当然，参与分析的断面处于大变形洞段内，轻微挤压变形的数量很少是很正常的。

另外，对于 1 号隧洞已揭露的绿泥石片岩地层来讲，大变形洞段占绿泥石片岩洞段长度的 66%。而总体来看，中等挤压变形以下的洞段占绿泥石片岩洞段的 53%，即 1 号隧洞的绿泥石片岩洞段上层开挖初期支护后，约一半的洞段处于中等挤压变形范围内，另一半为严重或者极严重挤压变形洞段。如果在开挖过程中严格实施超前支护、弱爆破小进尺开挖、紧跟系统支护等措施，有望将更大比例的洞段控制在中等挤压变形范围内。

2 号隧洞大变形洞段长约 105m，占已揭露绿泥石片岩区段长度的 33%，包括 56 个扫描断面，各个级别挤压变形断面所占的比例如图 7.5 - 8 所示。可见，58.93%的断面处于严重及以上挤压变形范围内，37.5%处于中等挤压变形范围内，由于分析洞段是大变形洞段，同样轻微挤压变形断面很少。

总体来看，2 号隧洞中等挤压变形以下的洞段占已揭露绿泥石片岩洞段 81%，即 2 号隧洞以揭露的绿泥石片岩洞段上层开挖初期支护后，大部分洞段处于中等挤压变形范围内，仅 1/5 洞段为严重或者极严重挤压变形洞段。如果在开挖过程中严格实施超前支护、弱爆破小进尺开挖、紧跟系统支护等措施，有望将更大比例的洞段控制在中等挤压变形范围内。

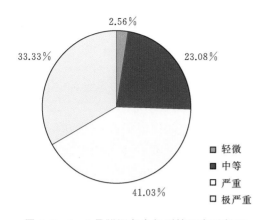

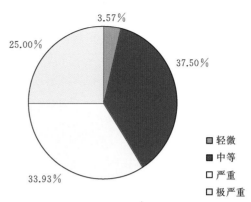

图 7.5 - 7　1 号隧洞各个级别挤压变形断面
　　　　　所占的比例

图 7.5 - 8　2 号隧洞各个级别挤压变形断面
　　　　　所占的比例

7.5.4　预留变形量确定方法

对于深埋软岩隧洞而言，挤压大变形问题将非常突出，为了保持围岩具有足够的稳定

性，通常将隧洞围岩的变形量控制在一定的
范围内，即隧洞收敛应变分析方法中的允许
收敛变形量问题。软岩围岩开挖控制变形量
将占据开挖断面的部分洞径，且通常不可忽
视，在隧洞断面净空根据工程实际需要确定
后，隧洞的开挖控制变形量就与预留变形量
相互关联，具体如图 7.5 - 9 所示。

与硬岩小变形、无衬砌隧洞不同，在软
岩隧洞中往往因为围岩大变形、较厚的支护
结构等存在的关系，隧洞开挖的实际洞径与
隧洞净空差距较大，初始预留变形量的合理

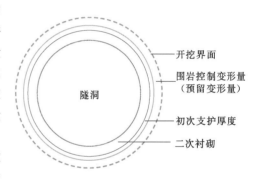

图 7.5 - 9　软岩引水隧洞开挖支护断面
　　　　　形态示意图

确定很难。若隧洞开挖初始洞径选取过大，有时尽管可以通过增加衬砌结构的厚度来填补
超挖空间，但对于距离长、断面大的隧洞工程往往非常不经济；若选用的初始开挖洞径过
小，基本的支护结构将侵占隧洞设计净空，导致已挖隧洞不得不进行扩挖处理，后续施工
将非常繁琐。故确定此类隧洞的开挖预留变形量十分关键。

预留变形量的概念，在工程中可以理解为不允许产生流变变形的最低要求，对于软弱
围岩而言，工程这一基本要求对应的变形控制标准为 3‰～5‰ 的收敛应变，即变形量与
隧洞半径的比值，锦屏二级水电站绿泥石片岩段采用 4‰，这个应变率对应的也是中等挤
压变形。对于直径为 13.4m 的隧洞对应的绝对变形量为 26.8cm。

7.5.5　深埋软岩隧洞支护优化设计

7.5.5.1　设计特点

深埋软岩本身的低强度和高地应力环境将会导致开挖后出现挤压变形问题，不同的挤

压变形程度对应不同的支护类型。应该说，到目前为止关于深埋软岩隧洞的实践，已积累了比较丰富的经验设计系统和解析理论公式，可以有效地帮助人们进行各种工程环境下深埋软岩隧洞的设计。总体来说，深埋软岩工程的支护设计需要把握以下几点：

（1）首先需要判断深埋软岩隧洞的挤压变形等级，不同的挤压变形等级对应不同的支护理念。对于轻微挤压变形（收敛应变为 1‰～2.5‰）～中等挤压变形（收敛应变为2.5‰～5‰）的隧洞，一般可以采用喷层＋锚杆＋钢拱架直接控制掌子面后的围岩变形量级；对于严重挤压变形（收敛应变为 5‰～10‰）～极严重挤压变形（收敛应变超过10‰），掌子面后方紧跟喷层和锚杆，并采用可伸缩型钢拱架，避免常规钢拱架在大变形条件下扭曲失效，必要时可以采用锚索支护；对于小洞径软岩隧洞，在非常严重挤压变形条件下，可以考虑采用封闭成环的刚性混凝土衬砌提供强大的刚性支护力。

（2）大断面深埋水工隧洞，一般需要分幅开挖，支护理念通常也是先采取一期支护，后面考虑永久的混凝土衬砌。当掌子面稳定性较差时，还需要考虑超前支护和针对掌子面的临时支护。一期支护通常采用紧跟掌子的系统锚杆＋喷层＋系统钢拱架。

（3）软岩挤压大变形特点突出，且其收敛变形规律一般同时受掌子面效应和时间效应影响，支护时机和支护类型的把握非常关键，支护设计使围岩和支护的变形协调发展。在非常严重和极其严重的挤压变形条件下，为匹配围岩收敛变形的时效性，整个支护过程可采用逐次施加、多步控制的方式，随着掌子面推进，支护措施逐步采用刚性构件。具体可采取如下措施：

1）施加高强度、具有良好延展性的锚杆或锚索支护系统，必要时采用可伸缩式钢拱架。加强锚杆材质的延展性特征，使其达到峰值强度以后具备同等程度承载力的同时，仍然有能力承担围岩变形。

2）调整锚杆安装时机和预张拉水平，使用能够抵抗大变形的屈服性锚杆或锚索。适当延后永久支护的安装时间（滞后临时锚固区或掌子面的距离），在早期相对快速的变形发生以后再安装系统支护，使系统支护主要起到控制大变形发展速度和维持围岩长期稳定性的作用。

3）使用可调式锚索，即安装以后若锚索应力偏低时可以进行二次张拉提高锚固力，锚索应力接近设计允许值时可以放松锚索降低其受力水平。可调式锚索已经在国外一些工程中使用，与普通锚索在设备和施工技术要求上基本没有差别，仅仅需要在工艺上进行改造，具有良好的可行性。

4）把握各种支护结构联合作用机理，使得锚杆、锚索、金属网、混凝土喷层和钢拱架等支护措施协同作用来维持围岩和结构的长期稳定性。

5）作为联合支护结构的一部分，喷混凝土层因施工方便，且能够快速及时地起到加固围岩的作用，在工程中应用非常普遍。遇到软岩问题时，喷层的厚度、强度和施加时机均是关键，有时还需要分层多次喷射，大型工程中钢纤维混凝土喷层比较常用。

（4）考察软岩流变特性，对永久安全，尤其是支护系统的长期安全性的影响是支护设计需要重点解决的问题。原则上需要加强潜在应力性破坏部位的临时支护强度，要求实现及时性、针对性和系统性，永久支护需要适当地增强支护的抗变形能力，后期设置结构混凝土衬砌分担部分围岩形变压力以维持结构的长期稳定性。永久性支护必须考虑支护时机，保证支护结构能够长期有效发挥支护效果，这就要求支护结构在设计时留有足够的安全空间，比如二次混凝土衬砌施作过早，则不利于围岩地应力的释放和充分发挥围岩的自稳能力，从而导致衬砌结构承受过大的围岩压力。如果二次衬砌施作过晚，则围岩及初期支护可能出现不可控变形，导致围岩坍塌等事故，所以合理确定二次衬砌施作时机是保证此类工程施工阶段和长期运行阶段安全性的关键。

（5）深埋软岩隧洞问题的复杂性和不确定性需要进行实时监测反馈分析。在施工阶段，应注重现场监测，包括断面的收敛变形以及支护结构与岩体之间的荷载传递信息等，确切地预报围岩及结构的变形程度及破坏趋势，及时调整、修改开挖和支护的顺序和时机等。

7.5.5.2　设计方法

在常规的隧洞工程设计内容和方法的基础上，结合隧洞深埋、大直径和软弱围岩的特点，深埋大直径软岩隧洞的设计内容应主要包括以下几个方面：

（1）工程基础资料的分析，包括工程枢纽布置、隧洞用途、动能指标、水文、气象、地形、工程地质、水文地质、施工条件以及建筑材料等方面的资料分析。

（2）隧洞沿线的地质勘察和试验工作。地质资料是隧洞设计的重要依据之一，也是施工、运行的重要资料。深埋软岩隧洞在常规隧洞沿线的围岩特性、地质构造、水文地质情况勘察的基础上，要充分重视岩体本身物理力学特性和隧洞所处区域地应力环境的勘察和试验工作。

（3）隧洞的断面型式和尺寸设计，包括隧洞的开挖断面、衬砌断面尺寸及断面型式等。充分考虑深埋大直径软岩隧洞可能面临的大变形问题，在拟定隧洞相应尺寸时应考虑一定的围岩预留变形量。

（4）隧洞的开挖支护设计及围岩稳定性分析。应合理考虑隧洞的支护结构同围岩变形自稳能力的协调，重视隧洞支护的及时性、系统性、封闭性，重视柔性支护及时提供的围压对围岩自稳能力的提升作用。根据隧洞安全监测成果进行动态支护设计。

（5）隧洞衬砌结构设计及安全性评价。应充分重视深埋软岩隧洞围岩流变特性、特殊的水理特性对围岩长期性能的影响以及对隧洞衬砌结构永久安全性的影响。若隧洞为刚性混凝土衬砌，应考虑合适的衬砌施工时机。

（6）隧洞的防渗、排水设计。应结合隧洞主要功能考虑。

（7）隧洞的安全监测设计。重视安全监测措施实施和监测成果分析的及时性，作为隧洞动态支护设计和施工方案调整，以及隧洞结构永久安全性评价的主要依据。

（8）隧洞的施工方案。对于大直径隧洞要充分考虑隧洞开挖方式对围岩稳定性的影响，可以通过施工期隧洞安全监测的分析成果进行施工方案的调整。应制定特殊情况下的处理预案。

根据以上深埋大直径软岩隧洞的主要设计内容，设计工作一般流程见图 7.5-10。

根据相关的研究成果及在锦屏二级深埋软岩洞段的设计经验，归纳得到的设计要点如下。

1. **地质勘察和试验**

深埋软岩隧洞工程的地质勘察和试验工作应在常规地下工程勘察内容的基础上，充分

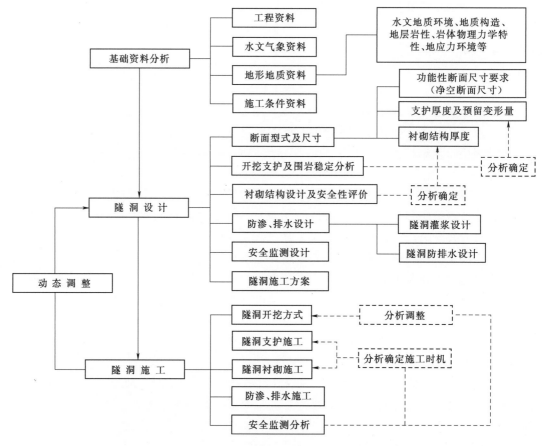

图 7.5－10　深埋大直径软岩隧洞设计工作一般流程图

重视深埋工程区域地应力环境的分析和软岩岩体特殊物理力学性质的试验分析工作，应有针对性地进行现场地应力的测试，根据测试结果进行区域地应力场的分析反演，重视局部地质构造作用对地应力环境的影响。岩体物理力学参数的试验在常规的强度、变形、渗透试验的基础上，应充分重视软岩岩体通常所特有的流变特性、水理特性的试验分析。

2. 隧洞断面型式和尺寸的拟定

一般的，对于大直径隧洞工程，圆形断面是最优的选择，隧洞结构受力最佳，且由于隧洞断面大，底弧对施工交通等的影响同平底隧洞并没有本质的区别，混凝土衬砌浇筑施工会稍显麻烦，因此，需要结合具体工程需要确定隧洞断面型式，优先选择圆形断面。

隧洞断面尺寸的拟定包括功能性断面尺寸（净空断面尺寸）、支护结构尺寸（支护喷层和混凝土衬砌）和围岩预留变形量。隧洞开挖以后围岩能够保持自稳的变形量与岩体性质、岩体初始地应力水平、开挖尺寸等几个方面的因素有关，研究和工程应用成果表明上述三者存在着一定的关系，比较突出的控制条件是围岩强度与最大初始地应力水平的比值。对于深埋软岩隧洞而言，较小的围岩强度应力比将会导致比较突出的围岩变形问题。围岩的变形控制同隧洞的支护强度又息息相关，较强的支护强度可以有效地控制围岩的变形，但往往不经济，支护工作量也难以被工程所接收。因此，确定合理的围岩预留变形量应考虑围岩变形和支护强度的匹配协调，允许围岩发生适当变形，充分发挥围岩的自稳能力，达到工程的技术经济性最优，同时避免因围岩过度变形造成的后续二次扩挖等额外处理。

3. 隧洞支护设计及围岩稳定分析

深埋大直径软岩隧洞的支护设计通常也采用工程类比、数值分析、Q 系统法等方法。针对深埋软岩隧洞的围岩开挖响应特点，支护措施应更加重视及时性、系统性、全封闭性，发挥及时系统的支护结构的围岩作用对围岩自身承载能力的提升效果。隧洞的底板应实施必要的支护，防止底臌破坏的发生，系统支护锚杆应有较好的延展性，适应围岩的变形，围岩变形控制要求较高、变形破坏风险较大的部位可考虑预应力锚索支护，重视系统支护拱架对围岩的刚性支撑作用，重视隧洞开挖掌子面的稳固对隧洞围岩稳定的影响，掌子面实施必要的超前支护。

遵循地下工程动态支护的设计理念，充分利用隧洞的安全监测成果，进行隧洞围岩稳定的动态分析，及时指导隧洞支护设计的调整。

4. 隧洞衬砌结构设计及安全性评价

深埋大直径软岩隧洞衬砌结构型式的选择应在隧洞围岩稳定分析的基础上，结合工程具体情况，考虑隧洞的功能需要确定。对于非过水隧洞，在确保喷锚支护能够保证隧洞长期稳定的基础上，可采用喷锚支护作为永久支护；对于过水隧洞，考虑到软岩的长期流变变形、特殊的水理特性等特征，应优先考虑混凝土衬砌作为永久衬砌，衬砌厚度应考虑围岩的长期变形所产生的附加荷载，以及围岩遇水软化所产生的围岩自承载能力的降低，此外，隧洞衬砌材料较普通过水隧洞可适当提高混凝土衬砌自身承载能力和抗渗性能。隧洞刚性混凝土衬砌施工时机需要合理把握，在围岩变形收敛时方可进行衬砌施工。

5. 隧洞防渗设计

隧洞的防渗一般可以通过围岩灌浆措施处理。针对通常情况下深埋软岩岩体相对致密的特点，深埋软岩隧洞灌浆可根据具体岩石条件采用普通水泥灌浆、超细水泥灌浆、化学灌浆或者复合灌浆，灌浆采用高压力、低水灰比，力求通过高压使浆液填充裂隙，并防止过多的用水量对岩体造成劣化影响。

6. 隧洞安全监测设计

深埋大直径软岩隧洞安全监测设计应包括施工期安全监测设计和隧洞永久安全监测设计。施工期安全监测设计应以围岩变形监测为主，尽可能适应实际工程施工需要。变形监测成果评判围岩开挖后的稳定状态，分析成果指导隧洞支护措施的调整。永久安全监测设计主要包含涉及隧洞施工期和永久运行期的围岩变形、应力应变监测，用以评判隧洞各个阶段的稳定状态，指导支护和隧洞施工方式的调整。对于永久运行期涉及隧洞衬砌结构安全的应力应变监测，可以采用分布式光纤监测的监测手段。

7. 隧洞施工方案设计

对于深埋大直径软岩隧洞工程通常采用分步式开挖方式，具体的分步开挖布置、步骤应结合隧洞断面尺寸、围岩稳定要求、总体施工组织设计和实际施工能力确定。对于分步开挖方式，应重视每步开挖施工对前序、后续部分开挖所造成的围岩稳定的影响，开挖前应根据围岩稳定条件完成必要的系统支护和超前支护。此外，分步开挖应在已开挖部位洞室围岩趋于稳定后实施。

7.5.6 软岩流变特性及其对衬砌结构的影响

7.5.6.1 软岩流变特性

岩石流变是指在恒量荷载作用下，应变随时间发展而增长的现象。岩石流变根据其特征可分为两种情况：衰减流变过程和非衰减流变过程。

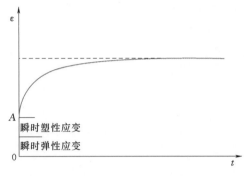

图 7.5-11 典型衰减流变曲线

第一种情况是衰减流变过程，其典型应变-时间曲线如图 7.5-11 所示，岩石变形随时间以减速发展，最终应变速率趋向于 0，即 $d\varepsilon/dt \to 0$。对于衰减流变过程，最终，岩石的变形趋向于某一稳定值，而不会导致岩石发生破坏。变形稳定值与岩石性质、荷载大小和围压有关。

第二种情况是非衰减流变过程（图 7.5-12），岩石的变形随时间的增长而逐渐增大，并不趋向于某一稳定值，达到某一阶段变形急剧增大，最后导致岩石发生破坏。非衰减流变变形一般包括 3 个阶段：

（1）第 Ⅰ 阶段为衰减阶段，即图 7.5-12 中的 $A-A'$ 阶段，流变曲线的斜率逐渐减小，即应变速率随时间逐渐递减，变形以减速发展。当达到 A' 点，其应变率处于本阶段最小值，若在 $A-A'$ 曲线上的某一点进行卸载，则卸载后应力立刻消失，而应变不与应力同步恢复，总是落后于应力，并随时间逐步恢复。这种性质的弹性变形称为滞弹性或弹性后效。

（2）第 Ⅱ 阶段为稳定流变阶段，即图 7.5-12 中的 $A'-B$ 段。该阶段流变曲线近似一条直线，应变速率大体恒定不变，即 $d\varepsilon/dt$ 是常量，一直随时间发展到 B 点。若在 $A'-B$ 阶段进行卸载，则最后会保留一定的永久流变应变。

（3）第 Ⅲ 阶段为加速流变阶段，对应图 7.5-12 中的 $B-F$ 段。应变速率由 B 点开始迅速增加，随后导致岩石发生脆性或者黏滞性破坏。

对于发生非衰减型流变的岩石而言，每一阶段的持续时间取决于岩石的性质和荷载水平。一般而言，荷载越大，第 Ⅱ 阶段的持续时间越短，第 Ⅲ 阶段出现越快。在中等荷载水平下，所有的 3 个阶段都很清晰；在很大的荷载水平下几乎加载后立刻产生破坏，难以观测到 3 个典型的流变阶段。

锦屏二级 1 号引水隧洞共计 23 个收敛监测断面，2 号引水隧洞共 16 个收敛监测断面，从监测到的流变变形特征来看，几乎所有断面的收敛监测数据都属于衰减流变过程，如 1 号引水隧洞的引（1）K1+675 断面、引（1）K1+725 断面、引（1）K1+780 断面；2 号引水隧洞的引（2）K1+648 断面、引（2）K1+680 断面都可以明显地观察到流变变形随时间衰减并最终趋于稳定的变形过程。因此，从收敛监测资料来看，锦屏绿泥石片岩洞段发生的流变变形属于衰减型流变过程，即在衬砌施工之前，通过先期的喷锚支护，绿泥石片岩的流变变形速率在逐步减小。

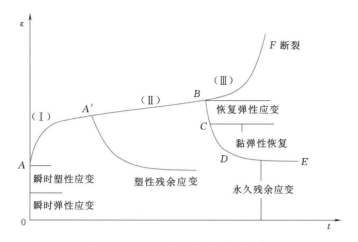

图 7.5 - 12　典型非衰减型流变曲线

构建流变本构模型总体上有两大类方法：一类方法是通过基本元件（弹簧、黏壶）的串并联组成流变模型；另一类方法是在试验的基础上，通过假设—试验—理论的方法建立流变方程。不同的流变模型按照建模的目标不同，其具体的描述能力也不同，并不是所有模型都能描述衰减型流变，也不是所有模型都能描述非衰减型流变的三个阶段。因此，在流变计算分析时，根据具体的流变特征选择模型就成为分析工作中的一个重要环节。本次分析中，采用退化的 Burgers 模型来描述锦屏绿泥石片岩洞段的衰减型流变。Burgers 模型属于通过基本元件组合而成的流变模型。元件模型的基本元件是弹簧和黏壶，弹簧也称为虎克体或弹性体，黏壶也可以称为牛顿体。

弹性体在施加荷载后立刻发生变形，卸载后弹性体的变形完全恢复。一维应力状态时，弹性体的本构方程为

$$\sigma = E\varepsilon \qquad (7.5-2)$$

式中：E 为弹性模量；σ 为应力；ε 为应变。

三维状态下，弹性体的本构方程表示为

$$\left.\begin{array}{l} s_{ij} = 2G\varepsilon_{ij} \\ \sigma_{m} = 3K\varepsilon_{ii} \end{array}\right\} \qquad (7.5-3)$$

式中：G 和 K 分别为剪切模量和体积模量，可以由弹性模量和泊松比求得；s_{ij} 为偏应力张量；σ_{m} 为球应力；ε_{ii} 和 ε_{ij} 为应变张量。实际上，式（7.5 - 3）也是弹性本构模型，即弹性体代表弹性本构模型。

牛顿体的力学原型是一个带孔的活塞在装满牛顿液体的黏壶中运动，黏壶中的液体其受力和变形关系服从黏滞定律，即应力与应变速率成正比。牛顿体的本构方程为

$$\left.\begin{array}{l} s_{ij} = 2\eta\dot{\varepsilon}_{ij} \\ \sigma_{m} = 3K\varepsilon_{ii} \end{array}\right\} \qquad (7.5-4)$$

式中：η 为黏滞系数，是流变材料的基本材料参数，该本构表示偏应力是导致流变变形的根本原因；$\dot{\varepsilon}_{ij}$ 为应变速率。显然，流变效应是由牛顿体（即黏壶）带来的，对于黏壶而言，若保持荷载不变则最终流变速度保持恒定。

Burgers 流变模型由一个 Kelvin 体和 Maxwell 体串联而成（图 7.5-13）。其中 Kelvin 体由一个弹簧和黏壶并联而成；Maxwell 体由弹簧和黏壶串联而成。对于 Kelvin 体而言，在恒定荷载作用下，由于弹簧和黏壶的并联关系，流变速率会逐渐减小为 0。Maxwell 体在恒定荷载作用下，最终会获得稳定的流变速率。显然 Burgers 模型是一个典型的非衰减型流变模型，最终的稳定状态是图 7.5-12 中的第Ⅱ阶段（A'—B 段），即稳定流变阶段，该模型并不适合描述具有衰减流变特征的绿泥石片岩。

根据上述分析，在具体使用该模型时候去掉其 Maxwell 体中的黏壶（图 7.5-14），使其由一个 Kelvin 体和一根弹簧串联而成，称之为退化的 Burgers 模型，显然该模型在恒定荷载 F 作用下，流变速率随时间的增加而减小，最终趋于稳定，其过程是典型的衰减流变过程。

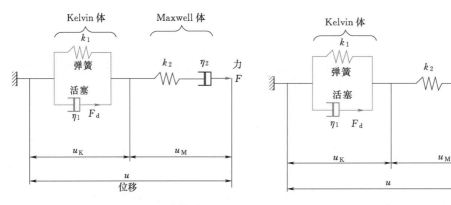

图 7.5-13　Burgers 流变模型　　　　　图 7.5-14　退化的 Burgers 流变模型

上述退化的 Burgers 模型一共 7 个参数，其中 4 个参数描述弹性行为，即 Kelvin 体中的弹簧和 Maxwell 体中弹簧，分别是 G_K、K_K、G_M、K_M，即 Kelvin 体弹簧的剪切模量、Kelvin 体弹簧的体积模量、Maxwell 体弹簧的剪切模量、Maxwell 体弹簧的体积模量；2 个参数描述塑性行为：黏聚力 c 和摩擦角 φ；1 个参数描述 Kelvin 体黏壶的力学行为，即 Kelvin 体黏壶黏滞系数 η_k。

采用该模型对 1 号引水隧洞塌方洞段引（1）1+780 断面的收敛监测数据进行反分析，通过不断试算找到一组可以描述该断面衰减流变特征的参数，该组参数的数值模拟结果和实测结果的对比如图 7.5-15 所示，可以看到位移最大的两条测线 DE 和 BC，数值计算结果和实测结果具有良好的一致性，说明了反算的参数可以比较准确地描述绿泥石片岩的衰减流变过程。

表 7.5-3 中所列是反算获得的流变参数，该组参数也是预测永久运行期衬砌在不同时间段受力的依据。

表 7.5-3　　　　　　　　　反算获得的绿泥石片岩流变参数

弹　性　参　数				黏　性　参　数	塑　性　参　数	
G_K/GPa	K_K/GPa	G_M/GPa	K_M/GPa	η_k/(MPa·a)	c/MPa	φ/(°)
1.31	2.30	1.31	2.30	272	1.685	27

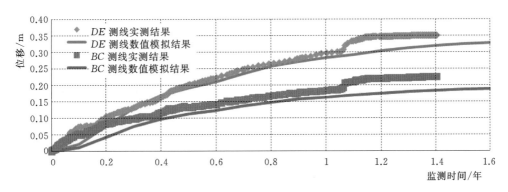

图 7.5 - 15　1 号引水隧洞塌方段引（1）1+780 断面数值模拟结果与实测结果对比

7.5.6.2　衬砌结构受力分析

典型洞段引（1）1+800 断面的衬砌安装后，受到绿泥石片岩的流变挤压作用，衬砌结构受到来自围岩的非均匀压力，进而导致衬砌内部产生压应力。显然，衬砌施工越早，衬砌安装后受到的压应力越大。若衬砌安装太早，绿泥石片岩流变变形所产生的压力甚至会导致衬砌结构由于压应力超过混凝土强度而发生破坏。衬砌结构的破坏总体来说，是由压应力控制的，而不是由拉应力控制，这一点需要强调，它关系到分析计算成果整理的工作方向。

考察衬砌在运行期间的受力情况需要结合衬砌的施工时机来研究，本次计算对比了 4 种不同的衬砌施工时机：隧洞开挖后 0.5 年、隧洞开挖后 1 年、隧洞开挖后 1.2 年和隧洞开挖后 1.5 年。考虑到锦屏二级水电站引水隧洞衬砌施工一般滞后开挖 1.5 年甚至更长的时间进行，因此前面 3 种计算工况可能不具有实际意义，而是作为对比研究的资料。衬砌的 C30 混凝土抗压强度标准值为 20.1MPa，计算中采用弹性本构模型，因此可以根据衬砌安装后，其压应力的增长量值判断结构是否处于安全状态。计算的具体流程如下：

（1）采用弹-塑性本构模型计算引水隧洞开挖后的应力状态和变形特征，此时不考虑流变。

（2）将弹-塑性本构模型替换为黏弹-塑性本构模型，模拟围岩的流变变形至设定值（如 0.5 年、1 年、1.2 年和 1.5 年）。

（3）安装衬砌，继续流变计算。此时，随着时间的增长、围岩流变变形的继续发生，衬砌内部的压应力逐渐增大。

（4）计算持续至隧洞开挖后 100 年，即考察运行期大约 100 年的时间跨度内，衬砌结构的受力情况。

W-L5c 是典型断面引（1）1+800 的衬砌型式，计算过程中在北侧拱肩、北侧拱腰和南侧拱脚布置 3 个监测点（图 7.5-16）。通过这 3 个监测点了解隧洞运行期间，由于绿泥石片岩流变作用导致衬

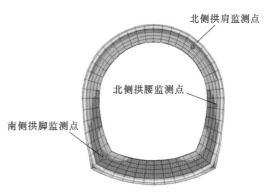

图 7.5 - 16　运行期 W - L5c 型衬砌
断面应力监测点（数值模拟）

砌应力在这些关键部位的增长情况。

在 100 年的时间跨度内，W-L5c 型衬砌断面各监测点的衬砌应力详见表 7.5-4，根据计算结果，若施工衬砌滞后开挖 0.5 年，则拱肩、拱腰和拱脚的最大压应力超过 C30 混凝土的抗压强度标准值 20.1MPa，结构的永久安全成问题；若衬砌的施工滞后隧洞开挖 1 年以上，则 3 个监测部位的压应力均不超过 C30 混凝土的抗压强度标准值。

表 7.5-4　　　　　　　　　W-L5c 型衬砌断面运行期间衬砌应力

时间/年	W-L5c 型衬砌断面衬砌应力/MPa											
	开挖后 0.5 年安装			开挖后 1.0 年安装			开挖后 1.2 年安装			开挖后 1.5 年安装		
	拱肩	拱腰	拱脚	拱肩	拱腰	拱脚	拱肩	拱腰	拱脚	拱肩	拱腰	拱脚
2	29.60	24.44	22.32	13.35	10.78	9.86	9.54	7.71	7.19	4.61	3.96	3.59
4	30.24	24.78	22.87	14.29	11.37	10.72	10.32	8.33	7.90	6.57	5.16	5.08
6	30.12	24.70	22.81	14.19	11.42	10.73	10.57	8.47	8.03	6.60	5.16	5.12
8	30.09	24.59	22.82	14.25	11.45	10.73	10.58	8.48	8.05	6.61	5.11	5.13
10	30.09	24.59	22.82	14.25	11.45	10.73	10.58	8.48	8.07	6.61	5.11	5.13
12	30.09	24.59	22.82	14.25	11.45	10.73	10.58	8.48	8.07	6.61	5.11	5.13
14	30.09	24.59	22.82	14.25	11.45	10.73	10.58	8.48	8.08	6.61	5.11	5.13
16	30.09	24.59	22.82	14.25	11.45	10.73	10.58	8.48	8.08	6.61	5.11	5.13
18	30.09	24.59	22.82	14.25	11.45	10.73	10.58	8.48	8.08	6.61	5.11	5.13
20	30.09	24.59	22.82	14.25	11.45	10.73	10.58	8.48	8.08	6.61	5.11	5.13
30	30.09	24.59	22.82	14.25	11.45	10.73	10.58	8.48	8.08	6.61	5.11	5.13
40	30.09	24.59	22.82	14.25	11.45	10.73	10.58	8.48	8.08	6.61	5.11	5.13
50	30.09	24.59	22.82	14.25	11.45	10.73	10.58	8.48	8.08	6.61	5.11	5.13
60	30.09	24.59	22.82	14.25	11.45	10.73	10.58	8.48	8.08	6.61	5.11	5.13
70	30.09	24.59	22.82	14.25	11.45	10.73	10.58	8.48	8.08	6.61	5.11	5.13
80	30.09	24.59	22.82	14.25	11.45	10.73	10.58	8.48	8.08	6.61	5.11	5.13
90	30.09	24.59	22.82	14.25	11.45	10.73	10.58	8.48	8.08	6.61	5.11	5.13
100	30.09	24.59	22.82	14.25	11.45	10.73	10.58	8.48	8.08	6.61	5.11	5.13

图 7.5-17～图 7.5-20 是不同衬砌施工时机条件下，衬砌最大压应力的云图。由于 W-L5c 型衬砌断面是 3 种衬砌类型中最安全的断面，因此衬砌受力特征也得到明显的改善。从云图中可以确定，若衬砌施工滞后隧洞开挖 1 年，则 W-L5c 型衬砌断面在 100 年的永久运行期间，其最大应力均不会超过混凝土抗压强度标准值。

7.5.7　小结

本章从锦屏二级水电站引水隧洞工程中绿泥石片岩洞段挤压大变形和控制技术的工程实践中提炼和总结，提出了深埋大直径隧洞工程中工程软岩大变形问题的关键控制技术和处理方法，为今后同类工程提供宝贵的经验数据和先进的技术方法。主要成果和结论如下：

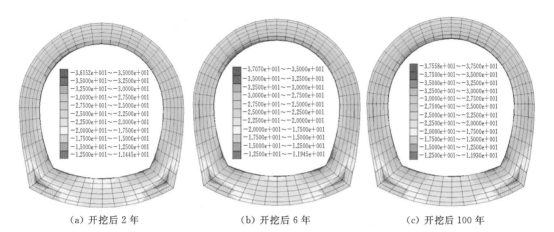

（a）开挖后 2 年　　　　　（b）开挖后 6 年　　　　　（c）开挖后 100 年

图 7.5 - 17　流变作用下 W - L5c 型衬砌受力情况（衬砌在开挖后 0.5 年施工）

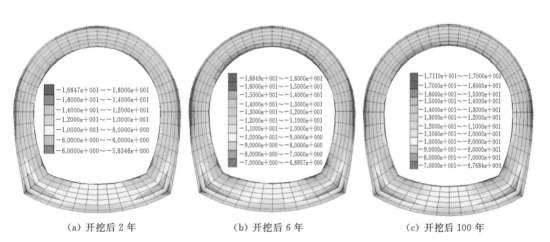

（a）开挖后 2 年　　　　　（b）开挖后 6 年　　　　　（c）开挖后 100 年

图 7.5 - 18　流变作用下 W - L5c 型衬砌受力情况（衬砌在开挖后 1.0 年施工）

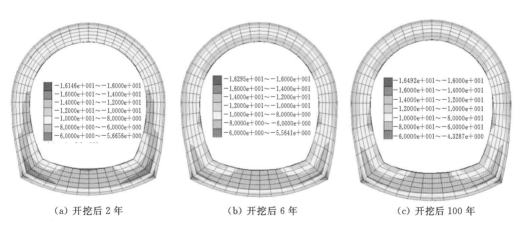

（a）开挖后 2 年　　　　　（b）开挖后 6 年　　　　　（c）开挖后 100 年

图 7.5 - 19　流变作用下 W - L5c 型衬砌受力情况（衬砌在开挖后 1.2 年施工）

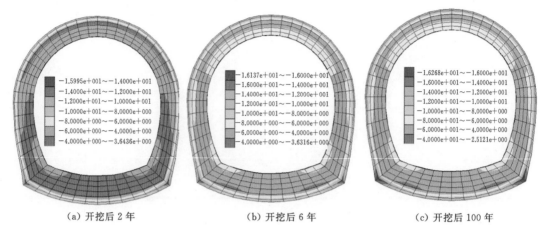

（a）开挖后 2 年　　　　　　　（b）开挖后 6 年　　　　　　　（c）开挖后 100 年

图 7.5 - 20　流变作用下 W - L5c 型衬砌受力情况（衬砌在开挖后 1.5 年施工）

（1）以深埋大直径隧洞中工程软岩的变形破坏机制和变形规律为基础，结合深埋隧洞大直径隧洞的施工特点，提出了"定程度、放变形、保稳定、优支护、重监测"十五字大变形控制处理方针和原则。以该原则为核心，提出了一套科学、系统的锦屏二级水电站引水隧洞绿泥石片岩大变形控制和治理方法。

（2）提出了确定引水隧洞绿泥石片岩岩体力学参数的动态反演技术，科学有效地确定了绿泥石片岩洞段岩体力学参数，为支护设计和岩体稳定性分析提供了模型基础。

（3）提出了挤压大变形洞段预留净空断面的尺寸设计方法，综合考虑到软岩自身变形能力、支护作用等工程条件对预留净空或扩挖断面尺寸的控制作用，确保了设计净空和后续衬砌设计要求。

（4）提出了考虑流变作用下，衬砌结构受力分析和围岩安全性评价方法，有效解决了复杂工况下深埋隧洞工程软岩衬砌结构设计问题。

7.6　岩溶工程处理

7.6.1　概述

岩溶地区地下工程的设计和施工具有众多的难点和热点问题，岩溶处理也被看作水利水电工程建设中比较复杂、有时也比较棘手的问题之一。实践证明，在岩溶地区建坝、修筑有压隧洞风险较大，历史上曾经发生过由于不重视岩溶处理而导致的水库渗漏事故，如我国在岩溶地区最早修建的水电工程之一的云南以礼河水槽子水库发生向邻谷的岩溶渗漏、广西龙江拔贡水电站由于缺乏详细勘探发生的坝区严重渗漏，以及土耳其位于幼发拉底河上的凯班水库蓄水过程中发生的溶洞塌陷渗漏，等等。

但对于岩溶的处理，水电工程领域尚未形成系统的处理方案。不同性质的溶洞、不同洞室断面尺寸都有不同的处理方法，溶洞采取何种处理原则和方法决定于溶洞段的岩溶水文地质条件以及隧洞的功能要求。因此，在溶洞处理设计中，要真正达到既安全稳定、又经济合理控制工期，则必须结合现场实际情况进行设计。在岩溶地段开挖洞室时，应根据岩溶的规模、形态、充填情况、稳定情况、地下水状态、与洞室位置关系等确定开挖和加固处理措施。《水工建筑物地下工程开挖施工技术规范》(DL/T 5099—2011)中对溶洞的处理有以下几种建议措施：

(1)当岩溶洞穴规模大于洞室，且没有充填时，洞室穿越洞穴，不应破坏其稳定性，可采用填渣加固或设拱桥、横梁等措施。

(2)当岩溶洞穴有充填物，如黏土、碎石等且松散、破碎，洞室穿越洞穴时，可采用桩基、注浆加固等措施。

(3)当岩溶洞穴规模不大时，可采用回填混凝土和挖除充填物后再回填混凝土的方法处理。

(4)当地下建筑物地段有隐伏洞穴时，需按专门方案进行处理，宜采用浅钻孔、弱爆破、及时支护加固的开挖方法。

(5)岩溶洞穴中有地下水时，应根据地下水位的埋深，采用弱透水材料回填、水泥灌浆、截水洞截水、堵塞、排水等措施，宜以堵为主，堵、排结合。

锦屏二级水电站引水隧洞工程区岩溶比较发育，岩溶发育区域主要集中在引水隧洞进口 1.6km 范围及引水隧洞末端 1km 范围的近岸坡洞段内，引水隧洞中部仅有少量岩溶区域分布。揭露显示的岩溶形态以小型溶洞、溶蚀裂隙、溶蚀宽缝发育为主，存在少量的中、大型岩溶空腔。引水隧洞沿线岩溶主要分布区域如图 7.6 - 1 所示。

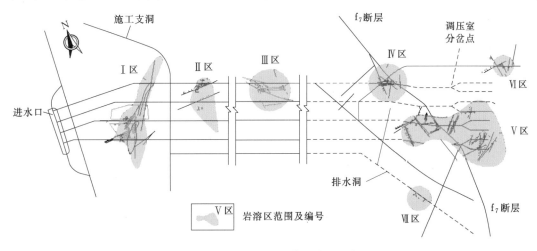

图 7.6 - 1　引水隧洞沿线岩溶主要分布区域

该工程岩溶发育有以下几个特点：①分布广、数量众多，发育相对集中，沿线岩溶发育洞段占比为 3.19%，且不均匀；②大型溶洞少，以小型溶洞、溶蚀裂隙发育为主；③大型溶洞多发育在较大构造的上、下盘或附近，且岩溶带地下水相对富集；④岩溶多垂直向发育，围岩稳定性一般较好，但施工处理难度大；⑤溶洞多为干枯型溶洞，为处理工作提供相对较好的条件；⑥溶洞数量多，围岩内部潜伏性溶洞多，潜伏性溶洞是岩溶处理的难点和重点；⑦引水隧洞西、东两端内水压力相差较大，岩溶处理需区别对待；⑧引水隧洞末端内水压力大，岩溶发育集中，且靠近厂房，是处理的重点，要求高。

基于上述岩溶发育特点，结合规范建议，形成了适用于深埋有压隧洞的岩溶处理技术。下面结合锦屏引水隧洞岩溶处理的具体措施予以说明，以供类似工程参考和借鉴。

7.6.2 岩溶处理设计

锦屏引水隧洞周边岩溶的发育大大削弱了围岩承载能力，特别是直径（宽度）达0.5m 以上的溶蚀宽缝和溶洞。虽然引水隧洞西端的水头较小，但由于施工阶段开挖了大量的施工辅助通道，部分通道毗邻引水隧洞布置，在岩溶存在的情况下，仍然有内水外渗的可能。同时，西端近岸坡山体雄厚，其天然地下水位线已经高于内水水头，岩溶空腔部位结构衬砌直接面对较大的内水压力。而引水隧洞末端水头高且靠近岸坡，下游侧即是高压管道和地下厂房，处理不慎将引起大规模的内水外渗，危及厂区枢纽边坡的稳定性和地下厂房洞室群的运行安全，造成电量损失，后果严重。

因此，引水隧洞岩溶处理的目标为满足隧洞结构补强、防渗要求。岩溶处理原则为填充岩溶空腔。具体处理方案为置换、回填＋固结灌浆。根据岩溶分类原则，不同的岩溶采用的处理方式稍有不同。

（1）对于直径大于 5m 的大、中型溶洞，在封堵或引排可能的地下水满足后续施工条件后，根据围岩分类和现场设计文件及时采取加强支护措施（如喷锚支护等）确保围岩施工期稳定，必要时补充钢拱架等强支护方法。随后，在清除溶洞内钙化、松散堆积物后回填混凝土，充填溶洞空腔（当溶洞处于顶拱时，混凝土回填应采用预埋管，并分层回填）。混凝土回填工作完成后进行系统裸岩固结灌浆加固围岩（可起到同时检验混凝土回填质量的作用）。后期施工衬砌混凝土，并进行系统固结灌浆。

（2）对于直径为 0.5～5m 的小型溶洞或溶蚀宽缝，在封堵或引排可能的地下水后，对稳定性不佳的充填型溶洞，应首先进行系统喷锚支护，并清除溶洞内松散充填物后进行系统支护工作，再采用混凝土回填溶洞空腔（当溶洞处于顶拱时，混凝土回填应采用预埋管），然后进行裸岩固结灌浆加固围岩，后期施工衬砌混凝土，并进行系统固结灌浆。

（3）对于直径小于 0.5m 的溶蚀宽缝、溶蚀裂隙和溶孔等，在封堵或引排可能的地下水后，完成系统喷锚支护和加强支护后回填（置换）溶蚀缝隙。施工条件允许时，应尽可能采用回填混凝土分层充填，否则可采用水泥砂浆灌注密实，随后进行裸岩固结灌浆加固围岩，后期施工衬砌混凝土，并进行系统固结灌浆。

（4）引水隧洞溶腔发育洞段在完成局部溶孔、溶蚀裂隙的混凝土、水泥砂浆回填后，均需进行系统裸岩灌浆，后期衬砌混凝土施工完成后，再进行一次系统固结灌浆。

（5）引水隧洞衬砌混凝土需满足限裂设计要求。

（6）规模较大、发育较为集中的岩溶形态需集中处理，其他尺寸和深度较小，且分布较为零散的岩溶形态则结合隧洞混凝土衬砌和衬后有盖重系统固结灌浆进行处理。

7.6.3 规模较大岩溶处理

规模较大岩溶揭露出的洞段往往地质条件较差，围岩稳定性不佳，尤其是充填、半充填型溶洞，更加容易出现大规模的塌方、掉块等施工缺陷，开挖掘进施工过程存在较大的安全风险，且处理时间较长，成为岩溶处理的重点和难点，需要进行专项处理。以 4 号引水隧洞引（4）0＋252～330（岩溶Ⅰ区）及 3 号引水隧洞引（3）16＋580（岩溶Ⅴ区）发育的大、中型溶洞为例，详细介绍专项处理措施。

1. 引（4）0＋252～330 溶洞区（引水隧洞起始段）

引（4）0＋252～330 段溶洞为一大型厅堂式溶洞，空腔内存大量溶洞堆积物，稳定性差，溶洞段围岩类别为Ⅳ类。针对该岩溶具体处理原则如下：

（1）根据现场岩溶水文地质条件，为确保施工安全和处理效果，确定其主要的处理措施和施工顺序为：开挖及初期支护→回填混凝土→裸岩固结灌浆→系统支护→边墙预应力锚杆（索）加固→底板下挖及支护→二次衬砌→有盖重固结灌浆。

（2）由于溶洞内堆积物较多，且位于溶洞顶拱，全部清理将存在较大风险。因此，溶洞内堆积物按照宜固不宜清的原则进行处理。隧洞在上断面开挖时，通过超前支护、灌浆加固及钢支撑强支护等措施掘进成洞后，对于隧洞边顶拱溶洞堆积物采取固结灌浆加固和系统锚杆支护，提高其完整性、抗渗性和承载能力，并通过 3 号和 4 号引水隧洞相应洞段之间的预应力对穿锚索的张拉锁固，保证隧洞下挖过程中溶洞堆积物部位隧洞的稳定。

（3）溶洞大空腔部位尽量保留人行通道进入其中进行回填混凝土处理，以确保回填密实。对于小型溶洞，采用预埋管泵送混凝土或裸岩灌浆进行回填。

（4）隧洞底板下挖前均采用超前锚筋束进行超前预支护，通过超前锚筋束孔进行固结灌浆，提高围岩整体性，同时保证边底拱临时边墙的稳定。待全断面开挖完成后，完成隧洞的系统支护，加强隧洞围岩联合承载能力。

（5）回填处理完成后尽早完成隧洞混凝土衬砌，并进行有盖重固结灌浆。为确保洞室永久稳定，该洞段的混凝土衬砌加厚为 1.0m。

2. 引（3）16＋580 溶洞区（3 号引隧洞与厂 9 号施工支洞交岔洞口位于引水隧洞末端）

根据地质勘察成果，该段岩溶区沿线长 83m，发育多组陡、缓倾角结构面及 F_7 断层，沿线岩溶溶洞、溶腔沿这些结构面和断面发育。其中 3 号引隧洞与厂 9 号施工支洞交岔洞口处 F_7 断层恰好穿越，断层可见宽度为 0.7m，由挤压片状岩和糜棱岩组成，沿面见绢云母光泽，局部岩石顺层挤压炭化，潮湿软化，岩体破碎，沿断层发育溶洞。3 号调压室底部溶蚀宽缝则沿一组 N60°W，SE∠10°～40°缓倾角溶蚀裂隙发育，该组溶蚀宽缝宽 1.7m（局部为 2.0m），底部充填块石土，宽缝两侧岩石表面覆盖钙化，厚度为 10～20cm，大量呈管状和枝杈状，底部可见钟乳石，直径约为 30cm，高约 50cm。根据以上地质条件和现场实际情况，确定专项处理措施如下：

（1）及时完成系统喷锚支护工作，并架立钢拱架，为确保开挖施工阶段的安全，利用布置的钢拱架架立混凝土模板，从下往上泵送混凝土至隧洞顶拱回填溶洞，回填混凝土厚度为 1～2m，以保证施工期安全为目的（实际施工过程回填混凝土难度较大，现场采用回填混凝土全部封闭掌子面，后按照隧洞断面挖除回填混凝土的方法通过）。

（2）在保证开挖施工安全的前提下恢复隧洞掘进和落底，直至岩溶区域完全揭露。由于上台阶已经架立了钢拱架，拱架的基础位于下台阶，所以下台阶的开挖施工必须保证拱架的稳定性。实际施工过程中采用了半断面、多循环、短进尺、加强观测的开挖方式，即挖出一榀拱架及时按照设计断面尺寸进行拱架基础的顺接，防止拱架基础长时间悬空，开挖过程中加强了围岩的变形观测。

（3）结合工程枢纽建筑布置特点，通过调压室竖井在引水隧洞上方约 20m 位置布置 1

条施工支洞用于溶洞顶部空腔混凝土的回填，以保证混凝土回填质量。

（4）进行深层裸岩固结灌浆施工。

（5）隧洞钢筋混凝土衬砌、回填灌浆和衬后有盖重浅层固结灌浆工作。为增加混凝土衬砌的承载能力，保证隧洞的永久稳定性，该岩溶洞段衬砌混凝土采用厚度 1.0m、强度和抗渗性能较好的 CF30 单掺 PVA 纤维混凝土。

3 号引水隧洞引（3）16＋580 溶洞处理示意图如图 7.6－2 所示。

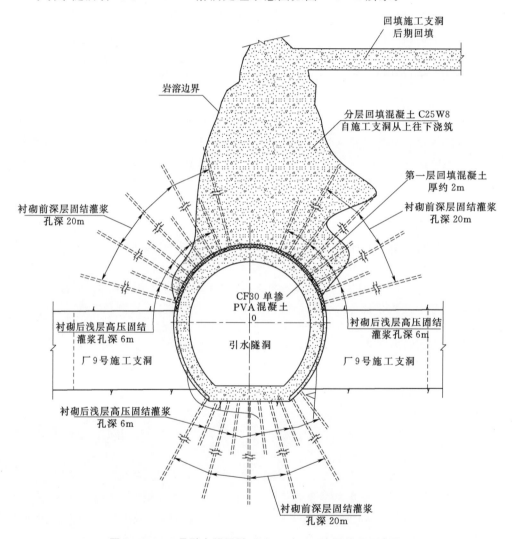

图 7.6－2　3 号引水隧洞引（3）16＋580 溶洞处理示意图

7.6.4　岩溶区域裸岩固结灌浆

裸岩固结灌浆是引水隧洞岩溶处理的重要措施，是在隧洞完成喷锚支护后混凝土衬砌之前进行的隧洞围岩固结灌浆，其作用是有针对性地充填围岩内细小的溶蚀空腔及没有条件回填混凝土的溶蚀空腔，并加固围岩、提高围岩弹性抗力及防渗性能。同时，通过裸岩灌浆钻孔可以发现隧洞周边的潜伏性溶洞，探明潜伏性溶洞的发育情况，并制定专门的处理措施。

综合考虑隧洞内水压力、围岩的承载能力及防渗能力，引水隧洞西端及中部揭露的岩溶洞段裸岩灌浆孔深为 12m，排距为 2.0m，灌浆压力为 1.5MPa，灌后压水吕荣值不大于 2Lu。引水隧洞末端近岸坡段岩溶区域的裸岩灌浆孔深为 20m，排距为 2.0m，灌浆压力为 1.5～2.5MPa，灌后压水吕荣值不大于 2Lu。现场灌浆试验成果表明，以上设计参数基本是合理的。

7.6.5 引水隧洞防渗设计

根据引水隧洞衬砌及加固设计思想，隧洞混凝土衬砌按照限裂设计，围岩是承载及防渗的主体，因此，该工程引水隧洞的防渗设计主要是提高岩溶区围岩的防渗能力，主要措施如下：

（1）限制引水隧洞衬砌混凝土裂缝宽度，提高岩溶区衬砌混凝土的抗渗能力，通过加配限裂钢筋、提高混凝土抗渗标号、采用抗渗性能较好的 CF30 单掺 PVA 纤维混凝土及在结构缝与施工缝布置止水铜片等手段来实现。

（2）控制引水隧洞长期稳定渗透水力梯度在 5.0 以内。通过控制混凝土在溶腔内的回填厚度及灌浆来实现，根据该工程引水隧洞的内水压力大小，要求引水隧洞末端混凝土回填及裸岩灌浆深度不小于 20m，即保证隧洞洞周完整围岩厚度不小于 20m。引水隧洞西端及中部岩溶洞段可适当根据内水压力适当降低要求。

（3）在设计内水压力作用下控制围岩的透水率 $q \leqslant 1.0$Lu，通过衬后固结灌浆来实现。引水隧洞在岩溶发育区除衬砌之前须进行深层的裸岩固结灌浆来回填、加固溶蚀裂隙之外，在混凝土衬砌后，还必须进行浅层的高压固结灌浆防渗，灌浆深度为 6.0m。灌浆分段压力根据隧洞内水压力不同而有所区分，具体为引水隧洞西端 0～6m 段，灌浆压力为 3.0MPa；引水隧洞中部及末端 0～2m 段灌浆压力为 2.5MPa，2～6m 段灌浆压力为 6.0MPa。

7.6.6 小结

布置在可溶性岩层中的有压水工隧洞会遇到不同程度的岩溶发育现象，岩溶的发育对围岩承载、防渗都有不利影响。锦屏二级水电站引水隧洞开挖洞径为 12.4～14.3m，长约 16.7km，隧洞末端静水压力近 90m，且靠近地下发电厂房和边坡，隧洞结构及防渗要求较高。根据现场施工及补勘成果，引水隧洞近岸坡段岩溶较集中发育，并以竖直型岩溶裂隙通道为主，局部呈中、小规模溶洞。若仍采用原设计的透水钢筋混凝土衬砌或经简单灌浆处理，在内水压力作用下，将引起严重的内水外渗，从而损失发电水量，恶化地下厂房等附近建筑物运行环境，威胁高压管道和厂区边坡安全。结合现场地质情况进行岩溶处理专项研究，提出置换、回填＋固结灌浆的具体处理措施，并针对规模较大岩溶提出专项处理措施，可作为大型有压水工隧洞岩溶处理设计方案及经验总结，可为类似工程提供参考。

7.7 高地温处理

7.7.1 高地温概述

7.7.1.1 地下工程中的高地温现象

很多人在日常生活中都能够接触到高地温现象，如温泉、气热泉等。有的温泉涌水温度很高，如云南腾冲温泉，最高温度达到102℃。很多温泉在涌水的同时，也伴随气体的喷发，如西藏的羊八井温泉，涌水温度约47℃，喷发时伴随白色的气柱和呼啸声，非常壮观。单纯的气热泉也有不少，如新疆的南疆地区就有。冰岛地区新构造运动非常活跃，温泉遍布全国，温度最高者达180℃。事实上，由于自然降温作用，出露地表的温泉相对于地下深部的温泉而言，其温度还要低一些。

对于水利水电工程而言，在前期勘察阶段高地温现象主要是通过地表出露的温泉以及地温梯度的高异常来认识的。在温泉的地面调查中可以发现，地温梯度需要通过钻孔进行地温测量来获得。表7.7-1为国内外部分高地温隧洞工程实例。

表7.7-1 国内外部分高地温隧洞工程实例

国　别	隧道名称	长度/km	最大埋深/m	温度/℃	主要岩性
法国、意大利	里昂—都灵隧道	54	2000	40	砂页岩、灰岩、片麻岩、石英岩
日本	安房公路隧道	4.35	700	75	黏板岩、砂岩、花岗闪绿斑岩
瑞士	辛普隆隧道	19.8	2140	55.4	流纹岩、片麻岩、花岗岩
瑞士	新列奇堡隧道	33	2200	42	片麻岩、花岗岩
瑞士	新圣戈达隧道	57	2300	45	片麻岩、白云岩
瑞士	老列奇堡隧道	14.64	1673	34	石灰岩、片麻岩、花岗岩
瑞士	老圣戈达隧道	14.94	1706	30.8	花岗岩、花岗片麻岩、片岩
俄罗斯	阿尔帕—谢万输水隧洞	43	—	30	大部分为中等～坚硬岩层
法国、意大利	勃朗峰公路隧道	11.6	2480	35	花岗岩、结晶片岩、片麻岩
美国	特科洛特公路隧道	6.4	2287	47	砂岩、粉砂岩
中国	西康铁路秦岭隧道	18.448	1600	40	混合花岗岩、混合片麻岩
日本	新黑部第三水电站水工隧洞	5.28	—	170	
日本	仙尼斯峰隧道	12.84	1700	29	
日本	伊泽尔—阿尔克隧道	10.7	2000	30.8	
中国	布伦口—公格尔引水隧洞	17.468	1600	80（压力蒸汽为140）	石墨片岩、绿泥石石英片岩
中国	娘拥水电站引水隧洞	15.4	800	48	云母石英片岩、长石石英片岩

在工程施工阶段，高地温现象随洞室开挖被直接揭露出来，主要有以下具体的表现：

（1）高温有压气体喷射。高地温会加热地下水使之汽化形成高温蒸汽，溶解在水中的气体会因高温、溶解度下降而溢出，高地温也会加热封闭在岩体空隙中的气体。这些储藏于岩体中的高温气体一旦开挖揭露，将经由裂隙等空隙喷射出来，形成高温气体喷射现象。与温泉类似，当压力较大时，气体喷射会伴随刺耳的呼啸声或"丝丝"声，人员无法靠近，处置不当会造成人员的灼烫伤害。

齐热哈塔尔水电站引水隧洞在施工过程中出现过多次高温蒸汽、空气喷射现象。其中，桩号 Y8＋038～110 洞段发育 4 条小断层，开挖揭露时喷射的蒸汽温度最高达到 172℃，压力超过 2～4MPa。布伦口—公格尔水电站也有类似现象。

（2）高温涌水。高温涌水是较为多见的高地温现象。地下水大多沿裂隙、断层等破裂张开结构面溢出，高温岩溶涌水较为少见。阿尔卑斯山辛普伦（Simplon）铁路隧道施工时曾发生多次 46～56℃ 的高温涌水，涌水量达 350L/s。齐热哈塔尔水电站引水隧洞也曾发生多次高温涌水，表现为沿裂隙滴水或线状流水，水温在 45℃ 以上。

（3）高温围岩。隧洞围岩表面的温度受通风、支护衬砌和运用条件等因素的影响。一般地，在通风、通水条件下围岩表面温度一般较低，裸洞要比支护衬砌条件下围岩温度要低。从齐热哈塔尔水电站引水隧洞来看，在通风条件下，裸露的隧洞由洞壁向岩体内部地温快速提高，增温梯度达 9℃/m，在深度超过 4m 后岩体温度趋近于原始地温，不再受对流换热条件的影响（图 7.7-1）。

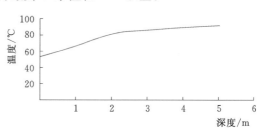

图 7.7-1　齐热哈塔尔水电站引水隧洞通风条件下温度-深度关系曲线

7.7.1.2　高地温的产生

根据汪集旸的研究，高地温主要有两个来源，即地幔热流和放射性元素裂变热。

1. 地幔热流

地核的温度很高，高达 6000℃，地核、地幔和地壳之间的巨大温差促使地核热量不断向地幔、地壳散失，这一过程和现象称之为地幔热流或大地热流。

对于工程涉及的地壳浅部来说，影响地温或者说影响地温梯度的因素是多方面的，主要包括地壳厚度、岩性或者热导率、地质构造发育特征、地应力、水文地质条件以及油气分布等。

地壳结构是不均一的，这一不均一性导致热传导条件的空间变化和不均匀性，其结果是使来自地壳深部较为均匀的热流密度在地壳浅部的重新分配和温度场的复杂变化。地壳厚度小则热地幔的烘烤作用强，地温梯度高；反之地温梯度低。

岩性决定了岩石的导热能力，火成岩、泥岩等岩类的热导率高，在同一地区与其他岩性比较，其地温会相对较高。

地质构造也影响岩体的导热能力，包括断裂构造的规模、产状等，一般垂直主要结构面方向的导热能力相对较差，沿结构面方向的导热能力相对要强一些。区域性的构造、活动性强的构造，沿线常存在岩浆活动、火山活动以及温泉等，是地球深部热量向上传递的重要通道，附近地温一般较高。现代地壳活动较为活跃的地区，地应力较高，地温一般也较高。

有机质裂解是一个放热过程，油气藏压力的增加，也促进地热异常的形成。因此，富含油气地带常常存在地热异常，石油行业以地热异常作为指示性指标来找油气就是利用了这一规律。

水是热的优良载体，地下水的深循环，可以将深部的热能带到浅部，也可以对深部岩体起到降温的作用。总体来说，地温负异常情况较少见，局限于特定区域或特定条件，其形成多与低温地下水的深循环活动有关。从更大尺度范围来看，地温还是逐渐升高的。锦屏二级水电站引水隧洞在埋深达 2000m 的情况下，隧洞内的地温只有 11℃，岩溶裂隙水的深循环降温作用是其形成的主要原因。

岩浆活动也是地幔热流的一种形式。来自于地球深部的炽热岩浆活动会加热围岩，形成高温岩体。岩浆活动也会加热地下水，热水或高温蒸汽成为新的热源，不断扩散而加热周围的岩层。日本安房公路隧道上方的安房岭，是由阿寒棚火山口喷出的熔岩和火山灰等形成的，该隧道在开挖过程中出现了高地温现象。姚永仲在研究弥渡硖石洞温泉成因时发现，喜马拉雅期岩浆活动余热加热了地下水，并通过洱海—红河深大断裂带循环到浅部。燕山期及以前的历次岩浆活动已经过去很长时间，经过长时间的热量散失，人类活动涉及的地壳浅部（2~3km）岩体多已冷却，较难残留岩浆余热，一般较少出现异常高地温问题。如河南华里西期花岗岩体在深度 785.2m 处实测地温为 19.65℃，换算出地温梯度为 1.84℃/100m，甚至低于周边的沉积岩。

2. 放射性元素裂变热

地壳中存在多种放射性元素，如铀、钍等，其衰变过程也会产生热量，称为地壳热流。汪集旸等估计，放射性裂变热通常占地表观测到的热流量的 30%~50%。放射性裂变生热能力可用岩石生热率来表示，岩石生热率是单位体积的岩石在单位时间内由其所含的放射性元素衰变而产生的热。不同岩石的生热率差异很大。火成岩中，酸性岩生热率较高，基性、超基性岩生热率极低；沉积岩中，泥岩、页岩生热率较高，碳酸盐生热率较低。

7.7.1.3 高温下的岩体力学特性

高地温对围岩的影响主要有以下几个方面：

（1）高地温及变化会破坏岩体的完整性。岩石是由多种矿物构成的，不同矿物其热力学性质存在差异，在受热或遇冷后产生差异变形，降低矿物晶体间的结合程度，严重者会形成细微裂缝。另外，岩体中存在不同形态和充填程度的裂隙，高地温使得裂隙显化和扩展，进一步破坏岩体的完整性。

（2）围岩表面潮解。齐热哈塔尔水电站引水隧洞桩号 Y6+900~990 高温洞段多处围岩疏松化，锤敲哑声，锐器能够挖动，岩块锤击后呈粗砂状（图 7.7-2）。疏松岩石单轴抗压强度差异较大，低者为 13~15MPa，与原岩相比强度有显著降低。疏松岩带多沿破碎带、节理密集带等分布，一般宽度为 30~100cm，最宽者达 520cm；深度为 10~35cm，个别能达到 0.5m 左右。为消除其影响，采用挖除后回填混凝土、挂网加锚杆等措施进行了处理。

（3）高地温及变化会造成岩体物理力学性质的劣化。杜守继等对经历不同高温后花岗岩的力学性能进行了试验研究，认为400℃以内的高温对花岗岩的力学性能的影响不明显；但超过400℃，随受热温度升高花岗岩力学性能迅速劣化。

从齐热哈塔尔水电站的试验研究成果来看，即使在较低的温度下，片麻状花岗岩随温度的升高其抗压强度、弹性模量和黏聚力也存在降低趋势，但对内摩擦角影响不明显（图 7.7-3～图 7.7-6）。

图 7.7-2　齐热哈塔尔水电站隧洞高温洞段局部呈疏松砂状的围岩

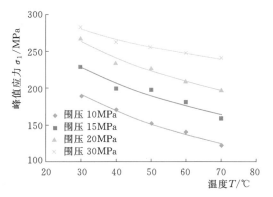

图 7.7-3　片麻状花岗岩峰值应力-温度关系曲线

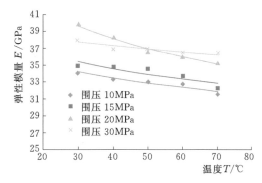

图 7.7-4　片麻状花岗岩弹性模量-温度关系曲线

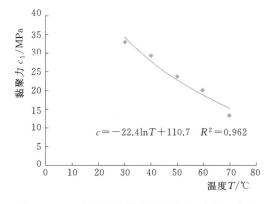

图 7.7-5　片麻状花岗岩黏聚力-温度关系曲线

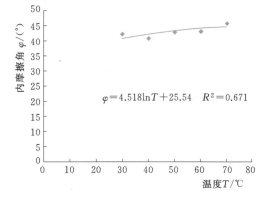

图 7.7-6　片麻状花岗岩内摩擦角-温度关系曲线

（4）深埋条件下一般属于"二高"甚至"三高"环境，即高应力、高渗透压力、高地温的不同组合，而三者之间是相互作用和影响的。在岩体温度场-应力场耦合中，温度场对应力场的影响有两方面：一是温度变化引发的温度应力与应变对岩体应力-应变场的影响；二是温度对岩体热物理学、力学性质的影响。而应力场对温度场的影响也表现在两个方面：一是岩体变形导致空隙结构变化，引起岩体热物理特性改变，最终影响围岩温度场的分布；二是岩体内部耗散产生的热对岩体温度场的影响。

从齐热哈塔尔水电站高温高应力洞段的数值分析成果来看，在考虑围岩温度场-应力场完全耦合作用模式下，围岩内部各点的拉应力都在随时间增长，围岩一层层地超过抗拉强度，随时间产生像剥洋葱一样的破坏。

7.7.2 高地温热源分析及危害

7.7.2.1 深埋水工隧洞热源分析

隧道施工过程中的热源主要来自围岩散热、机械设备工作及照明设备放热、洞内化学热源放热等。

（1）围岩散热。恒温层以下的岩层，深度越大，岩温越高。高温岩石围岩向洞内的放热量与其热物理性质、原岩温度、空气湿度、散热面积及围岩暴露时间等因素有关。

（2）机械设备工作及照明设备放热。目前施工中机械化程度较高，机电设备放热在热源中所占比重越来越大，掘进机是大功率机械，机械发热大，给施工带来极大的困难。

（3）洞内化学热源放热。裂隙水带出热、局部放射性产热和空气压缩热也为洞内热源，在一些高温热水存在地带，地下热水往往使得围岩温度急剧升高，特别是西线温泉所分布区域，温泉影响不可忽视。

7.7.2.2 深埋水工隧洞高地温危害

1. 对现场工作人员的影响

高温、高湿环境对人体健康、工作效率和工作质量均有不利影响，并随温湿度的增加影响程度有明显加重趋势。

在高温环境下人会感觉明显不适，多汗、头晕、易于疲劳等，随着温度的升高不适感明显加重，严重者会出现中暑、晕厥等症状。有试验研究资料显示，长期在高温地下环境工作，人体会产生一系列不良反应。如：体温调节机能障碍，引起中暑；消化腺功能减弱，消化液分泌减少；肠胃功能受到抑制，吸收速率减慢；尿量、肾血流量、肾小球滤过率低于正常，易引起酸碱平衡失调；心脏负担加大，易引发心脏病和高血压。根据南非金矿统计，1956—1961 年，在湿球温度为 32.8～33.8℃下工作的工人，上千人中暑，死亡率为 0.57%。

高地温不仅威胁人员健康，也会降低工作效率。有研究显示，工作面温度每提高 1℃，生产效率降低 6%～8%；工作面温度超过 30℃后工作效率显著下降（图 7.7 - 7）。日本新清水隧道全长 13.49km，最大埋深约 1200m，采用钻爆法施工。全洞有温泉涌出的地段长约 1km，工作面气温一般为 26～32℃，地温为 29～35℃。高温环境下洞内工人体力消耗严重，不能坚持 3h 以上。齐热哈塔尔

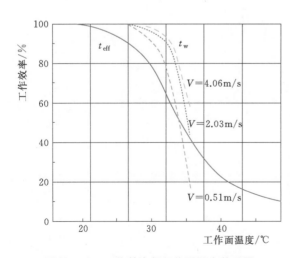

图 7.7 - 7　工作效率与工作面温度关系图

水电站、布伦口—公格尔水电站高地温洞段施工，工人需要 2～3h 轮换一次，有时平均每天掘进不足 1m。即使如此，施工期间仍出现多人次中暑现象。高温下中枢神经兴奋性下降，注意力不集中，肌肉能力、反应速度降低，工作失误显著增加，事故率显著上升。

2．对仪器设备的影响

精密的仪器设备，如测量仪器、电子产品等，在高温、高湿环境下性能不稳定，会出现过热、无法开机、精度降低等情况。挖掘机、汽车、钻机等过热甚至会使冷却水开锅，液压设备因高温至液压油稀化，造成设备效率下降，故障增多。电线因高温极易老化，容易出现漏电事故。

3．对爆破材料及爆破施工的影响

乳化炸药超过 55℃ 会发生变质、硫化，出现膨胀、融化等现象，哑炮增多。导爆管软化变形，难以恢复使用。

4．对混凝土结构的影响

高地温会影响混凝土衬砌的施工质量和运用安全。较高的环境温度会改变混凝土内的水灰比，影响水泥的水化过程，降低混凝土强度。高温影响混凝土水化热的散失，使混凝土的温度大幅上升，在内部产生较大的温度应力，造成混凝土裂缝。另外，岩壁的高温会促使接触面处的混凝土水分加速蒸发，在混凝土内部形成大量气泡，容易使混凝土在初凝前硬化，影响混凝土的黏结强度，使支护结构变得疏松，容易成块脱落，成为后期通水运行的安全隐患。试验表明，当温度超过 50℃ 后，随温度的提高，混凝土或岩石的黏结强度下降明显。齐热哈塔尔水电站引水隧洞桩号 Y7＋700 高温洞段出现了喷射混凝土失效现象，喷射混凝土呈松散的颗粒状。

隧洞通水时，低温水会在短时间内使衬砌结构温度骤降，产生很大的温度应力，影响衬砌结构稳定和隧洞的安全运行。

5．对工程进度、安全和投资的影响

高地温对工程施工进度、投资及安全的影响是显而易见的。齐热哈塔尔水电站高地温洞段平均月进尺约为其他洞段的 1/3。为保证高地温洞段正常施工，所采取加强通风等多项专门措施，最终都会反映在投资上。

7.7.3　高地温工程对策

对于地下工程的高地温问题，因建设阶段的不同需要采用不同的对策，可供选择的手段和方法详见表 7.7－2。

表 7.7－2　　　　　　　　　　　地下工程高地温对策措施

编号	主要对策措施	适用阶段	地温分级/℃		
			28～37	37～50	＞50
1	绕避	规划设计		＋	√
2	超前探测预报	施工	√	√	√
3	加强通风	施工	√	√	√

续表

编号	主要对策措施	适用阶段	地温分级/℃		
			28～37	37～50	＞50
4	喷水降温	施工	√	√	√
5	冰块降温	施工	√	√	√
6	空气预制冷	施工			＋
7	减少和隔离热源	施工	＋	√	√
8	爆破材料和炮孔预冷却与隔热	施工		＋	√
9	加强人员和设备防护	施工	＋	√	√
10	缩短现场工作时间	施工	√	√	√
11	优化工序	施工	√	√	√
12	停工待降	施工		＋	＋
13	超前灌浆	施工	＋	√	√
14	加强监测与检测	施工、运行		＋	√
15	进行专门的研究论证	各阶段		＋	√

注 "√"表示推荐；"＋"表示适宜。

（1）在规划设计阶段，特别重要的是查明高地温带的分布及地温等级，为工程规划设计奠定可靠基础。具体措施上，应优先选择避让超高地温带。如不能避让高地温地带，应对高地温对工程施工、运行安全的影响进行分析论证，在工程对策措施、施工进度和投资等方面充分予以考虑。

（2）在工程施工阶段，采取综合治理措施是一定的，具体措施因地温等级、高温带范围、具体危害特点以及施工条件的不同而异。

1）普遍性措施：超前探测预报、通风、及时排除热水和封堵涌水点减少热源、加强人机防护、监测等。

2）加强措施：加强的通风设备、采用冰块制冷和喷水降温、爆破材料和炮孔制冷、缩短工时、优化工序、超前预注浆及洞壁隔热等。

3）特殊措施：停工，等待岩体温度降低到可以处理状态。

（3）在工程运行阶段，针对高地温洞段应进行定期和不定期的监测与检查，重点是支护衬砌结构和围岩的质量状况。

具体应对措施简述如下：

1）绕避。高地温对隧洞工程施工和运行安全影响很大，目前应对超高地温的设计施工经验尚不够成熟，因此，地下工程应尽可能避让存在大范围高地温的地域。在工程规划选线阶段，高地温问题应作为选线的一个重要条件予以考虑。这里提出以下隧洞选线原则供读者参考：①绕避可能出现大范围高地温的地段；②必须通过高地温地区时，应尽量绕避超高温地段，特别是可能存在高温涌水的地段；③尽可能减少隧洞埋深和长度，以便于采取通风降温措施。

2）超前探测预报。高地温洞段施工应加强超前探测预警预报工作，利用钻探和物探技术探测预报前方地质条件。高地温洞段超前探测预警预报的主要目的不同于一般洞段的超前探测工作，重点在于防范高温涌水和喷气对施工现场人员的危害，同时利用超前探测钻孔释放高温涌水和高温气体。

高地温超前探测主要是探测前方岩体中有无高温地下水活动，因此，高地温隧洞超前探测主要选择对地下水敏感有效的方法。日本新清水隧道针对高地温问题进行了超前勘探，主要采用水平超前钻孔法，勘探孔深 20m，重点是探查前方有无温泉，并在有问题的地段进行了超前化学灌浆封堵。适于高地温的主要超前探测方法见表 7.7－3。

表 7.7－3　　　　　　　　　　适于高地温的主要超前探测方法

编号	超前探测方法	适宜性	主 要 技 术 特 点
1	钻探	好	技术可靠，可同时进行灌浆处理
2	红外探水法	较好	定性评价有无地下水，探测深度为 20～30m
3	地质雷达法	一般	定性评价，探测深度为 20～30m
4	TSP 法	一般	定性评价，探测深度大于 100m
5	TRT 法	一般	定性评价，探测深度大于 100m

3）加强通风。通风是高地温隧洞降低洞内环境温度、改善洞内作业环境最主要和有效的方法。如通风距离较长，由于沿程损失和沿程高温环境的加热作用，采用常规的压入式通风难以达到有效降低洞内环境温度的效果。可供选择的方案包括：①采用更大功率的风机和隔热型保温风袋；②采用接力式通风方式，布伦口—公格尔水电站在高地温洞段每间隔 200m 增设一台增压风机，进行接力式通风；③采用一台风机压入、一台风机抽出的混合通风方式，加快洞内空气循环，减少洞内热气散发和蒸汽浓度；④对空气进行预制冷，然后再压入到隧洞中；⑤开挖专门的通风井或支洞。日本新清水隧道在高地温洞段采用了加强通风、工作面洒水等降温措施，并在覆盖层厚度不大处开挖了一个通风竖井，使得工作面条件得到显著改善。

4）喷水降温。在地温较低（低于 50℃）的洞段，可采用向洞壁和掌子面喷洒凉水的方式直接降温，喷射冷水雾也同样可以较好地降低洞内气温，同时达到降低粉尘浓度、改善施工作业环境的作用。禄劝铅厂引水隧洞最高地温为 76℃，在爆破后立即对岩面、石渣进行喷水降温。布伦口—公格尔水电站，沿洞壁架设 $\phi100mm$ 的水管，间隔 10～15m 设喷雾器，沿程喷水降温；在掌子面处设梅花状喷嘴，对掌子面进行全方位喷水降温。需要注意的是，喷水会增加洞内的湿度，有时更为闷热不适。

5）冰块降温。冰块降温方式比较简单，作为一种辅助措施和局部措施，在高地温洞段施工采用的多。一般是将冰块放置在通风口、工作区，利用冰块吸热降温。

6）空气预制冷。如洞外气温较高或通风距离较远，造成通风降温效果不佳时，可以采用洞外空气预制冷措施。利用空气制冷装置，对压入的空气进行预先降温，通过低温空气达到快速显著降低工作面温度的目的。因成本较高，这种方法在水利水电工程施工中较少采用。

7）减少和隔离热源。在高温岩体表面涂敷隔热材料，可以减少原岩的散热。禄劝铅厂引水隧洞高地温洞段初次支护喷射了 8cm 混凝土，并采用硬质聚氨酯泡沫塑料作为隔热材料。

在高温热水出露点处开挖集水坑，让高温热水集中在坑内并快速排放到洞外，尽量减少热水与空气接触面积和放热时间。

布伦口—公格尔水电站施工时，在高温喷气集中位置施钻了 $\phi 100\sim150mm$ 的钻孔，用管道直接将高温蒸汽引出洞外。

8）爆破材料和炮孔预冷却与隔热。利用冷水、冷气降低炮孔围岩温度。布伦口—公格尔水电站炮孔温度大于 100℃，采用洞外引入的冷水对炮孔围岩进行注水降温，降温时间超过 30min，降温后立即装药，装药时间不超过 20min。

对炸药、雷管等爆破材料进行预降温，并包裹隔热材料，减缓爆破材料温度升高速率。

更高温度时，需要采用耐高温爆破材料。

9）加强人员和设备防护。即使采取了加强通风等措施，有时工作区的温度仍然较高，现场工作人员感觉不适，此时可以选择随身携带冰袋来降低体温。当存在高温涌水和喷气风险时，应配备防护服，防止热水和蒸汽灼烫伤害。对于高温较敏感的液压设备等，可以采用覆盖冰袋方式降低温度。

10）缩短现场工作时间。在高地温环境下施工人员体力消耗大、劳动效率低，每 2～3h 需换班 1 次。

11）优化工序。为了保证高温作业条件下的爆破安全，各道工序之间应密切衔接，并尽量减少装药、爆破时间。

炮孔施工完成后增加降温工序，利用低温水给炮孔进行冲洗降温。降温时间与岩温、水温以及后续装药、爆破时间有关联，可通过温度观测、试验来具体确定。按照布伦口—公格尔水电站和齐热哈塔尔水电站的经验，冲洗降温时间不少于 30min。

炮孔降温后应立即快速装药，尽量缩短装药时间，保证爆破材料温度保持在容许范围之内。按照布伦口—公格尔水电站和齐热哈塔尔水电站的经验，装药时间不宜多于 20min。在装药过程中，应持续监测爆破材料的温度变化。

爆破后采用通风和喷水方式降尘、降温，并尽快出渣，减少渣石散热时间。

12）停工待降。对于部分复杂的高地温地下工程，特别是存在高温涌水、高压高温喷气的洞段，安全风险较大，在不得已的情况下可以采取暂时停止施工的方式，等待温度、水量和喷气压力降低至可以施工或进一步处理的程度。

13）针对高温涌水、喷气采取封堵和超前灌浆处理。高温涌水需要采取严格的封堵措施，以避免对人员的直接伤害，并减少热源。特别是位于顶拱位置的高温涌水点对人员威胁较大，必须严密封堵。如超前探测揭示到前方有高温富水段，也可以选择采用超前灌浆方式进行封堵。

14）加强监测与检测。高地温洞段施工，监测工作很重要。各项应对措施的实施和改进完善，需要实时的监测数据支撑。施工期间，应在巡视、调查和常规监测措施基础上，采用仪器设备对环境温度、湿度等方面进行系统监测，主要包括：①不同深度岩温、岩壁表面及石渣温度；②不同深度空气温度和湿度；③涌水水温、流量和压力；④喷射气体温度、气体压力和气体化学成分。

15）进行专门的研究论证。高地温对工程施工和运行安全影响大，类似的工程经验也不多，因此，遭遇高地温问题仍需要进行专门的研究论证工作。专题研究的重点应包括以下几个方面：①地温场的主要特征及工程线路方案选择；②高地温对工程施工的影响及对策措施；③高地温对衬砌结构、围岩稳定的影响及对策措施。

日本安房公路隧道涌水水温达到 73℃，在该工程施工中开展了施工和衬砌专题研究。新疆布伦口—公格尔水电站、齐热哈塔尔水电站针对支护衬砌结构安全、围岩稳定性影响问题进行了专题研究工作，为工程的顺利实施奠定了基础。

7.7.4　小结

对于深埋隧洞来说，高地温是一种地质灾害，对工程施工和运行安全有明显不利影响，必须认真勘察研究。在工程规划阶段，应尽量绕避高地温地段，以降低施工难度。高地温地下工程施工，应在超前探测预报基础上，按不同的温度等级、特征和影响，采取通风和降温等综合措施。我国有关深埋隧洞高地温问题的工程经验较匮乏，对策还不够完善，仍需要结合工程实践不断摸索总结。

7.8　其他地质灾害防控技术

7.8.1　有毒气体

天然形成的有害气体一般赋存在产生这些气体的源岩和岩体的孔裂隙中，也有少量溶于地下水中。当地下洞室开挖后，有害气体在地应力的作用下就会迅速或缓慢地向地下洞室（低压区）中释放和溢出。例如：当地下工程穿越硫铁矿层、煤层等富集地层时，可能会产生二氧化碳（CO_2）、甲烷（CH_4）、硫化氢（H_2S）等有害气体，对施工及施工人员人身健康会产生不良影响，甚至会造成人员伤亡。一般在隧洞选线阶段，应加强对工程区岩相的分析研究，以评价岩床产生有害气体的可能性，原则上应避开可能产生大量有害气体的部位。

有害气体的种类多种多样，其中危害大的主要有煤层瓦斯（CH_4）、石油天然气（nCH_4）、一氧化碳（CO）、二氧化碳（CO_2）、二氧化硫（SO_2）、硫化氢（H_2S）等。

通过实践人们也认识到有害气体有时运移距离很大，所以在许多不含有害气体源岩的地层中开挖洞室也会遇到有害气体问题。在地质勘探时，首先要查明隧洞及其附近地区是否存在生成有害气体的源岩；并且要注意有无将有害气体引向隧洞区的地质构造条件。在施工中及时封闭围岩、加强通风和监测是十分重要的。

7.8.2　放射性元素

某些特殊岩石、断裂带、不同岩性接触带等可能富集 U、Th、Ra、K 等放射性元素，在隧洞施工过程中，放射性元素将会对施工人员造成辐射危害。当被输送的水体流经隧洞后，岩石中的放射性元素浸出会对水体造成影响，从而影响水质。在输水隧洞施工过程中，一般要做好洞室内，尤其是放射性偏高地段的地质、物探编录工作，发现放射性异常或矿化产出，一定要根据具体情况及时采取处理措施，如扩大洞径、加筑护壁、做好隧洞内的通风等，必要时应考虑局部修改洞线。当排放出的废渣中的放射性比活度达到 7.4×10^4 Bq/kg 时，应按放射性废渣进行治理，将渣堆用黄土覆盖并夯实，达到氡气析出率小于 0.74Bq/($m^2 \cdot s$) 的标准，并做好植被绿化。

7.8.3　膨胀岩

我国北方（包括西北地区）膨胀岩主要分布在二叠系、三叠系、侏罗系、白垩系及第三系中。岩性为富含蒙脱石和石膏的泥岩、砂质泥岩、黏土岩等。通过工程实践可以认识到，尽可能地减少对围岩的扰动和采取防水结构设计，使围岩的含水量不发生较大变化，可以减少甚至避免膨胀岩的危害。这种措施能够有效地防止膨胀岩干燥活化作用的发生，从而能够抑制膨胀岩膨胀作用的发挥，如万家寨引黄入晋工程 7 号隧洞工程成功地解决了膨胀岩的危害。

7.9　本章小结

我国西南高山峡谷地区大型水电工程的引水隧洞、交通工程中的越岭隧道、跨流域调水工程中的长输水工程，普遍存在着水文地质条件复杂、地形条件特殊的情况，高地应力、高外水压力、突涌水、岩溶发育等技术难题往往会成为制约整个工程建设的关键因素。深埋水工隧洞群施工前，如何获取可靠的高应力、地下水、断层、构造等的第一手资料，识别可能发生的灾害类型并提出相应的防治技术手段，如何建立深埋水工隧洞群建设灾害风险综合识别与防控技术体系，都是亟待解决的技术难题。

本章主要以锦屏二级水电站工程案例为基础，对深埋水工隧洞建设过程中可能遭遇的重大地质灾害的识别与防治技术进行了详细论述，相应的技术在工程施工过程中也得到了成功应用，不仅降低了施工期遭遇高压大流量突涌水、高地应力强岩爆等地质灾害的风险，保障了现场施工人员的生命和健康安全，减少了工程建设管理的安全风险防治成本，也加快了施工进度，提高了作业效率，保证了工程建设进度和工期，产生了良好的社会效益和经济效益，相对应的研究成果可以为国内外水电、交通、矿山、国防等类似地下工程的建设提供经验借鉴。

第 8 章

深埋水工隧洞安全监测与评价

8.1 概述

安全监测在以往水工隧洞工程中的应用，主要体现在监控隧洞施工期围岩变形、支护结构应力等，指导隧洞施工期及运行期安全，总结设计及施工经验，提高隧洞建设水平。对于深埋水工隧洞，由于隧洞埋深大、地应力高、外水压力高，除采取及时有效的工程措施外，布置安全监测系统、埋设监测设施、现场观测、巡视检查并及时对监测成果分析反馈，是指导隧洞施工和监控水工隧洞长期安全运行的重要保障。

深埋水工隧洞工程安全监测有其独特的重点及难点，在设计阶段不仅要考虑隧洞结构受力的形式，还要结合围岩自身特性、围岩类别、山体水环境等综合因素的影响，在施工阶段不断地根据现场情况及时调整设计方案，根据已有监测数据进行反馈分析，将分析成果应用到未开挖洞段的监测设计，通过以上各环节实现工程的动态监测，最终的安全监测成果才能更有指导性。

深埋水工隧洞安全监测成果的反馈分析是指导设计施工的关键，对相关监测成果的认识与解释与常规水工隧洞有较大不同，这种不同不仅反映在施工期监测成果的解释，也包括隧洞充水运行后监测成果的分析反馈。

8.2 监测设计原则

深埋水工隧洞安全监测的主要目的是掌握开挖以后围岩状况，及时了解围岩安全性，通过调整设计方案和完善施工方法等工程手段在快速掘进与围岩稳定安全之间取得最佳平衡点，同时指导水工隧洞运行期的长期稳定性。根据深埋水工隧洞安全监测的目的，结合隧洞结构布置情况和受力特点、运行条件和方式等，其安全监测设计原则主要有以下内容：

（1）监测设计需遵守监测规范和相应的专业技术规范。深埋隧洞的常规监测设计需满足安全监测及水工隧洞相关规范的要求，深埋条件下隧洞高地应力、高外水压力等特有问题的监测与分析在相关技术规范中涉及较少，还需结合已有工程经验进行重点设计。

（2）监测项目以隧洞开挖时施工期围岩稳定性、围岩的承载能力、衬砌受力及外水压力为主，观测断面选择时应考虑围岩类别及特性、水文地质情况等因素。但深埋水工隧洞外水压力情况复杂，其对隧洞安全的影响与普通隧洞不同，设计时应根据工程实际情况，对衬砌外渗透压力监测及隧洞上部山体地下水位监测进行重点设计。

（3）监测仪器设备选型必须考虑在深埋条件下仪器的耐久性、稳定性、适应性，满足量程和精度要求。外水压力监测更多地选择渗压计，量程选择时应考虑该部位山体地下水位、施工期出涌水情况、隧洞内水水头、计算时外水水头折减假定、围岩高压防渗灌浆深度等因素，综合判断选择合适量程。锦屏二级水电站引水隧洞个别断面出现大涌水点，埋设的渗压计量程达到 10MPa。深埋水工隧洞监测仪器必须选择抗水能力强、防潮性能高的仪器和电缆，以保证仪器在高水压下能正常工作。

（4）仪器设备须及时安装，以保证观测数据的可靠性、实时性、连续性和一致性。同一监测项目的不同成果能够衔接一致，不同监测项目能够相互验证，深埋水工隧洞软岩洞段在高地应力作用下变形较大，除了保证开挖之后监测仪器布置的及时性，在二次扩挖后还需做好补埋工作，在后期的监测中做好数据衔接工作。

（5）仪器监测和巡视检查相结合。鉴于水工隧洞一般较长，监测仪器覆盖范围有限，仅凭单点的监测仪器难以全面了解水工隧洞运行情况。施工期对各洞段围岩类别、结构面出露情况、开挖后变形情况、出涌水情况、衬砌结构开裂情况等均需详细记录，再结合巡视检查，这对后期分析水工隧洞的安全性非常重要。

8.3　监测设计及安装埋设

8.3.1　深埋水工隧洞监测特点

深埋水工隧洞开挖过程中所需要开展的围岩和支护系统的监测和检测工作的内容和技术要求主要受到围岩和支护系统的潜在问题类型、性质和主要特点的影响，概括地说，主要取决于围岩开挖响应和支护结构性能及力学响应。根据对锦屏隧洞围岩开挖响应方式的研究成果，隧洞开挖以后围岩响应的主要表现方式包括围岩变形、块体破坏、破裂损伤、岩爆破坏。或者说，这几种方式可以对围岩稳定和支护系统安全造成显著影响，是需要通过监测和测试手段得到反映的主要潜在问题。相比较传统的变形和块体稳定问题而言，深埋水工隧洞开挖以后围岩中存在的破裂损伤和岩爆属于新的问题，如何通过监测和测试手段了解这些问题的潜在风险和影响程度，显然对监测和测试工作提出了新的挑战。

8.3.1.1　围岩变形监测

围岩变形是深埋水工隧洞工程中最常见的基本问题。从监测和检测（乃至支护）的角度出发，深埋水工隧洞围岩变形与浅埋水电地下工程可以存在很大的差别，就安全监测工作而言，这些差别表现在：①工程中关心的变形全部是不可逆的塑性变形，总体上具有量级相对较大、作用时间长的特点，因此监测到的变形发展规律、绝对量级等都可以与常规经验存在显著差别；②硬岩洞段（如锦屏大理岩）和相对软弱围岩（如锦屏绿泥石片岩和板岩）洞段的变形机理和分布存在很大的差异，对监测测试工作提出了不同的要求。总体地，硬脆性岩体洞段的围岩变形是脆性破裂损伤发展到后期的结果，这意味着变形监测成果对围岩安全缺乏足够的预警意义。软弱围岩洞段的变形主要由塑性应变组成，是体现围岩安全性的重要指标。换句话说，就围岩变形而言，首先，深埋水工隧洞获得的变形量和发展趋势可能会突破传统的经验认识，可能需要建立新的理念和安全（允许）标准；其次，硬脆性岩体的变形监测结果可能不再适合于进行安全预警，需要建立围岩安全新的评价体系，并相应地引入更合理的监测方法。

此外，硬质岩石地区浅埋地下工程开挖的主要问题实际上是结构面导致的变形和块体破坏，深埋地下工程中，结构面的作用发生了变化，对围岩安全的影响出现加剧和趋于缓和的两极分化。一般地，地下工程中的块体破坏采用变形和锚杆应力监测方法了解其安全状况，只有在大跨度地下工程特定结构面组合存在确定性块体的稳定问题时，监测工作才针对具体的结构面。所采用的监测方法如伸缩仪、测缝计等仍然属于变形监测的范畴。但是在深埋地下工程中，结构面对围岩安全不利作用趋于加剧的主要表现是与完整岩体的剪切面组成破坏块体，这种块体破坏可以不再需要结构面的组合。在这种破坏方式中，结构面附近围岩破裂损伤加剧可能是构成这种块体破坏的内在原因之一，也就是说，块体破坏也不再单纯是结构面变形到一定程度的结果，因此，变形可能不再是了解块体稳定性的最有效方法。完整岩体的剪断破坏是破裂发展的结果，对围岩破裂状态的了解成为安全监测在另一个方面的要求。只有裂纹发展到相当密度和围岩结构特性开始发生改变以后，围岩的变形量才开始显著增大。即变形主要是脆性破裂的结果，因此，此时的变形监测结果相对缺少预警价值。并且，较大的变形主要出现在围岩脆性破裂区内，对变形监测仪器类型和安装提出了新的要求。

8.3.1.2 应力监测

与浅埋条件下锚杆应力主要由结构面变形引起所不同，深埋条件下锚杆应力可以主要反映完整岩体破裂和破坏发展的结果，这对锚杆应力计安装、监测结果的工程解译等都提出了新的要求。

浅埋地下工程锚杆应力主要受结构面变形影响，锚杆应力监测值因此受到很突出的应力计与变形结构面的空间位置关系的影响，现实中往往因此出现显著的分散性。锦屏隧洞大理岩洞段锚杆应力计很可能主要反映了围岩破裂程度的影响，而破裂程度具有显著的空间效应和时间效应。

喷射混凝土在深埋隧洞施工中被大量使用，其效果也被广泛认同，压应力计监测数据可以为了解深埋隧洞喷层支护效果提供很有价值的资料。

8.3.1.3 围岩破裂损伤监测与检测技术

深埋水工隧洞硬岩围岩破裂是最基本的开挖响应，当裂纹以缓和的形式发生和扩展时，形成了围岩的损伤和滞后破裂现象，并逐渐表现出较大和不断增大的变形。破裂发展到一定程度并与结构面组合时，可能形成块体破坏。当裂纹在较大范围内迅速扩展导致显著的能量释放时，则可能诱发岩爆现象。可见，破裂行为是大理岩洞段安全监测需要重点关注的对象。

上述围岩响应特点决定了深埋水工硬岩隧洞工程所选用监测和检测技术应以获取围岩破裂损伤信息为重心，硬岩变形将成为次于围岩破裂监测所关注的监测内容。这决定了在围岩监测和检测设计时重点选用能够获得围岩破裂损伤信息的监测和检测技术手段，如声波测试技术、声发射或微震监测技术、钻孔摄像技术等，这些监测和检测手段已在深部硬岩矿山工程得到了广泛应用。但在深埋水工隧洞中应用并不广泛，尤其是声发射或微震技术。从技术上讲，声发射监测是了解裂纹发生和发展的最佳手段，目前的技术发展到不仅可以了解声发射数量，而且可以进行裂纹定位和方位解译。从技术可行性上讲，该技术手段可以帮助勾画出破损区的发展过程。并且，由于声发射监测技术可以捕捉裂纹的发生，因此比任何其他监测手段都具有预警作用。裂纹发展到相当的密度以后，岩体的力学特性开始受到影响，此时围岩中的应力水平和波速可能开始衰减，因此，围岩应力监测和声波测试结果开始发生变化，从而具有反映围岩状态的效果。围岩破裂以后的状态可以通过采用钻孔电视技术得到直观描述，结合其他测试成果，可以帮助建立围岩宏观状态和测试成果之间的关系，例如：声波降低到什么程度时开始出现肉眼可见的宏观破损，以及波速衰减程度和破损程度之间的对应关系。

可见，监测和检测设计的核心内容转变为如何布置上述监测和检测手段的监测断面来更好地揭示围岩破裂损伤过程和程度。对于监测断面布置问题，在浅埋地下工程实践中，围岩变形和稳定主要受到结构面临空状态、开挖面几何形态的影响，因此，监测仪器的平面和断面布置一般也主要针对这两个方面的因素。以圆形隧洞为例，一般条件下的监测部位为顶拱和两侧边墙，存在确定性结构面时针对结构面布置。然而，深埋地下工程围岩变形破坏机理的巨大转变使得传统经验性的布置原则的有效性出现问题，断面布置优化也将成为需要解决的一个具体环节问题。

8.3.2 监测设计优化

深埋长大水工隧洞硬岩监测和测试优化的总体优化内容可概括如下：

（1）开展声发射和微震监测工作，获得围岩破裂特性的基本资料，帮助了解围岩破裂特性及其对应的工程表现方式，实现建立现象与本质之间的关系。

（2）适当增加围岩应力监测工作，了解围岩应力及其指示的强度变化，直接了解围岩安全性及其变化，并帮助判断围岩脆—延转化特性。

（3）适当增加喷层与围岩接触面之间的压应力测试，结合监测断面上其他手段帮助了解喷层的作用机理，为合理设计和使用喷层提供依据。

（4）在显著减少变形监测工作的基础上适当改变监测技术，帮助更好地获得隧洞浅层脆性区围岩变形量，该区域为主要变形范围。

（5）在总体维持锚杆应力和地球物理测试基础上，适当改进这两种监测测试方法相关环节的技术要求，以更好地适应工程需要。

8.3.2.1 变形监测方法优化

由于深埋硬岩变形不宜作为围岩安全控制的指标，因此，总体上讲，变形监测工作可以减少。在现场开展的表面变形和深部变形监测工作中，表面收敛变形监测还因为仪器安装和保护方面的问题一般很难接近开挖面，获得的测试成果数据可能缺失了主要部分，难以全面地反映围岩状态，相对缺乏工程实际意义。

采用多点位移计进行的深度变形监测工作可以从几个方面进行优化：一是减少测试断面，即减少测试工作量，这由变形监测的重要性决定；二是结构和安装方式的优化，需要考虑适当减小锚头长度和尽可能靠近洞壁安装；三是搭配使用其他变形监测技术，弥补多点位移计在敏感性和覆盖面方面存在的不足。

以锦屏二级水电站引水隧洞深埋脆性大理岩为例，其变形的一个基本特点是弹性变形量相对不大，围岩变形主要是裂纹扩展的结果，这要求变形监测仪器、特别是开挖以后围岩变形监测仪器能具有较高的灵敏度，在裂纹扩展过程中即可以捕捉到围岩变形。另外，变形主要集中在脆性破裂区的特征，该区的深度一般在 3m 左右，因此也要求监测仪器能方便安装在该区以主要针对该区围岩变形。

8.3.2.2 声波和地震波测试优化

声波和地震波测试具体在 3 个环节进行优化：①加密测试，以获得断面关键位置上低波速带的详细轮廓；②增加针对结构面的专项测试，了解结构面的影响；③增加测试次数，论证和了解低波速带深度随时间的变化特性。

对于一般水工隧洞的声波检测，在每个断面布置 5 个声波测试孔，采用单孔测试方式即可满足要求。对深埋水工隧洞，可在关键部位增加测试密度，改进测试方式，特别是布置有围岩应力和喷层压应力监测的断面，可有针对性地布置声波测试孔，便于对各类数据对比分析。图 8.3-1 显示了锦屏二级水电站关键监测断面声波测试孔的布置方式，针对性布置内容表现在：①针对围岩高应力破坏表现最突出的部位布置测试孔；②适当减少孔深，可以控制在 6~8m 的范围内；③沿洞轴线方向隔 1m 间距增加测试孔，进行跨孔测试。

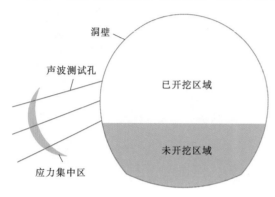

图 8.3-1 关键监测断面声波测试孔布置图

锦屏二级水电站引水隧洞工程现场调研和计算分析均揭示了结构面对围岩破裂特征的控制作用，特别是普遍存在的 NWW 向陡倾节理对围岩破裂损伤的影响。此外，NE 向压扭性结构面不仅可能诱发岩爆等剧烈破坏，而且也可能对围岩破裂损伤造成影响。对于深埋长大水工隧洞工程而言，受地质结构面控制围岩失稳和变形破坏应该是常见的。然而，在工程施工过程中往往忽略了针对结构面影响的相关专门性测试工作，开展针对结构面相关的测试工作也是十分必要的。首先，对结构面的专项测试的具体部位选择需要根据现场条件而定，如在引水隧洞工程环境下就应分别针对 NWW 向节理位于左、右两侧拱肩一带，以及针对 NE 向断裂在围岩中出露的情形开展测试。由于结构面与隧洞围岩的几何关系为三维空间关系，测试布置可能需要按区域而非断面布置，以 NWW 向节理分别位于北拱肩和南拱肩一带的声波测试布置方案如图 8.3-2 所示。与隧洞轴线大交角出现的 NEE 向小断裂可以导致断裂两侧 15m 甚至更长范围的围岩破裂，甚至岩爆，直观观察形成了类似于断层影响带的破裂损伤带。此时监测设施宜沿轴向布置，了解 NEE 向小断裂两侧围岩破裂损伤深度的变化。建议针对 NEE 向小断裂布置 3 个断面（如距离断裂 2m、5m 和 10m），每断面上在两个不同位置（如一侧边墙和拱脚，以方便实施）进行监测，监测手段以声波检测和锚杆应力监测为主。

针对围岩破裂时间效应的声波测试工作以获得低波速带深度随时间变化为原则，理想的情况是首次测试能紧跟掌子面进行，此时围岩低波速带深度最小，因此可以考虑采用锚杆钻机造孔进行测试，以能及时开展测试为原则，尽快获得初期测试成果。测试的目的是了解低波速带深度随时间的变化特征，因此在获得初期测试成果以后，掌子面向前推进过程中需要进行后续测试，并记录测试断面和掌子面的距离变化，以帮助附带了解掌子面拱效应，并在针对时间效应的分析中剔除拱效应的影响。当掌子面推进到距离测试面一定距

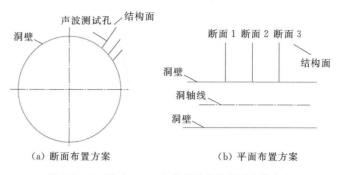

（a）断面布置方案　　　　　　　（b）平面布置方案

图 8.3－2　针对 NWW 向节理的声波测试布置方案

离以后，可以通过加深原锚杆机或紧邻测试孔补打测试孔的方式解决原测试孔孔深可能偏小的问题。

8.3.2.3　其他监测测试工作的优化

1. 声发射和微震监测

该类监测技术除了存在现场适应性问题，需要依赖专业技术力量进行必要的完善和改进以外，同时，这两项测试都有非常专业的要求，在无法实现由专业队伍完成现场工作的情况下，至少要求由专业技术人员现场指导下完成所有环节的指导和培训工作，且要求承担单位需要有高素质技术人员能尽快掌握这些技术。否则，测试成果的质量和测试工作的实际价值可能受到严重影响，甚至达不到预期效果。

2. 围岩应力监测

目的是获得开挖导致的某些方向上的围岩应力变化，往往针对切向应力和径向应力进行监测，前者的峰值一般代表了围岩的强度水平，达到峰值以后的衰减程度代表了围岩强度残余。径向应力则反映了围岩围压状态，二者结合可以帮助了解测点深度部位围岩在不同围压下的峰值强度和强度衰减程度，同时帮助判断围岩的脆性或延性程度。不过，围岩应力监测也可以少量地布置在掌子面后方，即进行正常埋设。对于锦屏二级水电站引水隧洞工程，由于围岩应力变化在掌子面前 3m 左右即相当明显，在接近掌子面时已经达到峰值，掌子面后 3m 开始趋于稳定。因此，围岩监测的最佳方式是预埋且最好安装在围岩应力集中区部位。例如：借助于钻爆法掘进的 2 号、4 号洞领先于 TBM 掘进的条件，可以向类似于预埋多点位移计的方式从 2 号和 4 号洞向邻洞预埋围岩应力计，但安装位置和方位上可能受到一定限制。鉴于围岩应力监测的实际意义和现实困难，建议有选择性地开展这项工作，如利用 2 号和 4 号洞向邻洞的边墙预埋围岩应力计，进行径向为主的应力测量，有条件时适当开展切向应力监测。此外，应力监测所采用的监测元件与解除法地应力测量使用的空心包体应力计完全相同，以澳大利亚 CSIRO 和瑞典一家公司的产品性能最可靠，应用也最广泛。选型前需要查明的一个具体环节是安装技术要求，其中特别重要的一点是孔深要求，例如在锦屏引水隧洞工程中从 2 号或 4 号洞向邻洞钻孔埋深时的孔深相对很大，有可能给这一技术的现场安装带来很大困难，甚至缺乏可行性。不论现场条件是否能满足围岩应力监测的技术要求，都需要考虑建立专门的试验段开展围岩应力和声发射等非常规性监测和测试工作，至少获得给定地质条件下的一组全面数据，作为科研和设计优化的基础。

3. 压应力计监测

布置在喷层和岩面之间的压应力计在于了解喷层所提供的支护压力，该支护压力对于围岩而言即围压，以帮助从围压效应的角度了解喷层的作用机理。围岩压应力布置需要在喷层施加以前安装，因此能紧跟掌子面。当配套安装围岩压应力计以后，能了解掌子面推进拱效应减弱和消失过程中围岩围压和喷层支护效果的变化情况。喷层对限制破裂乃至控制岩爆所起的作用可以相当明显，但却是有条件的。当喷层在掌子面能及时跟进到掌子面一带时，掌子面拱效应使得喷层的作用突出，掌子面推进拱效应消失以后，喷层维持围岩围压的能力显著降低。通过监测手段了解喷层的作用机理和作用条件，对合理使用喷层、特别是讲究喷层与锚杆的搭配要求可以起到非常重要的作用。实施过程中需要注意有意识地在不同监测断面大约 10m 范围改变喷层厚度，了解喷层厚度变化导致的支护效果的差别。最好在一些监测断面上选择性地增加喷层和岩面之间的压应力监测，这些断面上、特别是对应径向方位上同时埋设单向围压应力计，监测围压径向应力变化，同时获得断面围岩应力集中区部位在掌子面推进过程中表面压力和围岩径向应力的变化，为从围压效应的角度了解喷层支护机理提供依据。同时，在不同监测断面上采取不同喷层厚度时，可以帮助了解喷层厚度的影响，作为喷层厚度设计依据。实施过程中需要注意特别获得围岩地质条件、喷层厚度、喷层力学参数、锚杆实施情况和相关参数等方面的信息，这是合理解译和利用监测资料的基础性信息资料。

4. 锚杆应力监测

锚杆应力监测需要调整的余地较小，但如果使用的是差阻式传感器，或许可以在某些重要监测断面使用振弦式仪器，以获得更好的精度保障。

8.3.3 监测设计

8.3.3.1 深埋软岩监测设计

深埋水工隧洞由于上覆岩体较厚，隧洞开挖后对整个岩体影响较小，岩体变形主要受岩性、地应力及不利结构面控制。根据锦屏二级水电站隧洞深埋软岩收敛变形监测的成果显示，隧洞左右拱腰偏下部位收敛位移要大于左右拱肩的相对位移，顶拱的相对位移较小，所以深埋软岩位移测点布置重点考虑洞室中部附近边墙的变形。另外受高地应力作用，左右拱脚部位的变形也应该重视。隧洞典型收敛测点布置示意见图 8.3-3。

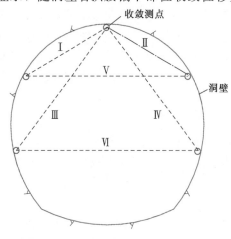

图 8.3-3　隧洞典型收敛测点布置图

监测深埋软岩围岩变形要使表面收敛监测的及时性与深部位移的持续性结合。收敛变形能及时地监测隧洞开挖初期软岩的大变形，但由于后期支护结构及衬砌的实施，收敛监测受到限制不能继续监测，而软岩的持续变形特性使隧洞围岩在高地应力、高外水压力、支护不及时等因素的影响下变形持续发展，深部位移在反映围岩开挖以后的持续变形特性上具有优势。

施工期可结合收敛变形监测成果及围岩松动圈检测的情况，调整深部变形监测的范围。深埋软岩的围岩变形范围由浅部逐渐向深部扩展，从开挖到初期喷锚支护完成，围岩变形逐步得到控制。监测深部变形的多点变位计测点间距也需要在不同埋设阶段进行调整，在软岩洞段二次扩挖前后测点埋深应根据松弛范围有不同的体现，其第二个测点埋深调整到松动圈范围以外，监测软岩洞段围岩松动扩展情况，具体布置情况详见图 8.3-4。

深埋软岩的变形持续性也使围岩支护结构受力较大。支护结构受力监测布置需与围岩变形结合起来，用于相互验证。软岩松动范围较深的现象使支护锚杆深度加深，锚杆在实施后应力持续增大，埋深 2m 及 4m 处测点应力均较大，埋深 7m 处应力相对较小。深埋软岩锚杆应力监测点位的埋深也较常规隧洞测点相对较深。上半断面开挖完成后，受高地应力及支护效果的影响，左右拱脚部位变形明显，对该部位的监测也不容忽视，具体布置情况详见图 8.3-5。

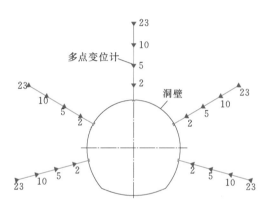

图 8.3-4　围岩深部变形监测布置图
（单位：m）

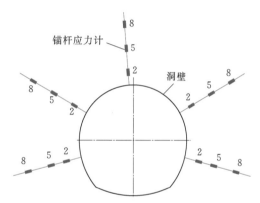

图 8.3-5　锚杆应力测点典型布置图
（单位：m）

8.3.3.2　深埋硬岩监测设计

深埋硬脆性围岩变形范围小、变形量不大，洞壁围岩破裂和破裂发展是导致变形的主要机制，使用传统的多点位移计在监测围岩这种方式的变形时不够敏感，在监测破裂导致的变形时，在灵敏性和安全预警性两个方面可能存在适应性不足的问题。深埋硬脆性围岩由于变形不再是反映围岩安全性的首选指标，变形监测的作用和实际效果也不如预期，在监测设计上可以相对减少，具体布置情况详见图 8.3-6。

深埋隧洞实践中锚杆应力计读数变化既可以是结构面变形的结果，也可以是传感器一带围岩破裂的结果。当破裂问题占据主要地位时，使得深埋隧洞围岩锚杆应力计读数更容易出现变化，也更普遍地表现为拉应力。从这个角度看，就全长黏结锚杆而言，锚杆应力监测成果在深埋条件下比浅埋地下工程更稳定和更具有代表性。支护结构应力监测可根据围岩特性、开挖后的地质条件、隧洞结构进行适当增加。

硬岩洞段围岩与锚杆能形成较好的握裹力，当围岩与锚杆变形一致时，锚杆应力增大趋势与围岩变形趋势一致，但锚杆应力增大的表现远比围岩变形明显，有时表现为锚杆应力超标，而同部位的围岩变形却只有 5~10mm。从仪器结构和埋设角度来看，传感器标距范围内 0.2～0.3mm 的变形即可导致锚杆应力超过 300MPa，所以锚杆应力对硬脆型岩石的损伤破裂更加敏感，硬岩洞段锚杆应力的监测成果更值得工程关注，甚至可以作为围岩安全判定的依据。硬岩段锚杆应力布置时重点考虑地应力作用方向，使锚杆应力计位于围岩受地应力影响应力敏感区（图 8.3-7）。

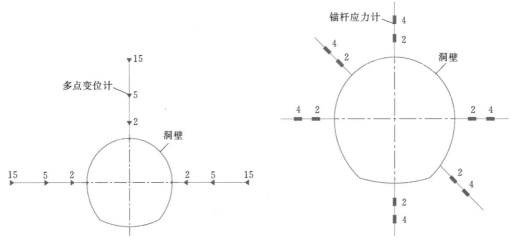

图 8.3-6　围岩深部变形典型布置图　　　　图 8.3-7　锚杆应力测点典型布置图
（单位：m）　　　　　　　　　　　　（单位：m）

8.3.3.3　外水压力监测设计

深埋水工隧洞外水压力监测包括衬砌外缘、衬砌外固结灌浆圈内、固结灌浆圈外三部分。

衬砌外缘渗透压力监测是深埋水工隧洞在高外水压力作用下分析衬砌结构安全的重要数据。在深埋情况下，地下水位远高于洞顶，内水压力较小，隧洞边墙与顶拱外渗透压力差别不大，渗压监测主要考虑外水内渗。通过施工期围岩固结灌浆及接触灌浆，洞周破碎围岩得到有效的加固，只有在裂隙发育的部位布置渗压计才能测到有效的数据，所以需要根据施工期出水点的分布情况实施调整衬砌外缘渗压计布置位置（图 8.3-8）。固结灌浆圈内渗压计的布置与衬砌外缘渗压计互为冗余监测，便于监测成果相互对比。

固结灌浆圈外的外水压力监测是设计时的难点。深埋隧洞的开挖改变了洞周三维渗流场，高压防渗固结灌浆是抵御洞周高外水压力、控制渗透稳定、减少渗流量的主要手段。在高外水压力情况下，从洞内穿过防渗固结灌浆圈钻孔埋设渗压计容易成为渗漏通道，有破坏衬砌结构的风险，所以外水压力的监测主要依靠隧洞上部支洞或施工期探洞，在出水点或堵头封堵后布置测压管进行外水压力监测。

深埋水工隧洞渗漏量监测主要是在施工期，在隧洞充排水试验时，在相邻隧洞的施工支洞堵头或检修排水通道的封堵门后采用容积法进行观测。渗水量较大时，可在现场布置简易的排水沟及量水堰。在工程布置有永久排水洞或其他辅助洞室时，可根据洞室布置情况及出水情况设置渗漏量监测点。

8.3.3.4　衬砌结构监测设计

由于后期衬砌主要的作用是平整洞室、减少过流糙率和水头损失，选择在Ⅲ类、Ⅳ

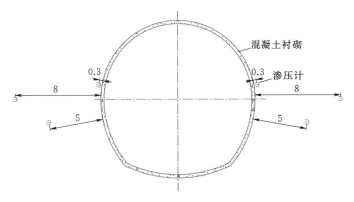

图 8.3-8　混凝土衬砌外缘渗透压力监测典型布置图（单位：m）

类、Ⅴ类围岩段衬砌混凝土内，以及收
敛变形较大、收敛速率较缓地段设置衬
砌支护观测断面，布置钢筋计、应变计、
无应力计，观测衬砌结构受力情况。混凝
土衬砌应变监测成果显示，断面压应力较
大部位多位于顶拱，钢筋压应力也多位于
顶拱。现场巡视检查发现，个别部位隧洞
底板有隆起现象，所以在深埋水工隧洞混
凝土衬砌的监测中，除了重点关注顶拱的
受力情况，在高外水压力下底板及左右拱
角的混凝土及钢筋受力情况也不容忽视。
混凝土衬砌钢筋应力监测典型布置如图
8.3-9 所示。混凝土衬砌接缝及应力监
测典型布置如图 8.3-10 所示。

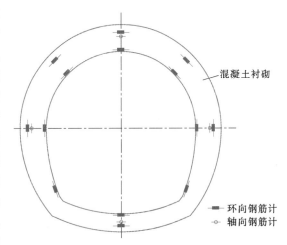

图 8.3-9　混凝土衬砌钢筋应力监测典型布置图

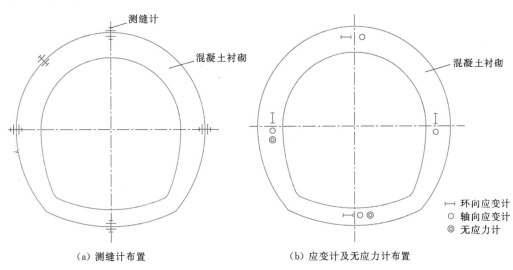

（a）测缝计布置　　　　　　　（b）应变计及无应力计布置

图 8.3-10　混凝土衬砌接缝及应力监测典型布置图

由于深埋软岩在高地应力作用下具有明显的流变特性，虽然隧洞开挖完成后预留足够时间的围岩变形时间，但缺乏衬砌结构形成的有效围压，围岩变形收敛时间可能会更长。在二次衬砌实施后，挤压变形得到了抑制，接触压力开始增加，衬砌承担挤压性岩体的流变压力。经过一段时间的围岩-支护系统内部应力的不断调整，二次衬砌的接触压力逐渐趋于稳定，衬砌内部受力也逐渐趋于稳定。在部分围岩破碎、结构面发育的洞段，衬砌混凝土内部应力可能会较大且变化持续时间较长。隧洞充水运行后，在水的作用下，围岩-支护系统应力会继续调整，直至趋于稳定。因此衬砌结构受力监测可作为分析软岩洞段长期流变特性的重要依据。应变计埋入薄层混凝土中，在施工过程中相互影响，一定要固定好，否则监测成果规律性不强，建议适当简化数量。

深埋硬脆性岩石变形量小、持续时间短，在围岩固结灌浆、混凝土衬砌的围压形成后，围岩破裂损伤得到了有效的控制，衬砌结构受力总体较小。因此深埋硬脆性岩石洞段，混凝土衬砌结构受力监测主要考虑地应力作用方向，在应力敏感区的衬砌结构部位布置相应的监测仪器。

8.3.4　深埋隧洞原位试验设计

岩石力学试验包括三大类：室内试验、现场试验和原位试验。室内试验主要针对于小尺度岩块开展；现场试验指承压板、中心孔、大三轴等试验；原位试验涉及的岩体尺寸更大，往往需要对试验场地和试验内容进行专门的规划。

与室内试验和现场试验相比，岩石力学原位试验研究是研究岩体力学特性的重要研究方法，具有不可替代的地位。从 20 世纪 80 年代开始，国际上陆续地建立了一些深埋试验场，专门用于原位试验研究，原位试验成果的相关分析，推动了理论研究、数值方法、测试技术等的发展。

据不完全统计，目前的地下试验场中有 9 座服务于核废料隔离的研究，如美国 Yucca Mountain 试验场、加拿大 Pinawa URL 试验场、瑞典 ÄSPÖ HRL 试验场、瑞士 Mont Terri 试验场等。在这些试验场运行过程中，相应的岩石力学试验项目都进行了中长期规划，持续研究时间跨度一般都达数年乃至数十年。

深埋试验场被引入岩石工程领域，通过直接的原位试验，对大尺度岩体的性质进行了定量测量，避免了室内试验、理论分析、数值模拟无法解决的岩体尺寸效应问题，为复杂工程问题的解决提供了思路和方法，因此逐渐开始受到工程界的关注，成为解决岩石力学复杂工程问题的前沿性手段。

原位试验研究获得了丰硕的成果，如加拿大 Pinawa URL 试验场建设中对脆性围岩破裂特性进行了详细的研究，推动了岩石破裂过程的模拟，也完善了脆性围岩开挖监测技术（如声发射监测等），这些新的分析方法和监测技术对指导深埋隧洞工程实践起到了重要作用。

锦屏二级水电站项目具有国内规模最大的深埋长大隧洞群，在引水隧洞掘进过程中，规划并实施了监测引水隧洞开挖的大型原位试验项目，目的是为了全面了解隧洞开挖过程中的围岩变形特征、围岩损伤演化特征、围岩应力变化等全部环节的开挖响应。

8.3.4.1　原位试验内容

锦屏深埋引水隧洞大理岩洞段因为其特殊的应力环境和岩体力学特性，使得隧洞开挖以后与浅埋条件下的围岩响应方式存在较大差别，岩爆、片帮、破裂等一系列脆性破坏比较普遍。这些破坏可以发生在围岩变形很小的条件下，使得采用变形监测手段评价和预测围岩稳定安全性的方式在锦屏深埋脆性大理岩洞段不够灵敏，适应性不足。考虑到国际上深埋地下工程建设的监测都会采用一些围岩应力监测和声发射监测或微震监测，因此，锦屏二级水电站引水隧洞原位试验的设计综合考虑了围岩变形监测、围岩破裂监测和声发射监测等多项内容。

该原位试验项目利用引水隧洞 2 号横通洞开挖 2-1 号支洞，并进行仪器埋设，通过多种监测仪器的预埋对 TBM 开挖的 3 号引水隧洞进行全方面地监测，对监测成果的综合分析可以获得对深埋大理岩洞段围岩开挖响应的全面认识。

图 8.3-11 是锦屏二级水电站引水隧洞原位试验平面布置图，实施时利用了 3 号引水隧洞 TBM 掘进落后于 2 号、4 号引水隧洞的现场条件，在 2 号与 4 号洞之间的交通横通道内顺隧洞轴线方向开挖一个 5m×5m 的试验洞，在该洞内向 3 号引水隧洞所在位置的周边围岩中预埋相关测试仪器和元件，系统地收集 3 号引水隧洞 TBM 逼近、通过和远离监测断面时的围岩开挖响应，主要包括：围岩应力变化过程和最终状态、围岩应力调整过程中破裂发生的空间位置、围岩变位、松动圈深度等信息。锦屏二级水电站的地应力特征决定了大部分洞段右侧拱肩部位的高应力破坏相对比较严重，因此监测布置也主要针对右侧拱肩的围岩进行设计。

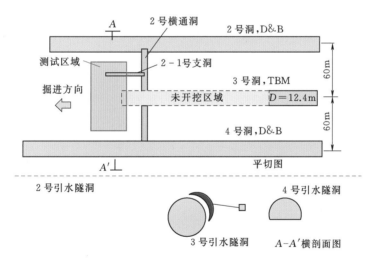

图 8.3-11　锦屏二级水电站引水隧洞原位试验平面布置图
（图中 D&B 是指开挖方式为钻爆法）

理论上，在时间和经费允许的条件下，最理想的监测方案是针对 3 号洞全断面开展监测，这需要至少开挖 4 条类似与 2-1 号的支洞来埋设监测仪器，本次原位试验是结合 TBM 的正常开挖进度来设计，锦屏二级水电站引水隧洞的开挖进度使得全面监测方案不可行，因此有侧重地选择了隧洞断面上高应力破坏最为严重的区域进行监测。

引水隧洞在深埋大理岩洞段的围岩稳定特征与高应力条件下岩体内部破裂的发展程度密切相关，因此，该原位试验项目的监测和测试工作围绕两个方面的因素进行：一是应力集中区围岩应力变化过程和最终的状态；二是伴随应力变化的岩体破裂发展过程和状态。

具体的监测内容如下：

（1）应力监测（空心包体和弦式），了解隧洞开挖过程中围岩应力状态的动态变化。监测成果为岩体强度的研究提供基础性资料。

（2）声发射监测，了解引水隧洞横断面应力调整过程中微破裂发生的位置和范围，服务于掌子面推进过程中围岩损伤演化特征的研究。

（3）波速（松动圈）测试，确定围岩的开挖损伤深度。

（4）围岩变形监测（光纤光栅和多点位移计），了解围岩的变形特征，光纤光栅监测与多点位移计相比具有更高的精度。

（5）数字钻孔摄像，直观地了解围岩宏观破裂发展过程。

8.3.4.2 原位试验方案

1. 应力监测

围岩应力监测仪器选择两种不同类型的设备：弦式单向/双向岩石应力计和空心包体应变计。

1-1 监测断面布置了 5 个单向/双向岩石应力计（图 8.3-12）；2-2 监测断面布置了 3 个 CSIRO HI Cell 空心包体应力计（图 8.3-13）。其中单向/双向围岩应力计在掌子面的前方布置了两支，用于监测隧洞掘进过程中掌子面部位的围岩应力变化，这两支围岩应力计随着 TBM 的掘进至 1-1 监测断面将会损毁失效，其他 3 支单向/双向围岩应力计布置在右侧拱肩不同深度部位用于监测应力集中区域的围岩应力变化。

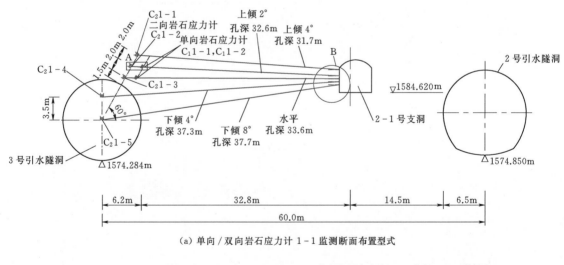

（a）单向/双向岩石应力计 1-1 监测断面布置型式

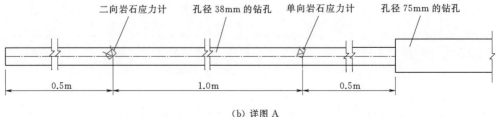

（b）详图 A

图 8.3-12（一） 单向/双向岩石应力计 1-1 监测断面布置型式

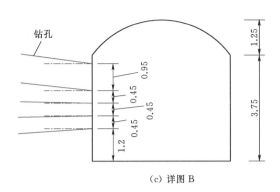

（c）详图 B

图 8.3-12（二）　单向/双向岩石应力计 1-1 监测断面布置型式

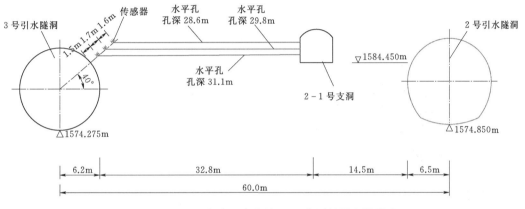

图 8.3-13　三向岩石应力计 2-2 监测断面布置型式

CSIRO HI Cell 三向围岩应力计一共布置了 3 支，全部布置在右侧拱肩的不同深度部位（图 8.3-13 中的红点）。

2. 声发射监测

原位试验项目一共布置了两个声发射监测空间网络，分别是由 11-11 监测断面、12-12 监测断面组成的空间监测网络和 3-3 监测断面、4-4 监测断面组成的空间监测网络。

11-11 监测断面和 12-12 监测断面，每个断面均为 3 个钻孔，每个钻孔安装 2 个声发射传感器，11-11 监测断面的钻孔与传感器布置型式见图 8.3-14，12-12 监测断面的布置型式与 11-11 监测断面相一致。

声发射监测区域 11-11 监测断面桩号位于引（3）13+425，对应于 2 号引水隧洞引（2）13+440.5，从上至下监测孔编号为 A11-11、B11-11、C11-11；12-12 监测断面桩号位于引（3）13+428，对应于 2 号引水隧洞引（2）13+443.5，从上至下监测孔编号为 A12-12、B12-12、C12-12。每个监测孔布置两个传感器，相距 3.05m。11-11 监测断面和 12-12 监测断面声发射传感器空间位置分布情况见图 8.3-15。

第二组声发射监测的传感器空间网络共布置了 8 个探头，并采取了与 11-11 监测断面和 12-12 监测断面不同的传感器安装方法，11-11 监测断面和 12-12 监测断面是传感器与孔壁耦合，3-3 监测断面和 4-4 监测断面是传感器与孔底耦合，因此 3-3 监测断面

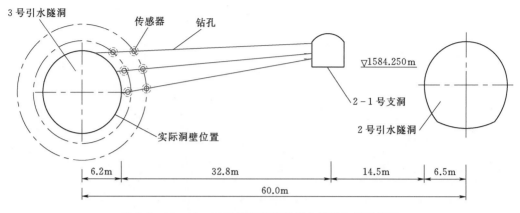

图 8.3 - 14　11 - 11 监测断面声发射传感器布置示意图

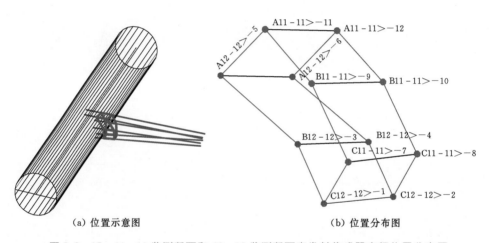

（a）位置示意图　　　　　　　　（b）位置分布图

图 8.3 - 15　11 - 11 监测断面和 12 - 12 监测断面声发射传感器空间位置分布图

和 4 - 4 监测断面需要钻设 8 个钻孔来安装这 8 支传感器。3 - 3 监测断面的声发射钻孔和传感器安装位置详见图 8.3 - 16，4 - 4 监测断面与 3 - 3 监测断面的布置型式相类似。

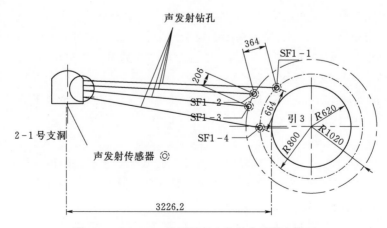

图 8.3 - 16　3 - 3 监测断面声发射传感器布置图

声发射监测采用美国物理声学公司（Physical Acoustics Corporation，PAC）的产品，其型号为 DiSP 声发射测试系统。完整的声发射系统包括：声发射卡、主机系统、传感器、前置放大器和处理软件。作为核心部件的声发射卡，所用 DiSP 系统采用标准 PCI 总线技术，并由先进的表面封装设备（Suklace Mounted Device，SMD）制造的多层高密度卡，同时配置了相适的主机系统，传感器则选取谐振频率为 40kHz 的 SR40M 型号传感器。

3. 松动圈测试

原位试验项目的波速测试包括两个方面的内容：①对整个原位试验项目的全部钻孔都进行波速测试；②对 5-5 监测断面和 6-6 监测断面分别在 TBM 掘进前、掘进过程中和通过测试断面后进行多次观测。前一个测试项目的内容在于帮助了解该区域的精细地质条件并且了解仪器埋置部位是否存在地质结构面或其他地质缺陷。后一个方面的监测内容用于了解 TBM 开挖通过后，围岩的实际损伤深度，以及损伤演化特征，并且损伤深度的测试结果将用于复核和综合评判声发射、光纤光栅两种方法的监测成果。

4. 光纤光栅监测

光纤光栅 8-8 监测断面如图 8.3-17 所示，针对右侧拱肩部位的围岩一共串联布置了 20 支光纤光栅，其中 18 支为应变计，2 支为温度计。每支光纤光栅应变计的长度为 15cm，每两支应变计之间的间隔为 0.5m，因此 18 支光纤光栅应变计覆盖的长度是 9m。每支光纤光栅应变计测量的是 15cm 范围内的应变变化值，由于光纤光栅应变计的测量精度为 $2\sim10\mu\varepsilon$，因此可以测量 15cm 范围内精度为 $3\times10^{-5}\sim15\times10^{-5}$cm 的位移变化，显然这种测量精度远远超过常规的位移监测手段，可望捕捉到洞周围岩产生宏观裂纹的过程。

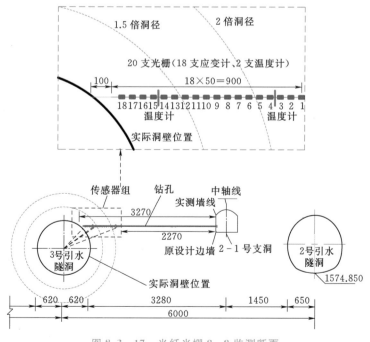

图 8.3-17　光纤光栅 8-8 监测断面

8.3.5 监测仪器安装埋设

1. 埋设时机

围岩变形及破裂损伤主要发生在隧洞开挖爆破的瞬间，理想状态下在开挖完成具备工作面时即刻埋设围岩变形监测设施，但深埋隧洞围岩在高地应力作用下可能发生岩爆，考虑现场人员及设备的安全性，在危险期过后或掘进一段距离后再回头埋设监测仪器，这就导致硬岩的围岩变形量很小，所以深埋硬岩洞段围岩变形监测尽量采取预埋方式，软岩的围岩变形监测值反映开挖完成后的持续变形量，监测仪器可在开挖后及时埋设。考虑到深埋隧洞现场的岩爆及涌水风险，需要根据现场实践情况，在监测仪器埋设的及时性与现场操作的安全性之间总结经验，找到合适的埋设时机。

2. 埋设工艺

由于隧洞衬砌结构属于薄壁结构，监测混凝土自身体积变形的无应力计可能受荷载影响，无应力计埋设时需优化套筒结构，使其尽量不受外力影响。

3. 电缆牵引

工程中遇到部分洞段监测仪器损坏较多、仪器完好率不足的情况，其中有地质条件及施工爆破等因素的影响，但有必要在设计及施工组织时系统考虑仪器保护及电缆牵引方案，提高仪器的完好率，或在混凝土表面做标记，避免施工中被破坏而失去宝贵的数据。此外，对于长引水隧洞仪器电缆的工程量需要在设计阶段充分考虑。

通过锦屏二级水电站工程的现场实践，仪器电缆牵引及维护的要点主要有以下内容：

（1）现场做好电缆走线规划及标识。避开动力电源线，已埋仪器部位及电缆牵引部位做好标识，固结灌浆孔避开电缆走线部位。

（2）对电缆牵引量较多的部位，采用分散、分束牵引，避免集中穿管牵引对衬砌混凝土薄壁结构的受力影响。

（3）不同洞段交叉施工，仪器埋设时间不同，做好仪器埋设部位至牵引目的地的电缆及保护管的预埋，避免仪器埋设后不具备牵引条件的情况。

（4）由于牵引路线较长，电缆接头较多，需要保证每个接头的耐水压、绝缘电阻等满足要求。

（5）跨隧洞及堵头段的牵引做好电缆保护管的止水工作。

8.4　监测成果分析

8.4.1　深埋软岩监测成果分析

1. 变形总体特征

根据锦屏二级深埋软岩洞段围岩收敛变形监测成果显示，围岩变形总量值较大，变形收敛时间较长。结构计算结果显示布置型式导致的支护质量不同所造成的隧洞横断面上的变形存在差异：如果混凝土喷层、钢拱架在隧洞拱脚部位与锚杆形成有效的锚固，隧洞变形最大的位置处于北侧拱肩一带，主要由地应力主导；相反，若拱脚部位支护质量无法保证预期支护效果，拱脚的应力集中必然导致局部鼓胀变形现象，如果围岩质量较差，则体现为不收敛变形趋势，主要反映为收敛监测中底部 $D-E$ 测线的持续变形。工程现场观察到的围岩凸起变形和喷层破坏基本都出现在相同的部位。

通过以上对现场围岩破坏表现方式的观察和围岩变形情况的分析，可以总结以下几点深埋软岩洞段围岩变形的总体特征：

（1）岩性因素是导致该洞段围岩变形和喷层破坏最根本的因素，软岩的自身性质决定其整体承载能力较低。

（2）岩性较为均一的软岩洞段围岩松动圈相对较深，岩层中夹杂的质量较好的硬岩使得松动圈范围有所减小。

（3）从岩性和地应力等初始条件，以及从洞形和支护布置等工程条件分析，围岩的变形不均匀是应力集中区产生塑性流动变形的结果，并与早期支护不足有关。

（4）隧洞大变形部位与断面上初始地应力状态密切相关，可以认为大变形部位代表了断面最大主应力与断面相切的位置。

（5）地下水和施工用水的存在对围岩性状的恶化所导致的围岩破坏情况不容忽视。

围岩变形是软岩洞段最关心的开挖响应方式，结合收敛监测及预埋或即埋多点位移计能完整地反映软岩在开挖时和开挖完成后的变形情况，为支护设施的实施及洞室稳定性评价提供参考。

2. 软岩收敛变形特征

软岩洞段在开挖后出现了大变形现象，挤占了隧洞的有效断面，收敛测线测值显示左右拱腰部位向临空面变形明显。例如锦屏二级绿泥石片岩段在开挖后围岩变形明显，典型收敛测线累计过程线见图 8.4-1，测值最大为左右拱腰的 $D-E$ 测线，累计测值为 383.28mm，该测线在开挖初期位移增长较快，最大位移速率曾达到 5.69mm/d，3 个月后位移速率有所趋缓，其余部位收敛测值相对较小大多在 100mm 以内。二次扩挖后，该部位收敛变形仍有所发展，到落底开挖后，左右拱腰的 $D-E$ 测线收敛量达到 100mm。截止收敛测点停止观测时，围岩变形已趋于收敛。

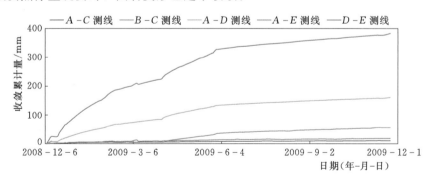

图 8.4-1　典型收敛测线累计过程线

绿泥石片岩洞段收敛变形有以下特点：

（1）收敛测点累计测值较大部位为边墙下部（$D-E$ 测线），其次是左右拱肩之间（$B-C$ 测线），顶拱的下沉量相对较小。

（2）二次扩挖支护后大部分洞段围岩变形变化速率很小，基本趋于稳定，部分断面仍存在持续变形现象，收敛特征不明显，这些断面与现场观察到的存在凸起变形和喷层破坏的部位基本一致，收敛监测较好地反映了围岩的变形情况。

（3）在绿泥石片岩洞段开挖完成后，洞室围岩向洞内产生变形，而且累计变形量较大，变形持续时间长，隧洞局部洞段缩径现象明显，围岩已侵占隧洞有效断面。这与深埋大理岩洞段累计收敛变形量小、收敛速率较快的特点有显著区别。

（4）从各测线收敛速率可以看出，各断面收敛测点在埋设初期向洞内变形较大，变形速率较大。一段时间后，变形速率逐渐减小，说明系统支护的实施，有效地限制了围岩的变形，维持了洞室的稳定。

断面中上部围岩变形量相对较小，收敛时间较快，边墙下部收敛变形持续时间长、变形量较大。上台阶开挖以后的隧洞底面为平面，对底板围岩提供的变形约束较小，边墙底部的表面支护（拱架和喷层）缺乏与锚杆的有效联系，相对于顶拱和边墙而言，基本上可以认为缺乏支护，这些部位的围岩表面变形缺乏足够约束，这是底部变形量大、持续时间长的根本原因。

3. 软岩深部变形特征

锦屏二级水电站最有代表性的软岩是绿泥石片岩，其深部变形孔口累计变形量最大为43.23mm，由于隧洞采用钻爆法掘进，分上、下两层开挖，多点位移计在下层开挖前安装埋设，基本没有测到上层开挖引起的围岩的第一次松弛变形，实测变形量主要为下半断面落底开挖产生的围岩的第二次松弛变形。但是绿泥石片岩强度低、遇水软化、变形持续时间长，上半断面开挖引起的围岩的第一次松弛变形量大，采取了二次扩挖、加强支护和加强固结灌浆等处理措施。因此，绿泥石片岩洞段的实测变形量包括上半断面第一次开挖、二次扩挖、下半断面落底开挖以及加强固结灌浆等多次扰动产生的变形量。软岩洞段深部变形典型过程线见图8.4-2。

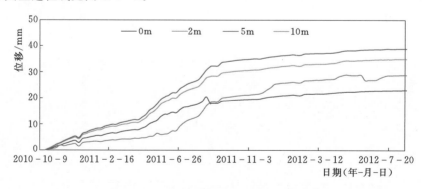

图8.4-2　软岩洞段深部变形典型过程线

根据深部位移观测数据分析，深埋软岩洞段围岩深部变形有以下特点：

（1）深部位移最大测值位于孔口测点，测值在40mm以内。绿泥石片岩洞段围岩在爆破开挖的瞬时变形量在总变形量中所占比例相对较小，在较长一段时间仍然在继续变形，滞后变形现象明显，这与大理岩洞段围岩开挖结束后完成大部分变形、之后变形量很少的特点有显著区别。

（2）落底开挖对洞室上半部分变形有较大影响，K1＋540 断面及 K1＋666 断面二次扩挖后变形量较首次开挖时要小，收敛速率也相对较快，二次扩挖后及时支护较好地限制了围岩进一步的变形。

（3）孔口测点与埋深 2m 测点变形量较大，部分揭示较纯的绿泥石片岩洞段埋深 10m 测点仍有变形，夹杂大理岩的洞段埋深 5m 测点变形较小。结合围岩松动圈测试成果，说明绿泥石片岩洞段围岩松弛范围基本在 5～6m 之内，局部大理岩含量较高洞段围岩松弛范围稍小，一般为 3～4m。

（4）测值显示仪器安装初期左右边墙拱座部位变形较大，主要由于上半断面开挖结束后，拱脚部位缺乏有效支护，导致混凝土喷层和岩壁脱开，围压状态的缺失使得该区域围岩质量下降。隧洞落底开挖后，在联合支护形成后，围岩变形均得到有效控制，变化量均较小。左侧拱肩在喷锚支护的有效作用下，围岩变形并没有受到地应力的影响成为断面中变形最大的部位。

（5）部分裂隙发育洞段围岩受地下水影响，遇水软化问题突出。1 号引水隧洞引（1）1＋760 塌方段由于降雨增多，顶部空腔汇集的地下水入渗，使得围岩承载能力降低，支护结构所承担的荷载相应增加，导致围岩变形值发生突变以及局部混凝土喷层开裂。

（6）隧洞充水运行以后，顶拱、左拱肩位移测值略有增大，在 2mm 以内；左右拱座位移测值大多有所减小，充水对左右拱脚部位位移影响较小。

4. 锚杆受力特征

绿泥石片岩洞段锚杆应力值为 −48.04～294.15MPa，锚杆应力变化主要发生在隧洞开挖期，随着围岩松弛变形达到收敛稳定，各锚杆应力计测值逐渐趋于稳定，联合支护结构较好地限制了围岩的变形，维持了围岩的稳定，软岩洞段锚杆应力典型过程线见图 8.4−3。

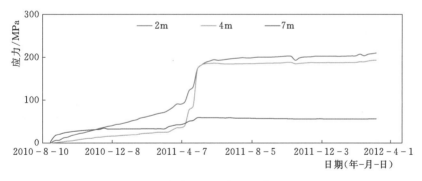

图 8.4−3　软岩洞段锚杆应力典型过程线

根据锚杆应力观测数据并结合围岩变形监测资料情况，深埋软岩洞段围岩支护受力有以下特点：

（1）锚杆应力计安装滞后于掌子面开挖，所以锚杆应力反映的主要是绿泥石片岩变形随时间增长的结果。根据钻孔取芯资料显示，洞壁表层围岩较破碎，而浅层锚杆应力较大，说明锚杆对约束围岩位移、保证围岩的稳定性起到关键作用。

（2）支护的质量对于围岩松动范围有较大的影响，隧洞拱脚部位缺乏有效的系统支护直接导致该区域围岩松动范围较大。同一个断面中左拱肩与左拱腰的锚杆受力普遍比较大，与附近多点变位及测值较大相对应，这主要是软岩洞段该部位受高地应力作用变形较大的原因。

（3）绿泥石片岩洞段落底开挖结束后，大部分锚杆应力逐渐趋于稳定，相应的围岩深部变形也趋于稳定。部分断面在固结灌浆期间，锚杆应力有所增大，之后趋于稳定。系统支护措施显著地承担了荷载，并最终限制了围岩的变形，维持了洞室稳定。

（4）锚筋桩应力计显示锚筋基本呈受拉状态，埋深 2m 及 4m 部位锚筋桩应力相对较大，埋深 6m 部位锚筋桩应力均较小。应力增长主要发生在支护初期及洞段落底开挖时，之后趋于稳定，支护效果显著。

（5）隧洞开挖后，表层及时的实施钢拱架、喷层等支护措施很有必要。考虑到后期的补强支护效果较及时支护要差，因此在开挖完成以后如果能及时地实施同等支护强度，即便在软岩洞段不良地质条件下，围岩的变形仍然可以得到控制。

（6）根据监测成果可知，充水运行对锚杆应力变化影响较小。充水运行后，浅部围岩在衬砌作用下，变形受到限制，部分锚杆应力有向深部增长的趋势。

锚杆应力测值主要反映了围岩在支护系统作用下长期的稳定状况，在施工期，及时的施工支护系统对限制软岩的变形有很大作用，但因为软岩其本身的物理力学特性，存在遇水软化特性，支护系统在运行情况下的长期作用还需要继续研究。

5. 衬砌结构受力特征

衬砌结构主要起到加固、支撑、维持三方面的作用，衬砌与围岩的初期支护一起共同保证了内外水压力作用下围岩的稳定。混凝土衬砌的受力与开挖初期围岩变形及支护应力一起反映了衬砌与围岩喷锚支护联合承载结构的安全情况。由监测成果可知，衬砌结构的受力既是围岩本身变形影响的结果，也是衬砌结构几何断面在受力情况内外层变形的结果。

根据锦屏二级水电站引水隧洞监测成果显示，绿泥石片岩洞段衬砌混凝土总体呈受压状态，环向混凝土应变为 $-73.78 \sim -897.47\mu\varepsilon$，平均值为 $-418.09\mu\varepsilon$。环向钢筋应力总体呈受压状态，环向钢筋应力为 $-133.28 \sim 34.55$MPa，平均值为 -31.57MPa。

对监测成果进行总结分析，深埋软岩洞段衬砌结构受力有如下特点：

（1）衬砌混凝土应变及钢筋应力在混凝土浇筑初期受水化热影响，测值变化显著，但监测成果显示（图 8.4-4），在水化热稳定甚至隧洞充水运行后，衬砌结构受力仍然有所变化。

从量值看，扣除混凝土自身体积应变的影响，外荷载引起的混凝土衬砌顶拱环向应变值约为 $500\mu\varepsilon$，显示在深埋大直径软岩情况下，混凝土衬砌结构压应变显著大于常规水工隧洞衬砌压应变，平均约为 $200\mu\varepsilon$。

从持续时间看，自 2013 年起，运行 4 年后，混凝土环向应变平均减小 $70\mu\varepsilon$，环向钢筋应力平均减小 30MPa，衬砌应力应变收敛时间变长，持续近 5 年时间。

（2）混凝土衬砌运行初期，应变增长较快（以混凝土自身体积应变为主），此后随着运行时间的增加应变增长速率逐渐降低。在隧洞充水运行后，衬砌环向应变仍有以较慢速率增长的趋势。从衬砌所受荷载角度分析，隧洞运行期主要受内外水压力、温度荷载以及围岩压力的作用。软岩洞段衬砌受内水压力较小，约为 23m 水头。由于绿泥石片岩渗透

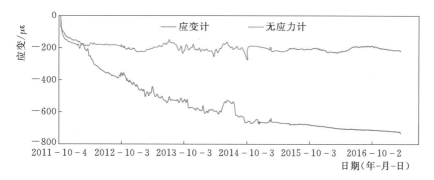

图 8.4-4　软岩洞段衬砌混凝土应变典型过程线

性较弱，因此外水压力也较小。由于该洞段埋深达到 1500m，运行期温度较为恒定，温度荷载不是导致衬砌持续变形的主要原因。因此深埋软岩的持续变形是导致混凝土衬砌受力的主要原因。

（3）同样是深埋隧洞，软岩洞段衬砌变形明显大于其余洞段。对不同围岩类别情况下隧洞混凝土衬砌受力情况进行统计，应变分布详见图 8.4-5。由图 8.4-5 可知，衬砌混凝土总体呈受压状态，绿泥石片岩洞段混凝土衬砌环向应变水平总体较高，即大于 $300\mu\varepsilon$ 的测点较多，大理岩洞段受拉应变计及受压大于 $600\mu\varepsilon$ 的测点相对较多，离散性相对较大。软岩段衬砌受力主要受围岩变形影响，混凝土衬砌压应变较大；硬岩段衬砌结构受力不均匀，衬砌混凝土应变离散性相对较大。

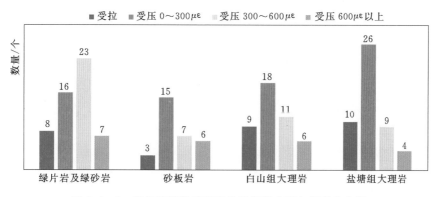

图 8.4-5　深埋隧洞不同围岩类别混凝土环向应变分布图

8.4.2　深埋硬岩监测成果分析

1. 围岩变形特征

由于锦屏二级各条隧洞开挖方式不同，东端大理岩洞段除了在开挖完成后布置深部变形监测仪器外，还具备从 2 号、4 号引水隧洞向 1 号、3 号引水隧洞预埋多点位移计的条件。

开挖完成后埋设的多点变位计累计变形量基本在 10mm 以内，硬岩洞段在蓄水初期受内水压力影响，围岩破裂有所扩展，支护结构应力也均略有调整，但之后测值稳定，无

明显变化。深埋硬岩洞段围岩变形典型过程线见图 8.4 - 6。

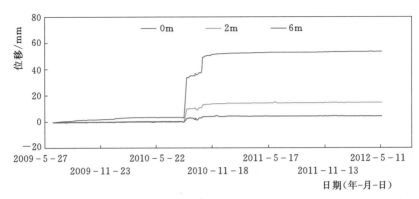

图 8.4 - 6　深埋硬岩洞段围岩变形典型过程线

TBM 通过预埋断面时在测点位置上引起的围岩变形量均较小，平均测值不足 10mm，最大为 23.4mm。如果认为这些测值代表了围岩最大变形，则收敛应变率平均值小于 0.2%，最大值仅为 0.38%，远小于对围岩变形的控制标准（1%），实测围岩变形量也远小于数值计算结果。

锦屏二级水电站深埋硬岩洞段多点位移计监测到的变形量大小严重偏离常规水工隧洞围岩变形水平。造成多点位移计监测结果偏低的原因可以主要地归结为围岩变形机理与多点位移计监测方法技术特点之间的矛盾：

（1）大理岩的脆—延—塑转换特性决定了变形区域主要局限在隧洞浅部低围压脆性响应范围，从洞壁到围岩深部围压的增高使得脆性破裂导致的变形量迅速减小。从定性角度看，考虑了脆—延—塑转换的数值计算揭示的围岩变形特征与现场测试成果之间存在良好的一致性。现场实践中 1 号、3 号引水隧洞最接近洞壁的多点位移计探头与洞壁的距离为 1m，而这 1m 范围是变形最突出的部位，即预埋的多点位移计监测成果中仍然丢失了相当的变形量。

（2）相对于浅埋条件下围岩变形主要受结构面影响，锦屏深埋大理岩的变形主要取决于围岩的破裂和破裂发展，传统多点位移计的锚固点一般为长度为数十厘米的螺纹钢，探头所覆盖长度范围内的围岩破裂和变形并不能被多点位移计所反映，考虑到这一点，1 号、3 号引水隧洞围岩变形可能表示了洞壁以内 1.3~1.5m 深度部位的变形。

从监测成果看，深埋大理岩洞段围岩变形有范围小、变形量不大的特点。结合对大理岩特性及其决定的围岩变形特点的研究成果，洞壁围岩破裂和破裂发展是导致变形的主要机制，传统的多点位移计监测技术在监测围岩这种方式的变形时显得比较粗糙一些。

2. 锚杆受力特征

通过对 21 个深埋硬岩监测断面上的锚杆应力监测成果中的最大值进行统计，最大拉应力的平均值达到 110MPa，其中大于 180MPa 的断面共 6 个，说明深埋硬岩洞段锚杆应力水平总体相对较高，且出现超限现象，这与围岩变形成果相对较小的事实形成鲜明对比。深埋硬岩洞段锚杆应力典型过程线见图 8.4 - 7。

由于锚杆应力计安装均在掌子面开挖完成后实施，因此，这些锚杆应力计的监测成果

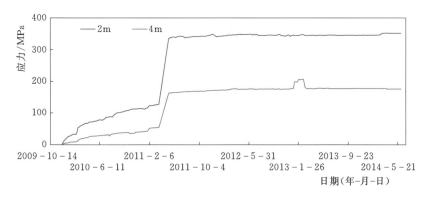

图 8.4-7　深埋硬岩洞段锚杆应力典型过程线

主要体现了围岩滞后变形或围岩破裂滞后效应的结果。深埋硬岩锚杆应力监测结果有以下特点：

（1）由于围岩变形机理和仪器埋设技术的不确定性，现实中硬岩洞段锚杆应力监测结果相对离散。当围岩变形主要由结构面控制时，全长黏结埋设方式的锚杆应力计读数大小和传感器与变形结构面之间的位置关系密切相关。当传感器埋设于变形结构面的外侧（靠临空面一侧）时，或受到结构面剪切变形时还可能出现受压情况，体现在不同深度的测点读数相差较大。

（2）深埋硬岩洞段锚杆应力计所监测到的是围岩力学特性变化的结果，即主要是破裂随时间增长的结果，滞后变形也是破裂随时间增长的表现形式之一。当破裂问题占据主要地位时，锚杆应力计读数变化更明显，也更普遍地为拉应力。因此就全长黏结锚杆而言，锚杆应力监测结果在深埋条件下比浅埋地下工程更具有指导意义。

（3）大部分情况下距洞壁 2m 深度处的锚杆应力显著大于更深部位，说明深埋硬岩破裂损伤发生的主要范围在围岩浅部，此时埋深较浅的锚杆应力计能更好地反映围岩破裂的发展情况。

（4）锚杆应力增长经历了一个相对较长的过程，如果锚杆受力是围岩破裂发展的结果，这说明即便是在没有开挖扰动影响的情况下，围岩破裂发展会经历一个相当长的历程，这与多点位移计变形监测成果形成明显差别。

（5）锚杆应力计对围岩状态的变化比多点位移计更敏感，多点位移计监测成果显示了围岩变形较小，但支护锚杆受力较大，支护安全度相对较小。从这个角度看，锚杆应力计监测成果比多点位移计监测成果在深埋硬岩洞段更值得工程关注。

8.4.3　外水压力监测成果分析

对锦屏二级水电站各引水隧洞衬砌外埋深 0~0.3m 处渗压计测值进行统计，1 号引水隧洞衬砌外缘渗压测值最大为 830.22kPa，位于 K2+920 左拱腰 0m 处；2 号引水隧洞衬砌外渗压测值最大为 968.89kPa，位于 K3+900 处；3 号引水隧洞衬砌外渗压测值最大为 828.28kPa，位于 K16+505 处；4 号引水隧洞衬砌外渗压测值最大为 433.82kPa，位于 K8+655 处。锦屏二级水电站隧洞衬砌外缘渗透压力分布见图 8.4-8。由于 4 号引水隧洞靠近施工排水洞，对洞周山体水位降低效果明显，其余衬砌外渗透压力较大部位主要位于施工期出水点或地质出水带部位。

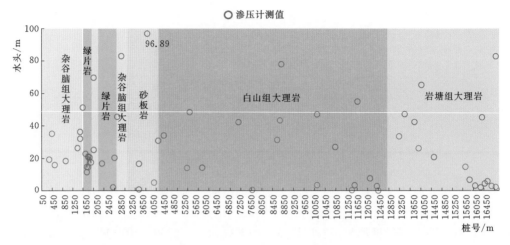

图 8.4 - 8　锦屏二级水电站隧洞衬砌外缘渗透压力分布图

隧洞运行期持久工况下内水压力为 60～75m，在隧洞充排水试验期间衬砌外渗压计测值与隧洞内水水头基本相关。在大部分围岩完整的洞段，衬砌外缘渗透压力主要表现为内水压力。部分施工期出涌水的裂隙发育洞段衬砌外渗透压力在雨季时有所增大，受山体地下水位影响明显。

深埋水工隧洞衬砌外渗压计均布置在围岩固结灌浆圈以内，渗透压力测值主要是山体地下水、围岩高压防渗灌浆圈、减压孔、内水压力等因素共同作用的结果。山体地下水压力在灌浆圈存在一定的折减作用，在围岩完整的断面，渗压计测值主要受隧洞内水通过混凝土衬砌裂缝外渗影响，在原开挖阶段即存在大涌水的洞段，渗压计测值为帷幕折减阻水与衬砌减压孔共同作用的结果。

1 号、2 号、3 号、4 号引水隧洞充水前的外水内渗量实测值分别为 78.50L/s、202.18L/s、164.00L/s、30.00L/s，通过充水稳压试验实测的引水隧洞渗漏量分别为 18.58L/s、−75.35L/s、37.72L/s、31.63L/s，均远小于设计允许渗漏量 1.5m³/s。这也充分说明深埋水工隧洞内水外渗不是主要关心的问题，高外水压力引起的施工期大涌水的处理、运行期衬砌在高外压下的长期稳定性更需要关注。

8.4.4　深埋隧洞原位试验成果分析

1. 围岩应力计监测成果

单向/双向围岩应力监测结果与预期差别较大。单向/双向围岩应力计测得的隧洞掘进过程中围岩应力变化远低于理论分析结果，5 支单向/双向围岩应力计测得的最大读数只有 5.34MPa。测值偏低的原因有两个：①由于埋深较大，钻孔后沿着孔壁径向一定深度的围岩发生破裂损伤，孔壁弹性模量降低从而导致弦式应变计的读数偏低；②单向/双向围岩应力计安装要求高，设计断面的安装深度达到 30m，增大了应力计与孔壁贴合的难度。

尽管单向/双向围岩应力计所测量的绝对量值偏小，但 3 号引水隧洞 TBM 掘进过程中，单向/双向围岩应力计的读数变化规律可以反映出掌子面效应：①当 3 号引水隧洞 TBM 掘进至监测断面前 $-3D \sim -1D$（D 表示 3 号引水隧洞直径）时，应力计读数变化不大，当 3 号引水隧洞 TBM 掘进至断面 $-1D \sim 1D$ 时，水平向和垂直向的应力计读数变化明显。②当 3 号引水隧洞 TBM 掘进至断面后 $1D \sim 2D$ 时，围岩应力增长开始变缓并趋于稳定。

CSIRO HI Cell 空心包体应力计测量的是 12 个应变计组的应变值，要得到空心包体埋设部位的围岩应力变化，还需要结合钻孔埋设位置的岩芯的弹性模量和泊松比，通过联立求解方程获得围岩应力变化，并获得弹性模量和泊松比对求解的围岩应力的影响：①岩块弹性模量的改变不影响应力解答的方向，应力解答的量值与弹性模量之间是简单的线性关系，即弹性模量增大 1.1 倍，求解出来的应力其 6 个分量均等比例地增大 1.1 倍；②泊松比对求解应力影响要更复杂一些，应力解答的表达式无法将泊松比做类似弹性模量的分离。硬岩的泊松比一般变化不大，因此导致的应力误差也相对较小。

本次试验关于钻孔区域岩芯弹性模量和泊松比的取值，综合原位试验区域的其他钻孔的试验结果估算得到，弹性模量取 40GPa，泊松比 υ 取 0.24。实际上也可以以该数值为基础做一些敏感性分析。

空心包体应力计 2-2 监测断面的 3 个空心包体应力计距洞壁的垂直距离分别为 1.50m（$C_3 1-3$）、3.18m（$C_3 1-2$）和 4.74m（$C_3 1-1$）。其中第二个空心包体应力计（$C_3 1-2$）在埋置过程中出现了一些问题，在 3 号引水隧洞的 TBM 掘进过程中未采集到有效数据，因此数据分析主要围绕距离洞壁最近（$C_3 1-3$）和最远（$C_3 1-1$）的两个空心包体应力计展开。

假设钻孔水平方向为 Z 轴，竖直向下为 Y 轴，隧洞掘进的反方向为 X 轴，则隧洞掘进过程中两个测点位置的围岩应力变化详见图 8.4-9 和图 8.4-10（距离洞壁 4.74m 的是 $C_3 1-1$ 空心包体应力计，距离洞壁 1.50m 的是 $C_3 1-3$ 空心包体应力计）。

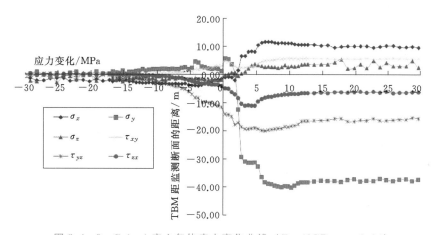

图 8.4-9　$C_3 1-1$ 空心包体应力变化曲线（$E = 40$GPa，$v = 0.24$）

根据 $C_3 1-1$ 和 $C_3 1-3$ 两个空心包体应力计的测量结果，关于围岩应力调整的过程有以下结论：

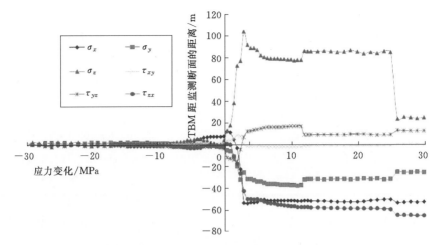

图 8.4-10　$C_3 1 - 3$ 空心包体应力变化曲线（$E = 40\text{GPa}$，$\nu = 0.24$）

（1）应力扰动范围。距离洞壁 4.74m 的空心包体应力计在 3 号引水隧洞 TBM 开挖过程中读数发生明显的变化，因此可以判断隧洞开挖后应力调整的深度超过 4.74m，这一结论与传统的认识是吻合的，传统的观点认为二次应力的调整深度为 3～5 倍的开挖洞径。

（2）掌子面效应。距离洞壁 4.74m 空心包体应力计的监测数据显示，当 3 号引水隧洞的掌子面距离监测断面 15m 时，空心包体应力计的监测数据开始发生变化，当掌子面超过监测断面 0～10m 时是应力调整最剧烈的阶段。换言之，在隧洞掘进过程中，掌子面前方应力发生变化的深度至少为 1.2 倍的开挖洞径，而掌子面后方大约 1 倍洞径的范围内是应力调整最为强烈的区域，或许正是基于这个原因，国外的一些深埋地下工程要求将系统支护跟进至掌子面后方 1 倍洞径的位置以达到有效控制高应力破坏。

（3）距离洞壁 4.74m 的 $C_3 1 - 1$ 空心包体应力计的应力变化曲线显示，该深度的围岩在垂直方向上（Y 轴）的应力在 3 号引水隧洞开挖前后发生了比较大的变化，达到约 35MPa（岩块弹性模量取 40GPa）的量值，说明这个深度属于应力增高区域，也就是常说的二次应力分布的高应力区域，结合后面波速测试成果获得的围岩破损深度约为 3m，即认为 $C_3 1 - 1$ 空心包体应力计测得的结果与围岩损伤的测试成果是一致的。

（4）距离洞壁 1.50m 的 $C_3 1 - 3$ 空心包体应力计由于埋置深度较浅，在 3 号引水隧洞掌子面推进的过程中更容易受到围岩破裂的影响，若应力调整产生的微裂纹处于应变片位置，就可以导致该应变片读数异常。实际监测表明，当掌子面超过空心包体应力计埋置断面 2.8m 时，其中的 B135 和 E90 号应力计超量程，其原因是围岩应力调整产生的裂纹穿过这两个应力计，后期 B45、C0 和 D90 这 3 个应力计均因为同样的原因而超量程。

2. 松动圈测试成果

声波监测 5-5 监测断面和 6-6 监测断面的布置型式相同，均布置了 3 个监测钻孔，这两个监测断面松弛深度测试成果如图 8.4-11 和图 8.4-12 所示。

5-5 监测断面 3 个钻孔所测得的围岩松弛深度由上而下分别为 3.0m、3.0m 和 2.6m。

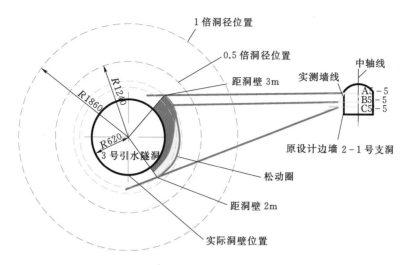

图 8.4－11 5－5 监测断面松弛深度测试成果

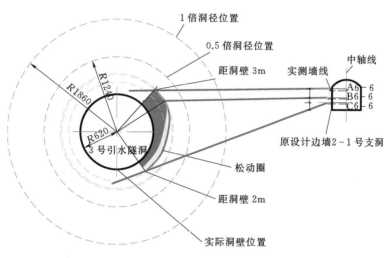

图 8.4－12 6－6 监测断面松弛深度测试成果

6－6 监测断面测得的围岩松弛深度由上而下分别为 3.2m、3.0m 和 1.8m。两个监测断面的波速测试成果比较接近，均显示右侧拱肩部位的围岩低波速带较拱脚位置要大一些，这是由断面的地应力特征所决定的，与原位试验方案设计阶段的预测相一致。

3. 光纤光栅监测成果

光纤光栅监测采用自动化数据采集，采集频率为 1 次/min，监测钻孔位置以及钻孔附近的地质条件（图 8.4－13），图中的黄色曲线是钻孔波速测试成果。波速测试成果显示，该钻孔末端局部位置波速出现陡降，其他光纤光栅

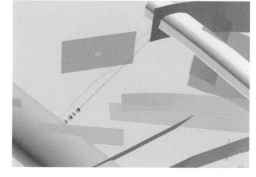

图 8.4－13 光纤光栅监测断面附近的地质模型

安装位置波速变化相对比较平缓；另外，在钻孔末端附近有一条 T2 结构面通过。

如图 8.4-14 所示，光纤光栅监测的 18 支光纤光栅应变计串联布置，各支光纤光栅应变计距离 3 号引水隧洞洞壁的水平距离分别为：1 号距离 8.8m；2 号距离 8.3m；3 号距离 7.8m；4 号距离 7.3m；5 号距离 6.8m；6 号距离 6.3m；7 号距离 5.8m；8 号距离 5.5m；9 号距离 4.8m；10 号距离 4.3m；11 号距离 3.8m；12 号距离 3.3m；13 号距离 2.8m；14 号距离 2.3m；15 号距离 1.8m；16 号距离 1.3m；17 号距离 0.8m；18 号距离 0.3m。

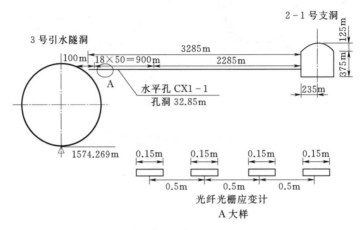

图 8.4-14　光纤光栅应变计串联图

1～9 号光纤光栅应变计监测结果详见图 8.4-15，横坐标表示 TBM 掌子面与监测断面之间的相对关系，纵坐标表示微应变。这 9 支光纤光栅应变计监测的是距离洞壁 4.8～8.8m 的围岩的微应变值，监测结果显示：①掌子面效应对围岩变形的影响大约为 1 倍洞径，掌子面后方 13m 位置距离洞壁 4.8～8.8m 的围岩变形区域稳定；②距离洞壁 4.8～8.8m 的围岩在隧洞掘进过程中其变形量值很大，微应变最大不超过 $300\mu\varepsilon$。

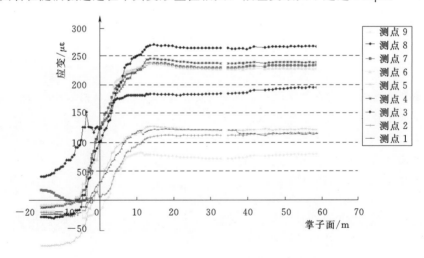

图 8.4-15　1～9 号光纤光栅应变计监测结果

图 8.4-16 给出了 10～18 号光纤光栅应变计的监测数据与 TBM 掌子面之间的关系。

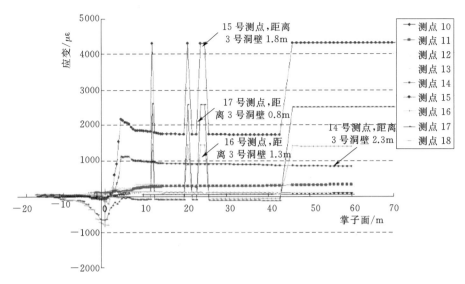

图 8.4-16　10～18 号光纤光栅应变计监测结果

15 号、16 号、17 号应变计的测值发生突变，应变计距离洞壁的深度分别是 1.8m、1.3m 和 0.8m，结合松弛圈测试和围岩应力测试，有如下结论：

（1）掌子面效应引起的应力变化和围岩位移特征按其变化规律可以分成两部分，即损伤区和未损伤区（其界限可以采用波速测试成果加以界定）。

（2）未损伤区域的围岩应力变化和围岩变形在掌子面掘进至监测断面 1 倍洞径时开始有响应，在掌子面通过监测断面 1 倍洞径后趋于平稳。

（3）损伤区域围岩在应力调整的过程中微裂纹可以汇聚形成宏观裂纹，因此光纤光栅应变计可以监测到跳跃式的不连续应变。宏观裂纹的形成和扩展往往滞后于掌子面，这种现象早在辅助洞的开挖过程中就观察到，即围岩比较普遍地破裂通常滞后于掌子面一定的距离出现，滞后掌子面的长度与埋深成反比，埋深越大，滞后破裂越靠近掌子面。

4. 多点位移计监测成果

7-7 监测断面布置的多点位移计 M1-1 是为了与光纤光栅应变计的监测成果对比，全面了解围岩的变位特征。

监测仪器选用 5 点式多点位移计，多点位移计埋设位置地质条件示意图见图 8.4-17。图中给出了其中 4 个测点位置，第 5 个测点靠近 2-1 号试验洞。总体上，多点位移计埋置断面的地质条件比较复杂，监测数据可能会受到结构面 S2 和 T2 的影响。

掌子面距多点位移计 M1-1 前后各 1D 时多点位移计测量结果见图 8.4-18。多点位移计监测成果显示，深埋脆性大理岩隧洞的围岩变形并不显著，TBM 通过监测断面 3 倍洞径时，最大的围岩变形仅为 3.53mm，

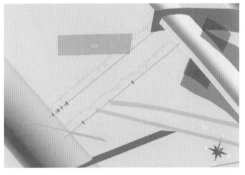

图 8.4-17　多点位移计埋设位置地质条件示意图

结合前面其他类型的监测数据可知，此时隧洞损伤区围岩的大部分宏观破裂已经形成，但多点位移计的读数仍然较小，对围岩稳定的判断而言难以起到比较理想的预警作用，这也是国际范围内深埋地下工程强调应力监测、声发射监测等围绕围岩应力变化和损伤演化特征监测的主要原因，常规的多点位移计监测可以起到辅助判断作用。

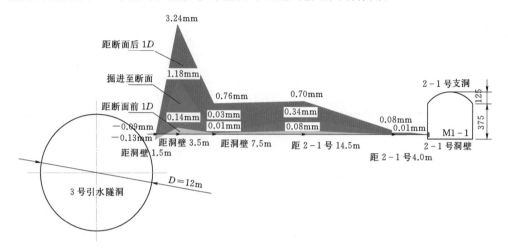

图 8.4-18　掌子面距多点位移计 M1-1 前后各 1D 时多点位移计测量结果

另外，图 8.4-18 中各测点的位移断面图与常规的监测成果存在差异。在理想均质假设的条件下，隧洞开挖后从洞壁向围岩内部，围岩的变形逐渐减小，因此一般条件下多点位移计监测到的位移变化规律也是如此。本次试验 7-7 监测断面多点位移计的监测结果在距洞壁 3.5m 深度的围岩变位最大，而其他位置的围岩变位都比较小，其原因可能是 T2 结构面对测量结果有很大影响，也有可能是距离洞壁 1.5m 的测点发生了损坏。

5. 声发射监测成果

11-11 监测断面和 12-12 监测断面附近的地质条件如图 8.4-19 所示，其中红色的直线表示埋设声发射探头的钻孔，每个断面 3 个钻孔，一共 6 个钻孔，每个钻孔埋置 2 个声发射探头，图中不同颜色的小点表示声发射探头的安装位置，12 个探头组成了空间类似长方形的网络，从而实现声发射事件的空间定位。图中不同蓝色的不规则形状体表示波速测

图 8.4-19　11-11 监测断面和 12-12 监测断面附近的地质条件

试成果进行空间插值得到的低波速区域，注意到 12-12 监测断面靠近 3 号引水隧洞洞壁位置出现了明显的低波速区域，结合地质素描和地质雷达的物探成果，认为是 T2 结构面向围岩内部的延伸所导致的低波速带。

由于 T2 结构面的存在，该声发射监测断面的围岩损伤演化特征可能不同于围岩完整性较好洞段的损伤演化特征。完整围岩区段开挖后损伤破裂由洞壁向围岩内部扩展，以围岩破损的方式耗散开挖引起的应变能。含结构面的围岩开挖后，岩体本身以破裂损

伤的方式耗散能量，此外结构面也以错动、张开的形式耗散能量，某些情况下结构面端部也可能以继续扩展的方式耗散能量，这些耗能方式都会产生声发射事件，并可能被探头接收。

含结构面岩体的开挖响应较相对完整岩体的开挖响应要复杂很多，目前国际上关于深埋岩体破裂损坏的研究主要集中在完整性较好的硬岩中，关于深埋岩体中结构面开挖响应的试验研究和理论研究均不够系统和深入。区段 2 的 T2 结构面迹长约为 10m，声发射探头包裹的网络恰好覆盖了该结构面，因此提供了一个研究结构面开挖响应的机会。

图 8.4 - 20 为能量介于 15000~40000AJ 的声发射事件，可以看到高能量事件主要集中在 T2 结构面附近，这些高能量事件很可能对应着结构面滑移产生的声发射，监测到的是结构面的开挖响应。

图 8.4 - 21 是能量介于 10000~40000AJ 的声发射事件，从图 8.4 - 21 中可以看到大部分事件仍位于结构面附近，属于结构面错动产生的声发射事件。

将声发射事件的能量范围放宽至 5000~40000AJ，从图 8.4 - 22 中可以看到部分能量事件沿着 T2 结构面产生，同时还有一部分能量事件与围岩破裂相关。总体上，可以发现围岩破裂产生的能量事件要小于结构面错动而产生的能量事件。

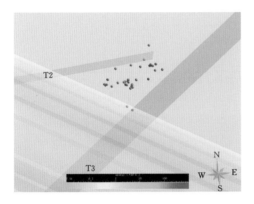
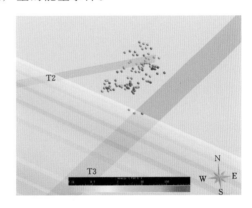

图 8.4 - 20　能量介于 15000~40000AJ 的声发射事件　　图 8.4 - 21　能量介于 10000~40000AJ 的声发射事件

图 8.4 - 23 将低能量的声发射事件也在地质模型中进行了表达，低能量的往往意味着围岩损伤，对应着一些小尺度的微裂纹扩展。低能量的声发射事件的规律性并不强，在整个监测范围内都有产生。

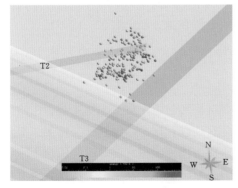
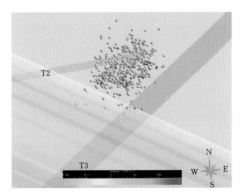

图 8.4 - 22　能量介于 5000~40000AJ 的声发射事件　　图 8.4 - 23　能量介于 500~40000AJ 的声发射事件

图 8.4-24 统计了 TBM 逼近和远离监测断面时声发射能量总和。从图 8.4-24 中可以看到掌子面后方 5～10m 是声发射能量主要产生的区段，对应着掌子面效应所产生的结构面错动和围岩破裂；掌子面后方 15m 的距离依然会产生一些声发射事件，这些声发射事件对应着围岩滞后破裂所产生的声发射事件，即对应着光纤光栅所监测到的外损伤区破裂开合效应。

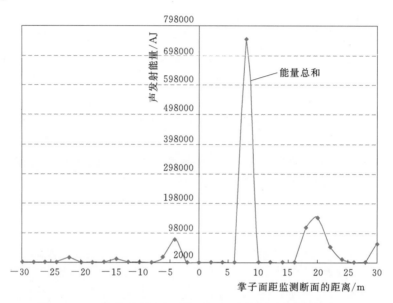

图 8.4-24　围岩破裂所释放的能量与 TBM 掌子面之间的关系

汇总 TBM 掘进过程中围岩声发射监测的监测成果，有如下结论：

（1）当围岩包含十几米尺度的结构面时，隧洞开挖后，一些高能量的声发射事件可能会首先沿着结构面产生，意味着围岩以结构面错动的形式耗散能量。

（2）低能量的声发射事件意味着围岩的损伤，区段 2 的围岩损伤没有明显的分布规律，在整个探头所形成的空间网络范围内均有分布，并没有特殊的规律。

（3）关于掌子面效应：掌子面后方 2～10m 的范围是围岩破裂和结构面错动的主要区域，围岩 70% 以上的破裂在该范围内产生。

声发射监测成果揭示出一些有价值的成果，可以帮助人们认识隧洞开挖过程中的围岩破裂特征，但在数据解译过程中有关声发射事件的定位算法方面仍存在一些不足。

8.5　运行期安全性评价

深埋水工隧洞的结构设计秉承围岩是主要承载结构和防渗主体，喷锚支护、二次衬砌和围岩固结灌浆加固圈组成统一的复合体一起承载这一设计理念。特别是与锦屏二级水电站引水隧洞类似的工程，在运行期将承担高内外水压力作用，引水隧洞沿线的地下水位较高，所承担的外水压力较大，特别是随着施工期的逐渐结束，下降的地下水位将随着封堵工作的开展和隧洞的不断投入运行逐渐得以恢复，隧洞沿线的外水压力分布规律也将随之发生变化，外水压力必将给围岩的长期稳定带来考验。对于锦屏二级水电站引水隧洞类似工程，在高地应力、高外水压力和内水压力的联合作用下，围岩的长期力学特性与浅埋工程是完全不同的，必将导致长期安全性评价的复杂性。因此必须论证工程运行期在高外水压力作用下的安全性，并根据最新的监测数据验证计算模型、计算成果的合理性，预测以后各种外水压力工况下的围岩及结构受力变形，以便对隧洞及衬砌结构的工作性态进行及时分析和评价，保证工程的长期运行安全。

对于锦屏二级水电站引水隧洞赋存条件这么复杂的工程，高地应力、高外水压力和内水压力下，围岩的长期力学特性与浅埋工程是完全不同的，由此直接导致衬砌荷载的复杂性和特殊性，既有围岩长期变形产生的压力，也有外水压力和内水压力。而围岩长期变形压力既来自于高应力下围岩时效破裂产生的膨胀变形，也来自于渗流场变化导致围岩内有效应力改变引起的附加变形。因此，传统的衬砌设计理念已不适应这种复杂情况，目前规范中的设计方法可能难以充分评估并考虑这些极端条件的作用效应。数值模拟方法在综合考虑多种因素耦合作用、真实模拟围岩和衬砌响应方面具有无可比拟的优势，因此，本次分析即采用此类方法开展工作，为工程运行期安全评价提供直接依据。

8.5.1 运行期围岩渗透稳定分析

锦屏二级水电站引水隧洞群穿越最大岩层覆盖约达 2525m 的锦屏山，其天然状况下的地下水位较高，外水压力巨大，水文地质条件极为复杂。隧洞沿线突涌水点堵水完成后，沿线地下水水位回升，高外水压力作用下的围岩渗透稳定要求也需要通过采取必要的工程措施予以满足。

国内高水头压力隧洞工程建设实践证实，在一定围岩条件下，通过对围岩的高压固结灌浆，可以保证围岩的承载强度和抗渗能力。因此，通过灌浆加固周边围岩使其成为承载和防渗阻水的主要结构，是隧洞防渗结构设计的主要思想。

锦屏工程区水文地质条件复杂，地下水丰富，含水层具有岩溶管道、溶蚀裂隙、构造裂隙及岩块孔隙几个层次的导水构造，所研究的渗流区域是典型的有溶蚀岩体的渗流问题。而工程区的初始渗流场是工程区水文地质情况最真实的反映，它作为渗流分析的初始条件，对准确确定工程区水文地质参数至关重要，是渗控分析的基础，其准确性决定了将来渗控计算结果的合理性和精度。通过三维渗流有限元计算可得到工程区的初始渗流场。

结合引水隧洞实际开挖揭示水文地质条件，为了最大程度减小隧洞施工对工程区域水文地质环境的影响，保证隧洞施工安全顺利进行，根据工程区岩溶地下水的特点，对地下水遵循"以堵为主，堵排结合"的处理原则。

对于施工期已基本干涸的涌水洞段，地下水补给相对不畅，可按常规洞段施工方法直接进行混凝土衬砌和防渗固结灌浆处理，满足设计要求即可。对于施工期仍有涌水的洞段，则需首先进行堵水灌浆。为进一步加快施工进度、提高灌浆工作性价比，设计根据现场实际施工情况和出水洞段地下水的封堵思路，确定堵水灌浆与防渗固结灌浆合二为一，并在混凝土衬砌施工前先进行无盖重灌浆，一次性把地下水推到安全距离（12～15m）以外，既保证后续的混凝土衬砌施工条件，又保证防渗灌浆圈的基本防渗厚度达到设计要求，确保后期混凝土衬砌完成后的浅层固结灌浆不再新揭露大水，避免重复堵水的施工工序，待混凝土衬砌施工完成后进行浅层的防渗固结灌浆及减压孔施工。

引水隧洞突涌水段固结灌浆结合堵水灌浆施工，衬后进行防渗固结灌浆，间排距为 2.0～3.0m，灌浆孔深度为 6.0～12.0m（涌水洞段考虑堵水灌浆，灌浆孔入岩深度均在 12m 以上），灌浆压力为 6.0MPa，灌后岩体透水率基本不超过 3Lu。

为研究隧洞周围灌浆圈在高外水压力下的减压作用，结合三维渗流场分析成果，针对各工况对应隧洞放空检修状态（即隧洞不承担内水压力）进行了数值分析，引水隧洞衬砌外缘外水压力及灌浆圈渗透梯度分析见表 8.5-1。

表 8.5-1　　　　　　　引水隧洞衬砌外缘外水压力及灌浆圈渗透梯度分析表

灌浆圈外缘外水压力/MPa			衬砌外缘外水压力/MPa			最大埋深洞段渗透梯度算式：$100\times(①-②)/12$
西端隧洞进口	最大埋深洞段①	东端隧洞出口	西端隧洞进口	最大埋深洞段②	东端隧洞出口	
0.71	6.93	0.17	0.1	0.85	0.03	51

注　渗透梯度计算时，地下水发育洞段灌浆圈深度统一取 12m。

以上分析表明，符合设计标准的深层灌浆圈阻水作用良好，即使在高外水压力作用下，衬砌外缘外水压力仍普遍较小，围岩内渗透梯度较大，约为 50。结合围岩稳定数值分析，以及现场渗压试验、相关高内水压力隧洞工程建设经验证明也是可以满足要求的。

8.5.2　运行期围岩稳定分析

深埋环境下开挖导致高应力集中，引起岩体开裂破坏，高应力导致的岩体破裂、软岩大变形等非线性破坏问题成为工程建设中的关键问题。这就要求准确描述隧洞开挖过程中围岩的非线性力学行为。针对这一问题，施工期围岩稳定性可以采用如图 8.5-1 所示的数值分析流程。对于运行期工况下围岩稳定性计算则在图 8.5-1 所示方法的基础上按图 8.5-2 所示的流程开展分析。

以锦屏二级水电站引水隧洞埋深最大的典型断面为例，不同工况计算结果如下。

8.5.2.1　隧洞检修叠加汛期雨季工况

典型断面围岩塑性区分布如图 8.5-3 所示，塑性区的最大深度为 3.5m。

1. 围岩应力分布

图 8.5-4 为典型断面的最大主应力分布图，最大主应力为 103.4MPa。图 8.5-5 为同一典型断面的最小主应力分布图，可见，最小主应力从洞壁向内逐渐升高。

2. 围岩变形分布

图 8.5-6 为典型断面围岩变形分布图。洞壁最大变形为 36mm，相对位移为 0.55%，未超过规范规定的 0.4%～1.2%。

3. 锚杆受力情况

图 8.5-7 为典型断面的锚杆受力情况，可见，锚杆处于受拉状态，最大拉应力为 34.1MPa。

8.5.2.2　隧洞运行叠加汛期暴雨工况

典型断面围岩塑性区分布如图 8.5-8 所示，塑性区的最大深度为 3.5m。

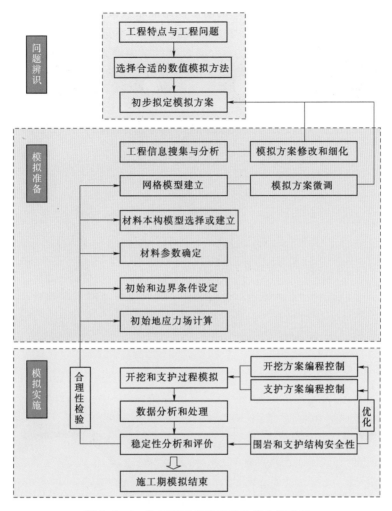

图 8.5－1　施工期围岩稳定性数值分析流程

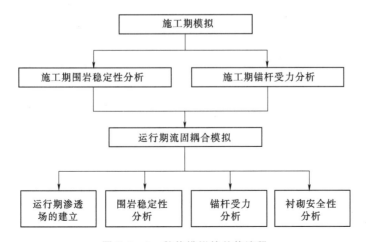

图 8.5－2　数值模拟的总体流程

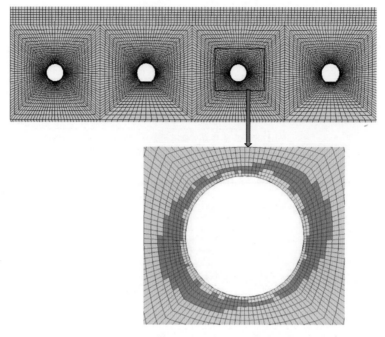

图 8.5-3　典型断面围岩塑性区分布图

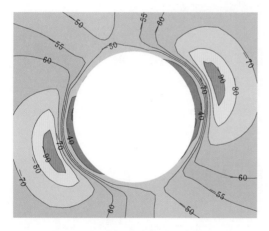

图 8.5-4　典型断面的最大主应力
分布图（单位：MPa）

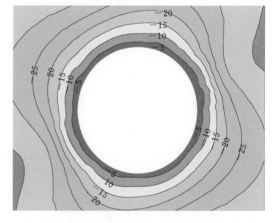

图 8.5-5　典型断面的最小主应力
分布图（单位：MPa）

1. 围岩应力分布

图 8.5-9 为典型断面的最大主应力分布图，最大主应力为 103.5MPa。图 8.5-10 为同一典型断面的最小主应力分布图，可见，最小主应力从洞壁向内逐渐升高。

2. 围岩变形分布

图 8.5-11 为典型断面围岩变形分布图，洞壁最大变形为 37mm，相对位移为 0.57%，未超过规范规定的 0.4%～1.2%。

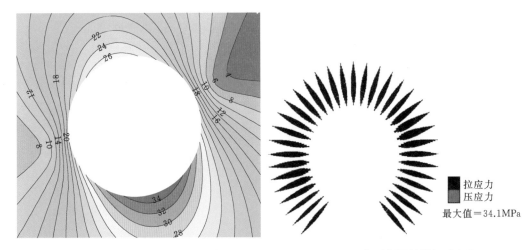

图 8.5-6　典型断面围岩变形分布图　　　　图 8.5-7　典型断面的锚杆受力情况

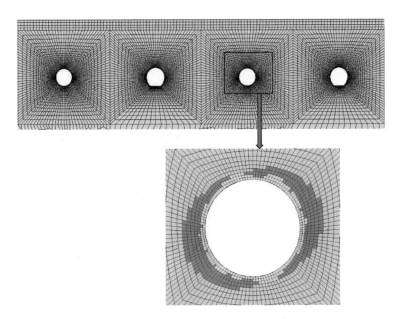

图 8.5-8　典型断面围岩塑性区分布图

3. 锚杆受力情况

图 8.5-12 为 3 号隧洞典型断面的锚杆受力情况，可见，锚杆处于受拉状态，最大拉应力为 34.28MPa。

8.5.2.3　隧洞初期充水仅考虑内水压力工况

典型断面围岩塑性区分布如图 8.5-13 所示，塑性区的最大深度为 3.3m。

1. 围岩应力分布

图 8.5-14 为典型断面的最大主应力分布图，最大主应力为 101.0MPa。图 8.5-15 为同一典型断面的最小主应力分布图，可见，最小主应力从洞壁向内逐渐升高。

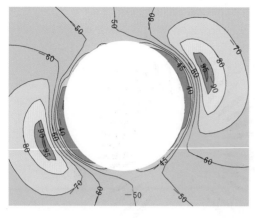

图 8.5-9　典型断面的最大主应力
分布图（单位：MPa）

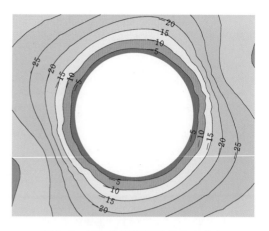

图 8.5-10　典型断面的最小主应力
分布图（单位：MPa）

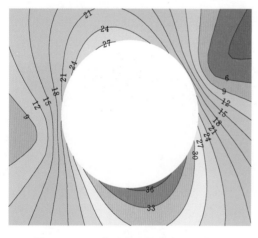

图 8.5-11　典型断面围岩变形分布图

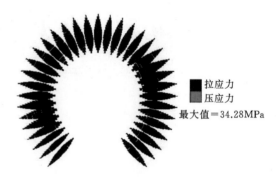

图 8.5-12　典型断面的锚杆受力情况

2. 围岩变形分布

图 8.5-16 为典型断面围岩变形分布图，洞壁最大变形为 34mm，相对位移为 0.52%，未超过规范规定的 0.4%～1.2%。

3. 锚杆受力情况

图 8.5-17 为典型断面的锚杆受力情况，可见，锚杆处于受拉状态，最大拉应力为 31.68MPa。

8.5.3　衬砌结构安全分析

衬砌结构主要起到加固、支撑、维持三个方面的作用，衬砌必须与岩体的初期支护一起共同保证在内外水压力调节下围岩的稳定。水工隧洞周边岩体中地下水活动将产生新的裂纹使岩体强度降低，水压致裂引起的工程事故也出现在众多的文献中。水压致裂主要是在高水压的条件下，岩体中的初始裂纹或节理面的张开从而导致贯通的裂隙，进而提高岩

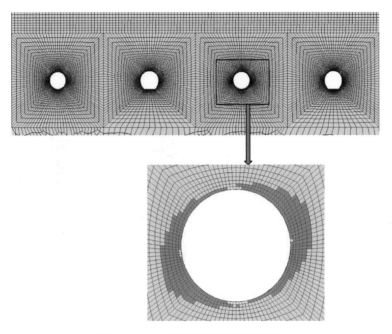

图 8.5-13　典型断面围岩塑性区分布

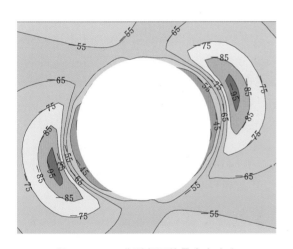

图 8.5-14　典型断面的最大主应力
分布图（单位：MPa）

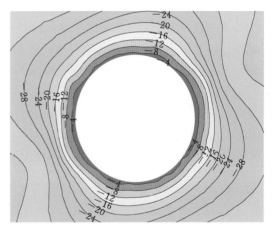

图 8.5-15　典型断面的最小主应力
分布图（单位：MPa）

体的渗透能力，给地下水流动提供可能。

　　由于隧洞开挖后近临空面的岩体破裂严重，导水结构发育，渗透系数较衬砌高很多。稳定的渗透场形成后，若衬砌不设减压孔，那么衬砌外缘将积聚很高的外水压力。为了降低衬砌外缘的水压力，在围岩一定范围内进行灌浆堵水，降低其渗透系数，但同时增大了灌浆圈外围的水压力。由于近临空面围岩内二次应力水平较低，当外水压力高到一定程度，将会压裂岩体，由于引水隧洞最大外水压力达 10MPa，故如此高的水压力完全有可能将岩体压裂，重启封闭的导水通道或形成新的通道。因此，灌浆圈不可能完全阻断外水

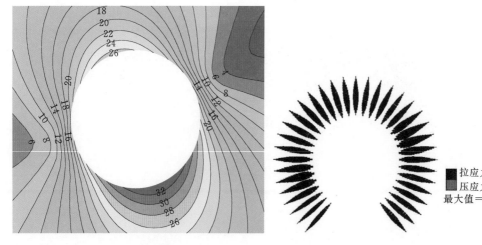

图 8.5－16　典型断面围岩变形分布图　　　　图 8.5－17　典型断面的锚杆受力情况

作用，其渗透系数仍高于衬砌，长期渗透形成后，衬砌外缘的高外水压力仍不可避免。

由于引水隧洞上下游存在水头差，故在不同的洞段存在不同的内水压力，隧洞末端的内水压力最大，内水压力具有两面性：一方面，其作为面力作用在衬砌内缘，相当于一个均匀的支撑力，对衬砌安全有利；另一方面，当内水压力较高时，将可能导致混凝土的劈裂破坏、钢筋锈蚀，对衬砌安全不利。

由于灌浆圈和衬砌形成后，长期渗透场与施工期是完全不同的，其孔隙压力必定存在差异。在总应力水平恒定的情况下，有效应力场必然发生变化继而导致围岩进一步的响应。此时，围岩可能发生破裂或变形继而作用在衬砌上，给衬砌的安全造成影响。

在高应力的长期作用下，由于围岩长期破裂、部分锚杆作用降低或失效、浸水等因素将使得围岩的强度降低，发生破裂和变形，这些响应也将作用在衬砌上，造成衬砌压力的升高。

在引水隧洞从蓄水到运行的整个生命周期内，其内外环境（工况）是不断变化的，比如在检修时，衬砌内水放空，内水压力消失，而其他条件包括渗透场均未发生变化，此时，衬砌的安全性也不同。

同时，鉴于引水隧洞沿线外水压力较高，在部分洞段需要布置减压孔，减压孔的布置对高外水作用下的衬砌结构安全需要进行综合分析评价。

综合以上问题，外水压力、内水压力、减压孔、岩体长期强度、工况变化等因素的耦合作用都将影响衬砌的安全性，在不同的因素水平下，其影响效应也不同。因此，需要综合分析衬砌的受力特征，评价其安全性。

8.5.3.1　隧洞检修叠加汛期雨季工况

1. 衬砌最大压应力和最大拉应力分布

典型断面衬砌最大压应力分布如图 8.5－18 所示。可见，整个衬砌断面最大压应力均小于其抗压强度标准值。

典型断面衬砌最大拉应力分布如图 8.5－19 所示。可见，整个衬砌底部均不存在拉应力。

图 8.5 - 18　典型断面衬砌最大
压应力分布图（单位：MPa）

图 8.5 - 19　典型断面衬砌最大
拉应力分布图（单位：MPa）

2. 钢筋应力

由图 8.5 - 20 所示的典型断面衬砌钢筋应力图可见，钢筋呈受压状态，最大压应力为 55.17MPa，小于钢筋的抗拉强度。

8.5.3.2　隧洞运行叠加汛期暴雨工况

1. 衬砌最大压应力和最大拉应力分布

典型断面衬砌最大压应力分布如图 8.5 - 21 所示。可见，整个衬砌断面最大压应力均小于其抗压强度标准值。

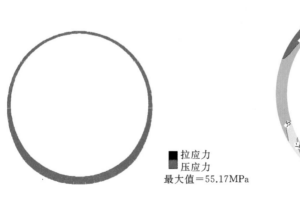

图 8.5 - 20　典型断面衬砌钢筋应力图

图 8.5 - 21　典型断面衬砌最大压应力
分布图（单位：MPa）

典型断面衬砌最大拉应力分布如图 8.5 - 22 所示。可见，整个衬砌断面不存在拉应力。

2. 钢筋应力

由图 8.5 - 23 所示的钢筋应力图可见，钢筋呈受压状态，最大压应力为 57.28MPa，小于其抗压强度。

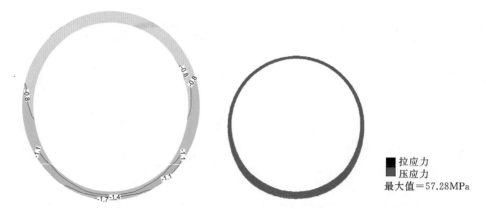

图 8.5-22　典型断面衬砌最大拉
　　　应力分布（单位：MPa）

图 8.5-23　典型断面衬砌钢筋应力图

拉应力
压应力
最大值＝57.28MPa

8.5.3.3　隧洞初期充水仅考虑内水压力工况

1. 衬砌最大压应力和最大拉应力分布

典型断面衬砌最大压应力分布如图 8.5-24 所示。可见，整个衬砌断面的最大压应力均小于其抗压强度标准值。

典型断面衬砌最大拉应力分布图 8.5-25 所示。可见，整个衬砌断面的最大拉应力均小于其抗拉强度标准值。

图 8.5-24　典型断面衬砌最大
　　　压应力分布图（单位：MPa）

图 8.5-25　典型断面衬砌最大
　　　拉应力分布图（单位：MPa）

2. 钢筋应力

由图 8.5-26 所示的钢筋应力图可见，钢筋呈受拉状态，最大拉应力为 7.3MPa，小于其抗拉强度。

8.5.4　反馈验证

1. 围岩渗透稳定

锦屏二级水电站引水隧洞群穿越埋深超过 1500m 的洞段占总洞段长度的 70％以上，

最大埋深为 2525m，水文地质条件极为复杂。通过对围岩的高压固结灌浆加固周边围岩使其成为承载和防渗阻水的主要结构，是隧洞防渗结构设计的主要思想。

数值计算分析表明，防渗固结灌浆圈阻水承载作用良好，布置减压孔的透水衬砌外缘水压力较小，在高外水压力下仍能保证结构安全。围岩防渗灌浆圈内渗透梯度较大，渗透梯度超过 50。但通过现场正在进行的围岩高压固结灌浆承载圈现场原位渗压试验，

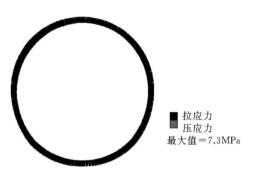

拉应力
压应力
最大值＝7.3MPa

图 8.5 - 26　典型断面衬砌钢筋应力图

高外水压力下未发生水力劈裂破坏情况，经过良好灌浆处理的围岩的抗外压渗透稳定性是有保障的。

自 2012 年 10 月引水隧洞陆续顺利充水发电以来，引水隧洞围岩渗透压力检测情况基本正常，证明围岩的渗透稳定性是能够保证的。

2. 围岩稳定

锦屏二级水电站引水隧洞埋深大、地下水位高，特别是灌浆圈和衬砌结构形成后，运行期渗流场与施工期相比必然将发生改变，其孔隙压力必定存在差异，有效应力场必然发生变化，继而导致围岩进一步的响应。此时，围岩可能继续发生破裂或者变形，进而影响围岩的整体稳定性。

对引水隧洞全长各典型断面分别计算了其在施工期、运行期工况下的围岩应力、围岩变形、锚杆应力和塑性区深度，可以发现在上述工况下，应力、变形和塑性区深度有小幅度增加，但并不明显，且均在设计要求范围内，说明目前所采取的支护方案和渗控方案可以有效保证围岩的稳定性。

将计算结果与监测成果对比，可以发现围岩塑性区深度监测值与以上计算值整体较为吻合，并基本控制在锚杆长度的控制范围之内，锚杆应力水平也有较高的安全裕度。目前洞室围岩变形也已经趋于收敛，说明在上述工况下，提出的支护设计措施能够很好地保证围岩的稳定和支护结构的安全。

3. 衬砌结构安全分析

引水隧洞内水压力相对较小，除东端引水隧洞近岸坡段外，外水压力是控制隧洞沿线衬砌结构安全的主要荷载作用。通过系统的固结灌浆处理，配合衬砌边顶拱布置的减压孔，作用于衬砌表面的外水压力得到有效排泄，衬砌结构有一定的抗外压能力，在大部分工况下工作状态良好。部分未设置减压孔洞段（如引水隧洞末端等），抗外压能力尚不能完全满足要求，但可以通过补充布置减压孔予以满足。

自 2012 年 10 月引水隧洞顺利充水发电以来，引水隧洞的钢筋应力检测情况基本正常，虽然其中部分钢筋计在后期的回填灌浆、固结灌浆过程中，应力值有明显变化，但灌浆结束后，应力值渐趋稳定。其他钢筋计的钢筋应力值变化不大。这说明混凝土衬砌内钢筋应力状态也已基本稳定，工作状态良好。

8.6 本章小结

深埋硬岩隧洞开挖以后出现的工程问题都是岩体破裂特性的具体表现，现场开展的监测工作需要围绕围岩的破裂特征展开，变形监测、锚杆应力监测和声波测试的主要意图在于了解围岩安全状况（变形控制标准）、支护安全和围岩状况。在工程实践中，由于围岩特性的特殊性，上述三个方面的监测测试获得的实际效果和工程适用性与预期结果之间存在不同的差别。总体上说，由于围岩变形不再是反映围岩安全的首选指标，因此变形监测的作用和实际效果不如预期，是需要减少和控制的工作方法。另外，锚杆应力监测和声波监测在现场发挥了较好的作用，但在一些具体环节上也存在改进的空间。在支护优化、支护安全评价等方面也需要补充其他方面的监测和测试工作，例如声发射监测、微震监测等，这些监测技术都是为了解围岩破裂特性专门开发的技术手段，可以很好地满足了解锦屏二级水电站隧洞围岩破裂及其发展过程的需要，并且在工程实践中已经得到了初步的应用。

第 9 章

深埋水工隧洞全寿命周期数字化、信息化管理

9.1 隧洞全寿命周期管理的意义

深埋水工隧洞除具有一般水工隧洞的普遍性问题外，还有高围压岩石物理力学特性长期演变的特殊安全风险问题。因此传统的工程全寿命周期管理方式已难以满足深埋水工隧洞安全管理要求，必须借助现代化的数字、信息技术，从地质勘察、结构设计、安全监测、运行检修和维护多个方面进行集成管理。在深埋水工隧洞的全寿命周期管理设计过程中，需借助专家系统和辅助分析工具建立基于 BIM 的隧洞数字模型，进行支护系统设计。针对建设过程中面临的岩爆灾害、高压突涌水、岩溶、地温、高地应力软岩等诸多工程地质问题，需在施工和运行维护过程中，除了常规的自动化安全监测外，增加可视化、信息化等综合管控技术，及时对各种信息进行综合研判，保证围岩稳定、防止隧洞结构的破坏，确保深埋水工隧洞全寿命周期的安全运行。

9.2 全寿命周期管理的基本条件

为全方位管控深埋水工隧洞，必须将其基本条件探索清楚，确定完备的边界条件，并且以清晰的可视化 BIM 技术进行呈现。基本条件主要包括隧洞的地质环境、隧洞自身结构环境以及监控条件。

9.2.1 地质三维模型

深埋水工隧洞的地质三维模型建设内容涵盖了地质专业的所有内容，是在地形测量、地质测绘、勘探、试验工作成果的基础上进行的，其内容应包括地形模型、地质几何模型和地质属性模型。

地形模型包括地形点云、地形等高线、地形面和地形实体，三维地质建模应以地形面模型为基础，地形面模型宜采用不规则三角网（Triangulated Irregular Network，TIN）表示，亦可采用规则格网（Grid）表示。地形面模型的精度根据设计阶段和工程区确定。

地质几何模型包括基础数据模型和地质体模型，应由点符、线框、表面、实体等基本图元构成。基础数据模型包括地质测绘模型、勘探模型、物探模型、试验模型和监测模型。地质体模型应以地形模型、基础数据模型为基础，宜以点符、线框、表面、实体图元表示。地质体点符包括地层界面点、岩性分界点、地质构造点、风化带下限点、卸荷带下限点、水位点、相对隔水层顶板界点等。地质体线框包括地表出露线、剖面地质线、内插等值线、洞室和边坡开挖迹线等。地质体表面包括基覆界面、基岩面、地层界面、岩性界面、构造面、地表水位面与地下水位面、岩体风化界面、岩体卸荷界面、相对隔水层界面、工程地质分区界面、岩体分类界面和特殊地质界面等。地质体实体包括基岩体、勘探模型实体、地层实体、构造实体、风化带实体、卸荷带实体、透镜体实体、不良物理地质现象实体、溶洞实体、岩体分类实体、天然建筑材料实体等。

地质属性模型的建模应以地形模型和地质几何模型为基础，采用离散成网格的有限元模型表达地质体内部空间属性特征。地质属性模型包括岩体参数模型、岩体波速模型、岩体力学模型、岩体地应力模型、岩体强度模型、岩体变形模型、岩体温度模型、岩体渗透模型等。其中岩体地应力模型以及岩体渗透模型在深埋水工隧洞的三维地质模型建设过程中尤为重要，是岩石力学计算的基础，也是决定深埋水工隧洞成败的关键。

各个阶段的三维地质模型与收集的资料相关，其模型的内容和深度根据项目阶段确定。

9.2.2　结构 BIM 模型

深埋水工隧洞的结构 BIM 模型包括隧洞开挖三维模型、支护结构三维模型、衬砌结构三维模型。

隧洞开挖三维模型用来描述隧洞开挖状况的三维模型，三维模型建设采用参数化手段，由点到基线、基线到轴线、轴线附加断面完成隧洞三维模型。且在开挖的过程中对模型进行切分处理，用以附加开挖工艺等无法用三维模型表征出来的信息。

支护结构是确保地下结构或者周边环境安全的措施。支护结构三维模型是记录隧洞开挖支护措施的三维模型，一般体现喷混凝土以及锚杆、拱架等重要支护结构，不体现超前支护、钢筋网、拱肋等支护措施。超前支护、钢筋网、拱肋等支护措施以支护模型属性的方式体现。

衬砌结构是一种沿隧道洞身周边用钢筋混凝土等材料修建的永久性支护结构，目的是防止围岩变形或坍塌。在长水工隧洞中衬砌结构还兼顾考虑降低水头损失的特性，因此作为单独的结构来处理。衬砌结构三维模型按照施工缝进行切分，充分体现最终的施工成果状态。

9.2.3　隧洞监测 BIM 模型

隧洞监测 BIM 模型包含两个阶段的作用，分别是施工期间的安全监测以及运行期间的监测。隧洞监测 BIM 模型选择永久性监测仪器以及实验性监测仪器进行建设。监测仪器按照仪器基本特点进行体现，并按照真实埋设位置、方向等进行布置。每个仪器按照设计图纸进行编码，用以匹配监测设计报告。监测仪器的基本属性包含其测值以及规格型号和安装的信息，以便于后续运维阶段的替换或者维护。监测 BIM 模型按照水电行业标准进行组织，分为变形监测、渗流监测、应力应变及温度监测、环境量监测 4 个项目。同时按照监测目的，将监测仪器按照部位进行组合。

针对施工阶段的岩爆问题，综合围岩的岩石力学特性，应结合声发射监测设备以及波速测试和围岩应力测试，建立波速模型、松弛圈模型、应力模型等，通过机理分析建立岩爆模型，通过与 BIM 模型的融合，用于可视化监测岩爆。

针对施工期岩溶和地下水问题，以地质 BIM 模型推测的大断层出现位置，辅以渗流监测设备对水头进行监测判断，综合预测地下水问题。

在运行阶段深埋隧洞监测主要用来判断水工隧洞的安全运行，主要是衬砌安全问题。从外部因素分析需考虑围岩承载力的变化以及外水压力状态，衬砌自身则需考虑衬砌受力问题，因此需要设置的监测仪器组为锚杆应力计、渗压计、钢筋应力计以及多点变位计，从衬砌的应力应变等多个角度来判断衬砌运行安全。

9.3　全寿命周期管理的基本功能

为了能够在全局的范围内进行项目的监控，基于 BIM 深埋水工隧洞的全寿命周期管理应以三维可视化和数据信息化相结合的方式进行统筹。考虑到深埋水工隧洞的跨度大、覆盖面广、数据容量大，采用 BIM＋GIS＋IoT 技术进行全方面地管理，其可视化管控内容应包括综合展示、安全监测管理、成本管理、施工管理、施工风险管理、运行安全管理、运行管理等主要功能模块，项目从不同的高度和深度上进行数据收集汇聚和统计分析管理。

9.3.1　综合展示

综合展示用来对项目在全寿命周期管理过程中的关键数据进行汇聚，并基于 BIM 和 GIS 进行展示，综合展示采用二维、三维结合的方式进行表达，其内容包括深埋水工隧洞三维 GIS 场景展示、水工隧洞的三维模型，施工阶段的工程进度面貌信息、工程质量管理信息、安全隐患信息、重大施工安全风险预警、人员车辆定位信息，运行阶段的隧洞过水流量流速信息、上下游水位信息，施工和运行阶段共有的监测数据预警展示及数据查询、设施设备的更换预警、视频监控信息等内容，监测信息可采用多种方式融合，包括云图展示和过程线展示等。根据管理目标及应用场景，组合数据内容，以合理的展示方式呈现数据，达到辅助决策要求。例如施工进度展示由透明度及桩号进行展示控制。针对预警信息展示方面采用不同的颜色来展示状态，预警阈值由预警管理模块进行控制。

9.3.2　安全监测管理

受制于深埋水工隧洞的施工和运行的特殊性，其安全监测管理极其困难，因此必须借助数字化的手段进行全方面地监控，减少现场查探次数，降低管理风险。

安全监测管理是针对深埋水工隧洞的全寿命周期管理各阶段的监测数据进行设置分析和管理的模块，水工隧洞全线安全监测数据进行人工或者自动化采集，在可视化展示场景中进行查询展示，同时提供数据趋势分析，并能够按照上级部门需求进行数据报送。功能模块包括安全监测的统计分析、安全监测数据采集管理、安全监测的阈值设置、预警信息处理以及安全监测设备管理。

安全监测的统计分析模块支持按照安全监测的组织形式进行可视化查询，并对安全监测数据的过程线进行展示，同时能够叠加相似洞段的监测数据进行比对，充分体现各个测点的监测数据的情况，为综合判断提供依据。

安全监测数据采集管理是监测数据提交和确认的信息管理页面，主要核对监测数据的人工测值的准确性，减少人工错误。另外页面还提供对特殊监测数据计算管理，例如测斜、隧洞变形监测等特殊测点。

安全监测的阈值设置主要针对监测设备的测值进行设定,包括变化速率、测值的最大值或者最小值等,同时能够对安全监测数据组进行打包分析,针对特殊情况的综合智能化判断。在前面章节进行总结形成安全监测的阈值标准,覆盖围岩变形阈值、渗漏流量阈值、应力阈值、裂缝宽度阈值。

预警信息处理是根据监测数据超过或者接近阈值的预警信息进行提醒,推送给专业人员进行判断处理,同时预警信息能够推送到综合展示页面,单击进行处理,同时建立预警信息处理措施库,针对常见的预警问题进行措施匹配,提高工作效率。

安全监测设备管理是对所有安装的监测仪器的运行状态进行管理的模块,包括施工阶段的监测设备的安装情况、损坏情况、异常情况以及监测设备的更换、备品备件的库存和使用等内容。

9.3.3　成本管理

深埋水工隧洞能够带来巨大的社会效益与经济效益,同时,水工隧洞建设与运营也是一项艰巨且复杂的工程任务。因此深埋水工隧洞的成本占了相应水电工程建设运营成本的很大部分,因此需要进行严格控制。

成本管理模块包括施工阶段的造价管理内容和后续运营成本管理。施工阶段的造价管理包括工程量管理、清单管理、费用对比、支付管理等内容。后续运营成本管理包括巡检成本管理、维护成本管理、监测设备成本管理。

工程量管理是结合施工 BIM 模型,实现统计分析项目的工程量。清单管理是对投标的合同工程量清单进行管理,为造价提供依据。费用对比对项目各阶段的造价数据进行管理和对比分析。支付管理是根据合同内容对项目费用进行支付的管理模块。

巡检成本管理是进行运行期巡视的设备、人力成本投入统计。维护成本管理是对巡检发现的深埋水工隧洞的缺陷进行修补的成本投入统计与分析。监测设备成本管理是监测仪器采购方面的成本投入管理。

9.3.4　施工管理

深埋水工隧洞具有极大的特殊性,因此必须建立对应的施工管理模块,实现对施工过程的管理。功能模块包括设计管理、质量管理、进度管理、智能化灌浆监控管理、施工视频监控管理等。

1. 设计管理

设计管理用于支护设计自动推送管理以及施工图纸和设计 BIM 模型的交付管理,包括隧洞设计管理、设计计划管理、设计交底等 6 个子模块。

隧洞设计管理包括支护设计管理和灌浆设计管理。支护设计管理支持收集在建或者已建工程项目的隧洞支护清单,能够根据围岩情况、埋深情况以及围岩类别等基本参数进行支护措施的推荐选择,为支护设计提供依据。建立深埋水工隧洞的支护设计表,针对隧洞进行设计方式推送,实现支护措施的推送,提高施工过程中与设计方的交流效率。同时根据隧洞的实际开挖情况统计支护措施的使用,自动生成围岩确认单,确认施工方的工作量。所有设计成果与设计 BIM 模型按施工段进行关联。灌浆设计管理理念与支护设计管理类似，建立灌浆专家库，为灌浆设计提供服务，同时将灌浆设计成果图形化和结构化，为后续灌浆管理提供数据支撑。

设计计划管理是设计成果的计划管理，并根据计划提交、审核、查询设计成果，根据计划时间进行进度提醒等功能。

设计交底是监理组织设计方对设计成果的交底管理记录。

2. 质量管理

深埋水工隧洞的施工质量管理具有特殊要求，深埋水工隧洞运行检修不方便，而将施工质量结合三维 BIM 模型的方式进行管理能高效支持后期的运行维护。功能模块包括常规的工程项目划分、质量缺陷管理和单元工程质量验评管理，增加质量资料校验。

工程项目划分是按照工程施工管理需要对项目进行划分，并根据划分原则对三维模型进行切分，实现质量验收程序与三维模型的一一对应。

质量缺陷管理是通过移动端进行定位和拍照记录施工过程中的缺陷将问题推送到相关方，记录整个缺陷的处理环节，为后续运营管理指明重点关注对象。

单元工程质量验评管理是通过划分后的施工模型，根据已验收单元手动或者自动推送验收表单，采用移动端进行验收管理，实现验收闭环，同时采集实际的验收时间为进度管理服务。

质量资料将设计资料与质量验收资料关联到三维模型进行综合管理，为运维提供完整资料，同时基于三维模型进行综合展示分析。

3. 进度管理

进度管理是通过基于三维 BIM 模型展示水工隧洞的施工进度，采用移动端技术人工进行开挖桩号、支护桩号、衬砌桩号、灌浆桩号以及验收桩号等采集工作，数据采集完成后在展示端通过不同的颜色展示模型并且标识不同颜色的桩号文字，从而使得工程面貌一目了然。

4. 智能化灌浆监控管理

深埋水工隧洞灌浆质量决定隧洞的使用寿命，因此必须采用信息化手段进行监控，包括灌浆数据采集展示、灌浆预警、灌浆管理。

灌浆数据采集展示通过建立与灌浆自动记录仪数据接口，可实时调取灌浆数据，以图表形式展示灌浆过程，并可通过设定数据范围进行预警提醒，实现灌浆施工过程的管控。通过系统预设灌浆压力、抬动监测等质量控制指标，即当过程数据超出设定数据范围时，系统会进行预警提醒。

灌浆管理是通过灌浆设计成果与现场施工记录成果进行对比分析，确保灌浆施工完全按照设计意图实施。

5. 施工视频监控管理

施工视频监控管理是将视频监控信息标识在三维模型中，移动视频监控监视掌子面情况，隧洞中关键部位布置监控点监控隧洞异常情况，通过视频流获取视频信息，实现项目现场的远程监控。

9.3.5　施工风险管理

深埋水工隧洞存在大量的施工风险，因此需要建立专业的风险管理模块，结合数字化技术将信息内容可视化，并通过算法实现风险的自动推送管理。主要功能模块包括超前预报管理以及重大岩石力学问题的风险管理。

1. 超前预报管理

超前预报管理整合超前预报采集数据，并将数据结合施工掌子面以云图方式在三维模型中进行展示，为后续的岩石力学分析提供依据。

2. 高应力施工风险管理

深埋水工隧洞施工过程中最显著的问题就是由高应力导致的问题，针对硬岩隧洞来说，有岩爆的风险，针对软岩隧洞来说，有大变形的风险。高应力风险管理模块包括措施处理模块以及风险预警模块。

在施工风险管理方面，首先是建立高应力的工程处理措施库，形成高应力处理模型，通过不同的围岩条件、应力条件等客观条件确定不同的处理措施，以三维 BIM 模型进行综合展示决策；同时通过三维 BIM 模型，汇集地应力模型、波速模型、渗流模型等，抽取典型断面和应力等边界条件输出作为岩石力学的计算模型，为风险预警提供数据支撑。

风险预警是根据记录的岩爆措施库，自动预测出现岩爆或者大变形的位置桩号，并自动推送工程处理措施。

3. 高压突涌水管理

高压突涌水是深埋水工隧洞施工过程中重大风险，根据以往的工程经验，高压突涌水管理模块同样包括措施处理模块及风险预警模块。

与高应力施工风险管理一致，先建立工程问题处理措施库，形成高压突涌水处理的模型，根据岩性、地下水位、地质条件等客观条件确定通用的处理措施，以三维 BIM 模型进行综合展示决策。

风险预警是根据记录的突涌水措施库，自动预测出现突涌水的位置桩号，并提前自动推送工程处理措施。

4. 岩溶综合分析管理

深埋水工隧洞的后续处理工作难度大，因此更需要特别关注岩溶的处理，岩溶综合分析管理模块同样是建立岩溶措施处理库模块以及风险预警模块，用来快速处理岩溶问题。

9.3.6　运行安全管理

运行安全管理主要是监测水工隧洞的运行状态，包括隧洞的应力和变形监测、集渣坑的淤积监测以及隧洞的流量流速监测等。

管理模式与施工期安全监测类似，功能模块包括安全监测数据采集管理、安全监测的阈值设置、预警信息处理、安全监测设备管理、安全监测的统计分析。针对运行环境，增加运行监测内容，增加上下游水位监测、流量监测、流速监测。同时综合各种监测设备，重点记录衬砌应力或者变形出现大幅变化的运行监测数据，不断积累学习，为隧洞安全运行提供依据。同时针对施工过程中出现质量或安全问题的隧洞点位，在三维场景中进行标识，为分析决策服务。

9.3.7 运行管理

深埋水工隧洞具有长距离的特点，运行阶段需建立隧洞结构运行管理、渗漏风险管理、水工系统运行管理、集渣坑运行管理以及隧洞检修运行管理。

隧洞结构运行管理是通过围岩稳定监控以及风险评估模型进行计算，结合三维可视化将可能存在的风险在可视化场景中进行展现提醒，为制订方案提供依据。

渗漏风险管理是对隧洞施工过程中出现的突涌水或者岩溶洞段处理过程中采用引流等方式的洞段进行监控分析，根据监测数据评估渗漏是否降低发电效益。

水工系统运行管理是对电站运行时水工系统的稳定性分析，基于设计阶段的过渡过程计算的成果来评估隧洞运行的风险，结合安全监测数据，使工程运行调度更优化合理。

集渣坑运行管理是通过地磅、应力等监测设备来评估淤积情况，避免大颗粒的渣石或者混凝土掉块进入流道而损伤机组设备。同时建立清淤的培训管理和淤积分析等模块，为后续电站运行提供措施库。

隧洞检修运行管理是对隧洞运行的环境进行监测、记录检修台账并对隧洞的运行监控操作进行可视化培训。

综上，结合 BIM 模型的运行管理便于直接了解各个洞段和结构的运行情况，为快速决策提供服务。

9.4 本章小结

深埋水工隧洞的运行状况在国内电站运行方面还没有丰富全面的沉淀，因此全方位进行深埋隧洞的全寿命周期管理，对后续类似工程项目具有较大的借鉴意义。深埋水工隧洞的全寿命周期管理是从水工隧洞设计、施工、运行的三个阶段，将隧洞的全过程信息进行汇聚为水工隧洞的施工运行分析提供数据支撑。其中设计阶段基础数据方面通过以 BIM 的方式进行数据组织，将空间和对象进行融合并可视化呈现，涵盖地质环境、隧洞结构、结构监测模型等。技施和运维阶段，发挥 BIM 模型优势，持续集成技施和运行过程的数据并进行融合，涵盖安全监测管理、成本管理、施工管理、风险管理等，交付后延伸到运行期的安全管理和运行管理，并以综合展示的方式进行呈现，为深埋水工隧洞的全寿命周期管理提供辅助决策支撑，这也将是水工隧洞工程专业数字化转型的起点。

第 10 章

复杂条件水工隧洞工程
典型案例

10.1 雅砻江锦屏二级水电站引水隧洞工程

10.1.1 工程概况

锦屏二级水电站是雅砻江干流上装机规模最大的水电站，其利用雅砻江下游河段150km长大河湾的310m天然落差，截弯取直，引水发电。电站总装机容量为4800MW，多年平均发电量为242.3亿kW·h，是国家西电东送骨干工程。

如图10.1-1所示，工程枢纽主要由首部闸坝、引水系统、尾部地下厂房等建筑物组成，为一低闸、长隧洞、大容量、引水式电站。

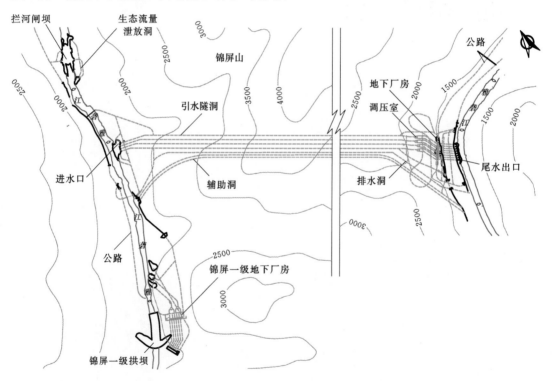

图 10.1-1 锦屏二级水电站枢纽布置示意图

工程地处雅砻江高山峡谷灰岩地区，水文地质条件复杂，地形条件特殊。在锦屏山体中平行布置有7条穿越锦屏山的隧洞，总长约120km，其中4条引水隧洞单洞长16.7km，开挖洞径为13~14.6m，衬后洞径为11.8m，一般埋深为1500~2000m，埋深超过1500m洞长占到76.7%，最大埋深达到2525m。引水隧洞采用TBM和钻爆法相结合的施工方案，是目前世界上已建总体规模最大、综合难度最高的地下洞室群工程，无论地质条件还是工程规模都极具代表性。工程建设具有极大挑战性，勘测设计及施工过程中面临高地应力岩爆、高压大流量突涌水、高外水压力、岩溶发育、软岩大变形、超大规模洞室群施工等诸多挑战，建设难度世界罕见。

锦屏二级水电站建设历程凝聚了几代中国水电人的心血和汗水，从 20 世纪 60 年代起，以潘家铮院士为代表的老一辈水电工程建设者便开始在这里卓绝奋斗。锦屏二级水电站主体工程于 2007 年 1 月 30 日正式开工建设；4 条引水隧洞于 2011 年 12 月全部全线贯通；2012 年 12 月底首批两台机组正式投产发电；2014 年 11 月底工程全部建成投产。

10.1.2　地质条件

锦屏山以近南北向展布于河湾范围内，山势雄厚，重峰叠嶂，沟谷深切，主体山峰高程达 4000m 以上，最高峰为 4488m，最大高差达 3000m 以上。

引水隧洞从东到西分别穿越盐塘组大理岩（T_2y）、白山组大理岩（T_2b）、三叠系上统砂板岩（T_3）、杂谷脑组大理岩（T_2z）、三叠系下统绿泥石片岩和变质中细砂岩（T_1）等地层。岩层陡倾，其走向与主构造线方向一致（图 10.1-2）。其中，可溶岩（大理岩）分布洞段占洞长的 84.36％～87.87％，其余的非可溶岩（砂岩、板岩、绿泥石片岩）则主要分布于引水隧洞西部。

引水隧洞沿线穿越落水洞背斜、解放沟复型向斜、老庄子复型背斜、大水沟复型背斜及规模相对较大的 F_5、F_6（锦屏山断层）、F_{27}、F_7 等结构面。结构面走向主要有近 SN、NE、NW、近 EW 向四组，其中以近 EW 向为主；倾角以陡倾角为主，中倾角次之，缓倾角较少；性质以逆断层性质为主，少量平移断层；结构面宽度大多在 50cm 以内，除 F_5、F_6、F_{27} 三条区域性结构面外，结构面长度一般在几百米以内；断裂内充填物多为碎裂岩、角砾岩或片岩、岩屑，部分存在断层泥及次生黄泥。

工程区内岩溶发育受岩性、构造、地下水动力条件、地形地貌及新构造运动的制约，诸多因素相互作用，岩性、构造（及构造运动）和地下水动力条件是影响岩溶发育的主要因素，在岩性条件确定的情况下，构造则为主控因素。

工程区褶皱、断层发育，NNE、NE、近 EW 向构造组成了该区的构造骨架，纵张断层和横张断层、节理切割带常为地下水活动通道，也为地下水富集地带。岩溶大泉、洼地、溶蚀裂隙等岩溶形态多数沿断层及其交汇地带发育。引水隧洞所揭露的岩溶形态中，除沿层面发育以外，其余几乎都沿 NE～NEE、NW～NWW 向的断层、裂隙发育，且受岩层产状、褶皱、断层和裂隙的控制，断裂构造是控制该区岩溶发育的最主要因素。

工程区不同地带的水文地质条件根据岩溶含水层组、岩溶水的补给、运移、富集和排泄特点而存在明显的差异，其规律性受地形地貌、地质构造、含水介质类型、岩溶发育及气候条件的控制或影响。大河湾内对引水隧洞涌水条件有影响的地区，共划分为 4 个岩溶水文地质单元（图 10.1-3）：Ⅰ中部管道——裂隙汇流型水文地质单元；Ⅱ东南部管道——裂隙畅流型水文地质单元；Ⅲ东部溶隙——裂隙散流型水文地质单元；Ⅳ西部溶隙——裂隙散流型水文地质单元。

工程建设期间，在与引水隧洞相邻平行布置的锦屏辅助洞内不同埋深部位采用水压致裂法进行了地应力测试，在最大埋深 2000～2400m 一带实测的第一最大主地应力量值一

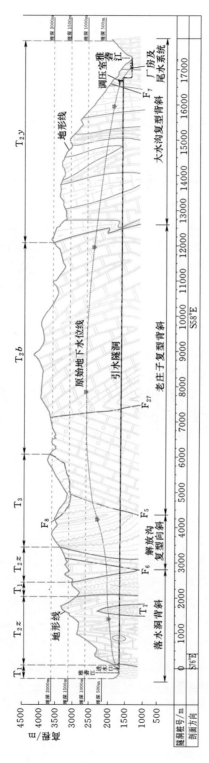

图 10.1－2　锦屏二级水电站深埋长隧洞工程地质剖面图

般在 $64.69 \sim 75.85$MPa，局部可达
113.87MPa。由于引水隧洞揭露的岩体以
大理岩为主，其岩石平均饱和单轴抗压
强度为 $65 \sim 90$MPa，抗拉强度为 $3 \sim$
6MPa，围岩强度应力比大多小于 2MPa，
具备发生高地应力破坏的强度条件。

10.1.3　主要工程难点及工程技术对策

10.1.3.1　主要工程难点

1. 高地应力及岩爆

锦屏二级水电站引水隧洞埋深大，
地质构造条件的相互影响形成了复杂的
高地应力环境，极易造成隧洞围岩破裂
损伤松弛破坏，甚至诱发强烈岩爆地质
灾害。工程建设期间，经统计，4 条引
水隧洞各等级岩爆累计总长为
11027.93m，其中轻微岩爆（Ⅰ级）占
岩爆累计总长的 71.02%，中等岩爆
（Ⅱ级）占 21.75%，强烈岩爆（Ⅲ级）
占 6.69%，极强岩爆（Ⅳ级）占
0.54%。隧洞开挖后围岩松弛现象十分普
遍，表现在不同类别围岩具有明显不同的
松弛圈深度。以 1 号引水隧洞为例，完整
性较好的Ⅱ类围岩松弛深度为 0.4~2.8m，
Ⅳ类围岩松弛深度为 1.6~6.6m。

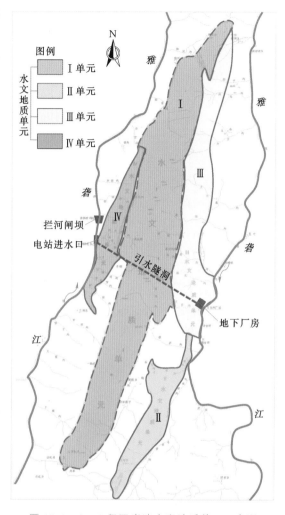

图 10.1-3　工程区岩溶水文地质单元示意图

工程建设前，工程界对深埋岩体力学特性、岩爆发育规律和形成机制尚缺乏清晰的认识，
对如何准确识别岩爆风险和预测岩爆破坏等级的方法不多，相应的岩爆灾害防治策略、支护系
统设计缺乏理论研究，工程实践经验也不多，给引水隧洞的建设带来了极大困难。

2. 高压大流量突涌水

锦屏二级水电站引水隧洞工程区岩溶地下水具有高压、大流量、强交替、突发性等特
征，主导水构造走向与洞轴线夹角普遍较小，溶蚀结构面呈管道形近垂直展布，隐蔽性
强，且往往没有明显的构造异常显示，常规的水文地质勘探和预测预报方法难以查明其位
置和赋存规律。引水隧洞内揭露的地下水有裂隙性岩体中的渗滴水、线状流水，透水性断
层带或溶蚀裂隙中的股状涌水、集中涌水。4 条引水隧洞共揭露流量大于 50L/s 的涌水点
42 个，其中流量大于 $1m^3/s$ 的涌水点达 6 个，最大单点流量达到 $7.3m^3/s$，实测最大压
力达到 10.22MPa，给引水隧洞的快速安全施工带来了极大的挑战。

3. 深埋软岩大变形

绿泥石片岩是一种以绿泥石为主要矿物成分的区域变质岩，具有片理构造。锦屏二级1号、2号引水隧洞在首部1.5～1.8km处开挖揭露约400m洞长的绿泥石片岩软岩洞段，所开挖揭露洞段岩性杂、岩层产状较乱，存在一系列NW向复式褶皱，岩体被强烈挤压，扭曲、揉皱现象明显，围岩完整性差，以Ⅳ类围岩为主。绿泥石片岩单轴干抗压强度平均值为38.8MPa，饱和抗压强度为19.5MPa，饱和条件下其强度软化系数为0.5，弹性模量软化系数为0.27，遇水软化效应十分明显。隧洞所处地层埋深为1600～1800m，实测地应力为30～40MPa，属高地应力区。

绿泥石片岩强度较低，遇水易软化，在施工过程中发生过大塌方、围岩大变形、应力型坍塌等，且岩体存在长期流变变形等工程问题，属典型的工程软岩。隧洞开挖后围岩最大变形达到1.5m，变形持续时间超过1年，围岩变形导致侵占衬砌净空，给隧洞施工和衬砌结构设计造成极大困难。

4. 复杂岩溶处理

根据勘探成果及开挖揭露情况表明，锦屏二级水电站引水隧洞工程区岩溶发育总体微弱，洞线高程的深部岩溶形态为溶蚀裂隙和岩溶管道，不存在地下暗河及厅堂式大型岩溶形态，但锦屏山两侧岸坡地带局部岩溶相对发育。引水隧洞沿线揭露规模不一的溶洞，直径最大可达10m以上，其中直径大于10m的大型溶洞6个，中型溶洞（直径为5～10m）15个，小型溶洞（直径为0.5～5m）有112个，溶蚀宽缝（宽0.5～2.5m）37条，溶穴（直径为10～50cm）286条，溶孔（直径小于0.1m）674条。岩溶发育以近垂直方向为主，溶洞多为充填～半充填型，工程性状一般，并伴有渗涌水，给隧洞施工和隧洞结构设计造成较大影响。

5. 深埋长大隧洞群施工组织

锦屏二级水电站引水隧洞群工程量巨大，7条平行布置横穿锦屏山的隧洞群总长超过120km，隧洞石方洞挖工程量约为1200万 m³，衬砌混凝土约为360万 m³，固结灌浆钻孔量约为300万 m。引水隧洞群开挖工程量大、工序多，受地形条件限制，沿线无条件布置施工支洞和通风竖井，只能从两端向中间独头掘进，隧洞开挖采用钻爆法和TBM相结合的施工方案，面临开挖施工方案、施工通风、物料运输等技术难题，施工高峰时48个工作面同时施工，施工组织难度极大。

6. 高地应力高外水压力下隧洞围岩稳定控制

深埋隧洞工程开挖卸荷岩体表现出复杂的力学特性和响应，很多问题已超越了现有的工程经验和认识。锦屏二级水电站引水隧洞实测最高地应力为113.87MPa，实测隧洞最高外水压力为10.22MPa，均为世界之最。在100MPa级超高地应力与10MPa级超高外水压力耦合作用下，如何保证隧洞成洞与结构安全是世界级难题。

10.1.3.2 工程技术对策

针对锦屏二级水电站引水隧洞工程面临的主要技术问题和难点，工程建设过程中开展了大量的科学研究工作，结合工程实践不断总结提炼，形成了一整套系统的深埋隧洞工程问题的治理技术，确保了工程的顺利完建。

1. 深埋长大水工隧洞极高地应力岩爆综合防治技术

通过对锦屏二级水电站引水隧洞工程区地应力场的实测和反演分析，以及深埋大理岩岩体力学特定的试验和研究，摸清了大理岩岩爆孕育的机理，对岩爆风险进行了准确的识别，并对施工过程中的岩爆风险进行了系统的预警，进而提出了针对性的岩爆灾害防治方法。

（1）深埋隧洞群工程区地应力场研究。锦屏二级水电站工程提出了一套全新的深埋隧洞群工程区地应力场研究方法，通过建立的深埋长隧洞沿线地应力场正反融合分析技术，使得引水隧洞工程区地应力场特征和分布规律被全面系统地研究和认知。该方法由两个重要组成部分构成，分别是区域地应力场宏观正演分析方法和局部地应力场反演分析方法。前者从区域构造运动历史、区域地形地貌控制作用等宏观因素入手，通过对这些宏观控制因素的三维数值模拟技术来研究工程区地应力场的总体特征和分布规律；而后者则在前者分析的基础上，针对局部深埋洞段特有数据信息和工程地质条件融合和集成了多种地应力场分析和评判技术，充分发挥地应力测试数据、现场开挖围岩响应、岩体监测信息和数值模拟技术来挖掘和反演局部地应力场的量值、方向和分布规律，也重点强调和系统研究了地质构造对局部地应力场的控制作用和影响。

为了更加准确地反映地应力场特征，通过分析和尝试孔径法、孔壁法、声发射法等多种测试手段，均无法直接完成地应力测试或测试结果失真。而常规水压致裂法测试系统测试范围仅为 30～50MPa，通过研发改善超高压供压系统、管路系统、封隔系统、印模系统，研发的超高压地应力测试系统耐压标准达 120～150MPa，满足锦屏深埋隧洞地应力测试要求，同时建立了新的测试方法，最大限度地克服时间效应和应力调整引起的变形，最终成功测试了锦屏二级水电站引水隧洞最大地应力值（113.87MPa）。

（2）大理岩岩爆孕育机理研究。以锦屏大理岩不同应力路径下大量室内加卸荷试验和典型洞段现场监测试验为研究手段，获取锦屏深埋隧洞大理岩加卸荷力学特性和开挖力学响应特征，揭示了深埋大理岩岩爆孕育规律和机理，建立了相应的高应力条件下岩爆分析力学模型，为岩爆灾害的预警与预报提供理论依据。

1）应变型岩爆。从形成机制上看，高应力条件或者诱发二次高应力场是该类岩爆发生的必要条件。引水隧洞开挖形成后，掌子面附近原有的三向应力状态的平衡被打破，向二向应力状态转换，应力重新分布，围压消失，径向应力升高。围岩岩爆发生需要经历 3 个阶段，即劈裂阶段、剪切阶段和弹射阶段。

2）构造型岩爆。软弱型 NWW 向构造是诱发锦屏二级水电站构造型岩爆的主要原因，内在机理是由构造端部的局部应力集中区造成的，具体是当掌子面不断逼近构造端部的应力集中区时，受到这种局部初始高应力的影响，二次应力场的应力集中可以非常突出，而附近存在的构造为破坏提供了更好的条件，因而可导致严重的破坏现象。

3）岩柱型岩爆。两个相向掘进的掌子面前方应力集中区相互叠加，导致岩柱应力状态的恶化而出现岩爆破坏，产生岩柱型岩爆的前提条件是掌子面前方需要成为应力集中区。

针对大理岩强度和破坏特征，建立了深部高应力下脆性岩石的强度准则——广义多轴应变能强度准则，即 GPSE 准则。通过锦屏深埋大理岩多轴试验表明广义多轴应变能强度准则（GPSE）能较好地描述高应力下硬岩的力学特性，能较好地解释硬岩岩爆发生的机理。

（3）岩爆的风险识别。锦屏二级水电站引水隧洞工程以"宏观综合地质勘察→5km超长探洞勘测→辅助洞平行勘测"为指导思想，融合极高地应力测量技术与反分析方法和岩体物理力学信息获取技术等多种技术与手段，获取引水隧洞工程区岩体物理力学信息、地应力信息、地质构造、断层、结构面等信息。

以获取的多源信息为基础，通过综合统计分析研究引水隧洞工程区岩体物理力学性质、地应力分布特点与规律，建立反映高地应力、高外水压力的围岩分类体系。

建立基于应力场宏观分析、现场监测和综合集成反分析的应力分析技术，融合自适应搜索空间混沌遗传混合算法和数值仿真方法，形成岩爆灾害风险智能识别方法。

通过岩爆风险宏观智能识别方法，对隧洞沿线的岩爆风险进行宏观评价，并根据评价结果获得了隧洞沿线的岩爆风险分区，对岩爆灾害风险进行直观展示，为工程灾害防控决策提供了基本依据。

（4）岩爆的预警。通过集成地质预报、数值分析、微震监测、物探检测、经验判断等综合岩爆预测方法，利用不同预测方法获取的信息，对岩爆风险进行实时监测、分析和预警，进而对岩爆进行控制。

隧洞开挖前，首先根据宏观地质条件对岩爆风险进行分区识别。隧洞开挖过程中，根据已开挖洞段和相邻洞段揭露的地质条件和围岩损伤破坏情况，对可能发生的岩爆风险进行进一步评估。根据地质条件、地应力场分布、岩体性质，利用数值模拟方法对即将开挖洞段岩爆风险进行仿真模拟，评估岩爆发生的风险，并综合风险评估结果进行风险预报。通过微震实时监测，进行岩爆孕育过程监测、跟踪，获取岩爆发生的前兆信息和孕育规律，进行实时监测、分析与预警，不断修正和提高预报的准确性。岩爆风险集成预警系统见图10.1-4。

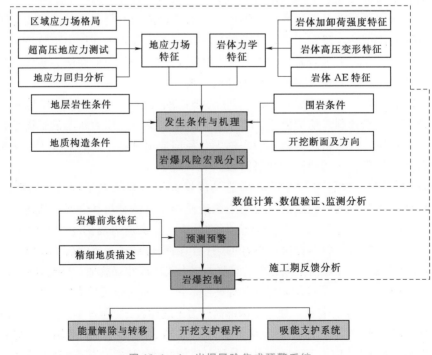

图 10.1-4　岩爆风险集成预警系统

（5）岩爆的防治。

1）防治思想与原则。针对岩爆的发生机理，采用主动应力解除与被动控制相结合的岩爆综合治理思想和岩爆防治支护总体设计原则：始终遵循围岩是隧洞主要承载结构；支护措施（喷射纳米混凝土＋水胀式锚杆）紧跟掌子面，以尽可能维持围压，限制围岩破裂发展，有效利用大理岩的延性特性；充分利用开挖掌子面的拱效应，在掌子面后方及时跟进支护（涨壳式预应力锚杆），控制围岩的高应力破坏；通过后续系统喷锚支护措施，对围岩损伤破裂区域进行全面加固。

2）钻爆法施工洞段岩爆灾害综合防治方法。钻爆法开挖洞段岩爆防治采取主动应力解除和被动支护控制措施，采用应力解除爆破和及时有效的支护，短进尺控制爆破开挖，对于强烈与极强岩爆洞段，要求如下：配合应力解除爆破开挖→边顶拱危石清理及高压水冲洗→及时喷射混凝土覆盖掌子面→及时实施防岩爆锚固措施（包括快速支护锚杆、挂网、钢支撑等）→后续实施系统支护。

a. 主动应力解除方法。主动应力解除施工方法，利用钻爆法掘进时可以采取人工干预对前方岩体内的应力聚集状态进行干预，从而确保后续施工安全，现场主要采取了以下不同的适合工程具体特点和施工能力的岩爆控制方案：

a）修正掌子面形态的方案：依据掌子面一带围岩高应力区的分布，当开挖面形态适应这种应力分布形态时，有利于维持围岩的围压水平和维持围岩强度，达到利用围岩强度控制岩爆的目的。

b）应力解除爆破方案：能使掌子面前方及洞周应力集中区远离开挖面，从而使隧洞周边应力集中程度降低，降低强岩爆发生的风险，而且应力解除爆破可以与常规爆破作业融合一并实施，对施工进度影响较小。

b. 被动支护控制方法。根据深埋大理岩的力学特征和支护单元的力学特性，岩爆防治的被动支护控制方法要点概括如下：

a）锚杆长度要穿过围岩损伤破裂区，能够有效限制围岩破裂裂纹扩展，加固岩体，提高岩体和结构面的抗剪强度，改善结构面附近的应力分布。

b）锚杆应具有良好的抵抗岩爆冲击能力与支护力，全长黏结型锚杆在材料耐久性、支护力、抗冲击能力、经济性以及施工便利性方面综合指标相对最优。

c）支护措施要求具备及时性，能够及时迅速发挥作用。现场选用快速的水胀式锚杆与机械胀壳预应力锚杆的组合使用方案，这两种锚杆能方便快速给围岩提供第一时间的支护力，弥补全长黏结砂浆锚杆由于砂浆强度增加速度较慢而支护力发挥慢的缺点。

d）支护措施要求具备系统性。为了适应高地应力围岩表面卸荷与岩爆冲击破坏特点，全部系统锚杆均带外钢垫板，提高锚杆支护效应，使得锚杆、挂网、喷层之间相互形成完整结构系统。

e）喷射混凝土中掺加的纳米材料以提高早强能力和喷层厚度，添加钢纤维或有机仿钢纤维以提高混凝土喷层的抗冲击破坏力学性能，从而进一步提高隧洞围岩表面支护力，以便适应岩爆冲击力对锚杆群的分散传力。

3）TBM掘进洞段岩爆灾害综合防治方法。TBM掘进洞段的岩爆防治仍然遵循主动应力解除和被动支护控制的思想，根据不同的岩爆风险采取相对应的开挖支护策略，兼顾施工效率和施工安全。

a. 中等及以下岩爆风险 TBM 掘进岩爆防治方法。

a）TBM 设备本身控制岩爆的主动手段及其作用较为有限，在无法进行掌子面前方的应力解除爆破条件下，调整掘进参数是 TBM 掘进时岩爆控制的主动手段，通过降低掘进速度和调整刀盘压力等措施，减少 TBM 掘进对围岩的扰动，降低岩爆发生的风险。

b）采用针对性的支护手段，包括挂柔性钢筋网、纳米有机仿钢纤维喷射混凝土、机械式胀壳中空预应力锚杆或水胀式锚杆等新材料新工艺，快速形成围岩支护力。

b. 强烈岩爆风险下 TBM 掘进岩爆防治方法。TBM 通过强～极强岩爆洞段时，首先要确保设备安全，采用 TBM 安全掘进岩爆控制预案（图 10.1-5），即在强岩爆风险洞段采用钻爆法开挖先导洞，通过先导洞预先释放高地应力，并同时作为一个地质超前探洞以及超前预处理与微震监测工作面，提供一个良好的预先揭示、监测、分析、处理强烈与极强岩爆的现实条件，然后 TBM 再二次扩挖通过。

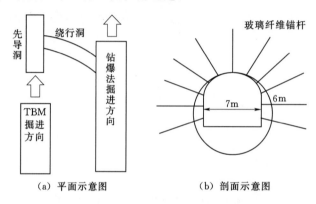

图 10.1-5　强～极强岩爆洞段 TBM 先导洞开挖方案

2. 深埋长大水工隧洞高压大流量地下突涌水风险识别与治理成套技术

通过系统的地质调查和试验分析，揭示锦屏二级水电站引水隧洞工程区地下水动态演化机理和突涌水运移规律，提出了突涌水的判别条件，在此基础上建立突涌水多尺度递进识别预测方法，对高山峡谷区岩溶地下水赋存与风险进行有效识别，进而采用有针对性的地下水处理措施，形成地下水综合治理成套技术。

（1）地下水总体治理原则。根据工程区岩溶水文地质条件，结合社会环境要求，提出了"先探后掘、以堵为主、堵排结合、可控排放、择机封堵"的地下水总体治理原则。其中，对高压、大流量集中涌水点的处理方式，既考虑了堵水效果能满足质量标准，又考虑了堵水后效果能够为隧洞后续衬砌、灌浆施工创造条件，并考虑了水点封堵后水位抬升对隧洞承载结构安全性的影响。

（2）岩溶地下水赋存与风险识别技术。通过对雅砻江大河湾工程区基本地质条件和岩溶发育规律、岩溶水动态、岩溶水化学、岩溶水同位素等系统研究和岩溶水示踪、大理岩高压低温的溶蚀试验，进行大河湾工程区岩溶发育程度分区，岩溶水文地质单元划分和各单元地下水补、径、排关系分析，岩溶水均衡计算，三维渗流场和岩溶发育深度分析，预测了引水隧洞的瞬时最大涌水量和稳定涌水量，同时创新了超前地质预报方法，实现了对高山峡谷区岩溶地下水赋存与风险的有效识别。

采用大范围岩溶水文地质调查、长时段岩溶水动态观测、人工法和天然法岩溶水示踪试验、水均衡法，配合钻孔和平洞查明工程区复杂的岩溶发育规律及其水文地质系统特征，尤其是利用 5km 长勘洞的勘探调查和目前世界上最长的示踪距离（14km）试验技术，其中示踪试验分析采用了地下水质运移理论、稀疏裂隙网络统计模型等理论与方法，大幅度提高示踪信息提取程度和解译精度。

针对雅砻江锦屏大河湾岩溶水地下水位高、水温低的特点，进行大理岩的高压低温条件下（温度为 10℃，压力分别为 10MPa 和 20MPa）的溶蚀试验。结合隧洞开挖后的地下水渗流场分布规律以及渗流梯度、渗流速度规律，利用改进的雨水补给量公式法进行水均衡分析，并应用水化学、水同位素高山效应确定岩溶水补给区。

在岩溶水文地质调查研究基础上，综合利用水文地质比拟法、简易水均衡法及三维渗流场分析 3 种预测方法，较为准确地预测了两条辅助洞的总稳定流量为 $10 \sim 13 m^3/s$，7 条隧洞的总稳定涌水量为 $27.43 \sim 29.93 m^3/s$，单点最大突水流量的量级为 $5 \sim 7 m^3/s$。引水隧洞最大外水压力可达 10MPa，与长探洞所承受的外水压力基本相当。

（3）地下水超前地质综合预报技术。锦屏二级水电站引水隧洞工程建立了宏观地质超前预报（工程地质法）、长期（长距离、$50 \sim 200m$）地质超前预报（工程地质法、TSP 探测等）、短期（短距离、$0 \sim 50m$）地质超前预报（地质雷达、瞬变电磁等）多步预报预警机制，将高山峡谷区岩溶水文地质宏观勘察技术和含水构造精细探查方法相结合，构成了地下水突涌水灾害风险集成预警系统（图 10.1-6）。根据隧洞结构、地质体空间分布及表面雷达探测方法特点，提出了地层相对介电常数测定法、U 形测线布置法、地质结构

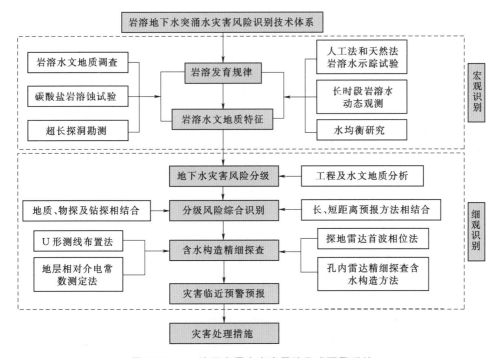

图 10.1-6　地下突涌水灾害风险集成预警系统

面产状探测法、地质雷达首波相位法，以及 TSP 法预报判别准则和地质雷达法预报突涌水构造的判别方法。

（4）地下水综合治理成套技术。综合考虑工程施工过程中揭露的地下水突涌水流量和压力的大小、隧洞结构承载要求以及对总体施工环境的影响等因素，对高压大流量地下突涌水主要采取了封堵和控排处理。

1）高压大流量地下突涌水点封堵技术。

a. 分流减压封堵技术。一般对于高压突发性喷涌水点采用止水墙灌浆封堵，常规的方法需要进行高压喷涌水引流、止水墙浇筑，止水墙达到强度后进行灌浆孔钻孔、灌浆封堵、开挖止水墙等工序，其处理工序复杂、施工期长、费用高、难度大、风险高。该工程采用分流减压封堵技术（图10.1-7），在无止水墙情况下实现了对高压突发性喷涌水的直接封堵，极大地提高到了堵水效果和施工效率。

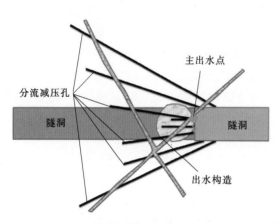

图 10.1-7 分流减压孔布置纵断面示意图

地下水涌水的直接封堵。

b. 沉箱封堵技术。对于底板大流量涌水点研发了沉箱封堵技术（图 10.1-8），在隧洞底板遭遇高压大流量突涌水时，不改变隧洞洞线和结构断面，实现对

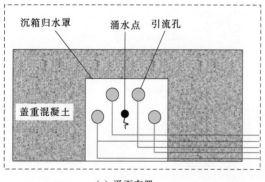

（a）平面布置

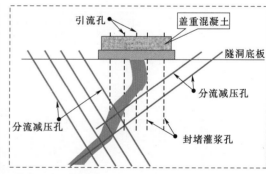

（b）纵剖面布置

图 10.1-8 底板沉箱封堵技术示意图

2）高压大流量地下突涌水点控排技术。对于高压大流量突涌水点治理，若采用全部封堵，施工难度大、工期长，且封堵后的高压大流量地下水将在附近洞段聚集抬升，威胁隧洞本身及邻近洞段围岩稳定和隧洞运行安全。因此，根据工程需要针对个别突涌水点采用突涌水点控排技术（图10.1-9）。

在完成集中涌水点附近区域的无盖重防渗固结灌浆后，将地下水归拢至隧洞底板1～3个少数集中涌水点，在集中涌水点底板处设置沉箱，通过埋设在沉箱内的排水钢管，将地下水引排至永久排水通道，有效消减隧洞结构承受的外水压力，根据水压监测情况，可

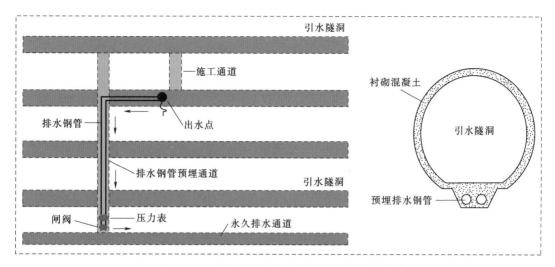

图 10.1-9　高压大流量突涌水点控排技术示意图

对排水钢管上的阀门进行启闭，实现了洞外控排。同时通过沉箱周围的系统防渗固结灌浆措施将隧洞内水隔离，满足了隧洞运行需要。

3. 深埋大直径软岩隧洞变形与稳定控制技术

绿泥石片岩属典型的工程软岩，在深埋高应力环境下显示出典型的软岩变形特征，同深埋条件下硬岩隧洞所产生的岩爆、应力松弛等剧烈的开挖响应不同，软岩隧洞开挖的应力、应变响应相对缓和，历时更长，主要面临的工程问题有：隧洞塌方，围岩的塑性大变形，水对岩体强度，变形特征的影响，围岩的长期流变变形，有压引水隧洞的衬砌结构及防渗设计等。

引水隧洞绿泥石片岩洞段隧洞支护及结构设计思想是以隧洞围岩为承载主体，隧洞的结构稳定性主要依靠围岩的自承能力，钢拱架与喷锚支护、高压固结灌浆等对围岩稳定起辅助加固作用，最终实施的隧洞钢筋混凝土衬砌和初期钢拱架喷锚支护体系形成复合式衬砌结构，与围岩联合承载共同确保引水隧洞在深埋条件下的结构安全。绿泥石片岩工程力学特性及变形力学机制的研究结果表明，在隧洞围岩承载体系中，围岩的围压状态、岩体特性、水对岩体的作用影响以及隧洞施工的时间效应是重要的影响因素，隧洞的开挖支护、衬砌结构及防渗设计始终围绕着围压、岩体特性、水、时间等要素，以及探求其相互之间对立统一关系的最佳结合点这一主线来进行工程问题的处理对策研究。

（1）绿泥石片岩的工程力学特性及变形力学机制。通过室内试验对绿泥石片岩工程力学特性及变形力学机制的研究，可以得出以下基本结论：

1）水对绿泥石片岩岩体力学性质的影响至关重要，饱和条件下其强度软化系数为0.5，弹性模量软化系数为0.27，遇水软化效应十分明显。由于微裂隙发育情况不同，绿泥石片岩的透水性差异较大。

2）相比较同属隧洞沿线的大理岩，绿泥石片岩的弹性模量更低，变形能力更为突出，仅计弹性变形，绿泥石片岩的变形就将相当可观。

3）绿泥石片岩的力学特性对围压比较敏感，三轴压缩条件下，绿泥石片岩的变形具有明显的应变强化和软化特征，随着围压的增加，应力降低值变小，并趋于理想弹塑性变形性态，岩体峰残差逐渐降低，残余强度对围压的敏感性要高于峰值强度，残余强度随围压增加的幅度比峰值强度大。在干燥和饱和条件下，其峰值强度与围压的关系符合 Mohr-Coulomb 强度准则直线型的特点。

4）绿泥石片岩的变形特性对围压的变化显示出一定的差异性。在三轴压缩条件下，干燥岩样的弹性模量随围压显著升高，并呈线性相关性，岩样结构压密，弹性性质的压缩硬化效应明显，而饱和岩样对围压的敏感性降低。

5）高地应力条件下绿泥石片岩的流变变形相当可观，主要是由于岩体强度长期劣化造成，其长期强度为瞬时强度的 $15\%\sim29\%$。

（2）围岩变形程度评价及控制标准。隧洞开挖以后围岩能够保持自稳的变形量与岩体性质、岩体初始地应力水平、开挖尺寸等方面的因素有关。图 10.1-10 为根据 Hoek 对于围岩变形程度的评判标准结合锦屏二级水电站引水隧洞的实际情况所拟定的围岩变形等级判断标准，可以看出绿泥石片岩在所有Ⅲ类围岩中表现出典型的变形特征，Ⅳ类围岩的变形特征将表现得更为明显。现场实测绿泥石片岩Ⅳ类围岩多数断面支护后的最大变形为 $0.3\sim0.5m$，围岩变形率 ε 为 $4\%\sim7\%$（变形量同隧洞半径之比），局部变形超过 $1m$，大部分洞段属严重变形和中等挤压变形，局部为极其严重变形。经过历时 1 年以上的应力调整，隧洞围岩变形渐趋稳定，但锚杆等支护结构均处于较高的应力状态。考虑到监测实施的滞后以及支护结构提供表层围压对岩体强度的提高作用，分析判断可能是低估了绿泥石片岩自身的自稳能力，围岩本身的性质没有恶劣到变形稳定性无法控制的程度，因此将绿泥石片岩Ⅳ类围岩的变形率控制标准定为 4%，隧洞所需支护工作量和代价也可以为工程接受。

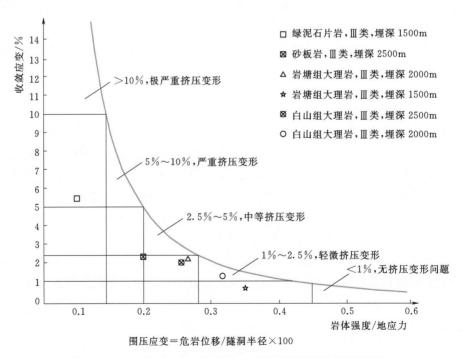

图 10.1-10　锦屏二级水电站引水隧洞围岩变形等级判断标准

（3）隧洞开挖方式。一般而言，大直径隧洞均采用分部开挖的方式，深埋条件下软岩隧洞因其岩体的特殊性和所处的复杂的应力环境，隧洞分部开挖的方式方法对围岩稳定有着重要的影响。

锦屏二级水电站引水隧洞绿泥石片岩洞段隧洞开挖直径 14.3m，四心马蹄形断面，采用钻爆法分部开挖，上台阶开挖高度为 8.5m，下台阶开挖高度为 5.8m。上台阶开挖过程中围岩发生持续变形，局部洞段发生大规模塌方，经系统加固和处理，围岩变形稳定，变形速率小于 0.2mm/d 后开始下台阶开挖。综合隧洞上台阶开挖后所显示的围岩变形为北侧拱肩、南侧底脚变形破坏的总体特征，宏观上判断隧洞断面上最大主应力为缓倾 NE 方向。下台阶开挖经左右分幅、先中间落底再两边落底、全断面落底的比较。经现场验证，因围岩后期变形基本稳定，全断面落底对围岩稳定影响有限，考虑施工因素最终采用了全断面一次落底、短进尺的落底方式，落底开挖每循环进尺控制在 0.5～1m。落底前在上断面两拱脚各布置一排锚筋桩，锚筋桩长 9m，间距为 1m。落底后每 3～5m 及时进行系统支护。

（4）隧洞支护对策。秉承围岩为承载主体的设计理念，隧洞支护设计充分把握围岩承载体系中水、围岩特性、围压和时间等因素的相互关系，确定具体的隧洞支护对策和措施。

1）控制围岩内围压的损失，限制围岩的变形，充分考虑隧洞开挖的掌子面效应，采用超前小导管、超前锚杆等进行超前支护，掌子面喷 CF30 硅粉钢纤维混凝土封闭，局部洞段采用玻璃纤维锚杆系统加固。

2）恢复一定的围压，限制围岩变形，隧洞开挖后及时进行表面封闭，实施全断面喷 CF30 硅粉钢纤维混凝土＋挂网＋系统锚杆＋钢拱架的系统喷锚支护体系，系统锚杆长度为 6～9m，强调支护的及时性、系统性，要求拱架、锚杆、挂网间进行合理连接，形成内外联合统一的承载作用系统，对隧洞断面拱肩、拱架等重点变形破坏部位实施预应力锚索（杆）等的重点加强，对隧洞下台阶落底开挖前进行两侧拱脚的超前锚筋束加固。

3）严格限制施工用水的无序排放，地下水出露部位进行堵水灌浆，防止水对岩休性质的劣化影响。

4）对于围岩长期强度的衰减和变形增长，同样需要加固围岩，增强表面支护，长期监测预警，及时进行加固处理，控制流变变形。

5）充分发挥围岩的自承载作用，在不使围岩发生有害变形的前提下，容许围岩发生一定的变形，根据围岩变形的监测与反馈灵活把握刚性支护及衬砌结构的施工时机，达到支护结构经济合理、安全可靠。

绿泥石片岩洞段典型支护见图 10.1-11。

（5）隧洞塌方处理。绿泥石片岩塌方洞段采用超前管棚循环支护、洞周塌腔体回填置换、塌方体灌浆固结后开挖的方式进行处理，管棚长度为 20～50m，深入隧洞掌子面前方稳定岩体内，通过管棚注浆稳固前方围岩。塌方洞段通过强力支护强行通过后，在隧洞落底开挖前对隧洞洞周潜在空腔及松散岩体进行系统的裸岩充填固结灌浆。

（6）围岩变形侵空处理。为确保隧洞过流净空断面，保证隧洞承载结构安全和施工期隧洞安全，减少电站运行的水头损失与发电效益的长期损失，绿泥石片岩围岩变形导致的

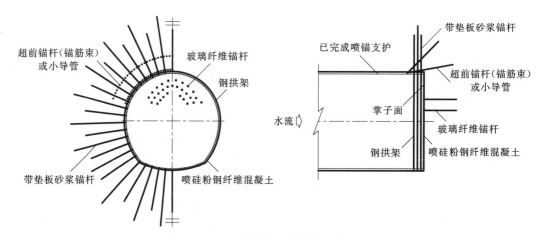

图 10.1-11　绿泥石片岩洞段典型支护图

断面缩径问题采用二次扩挖方式处理。扩挖断面的尺寸充分考虑扩挖处理以及底板下挖过程中洞室围岩的变形影响，预留足够的变形空间，扩挖后按等强度支护原则恢复原系统支护，对于底板下挖过程中上部洞室可能产生破坏或应力情况比较复杂的部位应作专门的加固处理。

（7）衬砌结构及防渗设计。软岩的变形一般经历加速变形、减速变形、平稳变形 3 个阶段，在高应力环境下流变特征明显，力学参数随时间不断变化，绿泥石片岩长期强度为瞬时强度的 15%～29%，长期强度的降低将导致围岩承载能力的弱化，支护结构压力会不断增大，隧洞衬砌主要承担流变变形所产生的形变压力，同时，刚性的混凝土衬砌提供围岩表层较高的围压状态，增强了围岩的自承载能力。此外，水的存在使得绿泥石片岩的岩性急剧恶化，衬砌设计时充分考虑了衬砌材料的抗渗性能。

绿泥石片岩洞段隧洞衬砌结构设计考虑自重、内水压力、承担的围岩流变变形产生的形变压力、外水压力等外荷载以及结构承载、构造要求，衬砌材料采用 $C_{90}30W8$ 混凝土，掺加 $0.9～1.2kg/m^3$ 的聚乙烯醇纤维（PVA），限制混凝土初期温度裂缝。衬砌按照限裂设计配置双层钢筋，环向受力钢筋为 $\phi32@16.7cm$，纵向分布钢筋为 $\phi25@25cm$。衬砌厚度为 1.2～1.5m，为防止软岩隧洞的底臌破坏，隧洞底板衬砌厚度加厚至 2.5m。隧洞混凝土衬砌浇筑段之间设施工缝，缝内设置止水铜片严格防渗。

绿泥石片岩洞段隧洞防渗设计采用混凝土衬砌和隧洞围岩联合防渗的方式，通过采用高抗渗性的混凝土材料以及围岩的系统固结灌浆提高围岩的整体性、抗渗性和抗变形能力，降低隧洞运行期间内水外渗对围岩的劣化影响。绿泥石片岩洞段隧洞围岩加固灌浆包括裸岩固结灌浆、水泥固结灌浆和细水泥灌浆，分步、分阶段实施。

1）裸岩固结灌浆。在隧洞混凝土衬砌施工前实施，对塌方洞段、应力坍塌洞段洞周围岩进行系统的灌浆，充填洞周塌腔、潜在空腔以及卸荷松弛裂隙，恢复围岩的完整性。裸岩固结灌浆范围为隧洞上半断面洞周 12m，灌浆压力为 1.0～1.5MPa。

2）水泥固结灌浆。在混凝土衬砌施工后实施，通过高压固结灌浆对隧洞承载范围内的岩体进行全断面系统加固，达到提高围岩整体性、抗渗性和抗变形能力的目的。水泥固结灌浆范围为洞周 0~9m，灌浆压力为 3.0~6.0MPa。

3）细水泥灌浆。细水泥灌浆是在水泥灌浆基础上，对岩体内的隐性裂隙和局部脱空死角进行补充加固，达到进一步提高围岩承载、防渗能力和耐久性的目的。细水泥灌浆范围为洞周 0~4m，灌浆压力为 2.0~3.0MPa。

4. 深部岩溶探查和综合治理技术

锦屏二级水电站引水隧洞沿线多处于浅变质大理岩中，围岩属强富水性可溶岩，其中东西两端近岸坡的 T_2z 杂古脑组大理岩和 T_2y 盐塘组大理岩地层，岩层内断裂构造较发育，地下水动力条件较好，局部近岸坡、谷坡在季节变动带岩溶作用较强，溶洞管道相对较发育，局部为大型厅堂式溶洞。

由于电站正常发电时引水隧洞全线为有压状态，隧洞承担最大静水压力为 40~85m，隧洞周边岩溶的发育将削弱围岩承载和防渗能力，尤其直径达 0.5m 以上的溶蚀宽缝和厅堂式溶洞，如果不进行处理将使以围岩为主要承载和防渗体的结构面临缺口。大直径钢筋混凝土衬砌的引水隧洞在内水压力作用下需要主要依靠一定厚度的、完整的、均匀的围岩承载和防渗，衬砌起到辅助承载和防渗作用，并起到减少糙率、防止围岩掉块等作用。

工程建设期间，通过地质钻探、洞探、物探检测、示踪试验等多种方式对引水隧洞沿线岩溶发育情况进行综合探查，基本摸清了工程区岩溶发育情况，准确探明了引水隧洞沿线洞周影响区范围内的岩溶发育情况，制定有针对性的处理措施。

根据引水隧洞岩溶区隧洞结构设计要求以及具体的岩溶形态、规模等基本情况，在技术经济比较的基础上，提出采用置换、回填混凝土＋固结灌浆的加固处理措施恢复岩溶发育洞段围岩的完整性、均匀性，恢复围岩弹性抗力，提高围岩自身的承载能力和渗透稳定性，加强岩溶段隧洞衬砌结构设计，同围岩一起联合承载的岩溶处理总体设计原则。对于规模较大的、溶洞内充填物较多、稳定性差、存在施工期稳定问题的或存在岩溶突涌水问题的岩溶处理，采取了"治水、防塌、加固、恢复"的处理原则，厅堂式溶洞根据溶洞发育形态和充填物稳定性，分别采取了回填自密实混凝土、桩基加固、拱桥支撑等处理方式。

溶洞处理洞段围岩的渗透稳定性通过围岩灌后透水率和隧洞内壁与排泄临空面之间岩体的长期稳定渗透水力梯度两个指标进行控制。围岩透水率为评价经置换、回填和灌浆处理后围岩防渗、承载圈的主要质量指标，按照透水率不大于 1.0Lu 控制，以此确定具体的灌浆参数和工艺。稳定渗透水力按照不大于 5~8 控制，以此确定隧洞洞周置换、回填和灌浆处理的深度范围，引水隧洞洞周处理范围一般为 12~20m，局部视情况加深。

5. 深埋长大隧洞群安全快速施工技术

锦屏二级水电站引水隧洞工程规模巨大，地质和施工条件极其复杂，工程建设过程中根据不断变化的边界条件进行施工组织的调整，采用了先进的施工技术和理念，形成深埋长大隧洞群安全快速施工技术，保证了隧洞的安全快速施工。

（1）钻爆法和 TBM 组合施工技术。锦屏二级水电站引水隧洞洞线长、岩石强度适中、可钻性好，适合采用 TBM 施工，以充分发挥其掘进速度快的优势。引水隧洞中部高埋深段高地应力易诱发岩爆，施工安全风险极大，适合发挥钻爆法灵活的优势，因此，采用钻爆法和 TBM 组合施工方案。

东端两台 TBM 分别掘进 5.9km 和 6.3km，掘进最高月进尺为 683m，钻爆法上半段断面开挖单掌子面最高月进尺为 302m。隧洞掘进进入中部高地应力洞段后，新增支洞形成 30 余个工作面同时掘进，极大地提高了施工进度保证率和可控性，四条引水隧洞仅用 4 年时间全部贯通。

（2）隧洞群协同立体施工通风技术。针对引水隧洞钻爆法和 TBM 组合的开挖施工方法，采用隧洞群协同立体通风技术，解决了复杂条件下隧洞群施工通风难题。

1）引水隧洞东段钻爆法与 TBM 掘进协同通风。如图 10.1-12 与图 10.1-13 所示，1 号及 3 号引水隧洞东段为 TBM 施工，其通风由风管从专用通风洞口直接引风到掘进工作面，经过除尘等处理后由洞身排出。经工作面后的返程风质量仍然较高，可以作为其他隧洞掘进的新鲜风流，2 号、4 号引水隧洞东段钻爆法掌子面分别利用了 1 号、3 号引水隧洞 TBM 的返程风实现了协同通风。

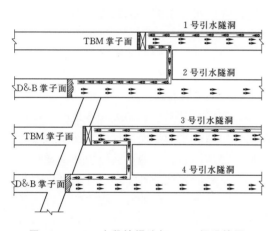

图 10.1-12　东段钻爆法与 TBM 掘进协同通风示意图

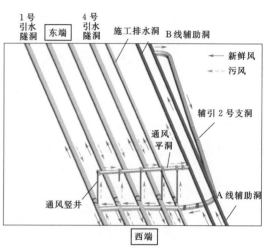

图 10.1-13　中段立体通风示意图

2）引水隧洞中段多工作面施工立体通风。充分利用锦屏 A 线、B 线辅助洞作为通风通道，通过从掌子面沿引水隧洞经通风竖井和通风平洞与辅助洞连通，A 线辅助洞进风，B 线辅助洞排风。在引水隧洞多工作面同时施工时，A 线辅助洞内风速不超过规范要求，B 线辅助洞可以同时满足运营和施工通风的要求。

针对引水隧洞各阶段的施工通风设计方案，不仅进行了详细的理论计算，而且还建立相应模型进行了大型仿真分析，根据仿真分析结果，对通风设备进行动态配置；同时采用仪器设备进行现场数据检测验证，通风效果良好，节省了通风设备投入和运行成本。

（3）深埋长隧洞施工高效物料运输技术。根据现场施工条件对施工物料运输系统布置方案、设备性能、参数选择等进行比较分析，针对工程地形复杂、施工场地狭窄、物料输送量大且需途径营地、施工布置难度大等突出问题，充分利用先进的施工技术和理念，提出了大倾角长距离空间曲线及返程带料连续皮带机施工高效物料运输技术。

1）根据 TBM 出渣皮带机运行方向和混凝土砂石骨料运输方向正好相反这一施工布置与运输组织特点，充分利用皮带机运行时上下层带面反方向运行这一特性，采用皮带机上层带面承担 TBM 渣料出渣运输至模萨沟的同时，下层带面将模萨沟砂石加工系统生产的成品砂石骨料带回至 1560m 平台混凝土生产系统。

2）首次采用出渣皮带机和返程带料皮带机两条带宽 1200mm 的大型皮带机上下叠加布置，并以最小转弯半径 1200m 水平转弯的同时爬升倾角达到 14°，形成国内外最大倾角的空间曲线转弯皮带机线形布置，最大程度地解决皮带机布置沿线存在的弯曲、起伏、大跨度过沟等复杂地形带来的皮带机布置困难问题，不仅简化了皮带机的布置，也节省了大量混凝土成品砂石骨料运输设备的投入和费用。

6. 深埋长大隧洞围岩稳定控制技术与长期安全性评价

通过建立适合于锦屏工程的高地应力、高外水压力条件下围岩分类体系，开展高地应力条件下大理岩力学特性研究，采用深埋隧洞围岩稳定新方法进行围岩稳定性分析评价，建立深埋隧洞围岩稳定控制技术与承载结构体系。

（1）高地应力高外水压力条件下围岩分类体系。基于钻爆法的常规围岩分类方法（如 Q 系统法、HC 法）没有考虑超高地应力、高外水压力条件的影响，基于传统的 TBM 施工的围岩分类方法大多将主要目标集中在 TBM 掘进条件上，对围岩稳定关注较少。锦屏二级水电站引水隧洞分别采用 TBM 和钻爆法两种施工方法，引水隧洞区具有显著的高地应力、高外水压力特征。在 5km 长探洞丰富的地质资料和试验成果基础上，运用统计学原理和工程地质理论分析方法，在常规围岩分类方法基础上建立了以 JPHC 分类为主，JPQ 和 JPRMR 为辅助分类手段，适应超高地应力和超高外水压力条件的锦屏围岩分类体系（JPF），经过锦屏辅助洞施工期验证，适用性较好，为引水隧洞设计提供了技术支撑。

（2）高地应力条件下大理岩力学特性研究。该工程开发了以 Hoek-Brown 强度准则为基础的脆—延—塑本构模型（简称为 BDP 模型），准确地描述大理岩脆—延—塑转换特征，随着围压的升高，深埋大理岩岩体逐渐由脆性向延性和塑性转换，数值模拟结果（图 10.1-14）同室内试验和现场开挖响应特征相吻合。同时，也基于 Mohr-Coulomb 准则开发了 GPSE 本构模型，使之具备描述锦屏大理岩脆—延—塑转换特征的功能。

（3）深埋隧洞围岩稳定分析方法。深埋条件下不论是结构面的压缩、张开或剪切，以及岩体中产生新的破裂现象，都会影响到围岩应力集中水平和屈服区的深度，该工程引入非连续方法来反映结构面变形、破裂产生对围岩能量和应力分布产生的影响。从计算分析结果看，随埋深的增大，非连续力学计算结果不仅显示了损伤区深度的增大，更重要的是揭示了损伤区裂纹密度，即损伤程度的变化。在进行复杂岩体问题的深化和局部化分析，特别是内在机理性分析时，非连续力学方法相比连续力学方法具有明显的优势。

（4）深埋隧洞围岩稳定控制技术与承载结构体系。锦屏深埋隧洞在高地应力、高外水压力条件下围岩稳定问题突出，隧洞承载结构的安全是以围岩为承载主体、初期多种形式组合快速维持围压的支护原则，建立了考虑消减外水压力技术的复合承载结构体系（图 10.1-15）。工程建设过程中，结合现场条件开展了大量的新材料、新工艺的试验，并成功地运用于工程实践，确保了围岩稳定控制措施的实施效果，保证了工程的安全。

1）喷锚支护。现场开展了新型喷射混凝土的试验研究，根据试验成果和运用效果，采用双掺硅粉钢纤维混凝土、纳米钢纤维混凝土、纳米有机仿钢纤维混凝土和挂网喷射素混凝土作为支护用喷射混凝土的主要类型。其中，一般高地应力洞段通过喷射混凝土中掺

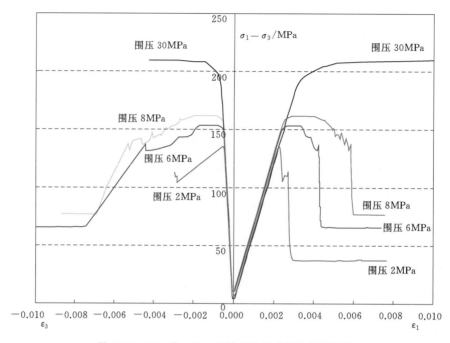

图 10.1-14　脆—延—塑转换特性的数值模拟结果

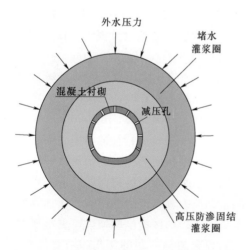

图 10.1-15　深埋隧洞围岩承载结构示意图

加纳米材料，提高一次喷射厚度，并能够快速起强，控制围岩变形和松弛破坏；而岩爆洞段需配备强有力的支护手段控制岩体破坏，在采用系统锚杆支护的前提下，配合采用性能最佳的双掺纳米钢纤维混凝土作为主要支护材料，确保围岩稳定，保障施工安全。

综合对比不同类型锚杆性能，考虑工程现场施工速度、难易、工效等多方面的因素，经过不断的试验、比较，最终设计选定水胀式锚杆、普通砂浆锚杆和胀壳式预应力锚杆作为现场主要使用的锚杆形式。水胀式锚杆、普通砂浆锚杆和胀壳式预应力锚杆的选择原则上取决于大理岩在高应力下力学特性及现场围岩稳定性控制的要求，但同时也受到现场应用条件的影响。水胀式锚杆为随机锚杆和防治岩爆锚杆，以局部胀壳式预应力锚杆作为紧跟掌子面的及时永久支护，以普通砂浆锚杆作为滞后的系统永久支护。

2）高压防渗固结灌浆。针对隧洞沿线地质情况和实际工程需要，对隧洞围岩固结灌浆进行了细化，分为破碎围岩固结灌浆、浅层固结灌浆和高压防渗固结灌浆。

破碎围岩固结灌浆属于常规灌浆类型，主要为改善岩体的力学性能，提高其承载能力，同时在一定程度上普遍提高围岩的抗渗性能，灌浆孔深一般为 6.0m，灌浆压力为 3.0～6.0MPa。

浅层固结灌浆是针对脆性大理岩在高应力条件下表层洞壁普遍发生松弛破裂、鼓胀破坏的情况设计的，浅层固结灌浆配合二次钢筋混凝土衬砌给深部围岩提供三向受压条件，提高围岩的承载能力，同时提高围岩的防渗性能，灌浆孔深一般为 3.0～6.0m，灌浆压力为 3.0～6.0MPa。

高压防渗固结灌浆是抵御隧洞周圈高外水压力、控制渗透稳定、减少渗透量的主要手段，灌浆深度满足高外水压力条件下抗渗稳定允许梯度要求，围岩固结灌浆圈渗透坡降按不大于 50 控制。在混凝土衬砌施工前先进行无盖重灌浆，一次性把地下水推到安全距离 12～15m 以外，满足防渗圈厚度和衬砌施工条件要求。混凝土衬砌施工完成后进行有盖重高压固结灌浆，灌浆孔深一般为 6.0～9.0m，灌浆压力为 6.0MPa。

3) 混凝土衬砌结构。高地应力下条件下围岩破裂损伤现象比较普遍且具有时间效应，采用喷锚支护结构的长期稳定性与安全可靠性难以得到保证，因此，锦屏二级水电站引水隧洞采用全长混凝土衬砌结构。在深埋高地应力洞段采用钢筋混凝土衬砌结合浅层固结灌浆的方式加固围岩，保证支护结构与围岩协同受力，有效传递围岩荷载、内外水压力；同时封闭围岩，给围岩提供强大的围压，防止内部岩体松弛的发展，提高围岩在三向围压下的峰值强度和残余强度，以保围岩结构的长期稳定性。

4) 外水压力消减技术。深埋大直径水工隧洞承担外水压力的能力十分有限，需要进行外水压力的消减。锦屏二级水电站在 4 条引水隧洞和 2 条辅助洞之间平行布置了 1 条排水洞，作为引水隧洞洞群地下水的长期排导通道，从整体上消减引水隧洞沿线的外水压力。针对暴雨等极端条件下造成的外水压力的短时间急剧上升的工况，在引水隧洞全长全断面进行固结灌浆防渗处理形成防渗固结灌浆围岩承载圈的前提下，通过在衬砌结构上设置系统减压孔，快速均衡排泄外水，将混凝土衬砌外缘的外水压力始终控制在设计允许值范围内，确保混凝土衬砌结构的整体安全。针对隧洞沿线需要严格防止内水外渗的部位，在减压孔内设置双向防控逆止阀，防止内水外渗造成隧洞异常渗漏。

(5) 深埋隧洞长期安全性评价。锦屏二级 4 条引水隧洞在正式投运前均进行了充排水试验，每条隧洞渗漏量为 69～130L/s，渗漏量控制在极低的水平，充排水试验期间隧洞结构安全监测无异常。隧洞在正常运行期，计划每隔 2～5 年放空检修一次，从目前 4 条隧洞完成的首轮放空检查的情况看，隧洞整体情况良好。

锦屏深埋大理岩的破裂发展和长期强度具有显著的时间效应，同时随着工程的完建，隧洞沿线施工期的出水点相继进行了封堵或者控排，隧洞沿线地下水位逐渐回升，隧洞外水压力逐渐抬升并趋于稳定，因此，锦屏深埋隧洞围岩的力学特性和隧洞结构的受力边界条件仍处在不断的调整过程中，需要对深埋隧洞结构进行系统的长期安全性评价。

长期安全性评价工作在隧洞投运后随即持续开展，通过工程区沟、谷、泉的水位和流量，以及厂区 5km 长探洞堵头压力、引水隧洞工程区地下水流量等水文地质环境的监测分析，结合隧洞放空检查情况和安全监测的分析成果，进行安全监测反分析，分别针对隧洞围岩渗透稳定状态、围岩稳定状态、衬砌结构安全性等方面进行系统的分析评价。

10.1.4　经验总结

锦屏二级水电站引水隧洞洞室群工程建设条件复杂，规模巨大，没有经验可循，工程设计、施工和建设管理是在实践中探索，在探索中总结，在总结中提炼升华。通过前期大量的基础研究、关键技术问题的科技攻关、工程实践的探索检验和不断的调整完善，采用了超常规的工程措施解决实际问题，尤其是在超深埋长大水工隧洞群建设领域，相继攻克了极高地应力岩爆综合防治、高压大流量突涌水治理、深埋软岩大变形、深埋特长隧洞群安全快速施工、深埋高外水压力下长大水工隧洞围岩稳定控制等技术难题，填补了我国在深埋岩石力学领域中的空白，积累了宝贵的经验。

经过各条引水系统充排水试验的检验，隧洞实测渗漏量为 $60\sim130L/s$，即每千米隧洞渗漏量均控制在 $5\sim10L/(s\cdot km)$，在世界长大水工隧洞工程中实属罕见。投运多年以来隧洞各项监测数据平稳正常，充分表明隧洞的设计理念先进、设计方法合理、工程施工质量好。

锦屏二级水电站引水隧洞洞室群工程的成功建设，标志着中国隧道建设技术达到了国际领先地位，对于世界地下工程具有里程碑意义，为国内外水电、交通、矿山、国防等类似地下工程建设提供了成功范例。

10.2　九龙河江边水电站引水隧洞工程

10.2.1　工程概况

九龙河江边水电站位于四川省甘孜藏族自治州九龙县，是一座以发电为主的低闸高水头引水式电站，为九龙河干流"一库五级"梯级开发的最末一个梯级电站。电站共装 3 台单机容量为 110MW 的发电机组，总装机容量为 330MW，额定水头为 272m，装机年利用小时为 4801h。

江边水电站坝址位于九龙河干流踏卡河汇合口下游约 800m 处，采用混凝土闸坝，正常蓄水位为 1797m，死水位为 1789m，调节库容为 90 万 m^3，水库具有日调节能力。厂房位于雅砻江干流九龙河口下游约 5km 处，采用地下厂房。

引水隧洞总长约 8.5km，设 3 个平面转弯，前半洞段沿九龙河左岸布置，后半洞段截弯取直，穿越九龙河左岸雄厚山体，直至雅砻江锦屏大河湾拐弯处。隧洞纵剖面按"一坡到底"布置，坡度为 0.557%，隧洞末端最大静水压力为 67m。

10.2.2　引水隧洞地质条件

引水隧洞沿九龙河左岸布置，穿越九龙河和雅砻江间地块，围岩主要有二叠系黑云母石英片岩和燕山期侵入黑云母花岗岩，其中引 0＋055～引 7＋610 为黑云母石英片岩，引 7＋610～引 8＋574 为黑云母花岗岩。

引水隧洞埋深 75～1678m，其中浅埋（埋深小于 600m）洞段长约 4744m，约占总长度的 55.7%，深埋（埋深大于 600m）洞段长约 3775m，约占总长度的 44.3%。围岩以Ⅲ类为主，Ⅱ类次之，其余为Ⅳ类。引水隧洞埋深大，属中～高应力区，开挖过程中，部分高埋深洞段在高地应力作用下局部围岩破损，降低了岩体的完整性，因此将围岩类别降级至Ⅱ_b类、Ⅲ_b类、Ⅳ_b类，其中又以Ⅲ_b类为主。引水隧洞处在地下水位以下、相对隔水层以内，围岩透水性较弱，不需进行专门的防渗处理。

10.2.3　主要工程难点及对策

10.2.3.1　引水隧洞衬砌结构设计

引水隧洞洞线长，衬砌结构的设计与工程安全、工程投资、水头损失等关系密切。可研阶段通过技术经济比较，选择喷锚支护、全断面衬砌两种型式，开挖及过水断面均采用马蹄形，开挖洞径为 8.4m，底宽 7.0m。在工程实施阶段，根据开挖揭露的围岩性状、高应力破坏以及地下水情况，进一步优化衬砌结构，分别采用相适应的喷锚支护、半衬结构（即仅对边墙衬砌）、全断面衬砌结构 3 种永久支护形式，3 种衬砌形式隧洞长度比例约为 7∶1∶2，其中喷锚段长 6165.2m，额定流量时流速为 2.48m/s；半衬洞段长 639m，流速为 2.57m/s；全断面衬砌段长 1708.524m，流速为 2.96m/s。

1. 喷锚支护

引水隧洞开挖揭露的黑云母石英片岩强度高，绝大部分洞段完整性较差～较完整，稳定性较好；黑云母花岗岩洞段以微风化～新鲜岩体为主，围岩较完整～完整，属块状～整体状结构，节理面多闭合。浅埋洞段地质围岩划分以Ⅲ类、Ⅱ类围岩为主，其次为Ⅱ_b 类（注：轻微岩爆）、Ⅳ类围岩，深埋洞段以Ⅲ类、Ⅲ_b 类（注：中等岩爆）围岩为主，其次为Ⅳ类、Ⅱ_b 类围岩。

根据隧洞开挖揭露的围岩稳定情况，对Ⅱ类、Ⅱ_b 类、Ⅲ类围岩洞段采用边顶拱喷锚支护作为永久衬砌（图 10.2-1），喷混凝土 C25/挂网喷 C25 混凝土，喷层厚度为 10cm/15cm，锚杆直径分别为 $\phi22/\phi25$，间距为 1.5m，入岩深度为 3.0m/4.5m。对于Ⅲ_b 类围岩，由于在高地应力作用下，破坏程度有所差异，对洞室稳定性相对较好的Ⅲ_b 类围岩洞段，采用系统锚喷支护作为永久衬砌，系统锚杆 $\phi25@1.5m \times 1.5m$，$L = 4.5m$，挂网喷C25 混凝土，厚度为 15cm；对于洞室稳定性相对较差、边墙破坏严重的Ⅲ_b 类围岩洞段，则考虑混凝土衬砌结构。

2. 半衬结构

对于黑云母石英片岩的部分洞段，在开挖施工过程中，由于围岩存在陡倾角薄层层理且走向与洞轴线交角较小，在围岩卸荷及高地应力作用下，边墙下部围岩回弹张开现象较普遍，其中绝大部分采用锚喷支护措施即可满足围岩永久稳定需要。但对于局部层理发育密集洞段边墙岩石在高地应力作用下弯曲变形较严重，边墙高 1.0～1.5m 出现鼓裂折断现象，局部边墙岩体挤压成碎裂状，整个洞室边墙下部成形较差，这部分围岩分类以Ⅲ_b 类为主，局部为Ⅲ类围岩。

为防止电站运行期隧洞有压水流冲

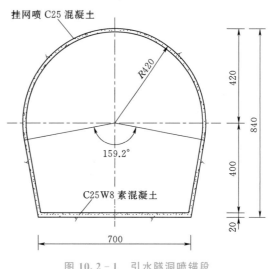

图 10.2-1　引水隧洞喷锚段
典型断面（单位：cm）

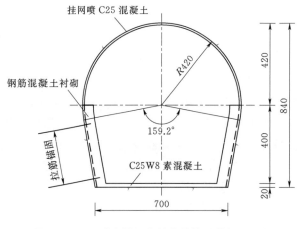

图 10.2-2　引水隧洞半衬砌结构（单位：cm）

刷掏蚀而造成边墙围岩局部坍塌，进而影响电站安全运行，对这部分边墙鼓胀洞段采用半衬结构加以防护（图 10.2-2），即两侧边墙 3.0m 高度范围内设置 C25W8 钢筋混凝土衬砌，厚度为 60cm，衬砌以外的边顶拱部分仍采用喷锚支护，底板采用 C25 混凝土找平，厚度为 20cm。半衬结构设置 $\phi 22 @ 2.0m$、$L = 3.0m$ 的拉筋锚入围岩。

由于边墙的鼓胀、断裂破坏，浅层围岩内部存在脱空或较大的裂隙，因此对这些空腔部位进行回填灌浆，孔深入岩 0.5m，灌浆压力为 0.5MPa。

3. 全断面衬砌结构

全断面衬砌结构主要用于 Ⅳ_b 类（注：强烈岩爆）围岩以及 Ⅳ 类围岩。隧洞开挖过程中，深埋洞段由于高地应力作用，局部洞段发生了强烈岩爆，强烈岩爆主要以顶拱深爆坑的形式释放应力，由于爆坑造成洞室断面成形较差，容易出现应力集中，同时强烈岩爆区高地应力仍存在对围岩继续破坏的可能，为防止后期围岩应力继续释放造成破坏以及进一步卸荷掉块，影响电站安全运行，因而采用全断面衬砌结构。而 Ⅳ 类围岩洞段本身岩体受结构面影响相对破碎，自稳性较差，结构面常有渗水等，因此，采用全断面混凝土衬砌结构对围岩进行强有力的表层支护，并与围岩联合承载。

对于全断面衬砌结构（图 10.2-3），边墙及顶拱衬砌 C25W8 钢筋混凝土，厚度为 60cm，底板采用 C25 混凝土找平，厚度为 20cm，与喷锚洞段底板厚度一致。Ⅳ_b 类围岩洞段仅进行顶拱 120° 回填灌浆，灌浆压力为 0.5MPa；Ⅳ 类围岩洞段则进行系统固结灌浆，孔深入岩 4.0m，每排 12 孔，排距为 3m，灌浆压力为 2.0MPa。

10.2.3.2　岩爆防治措施

引水隧洞岩爆防治主要采用控制爆破和锚喷支护手段，即对岩爆洞段采用短进尺控制爆破开挖，配合应力解除爆破开挖，依次采取危石清理及高压水冲洗、及时喷射混凝土覆盖岩面、实施防岩爆锚固措施（包括快速锚杆、挂网等）、后续实施系统锚杆支护等措施。引水隧洞岩爆防治措施见表 10.2-1。

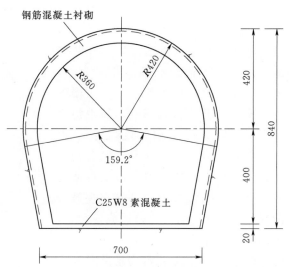

图 10.2-3　引水隧洞全断面衬砌结构（单位：cm）

表 10.2-1　　　　　　　　　引水隧洞岩爆防治措施

岩爆等级	预 防 措 施	治 理 措 施	爆破方式
轻微岩爆	一般进尺控制在 2~3m；尽可能全断面开挖，一次成形，以减少围岩应力平衡状态的破坏；及时并经常在掌子面和洞壁喷洒水；部分中等岩爆段必要时可以用超前钻孔应力解除法来释放部分应力，岩爆连续发生段，在施工后可以进行适当的待避，等岩爆高峰期过后再作业	轻微岩爆段可以通过喷 15cm 厚的 C25 挂网混凝土，钢筋网为 $\phi6.5@15cm\times15cm$，来防止洞壁表面岩体的剥离	光面爆破为主，必要时采用应力解除爆破
中等岩爆		采用喷 7cm 厚的 CF30 钢纤维混凝土＋8cm 挂网喷混凝土；采用 3m 长机械涨壳式预应力锚杆或水胀式锚杆，间距为 1.5m×1.5m。及时进行设计系统锚杆的钻设，后期采用全断面钢筋混凝土衬砌作为永久衬砌	
强烈岩爆	一般进尺应控制在 1.5~2.0m；采用打超前应力孔法来提前释放应力，降低岩体能量；及时并经常在掌子面和洞壁喷洒水，必要时可均匀、反复地向掌子面高压注水，以降低岩体的强度；岩爆连续发生段施工后可以进行适当的待避，等岩爆高峰期过后再作业	采用挂网锚喷支护法，喷 7cm 厚的 CF30 钢纤维混凝土＋5cm 挂网喷混凝土；采用 3.0m 长涨壳式预应力锚杆或水胀式锚杆，间距为 1.0m×1.0m。视现场情况随机布置格栅拱架，间距为 1.0m。后期采用全断面钢筋混凝土衬砌作为永久支护	应力解除爆破

　　鉴于目前国内的预测预报技术、施工工艺水平等客观条件，在实际开挖过程中，岩爆未得到较好的预防。江边引水隧洞多次岩爆表明，岩爆一般集中发生在掌子面爆破开挖后的 24h 内，且多发生在顶拱或腰拱部位，伴随岩石的撕裂声响或是岩石深部闷响。对于江边工程，岩爆发生后，通过适当停工待避后对岩爆部位进行支护处理，防止二次岩爆或诱发其他部位的岩爆。

10.2.3.3　集石坑设计

　　由于引水隧洞绝大部分洞段采用喷锚支护，为防止洞内喷层或围岩掉块随水流进入水轮机组产生危害，在隧洞末端布置一个集石坑（图 10.2-4），位于调压室上游侧。集石坑按每 $1000m^2$ 喷混凝土面积设置 $1m^3$ 容积设计，并考虑 3 倍的安全裕量系数。根据计算分析，集石坑共设 6 室，每个坑室尺寸为 7.0m×6.0m（长×宽），净高 2.02m，边墙衬砌厚度为 40cm，底板厚度为 20cm。集石坑室内净高应满足小型清渣设备的机械化操作空间要求，高度上一般不小于 2.0m，同时为了便于各坑室之间清渣交通，在坑室之间隔墙预留 2.4m×2.0m（宽×高）的矩形门孔。相邻坑室的门孔错开布置，保证各坑室的集石率。集石坑考虑机械清渣，为便于清渣设备进入集石坑内，在集石坑上游侧设置 1:10 的斜坡道，总长 25m。斜坡道本身也是集石坑的一部分，增加了集石坑容积与集石效率。

　　集石坑上部设置固定的混凝土横梁，以加强集石效果和改善水流条件。考虑隧洞内粒径较小的石块容易在水流作用下首先起动并向下游推移，而粒径较大的石块由于其形状特征等因素，在水流的不断作用下也可能会起动并滞后于小石块缓慢移向下游。因此，小石块理论上先达到集石坑并先行沉落在集石坑的首部几个坑室，而大石块后到达集石坑并受集石坑内集渣情况分布而可能沉落在后面的坑室内。因此将集石坑上游侧 5 个坑室横梁布置采用小间距，净间距设为 40cm，保证隧洞内流速可起动的细小石渣能掉落坑内；最下

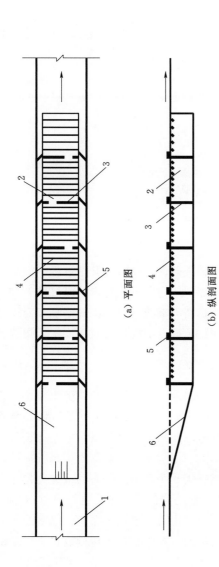

(a) 平面图

(b) 纵剖面图

图 10.2-4　斜坡式集石坑结构型式示意图

1—引水隧洞；2—集石坑室；3—集石坑隔墙（设置前后错开门孔）；4—集石坑横梁（上游密集，下游稀疏）；
5—拦砂导砂坎（布设在两侧交通便道）；6—上游交通兼集石斜坡道

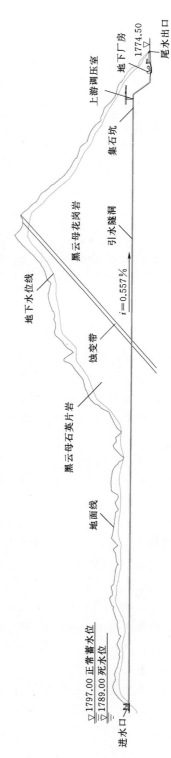

图 10.2-5　江边水电站引水隧洞纵剖面图

游侧 1 个坑室横梁布置采用大间距，净间距按 75cm 设置，确保大粒径石块可掉落坑内。集石坑横梁整体间距缩小，不仅能使水力学条件得到改善，同时坑内沉积的石渣稳定性也相应得到提高。

10.2.4 经验总结

江边水电站于 2011 年 4 月首台机组并网发电，首次充排水试验过程顺利，引水隧洞通过了初步考验，其纵剖面图见图 10.2-5。2012 年 4 月，电站运行一年后，对整个引水系统进行放空检查。检查结果表明，引水隧洞混凝土衬砌基本完好，喷锚洞段局部略有浅表剥落，但对电站的正常运行没有影响；引水隧洞底板基本无淤泥沉积，集石坑内主要为泥沙与小块石头，集渣效果较好。目前江边水电站引水隧洞运行良好。

10.3 金沙江白鹤滩水电站尾水隧洞工程

10.3.1 工程概况

白鹤滩水电站为金沙江下游 4 个水电梯级——乌东德、白鹤滩、溪洛渡、向家坝中的第二个梯级。坝址位于四川省宁南县和云南省巧家县境内，上游距巧家县城约 45km，距乌东德坝址约 182km；下游距离溪洛渡水电站约 195km，距离宜宾市河道里程约 380km。坝址控制流域面积 43.03 万 km²，占金沙江以上流域面积的 91%。电站总装机容量为 16000MW，左右岸地下厂房各布置 8 台 1000MW 的水轮发电机组。枢纽工程主要由混凝土双曲拱坝、二道坝及水垫塘、泄洪洞、引水发电系统等建筑物组成。引水发电系统左右岸基本对称布置，地下厂房采用首部布置方案，引水建筑物和尾水建筑物分别采用单机单洞和二机一洞的布置型式，左岸 3 条、右岸 2 条尾水隧洞结合导流洞布置，枢纽具体布置详见图 10.3-1。尾水隧洞断面采用城门洞形，与导流洞结合段尺寸为 17.5m×22m（宽×高），非结合段尺寸为 14.5m×18m（宽×高），衬砌厚度为 1.1～2.0m。

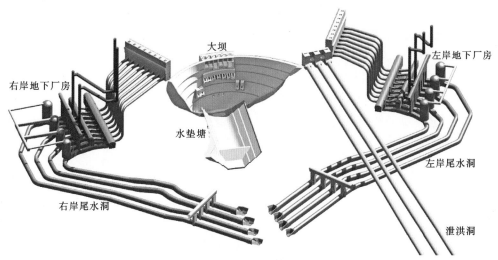

图 10.3-1 白鹤滩水电站枢纽主要建筑物三维布置图

10.3.2 地质条件

左、右岸输水系统沿线地形条件相对简单，左岸上游段上部主要为2号斜坡，下游段上部地形呈台阶状，缓坡与陡坡相间分布；右岸沿线地面高程自上游至下游逐渐增高。沿线均无大型冲沟分布。左、右岸引水发电系统沿线为单斜地层，左岸玄武岩岩流层产状总体为N42°～45°E，SE∠15°～20°；右岸玄武岩岩流层产状总体为N45°～50°E，SE∠15°～20°。玄武岩以微、弱透水岩体为主。地质构造发育部位岩体的透水性增大，尤以缓倾角的层间、层内错动带影响最大。

左、右岸尾水隧洞上覆岩体最厚分别约为500m、660m。岩性主要为隐晶质玄武岩、杏仁状玄武岩、斜斑玄武岩、角砾熔岩、柱状节理玄武岩、凝灰岩等。尾水隧洞层间错动带 C_2、C_3、C_{3-1}，产状一般为N40°～50°E，SE∠13°～20°，错动带位于凝灰岩层中上部，宽度分别为30～80cm、15cm、30cm。错动带主要由角砾化构造岩组成，错动带中部一般有1～5cm的断层泥。除发育层间错动带外，尾水隧洞部分洞段发育层内错动带，层内错动带厚度一般为5～10cm，个别达到30cm。左、右岸尾水隧洞沿线断层 F_{14}、F_{17}、F_{20}、F_{717}、F_{719}、F_{816}、F_{817} 等，走向一般为N35°～60°W，个别走向为NE，倾角为70°～85°，主要为角砾化构造岩和石英脉。

左、右岸厂区地应力以水平应力为主，应力水平比较高，受层间错动带影响，错动带附近一定范围内存在一个应力异常区，总体上表现为水平-垂直应力比增大。左岸最大主应力 σ_1 为19～23MPa，方向为N30°～50°W，近水平；σ_2 为13～16MPa，方向为N30°～60°E，近水平；σ_3 为8～12MPa，方向近直立。右岸厂区最大主应力 σ_1 为22～26MPa，方向为N0°～20°E，接近水平；σ_2 为14～18MPa，近水平，方向为N70°～90°W；σ_3 为13～16MPa，方向近直立。右岸厂房区的最大主应力明显高于左岸，方向上也有差异，原因在于两岸地形条件明显不对称，厂区埋深右岸较左岸大近200m，并且右岸地表是倾向S的斜坡地形。

10.3.3 主要工程问题及对策

10.3.3.1 柱状节理玄武岩洞段围岩稳定问题

1. 柱状节理玄武岩特征

白鹤滩水电站工程区域的柱状节理玄武岩为岩浆冷却收缩作用形成。右岸尾水隧洞柱状节理玄武岩主要出露于 $P_2\beta_3^2$、$P_2\beta_3^3$ 两个岩流层，每条隧洞揭露柱状节理玄武岩长度约为500m。柱状节理玄武岩颗粒密度、块体密度大，孔隙率低，岩石致密。岩石的单轴饱和抗压强度为90MPa，弹性模量为50GPa，抗拉强度为3～6MPa，属坚硬岩类。按柱体直径大小分为3类，尾水隧洞发育的柱状节理玄武岩主要是指柱体直径最小的第一类柱状节理玄武岩，其特征表现为：柱状节理发育的密度较大，大多未切割成完整的柱体，呈尖棱状、倒锥状，柱体长度一般为2～3m，直径为13～25cm，岩石呈灰黑色，切割岩体块度为5cm左右。柱体截面以不规则五边形和四边形为主，四边形和五边形各占近一半比例，剩余为少量六边形。柱状节理玄武岩除柱状节理外，柱体内微裂隙也很发育。微裂隙主要有两类：一类是近平行柱面的微裂隙（纵向微裂隙）；另一类为横切柱体的缓倾角微裂隙（横向微裂隙）。纵向微裂隙迹长 0.3～2m 不等，裂隙面弯曲、光滑，在微新岩体中呈闭合状，有些为隐裂隙。横向微裂隙短小，迹长 3～20cm，通常未切穿柱体，走向及倾向与岩层基本相同。柱状节理玄武岩内层内错动带较为发育，并以右岸尾水隧洞穿越的 $P_2\beta_3^2$、$P_2\beta_3^3$ 岩流层中最发育。错动带厚一般为 5～10cm，以岩块岩屑型为主。比较典型且对顶拱围岩稳定影响比较大的层内错动带有 RS_{331}、RS_{334} 等。

2. 柱状节理玄武岩破坏现象分析

（1）顶拱松弛坍塌。隧洞第 I 层开挖揭露后，缓倾发育的层内错动带与柱状节理相组合，经不连续结构面切割，原本镶嵌致密的柱体结构被破坏，其自稳能力明显降低，开挖卸荷松弛加剧，对洞室顶拱的围岩稳定影响较大，在支护不及时的情况下错动带下盘易出现松弛坍塌现象（图 10.3-2）。其中，尤其以层内错动带 RS_{334} 下盘最为明显，坍塌范围更大、深度最深。

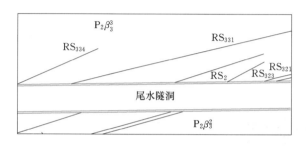

（a）玄武岩层内错动带分布　　　　　　　（b）顶拱坍塌现象

图 10.3-2　柱状节理玄武岩典型的层内错动带分布及顶拱坍塌现象

（2）拱肩喷层开裂。右岸尾水隧洞区最大主应力方向与洞轴线夹角近 60°，倾向河谷，左拱肩和右边墙底脚拐角均为应力集中区域，左侧拱肩应力调整过程中导致局部喷层开裂（图 10.3-3）。根据围岩稳定反馈分析，上层开挖后，左拱肩应力集中近 30MPa；而在中层开挖后，左拱肩部位应力集中程度增大至 35MPa 左右，局部由于地质条件差异，应力集中程度可能更大。由于左拱肩的应力集中程度基本上达到完整岩石的启裂强度（1/3 倍 UCS）水平，从而为形成环向的张性破裂提供了外力，导致浅层岩体片帮和混凝土喷

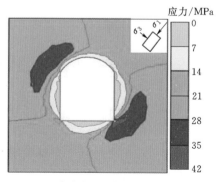

（a）玄武岩洞段应力分布　　　　　（b）玄武岩洞段左侧拱肩局部喷层开裂现象

图 10.3-3　柱状节理玄武岩洞段应力分布及左侧拱肩局部喷层开裂现象

层的开裂、脱落，现场开挖揭露的现象与反馈分析计算成果基本一致（图 10.3-3）。

（3）边墙卸荷松弛。地下洞室开挖卸荷应力调整，导致洞周切向应力剧增，径向应力消失，洞周围岩的围压显著降低。脆性硬岩的柱状节理玄武岩，原生节理发育，使得围岩更容易发生剪切、轴向开裂，出现明显松弛，节理面高陡倾角及低围压特征，加剧了柱状节理岩体的卸荷松弛程度，其松弛是一种渐进性的、不可逆的张性破坏。因此，柱状节理玄武岩的岩体结构特征，决定了其在开挖卸荷后，表层一定范围岩体出现松弛现象。

柱状节理玄武岩新鲜未松弛岩体的波速大部分都在 5100m/s 以上，松弛层声波波速明显降低，波速平均约为 3700m/s，经灌浆处理后岩体声波波速大于 4000m/s。现场实测数据表明，右岸尾水隧洞柱状节理洞段边墙松弛深度最大约为 3.6m，平均松弛深度约为 2.2m。柱状节理玄武岩洞段边墙松弛现象及典型声波检测曲线见图 10.3-4。

（a）边墙松弛现象　　　　　　　　（b）声波检测曲线

图 10.3-4　柱状节理玄武岩洞段边墙松弛现象及典型声波检测曲线

3. 柱状节理玄武岩围岩稳定控制措施

控制柱状节理玄武岩岩体松弛的工程措施包括：合理的开挖分层、分区方案和爆破方式选择；支护形式选择与支护时机的控制。

（1）开挖控制措施。尾水隧洞开挖尺寸为 16.7m×20.2m（宽×高），隧洞分三大层开挖，采用光面爆破的控制爆破方式。第Ⅰ层开挖高度为 10m，第Ⅱ层和第Ⅲ层开挖高度分别为 7.7m 和 2.5m，柱状节理玄武岩出露洞段第Ⅱ层又分为两薄层开挖，层高均为 3.85m。第Ⅰ层采用中导洞超前、左右两侧扩挖错距跟进的方式分三区开挖；第Ⅱ层采用中部拉槽、边墙预留保护层的开挖方式，保护层厚度为 2～3m；第Ⅲ层采用全断面开挖。尾水隧洞柱状节理玄武岩洞段开挖分层分区见图 10.3-5。

多分层、短进尺、多幅开挖等开挖方式，可有效控制爆破总装药量和最大单响药量，预留保护层开挖使主爆破区远离洞周开挖边线，事实证明上述开挖方式对于控制柱状节理玄武岩的卸荷松弛深度效果明显。光面爆破能有效控制周边孔炸药用量，减少对洞周围岩的扰动，是适应柱状节理玄武岩松弛特性优先推荐采用的开挖爆破方式。

（2）支护措施。对于柱状节理玄武岩的围岩稳定控制，关键是及时实施主动支护措施。喷混凝土和系统锚杆应紧跟掌子面，及时、有效地提高洞周围压，减小卸荷松弛深度并抑制卸荷松弛向深部扩展，改善洞周围岩应力环境，提高围岩稳定性。为提高喷层混凝土的强度和韧性，喷护可采用掺加硅粉或钢纤维的混凝土，并保证有一定的厚度。白鹤滩水电站右岸尾水隧洞柱状节理玄武岩洞段初期支护采用柔性喷锚支护，采取以系统支护为主、局部加强支护的设计原则。边、顶拱初喷 CF30 钢纤维混凝土，厚 10cm，挂钢筋网 $\phi 6.5@15cm \times 15cm$，复喷素混凝土，厚 7cm；

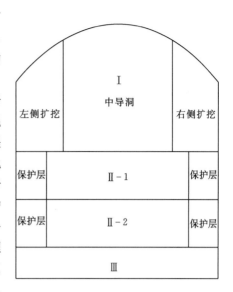

图 10.3 - 5　尾水隧洞柱状节理玄武岩
洞段开挖分层分区图

系统锚杆采用普通砂浆锚杆和预应力锚杆间隔布置，顶拱锚杆长度为 6m，间、排距为 1.2m，边墙锚杆长度为 6m 和 9m，间、排距 1.0m，规模相对较大的层内错动带下盘布置 2～3 排预应力锚索加强支护，每排 3 根，锚索设计荷载为 1000kN，长度为 25～30m。初喷混凝土和预应力锚杆现场紧跟掌子面实施，普通砂浆锚杆和复喷混凝土往往滞后掌子面的时间相对较长。

10.3.3.2　层间错动带下盘围岩稳定问题

1. 层间错动带的特征

错动带是由于地层内部存在平行不整合面、岩性差异面、软弱层等地质结构差异，在构造作用下形成的。该工程玄武岩地层内分布缓倾角错动带，走向与岩流层相近，倾角近于岩流层或略陡于岩流层。根据错动带分布以及与岩流层的关系，分为层间错动带及层内错动带两类。层间错动带，分布与各岩流层顶部的凝灰岩层内，在构造作用下形成一套缓倾角、贯穿性的层间错动带；层内错动带，在玄武岩各个旋回层内部，广泛发育的一系列延伸长短不一的缓倾角错动构造。层间错动带对隧洞围岩稳定影响程度相对较大，故本章节主要讲述层间错动带的影响。层间错动带形成时代为燕山期，加之错动带的原岩软弱，形成的构造岩较为复杂，一般两侧凝灰岩多发育为节理化构造岩，错动带主要为碎裂岩或劈理化构造岩，劈理化构造岩中见断层泥条带（图 10.3 - 6）。

本工程枢纽区自第二岩流层到第十一岩流层共发育 11 条层间错动带，分别为 C_2、C_{3-1}、C_3、C_4、…、C_{11}。右岸尾水隧洞洞身主要发育 C_2、C_{3-1}、C_3 三条层间错动带，其宽度分别为 30～80cm、30cm、15cm，错动带中部一般有 1～5cm 的断层泥；C_3、C_{3-1} 主要为岩屑夹泥型，C_2 为泥夹岩屑型。层间错动带产状一般为 N40°～50°E，SE∠13°～20°，位于凝灰岩内，分布于各岩流层顶部。

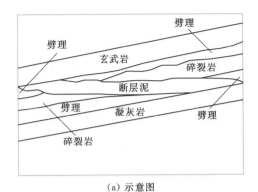

（a）示意图

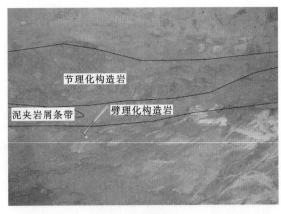

（b）实景图

图 10.3-6 层间错动带构造岩发育特征示意图

2. 层间错动带破坏特征

（1）顶拱松弛坍塌。缓倾角层间错动带对隧洞围岩稳定影响较大，与隧洞轴向小角度相交，隧洞开挖后顶拱部位错动带下盘岩体厚度薄，局部范围自稳能力差，开挖卸荷易松弛坍塌，影响围岩稳定和施工安全，其破坏模式类似于上节提到的柱状节理玄武岩内缓倾角层内错动带在顶拱的松弛坍塌（图 10.3-7），此节不再展开赘述。

（2）错动带下盘一定范围高应力破坏。层间错动带软弱构造的存在，影响了构造运动中的应力调整及分布。层间错动带及影响带附近是一个应力降低区，而其下盘距离错动带一定范围会出现局部应力增高区。隧洞开挖揭示现象和数值计算都验证了应力增高区的存在。右岸厂区 PD62 探洞对 C_4、C_5 下盘一定范围应力型片帮破坏特征统计也说明破坏现象比其余洞段更为普遍（图 10.3-8）。右岸尾水隧洞开挖后应力重分布，顶拱应力集中范围与局部应力增高区重叠（图 10.3-9），使得错动带下盘一定范围的应力型破坏现象更为加剧（图 10.3-10）。

图 10.3-7 隧洞顶拱层间错动带下盘
岩体松弛坍塌

3. 层间错动带下盘围岩稳定控制措施

（1）开挖控制措施。隧洞开挖后层间错动带下盘岩体薄，控制爆破对围岩稳定和施工安全十分关键。分幅开挖、分区支护可有效减小洞室开挖跨度和保证支护及时性，短进尺、弱爆破可减小爆破扰动影响，从而控制开挖卸荷松弛深度和松弛范围。施工方案选择时，应从层间错动带上盘向下盘方向掘进，一方面为错动带下盘薄层岩体及时支护创造条件，降低施工期安全风险；另一方面也有利于控制错动带下盘的应力调整。

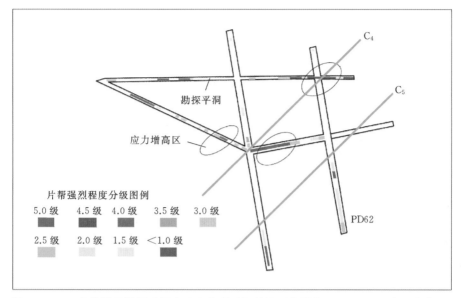

图 10.3 - 8　右岸厂区勘探平洞高应力片帮破坏统计（主要位于 C_4、C_5 下盘一定范围）

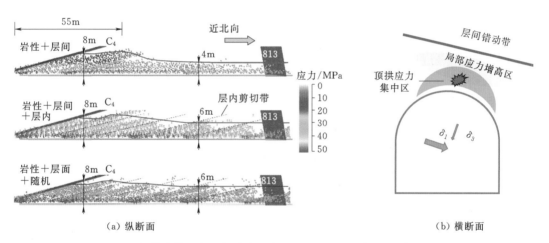

图 10.3 - 9　层间错动带下盘局部地应力特征（局部应力增高区及二次应力场叠加）

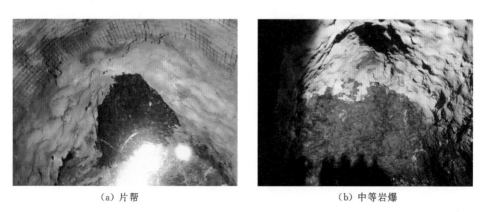

图 10.3 - 10　隧洞顶拱应力型片帮及中等岩爆（层间错动带 C_2 下盘一段距离以外范围）

（2）支护措施。尾水隧洞层间错动带及其影响洞段顶拱支护采用柔性喷锚支护，以系统支护为主，局部进行加强支护。顶拱初喷 C25 混凝土 10cm，挂钢筋网 $\phi6.5@15cm×15cm$，复喷素混凝土 7cm；系统锚杆采用普通砂浆锚杆和预应力锚杆间隔布置，顶拱锚杆长度为 6m 和 9m，间、排距为 1.2m，层间错动带下盘布置 2～3 排预应力锚索加强支护，每排 3 根，锚索设计荷载为 1000kN，长度为 25～30m。针对层间错动带下盘一定范围的应力增高区，采用预应力锚杆加密的原则，进行局部加强支护。受层间错动带影响的洞段，顶拱围岩自稳能力差，需要系统支护紧跟掌子面。

10.3.4　经验总结

白鹤滩水电站尾水隧洞数量多、断面大，地质条件极其复杂。设计和地质人员在充分认识地质条件的基础上，积极研究施工方案，认真做好地质预报，针对不同的破坏模式提出了针对性的支护方案，并通过现场监测数据及时进行反馈分析，动态调整支护参数，柱状节理玄武岩的卸荷松弛、层间错动带的松弛坍塌及围岩高应力破坏等均得以有效控制，从而确保了尾水隧洞开挖工作的顺利完成。

10.4　南盘江天生桥二级水电站引水隧洞工程

10.4.1　工程概况

天生桥二级水电站工程是南盘江、红水河梯级的第二个梯级，工程为Ⅰ等大（1）型工程，装机容量为 132 万 kW，以发电为目标，采用引水式开发。该工程分两期建设，发电引水系统的布置考虑建设分期的要求，规划为规模相同的 3 个引水单元。一期工程为两洞四机，装机容量为 880MW，二期工程为一洞二机，装机容量为 440MW，二期工程与天生桥一级水电站基本同步投入运行，总装机容量为 1320MW，保证出力为 730MW，年发电量为 82 亿 kW·h。电站枢纽由首部枢纽、引水系统、发电厂房和变电站组成。

电站引水系统由 6 个坝式进水口、3 条坝后明管、3 条引水隧洞、3 座调压井及 6 条压力管道组成，单洞引水流量为 285m³/s。进口明管内径均为 8.7m，平均长度约为 175m，3 条引水隧洞均采用裁弯取直的布置型式，引水隧洞平均长度为 9.8km，洞线穿越强岩溶地区，隧洞内径为 8.7～10.4m，开挖洞径为 9.7～12.1m。南盘江天生桥二级水电站枢纽布置详见图 10.4-1 和图 10.4-2。

10.4.2　工程地质

1. 地层岩性及构造

工程区位于贵州省中三叠统 S 形相变带上，此相变带由东北至西南经过马场坪、青岩、安顺、镇宁、坝索、桠杈等地。总体上，三条引水隧洞在桩号 8＋400 左右以上洞段为由三叠系 T_2b～T_1yn 灰岩、白云岩构成的可溶岩地层区（北相区），桩号 8＋400 左右以下洞段为以 T_2jj 砂页岩为主构成的碎屑岩地层区（南相区）。南北相区在上二叠世及下三叠世为统一沉积层；至中三叠世，则以相变线为界，分为南北两大相区。

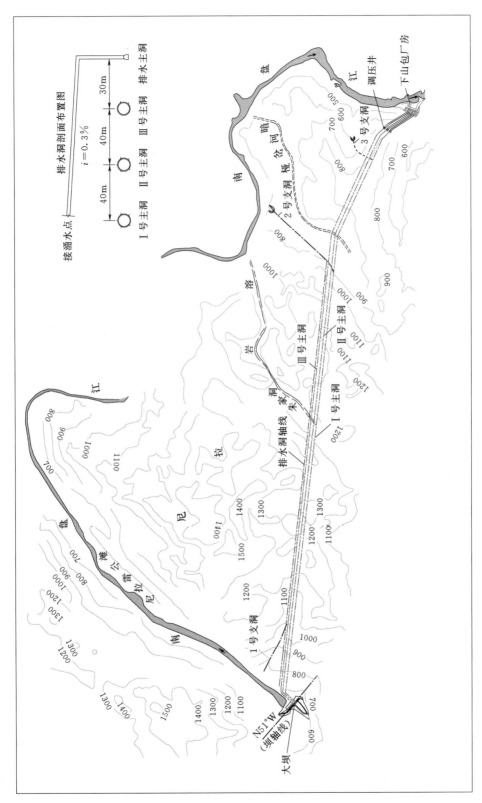

图 10.4－1　南盘江天生桥二级水电站枢纽平面布置图

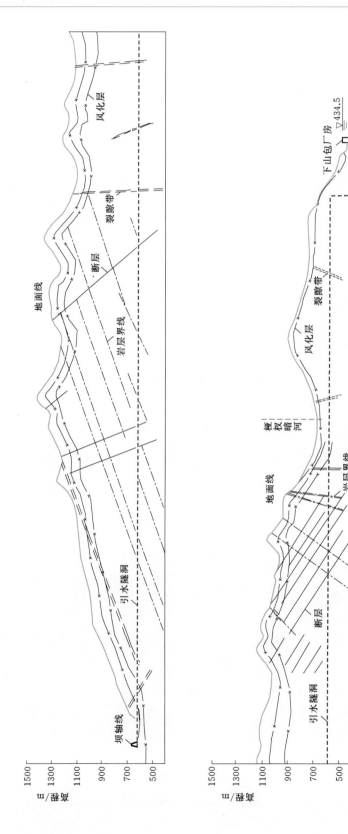

图 10. 4 - 2　Ⅲ号引水隧洞纵剖面布置图

该区地处南岭东西向构造的西延部分，自三叠系沉积以后，燕山运动以来，该区受南北向挤压应力的强烈作用，形成一系列近东西向褶皱及 NE、NW 向平移断层及次级小断层。隧洞区主要构造为尼拉背斜及 F_2、F_4、F_6 等断层。

2. 引水隧洞工程主要岩溶特点

（1）隧洞工程区岩溶水文地质条件复杂。引水隧洞穿越的主要地层为灰质白云岩、白云质灰岩，穿过隧洞的主要断层有 F_{251}、F_{250}、F_4、F_{97}、F_6 等 16 条断层，对围岩稳定性有一定影响。隧洞区地下暗河岩溶管道有岩宜暗河系统、纳贡暗河系统、川眼树暗河系统、朱家洞暗河系统、桠权暗河系统等 5 个暗河系统（图 10.4-3），这些暗河都与地表洼地、落水洞相通，地下水位随降雨变化明显，地下水活动强烈，隧洞遭遇各种规模的溶洞、断层破碎带、溶蚀夹泥裂隙带，雨季有大量地下水涌入隧洞，最大涌水量达 $14m^3/s$。

隧洞 85% 的洞段为灰岩及白云岩，岩溶发育程度、规模和特点受岩性、构造、地下水动力条件等控制。引水隧洞沿线遇到多个溶洞，一般跨越洞线的长度达 $50 \sim 110m$，溶洞最大深度为 $93m$，大型溶洞群跨越洞线的最大长度达 $180m$。此外，尚有部分隐伏溶洞。岩溶水文地质条件非常复杂。

（2）溶洞规模及处理难度大。天生桥二级水电站 3 条引水发电隧洞的单洞长度为 $9.8km$，内径为 $8.7 \sim 9.8m$，引水发电系统规模仅次于锦屏电站，隧洞投资无疑在整个工程投资中占有最大比重。隧洞遭遇多个跨度近 $70m$、深度达 $50 \sim 90m$ 的溶洞和地下岩溶管道，由于设计理论尚不成熟，缺乏设计经验和完善的规程规范，隧洞穿越溶洞和岩溶管道的技术措施和施工措施也是面临的重大问题，需要创新和突破。

10.4.3　主要工程难点及对策

10.4.3.1　主要工程问题

溶洞段存在的主要问题如下：

（1）隧洞穿越较大的溶洞，跨越洞线的最大长度达 $50 \sim 70m$，并充填黏土夹块石、碎石，存在围岩稳定和地基不均匀沉陷等问题。

（2）隧洞紧靠溶洞，岩壁薄，存在围岩厚度不足和承载力不够的问题。

（3）隧洞埋深大，外水压力达 $3.6MPa$，存在结构的外水压力稳定问题。

（4）隧洞埋深 $750m$ 以上。根据实测，隧洞区最大主应力达到 $25MPa$，与隧洞轴线交角为 $28° \sim 66°$。隧洞开挖中出现中等岩爆，引起围岩爆裂、松动、塌落。对于天生桥二级水电站规模如此庞大、地质条件如此复杂的引水隧洞，需对隧洞进行分类和分段设计，一般问题按常规处理，特殊问题则专题研究。

10.4.3.2　相关工程问题处理

1. 砂泥岩洞段

砂泥岩洞段岩体为层状或薄层状结构，多夹层，围岩具有显著的不均一性和各向异性，主要存在围岩稳定问题，表现为破碎带塌方、楔块塌方、松动变形等。砂泥岩洞段隧洞结构，主要采取加厚衬砌的方式进行处理，混凝土衬砌厚度为 $60 \sim 80cm$。断层交汇、褶曲轴部破碎带和裂隙密集带塌方段，一般采用钢支撑作为一期支护，开挖循环进尺可以缩短至 $1m$ 左右或更短，爆破后立即喷混凝土，一至两个循环即进行混凝土拱帽混凝土浇

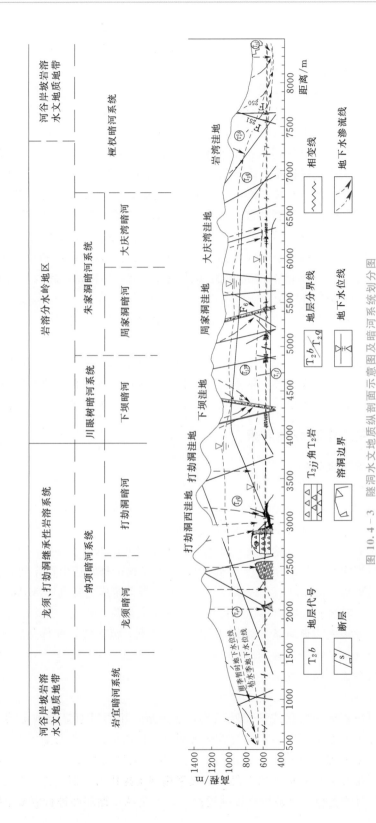

图 10.4-3 隧洞水文地质纵剖面示意图及暗河系统划分图

筑，由于时间上的要求，宜先采用素混凝土浇筑，后期再根据变形情况确定是否需要浇筑二次钢筋混凝土。

2. 岩溶地基问题

（1）YKC 端承桩与混凝土管梁组合结构。Ⅱ号洞桩号 2+030～2+195 洞段为溶洞群洞段，其中桩号 2+100～2+128 洞段为厅堂式半充填型大溶洞，大跨度深软基，雨季洞顶涌水。该溶洞与Ⅲ号隧洞桩号 2+870～2+920 溶洞为一岩溶系统。

基础结构采用端承桩，输水结构采用混凝土管梁。布置为三跨二地梁二桩基和混凝土管梁的布置型式，端承桩基底深入 T_2jj 混杂角砾岩，允许承载力为 4.5MPa。具体布置如下：

1）衬砌加厚至 1.5m，环向双层 $\phi28@16.7cm$ 配筋，纵向筋为 $\phi28@20cm$，将混凝土强度提高到 C30，底板部分加厚至 2.0m。衬砌结构按管梁设计。

2）对底部围岩采用水泥高压灌浆加固。

3）在该洞段分别布置深 45m 和 65m 的两个灌注桩基，每个桩基由 6 个直径为 1.4～1.8m 的 YKC 灌注圆桩联排组成，总宽度为 8.3m。桩基施工顺序为先施工两端圆桩，再施工中间圆桩，中间圆桩桩底扩挖时可与两侧圆桩混凝土连接。

4）对管梁上部进行厚 1.5m 的黏土回填，防止上部溶洞掉块直接冲击管梁结构。

（2）钢筋混凝土与钢衬组合结构。Ⅱ号洞桩号 8+172～8+354 为沿 F_{97} 等断层在 T_2b 灰岩中形成的溶洞群，属桠权暗河洞段，包括桩号 8+188～8+200、8+297～8+344 两个塌方冒顶段。

根据地质情况分析，塌方段处理关键在于尽可能减小隧洞顶部的山岩压力，处理时首先将洞内上下游堆积物两端用混凝土进行封闭，然后采取两种手段进行加固处理：

1）在Ⅱ号引水隧洞桩号 8+312～8+320 洞段，洞内采取管棚护顶法与灌浆联合处理。

2）通过Ⅲ号引水隧洞打一施工斜井对Ⅱ号洞顶进行了高压固结灌浆，以固结塌方段顶部围岩（图 10.4-4 和图 10.4-5）。

整个溶洞段，由于溶洞不连续且溶洞跨度不大，施工开挖断面较设计断面小，考虑到施工工期和扩挖十分困难，采用缩小断面直径，在桩号 8+188～8+220 段和桩号 8+300～8+344 段采用直径为 8m、厚 2cm 的钢衬，以承担内水压力，钢衬外采用 C30 钢筋混凝土衬砌，钢筋为双层 $\phi25@20cm$ 的环向筋，$\phi25@16.7cm$ 的纵向筋，并以 @40cm 间距布置锚筋，以承担外压（图 10.4-6）。

该洞段的钢衬结构采用大直径瓦片在现场拼装成管的施工方式，在水电工程中是首次采用。灌浆后测试声波纵波波速为 3800～4050m/s，实测抗压强度为 24.3～42.8MPa。通过长期观测，运行正常，没有出现异常现象，钢筋应力均较小。

（3）拱桥与钢管组合结构。Ⅲ号隧洞桩号 2+040～2+117 洞段位于龙须洼地下方，隧洞埋深为 600～630m，开挖揭露溶洞为半充填型大溶洞，上部大厅长 40～60m，宽 16～30m，高 13～15m，下部充填黏土夹块石及孤石，深度达 46.2～77.4m，平面上溶洞边界极不规则。溶洞充填物孔隙比较大，压缩模量为 4.2MPa，溶洞段围岩为 T_2jj 角砾岩及角砾与灰岩过渡带岩石，溶洞边界发育 4 条断层。该洞段采用拱桥型式通过（图 10.4-7）。

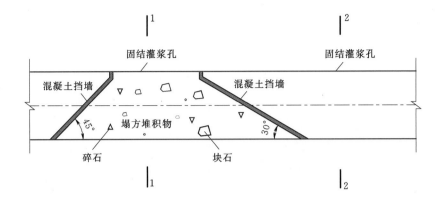

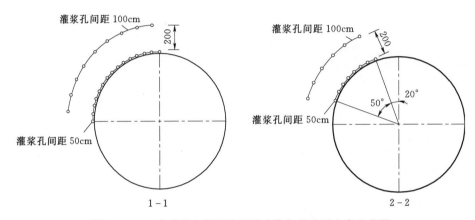

图 10.4-4　Ⅱ号引水隧洞溶洞塌方段加固处理方案示意图

拱桥桥面总长 76m，宽 10.7m，设计荷载为 223.87t/m，拱桥主拱圈采用变截面悬链线无铰拱，矢跨比为 1/8，设计净跨为 62m，拱轴系数为 1.756，截面变换系数为 0.8，拱脚截面高度为 2.7m，拱顶截面高度为 2.4m。腹拱有 8 跨，净跨为 4m。拱桥上部结构采用明钢管结构，钢管直径为 8.2m，管壁厚为 18mm，支撑环间距为 5～6.5m，加劲环间距为 83cm。

3. 岩溶地下水的影响问题

由于隧洞区地下水与多个岩溶管道相通，具有多个出口，并随降雨呈现季节性抬升，枯季地下水位低于隧洞底板，根据隧洞区富水带分布、地下水位及折减系数计算结果，隧洞沿线较高的外水压力值主要分布在龙须暗河、打劫洞暗河、下坝暗河及周家洞暗河系统洞段等暗河主管道附近，最高外水压力值主要发生在龙须暗河 1 号管道（桩号 2+040）、打劫洞暗河 3 号管道及下坝岩溶暗河系统（桩号 3+750～4+580）及周家洞暗河管道（桩号 5+130～5+230）附近；应将隧洞内、外水分隔，以保证隧洞的输水功能和安全。解决高外水问题，可以有以下几种途径：

（1）设置排水洞集中排泄。该方案保持了隧洞运行期间地下水的排泄通畅，可以维持地下水位特性与施工开挖后的特性基本一致，不会再改变或恶化隧洞的运行条件，排水洞兼作施工通道，必要时可以形成新的隧洞工作面，也有利于汛期施工隧洞衬砌。

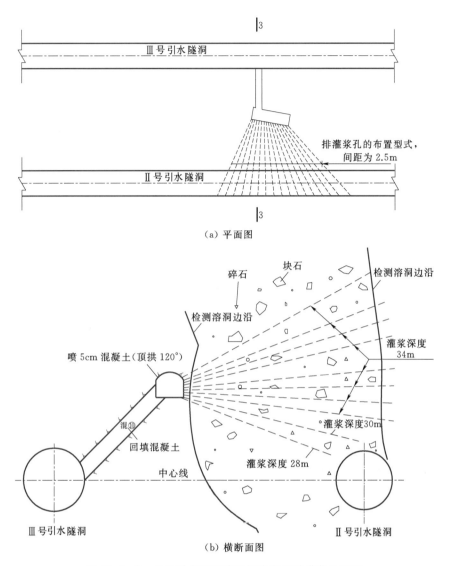

（a）平面图

（b）横断面图

图 10.4-5　Ⅱ号引水隧洞溶洞塌方段固结灌浆处理图

（2）采用加厚衬砌和加固围岩的方式解决高外水问题。采用加厚衬砌的方式进行处理，对于最后完工的引水隧洞，施工干扰问题没有得到解决，缺乏施工通道，尤其是特殊洞段的处理通道，会明显推后Ⅲ号引水隧洞的完工时间。另外，Ⅰ号引水隧洞已经先期投入运行，Ⅱ号引水隧洞已经开挖的断面尺寸也不能满足衬砌尺寸的要求，隧洞扩挖可能会发生规模更大的围岩失稳，局面难以控制，因此依靠加厚衬砌来承担高外水压力不太现实。

（3）采用有限深度的高压固结灌浆折减外水压力。理论上通过高压固结灌浆加固围岩，可以降低作用在衬砌上的大部分外水压力，但必须保证固结灌浆范围足够大。根据渗流分析，在 3 条隧洞周围 8m 范围全部固结灌浆后，作用在衬砌上的外水压力降低 40～60m，没有从根本上解决外水压力问题，如果将固结灌浆范围加大到足以满足要求，施工难度非常大，费用高，且工期也不允许。

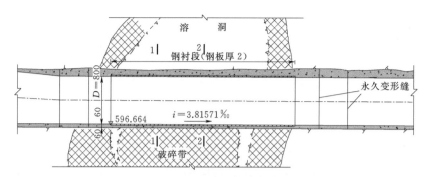

（a）支护纵剖面图

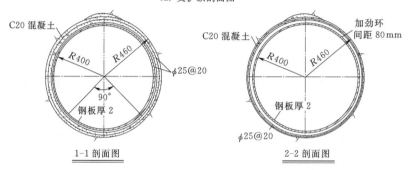

1-1 剖面图   2-2 剖面图

（b）1-1 和 2-2 剖面图

图 10.4-6　Ⅱ号引水隧洞二期支护布置图（单位：cm）

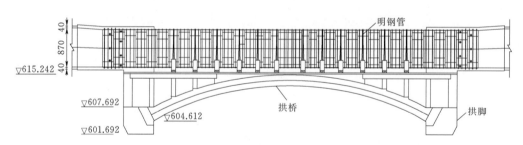

图 10.4-7　Ⅲ号引水隧洞桩号 0+040～0+117 段地下拱桥与钢管组合结构布置图
（单位：高程 m，尺寸 cm）

从隧洞已经开挖的情况，结合施工通道要求，考虑到汛期涌水位置已经清楚，如果设置排水洞将这些涌水点连通，则汛期大量地下水将通过排水洞排除，可以有效降低隧洞外水压力，因此对高外水问题采取排水洞集中导排的方式解决。

4．岩爆问题

根据实测，隧洞区地应力最大主应力为 21～31MPa，与自重应力的比值为 1.5～2.9，方向与尼拉背斜近垂直，在不同的部位其应力方向和量值也有所不同。地应力引起的围岩破坏形式主要为岩爆和劈裂剥落。岩爆发生在灰岩、白云岩新鲜完整的洞段，在岩溶带、断层带及地下水丰富的地段不易发生。

该工程岩爆现象主要为轻微岩爆，有少量中等及强岩爆，因岩爆对围岩扰动不深，因此对永久支护影响不大。岩爆主要给施工带来危害，岩爆块（片）塌落伤人或损坏机具，有时可致掘进机不能转动，但不致造成大的危害，因此重点是针对施工期间的安全进行处理。

岩爆段的处理方法：一是撬除顶部岩爆区松动石（在掘进机掘进段可在机器顶护盾下操作）；二是采取喷锚支护为主要的处理手段，锚杆深 2~4m，喷混凝土厚 5~15cm，单一喷混凝土作用不大；三是喷冷水，打超前应力释放孔，等待地应力释放，围岩基本稳定后再用钢拱架或混凝土衬砌支护，以防止持续发展。

10.4.3.3　物理探测与质量评价

天生桥二级水电站引水隧洞采用的物探手段包括地质雷达、应力波反射（低应变测桩）、单孔声波、钻孔录像、声波 CT、孔间声波穿透、孔内弹模、高频声波反射、表面声波、瞬态面波、声波回波和超声回弹综合法等。

（1）鉴于隧洞穿越地层主要为强岩溶地层，为了有效探测隐伏性岩溶洞穴，引进了当时水电水利系统第一台地质雷达仪器。到目前为止，地质雷达仍然是隧洞内探测岩溶的最有效、最便捷、最直观的物探手段。

（2）孔内录像对基桩断裂、严重离析部位的规模、位置、性状反映极为直观，同时也验证了应力波反射法检测结果，为施工处理方案的制订提供了基础资料。

（3）特殊洞段固结灌浆质量检测采用的测试手段多（国内第一次）、检测及评价的思路新颖（创新使用灌后波速达标法），除天生桥二级水电站外，还成功用于乌江洪家渡水电站，为隧洞内物探检测工作积累了丰富的经验。此方法的成功应用，与设计人员对物探数据的了解程度有着极大的关联。因此，与设计人员进行必要的交流和沟通，正是该项工作顺利完成的关键所在。

10.4.4　经验总结

天生桥二级水电站长约 10km 的引水发电隧洞，其中 80% 洞段处于一个半封闭的岩溶水文地质单元内，地层岩性、构造及岩溶水文地质条件复杂，存在的岩溶水文地质、工程地质问题较为典型，有地下工程"岩溶博物馆"之称。隧洞区岩溶水文地质条件复杂，多条岩溶暗河或溶洞成群发育；引水隧洞设计和施工过程中主要存在岩溶段围岩稳定、岩溶地基稳定、岩溶地下水的影响、强岩溶地区隧洞地应力和岩爆等方面的问题，对隧洞进行分类研究和处理设计，总结如下：

（1）前期勘察工作可以对岩溶发育程度、规模和发育规律作出判断，在此基础上，对岩溶问题的处理进行了初步分析和预估，在建设过程中，对岩溶边界和位置进行进一步的勘察，对岩溶问题的处理进行实质性研究，工程处理采用动态设计。

（2）在隧洞设计中，由于分段地质条件差异大，隧洞运行的条件也有很大差异，将隧洞区分为常规洞段和特殊洞段，分别进行理论研究和施工方法研究。常规洞段充分利用围岩的承载能力，大量节省工程量和投资，也简化了施工。

（3）强岩溶地区的隧洞设计，大型溶洞的处理控制了隧洞工程投资和工期，有时单个溶洞的处理工期长达半年以上，通常都进行专题研究，充分考虑了施工难度和工期影响。

（4）岩溶地下水一般以暗河和管道的形式发育，岩溶地下水的活动性对充填物的稳定性和隧洞结构的运行安全及施工安全影响很大，采用集中导排为主的方式处理。

（5）大型溶洞的处理，应充分利用溶洞周围的完好岩石，溶洞充填物只在水稳定性有保证时，才考虑利用其作为结构基础。

（6）对于强岩溶地区深埋隧洞，溶洞和地下水活动段与岩爆相间分布，地应力分布很不均匀，但总体上以轻微岩爆为主，对结构的影响不大，对施工安全有一定的危害，采用锚喷、待应力释放和钢拱架支撑的处理方式。

（7）高压固结灌浆作为不良地质洞段围岩的主要加固措施，加固后的围岩与衬砌共同承担内外水压力，提高防渗能力。

10.5 木里河立洲水电站引水隧洞工程

10.5.1 工程概况

立洲水电站是木里河干流（上通坝—阿布地河段）水电规划"一库六级"的第六个梯级，坝址区位于四川省凉山彝族自治州木里藏族自治县境内博科乡下游立洲岩子。该工程为Ⅱ等大（2）型工程，引水发电建筑物等主要建筑物为2级建筑物。电站正常蓄水位为2088m，装机容量为355MW。电站采用混合式开发，枢纽工程由碾压混凝土双曲拱坝、右岸地下长输水隧洞及右岸地面发电厂房组成。

引水隧洞布置于右岸山体中，单机引用流量为72.5m³/s，总长16747m。隧洞进口中心线高程为2055.10m，隧洞末端中心线高程为2004.95m，内径为8.2m，钢筋混凝土衬砌厚0.45~1.0m。地质条件复杂，隧洞沿线区域地质背景和地质条件较为复杂，构造活动较为强烈，岩性多变，围岩稳定性较差，开挖揭示Ⅳ类、Ⅴ类围岩所占比例约达84%。承担内水水头较高，最高达140m。

本节从复杂地质条件下开挖支护设计、钢筋混凝土衬砌结构设计、关键技术研究、施工质量检测等方面阐述水工隧洞工程在实施过程中遇到的难题，提出解决方案或思路，分享经验，为类似工程提供借鉴。

10.5.2 地质条件

引水隧洞区出露地层以中生代地层为主，古生代地层次之，新生代零星分布，宏观上可将测区地层归并为本地系统及异地系统两大类，隧洞从首到尾依次穿越 P_k、D_1yj、$J_{1-2}l$、$T_{2-3}w$、T_3q 地层。隧洞沿线区域地质背景较为复杂，构造活动较为强烈，飞来峰及构造窗展布全区，断层发育较多，主要为一系列北东向、北西向脆性断层带组成，构造破碎带多显示左行走滑特点。隧洞沿线穿越断层多，主要有 F_{10}、F_1、F_{11}、F_{29}、F_{30}、F_{34}、F_{36} 断层，均为逆断层，陡倾为主，仅 F_{29} 断层倾角较缓。受区内构造强烈影响，裂隙极发育，隧洞区岩层产状较为杂乱，裂隙倾角缓倾与陡倾兼并，地表裂隙统计规律性较差。

根据地质测绘资料，隧洞区裂隙延伸长度与岩性密切相关。千枚状板岩、板岩为软质岩，其内发育的节理短小、零乱，以层面裂隙为主；变质石英砂岩为坚硬岩类，岩质坚硬性脆，裂隙极为发育，延伸长度较大，连续性较好。

引水隧洞实际揭露围岩比例：Ⅲ类围岩占总长的16%、Ⅳ类围岩占总长的65%、Ⅴ类围岩占总长的19%。岩体结构为极薄层、薄层状以及散体结构。总体而言，工程区构造作用强烈，岩体完整性差，地下水较为丰富，围岩较破碎，隧洞成洞条件较差，开挖后极易发生塌方、掉块等现象。

10.5.3　主要工程难点及对策

10.5.3.1　主要工程难点

该工程施工过程中经历过大小塌方、变形、涌水、岩溶等复杂地质洞段处理（图 10.5－1），经过研究，采取了合理的处理方式，积累了经验。对于复杂地质条件下水工隧洞开挖支护施工中应重视的几个问题如下：

（1）由于隧洞沿线地质条件极为复杂，成洞条件差，施工过程中应采取"短进尺、弱爆破、勤观测、及时支护"的原则，施工期间建立监测预警系统，发现问题及时处理，确保长隧洞施工安全。

（2）隧洞过冲沟段埋深较浅，围岩稳定性差，冲沟内常年流水且水量较大，施工到该洞段时必须加强支护处理与排水，避免因坍方冒顶增加工程处理难度。

（3）由于隧洞大部分位于地下水位之下，而工程区受构造运动强烈，

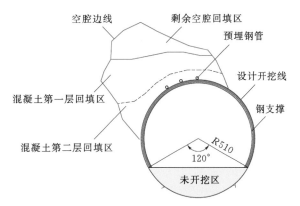

图 10.5－1　引 4＋502～4＋510 段塌方处理支护示意图（单位：cm）

裂隙极为发育，隧洞开挖后可能存在渗水、流水或局部涌水现象，需做好施工排水设计，遇涌水时先保障人员安全。

（4）隧洞区穿越地层岩性复杂，可能存在有害气体，施工中需加强监测，进洞人员应做好防毒安全措施。

（5）施工过程根据揭露围岩情况，动态调整支护参数，满足围岩稳定要求，开挖支护过程中严格控制系统锚杆、连接钢筋与钢支撑焊接施工质量，保证支护措施联合受力。

10.5.3.2　相关工程问题处理

立洲水电站水工隧洞规模较大，地质条件复杂，施工过程中对塌方、变形段、溶洞、涌水等复杂工程处理开展了技术研究，现以桩号引 1＋695 塌方处理、桩号 14＋271～14＋422 段变形段加固处理为例，介绍如下。

1．桩号引 1＋695 处塌方处理

2010 年 9 月 2 日，桩号引 1＋695 处掌子面左侧出现大量渗水、泥石流。之后桩号引 1＋684～1＋695 段发生大塌方，根据现场情况并结合 TSP 超前预报成果，桩号引 1＋695～1＋746 段围岩破碎且富水，围岩较差。为探明该桩号范围及下游洞段围岩情况，同时也为了加快塌方施工进度，在桩号引 1＋668～1＋760 段增设临时交通洞。

（1）对临时交通洞交叉口处的上下游引水隧洞进行锁口加强支护，桩号引 1＋663～1＋668 和下游引 1＋674～1＋684 洞段，间距为 1m，钢支撑之间采用 φ25 钢筋连接，喷

20cm 厚 C20 混凝土封闭钢支撑。

（2）临时交通洞进口与主洞相交段：对引 1＋668～1＋674 段主洞原设置的每榀钢支撑钢的顶拱及拱腰共采用 4 根 $\phi25$、$L＝6m$ 砂浆锁脚锚杆进行加强支护。对临时交通洞进口洞脸拱部范围采用 1 排 $\phi25$、$L＝6m$、间距为 1m 的砂浆锚杆进行加强支护。

（3）临时交通洞断面为城门洞形，净断面尺寸为 5.0m×5.5m（宽×高）。临时交通洞进出口各 10m 洞段为锁口段，采用 I18 工字钢，间距为 0.5m；$\phi25$、$L＝3m$ 的砂浆锚杆，间排距为 1.25m。隧洞主洞完成支护后，对临时交通洞进行封堵。临时交通洞平面布置图见图 10.5－2。

2. 桩号 14＋271～14＋422 段变形段加固处理

该段岩性复杂，桩号 14＋271～14＋320 洞段为黑色极薄层板岩、含炭质板岩；桩号 14＋320～14＋345 洞段为含炭质粉砂质板岩；桩号 14＋345～14＋375 洞段为黑色极薄层板

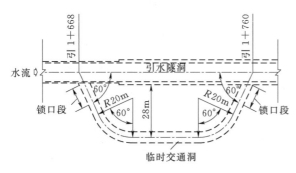

图 10.5－2　临时交通洞平面布置图

岩、含炭质板岩；桩号 14＋375～14＋395 洞段为含炭质粉砂质板岩；桩号 14＋395～14＋415 洞段为黑色极薄层板岩、含炭质板岩；桩号 14＋415～14＋420 洞段为黄色厚层含钙质泥质粉砂岩。该段隧洞围岩岩性复杂多变，以软岩为主，以极薄层、薄层为主，断层、裂隙及褶曲发育，岩体破碎，遇水极易软化，岩体结构为极薄层、薄层状以及散体结构，岩体完整性差，为 V 类围岩。隧洞开挖支护后发生多次变形，进行多次加固处理，钢筋混凝土衬砌完成后，变形仍持续发展。通过两次复灌后围岩变模仍无显著提高，可灌性较差。

为确保变形段结构运行安全，同时考虑处理工期相对较短，投资相对合理，并结合现场施工条件，采用钢衬加固处理方案，材质为 Q345B，壁厚为 22mm。钢管外壁设置加劲环，加劲环间距为 0.6～0.75m，高度为 20cm，厚度与母材一致，取 22mm，回填混凝土最小厚度为 30cm，衬砌后隧洞直径为 7.2m。

3. 引水隧洞衬砌结构与围岩固结圈联合受力分析研究

立洲水电站引水隧洞长 16.7km，引水隧洞占整个建筑工程投资的 53.9%，其中 IV 类、V 类围岩占总长的 84%，按照传统衬砌计算方法设计，配筋工程量较大。施工图阶段开展衬砌结构与围岩固结圈联合受力研究，首次创新性地将现场原位试验、物探检测、数理分析、有限元数值分析、工程类比等手段综合运用于引水隧洞衬砌结构与围岩固结圈联合受力分析研究，提出了长大引水隧洞衬砌结构优化设计的科学方法和解决途径。在满足引水隧洞衬砌结构受力安全的前提下，充分挖掘衬砌结构和固结圈承载能力，优化水工隧洞配筋工程量，降低工程投资，加快施工进度。引入第三方质量检测机构，对实施成果进行质量控制和运行状况反馈分析，科学、合理评价工程质量，严把质量关，对存在的质量缺陷采取合理、有效的处理方式，消除安全隐患，保证引水隧洞安全运行。主要技术路线如下：

（1）固结灌浆试验及参数选取。选择有代表性的引水隧洞Ⅳ类、Ⅴ类围岩洞段进行固结灌浆试验，并对灌前灌后围岩物理力学参数（弹性模量 E、摩擦系数 f、黏聚力 c）试验成果，进行对比分析和工程类比，分析固结灌浆提高物理力学参数范围。考虑固结圈围岩物理力学参数的实际提高情况，对地质参数建议值提高相应比例作为设计值。根据现场试验情况，拟定合适的灌浆参数、方式、工艺，提高可灌性和灌浆质量，为后续引水隧洞固结灌浆的全面展开提供指导性依据。此设计理念可以应用于类似围岩类别偏低的长大水工隧洞工程。

（2）隧洞衬砌结构受力和配筋研究。根据引水隧洞围岩分类、承担内外水情况，分别针对围岩、固结灌浆圈、混凝土、钢筋确定本构关系和破坏准则，采用大型通用有限元计算软件 ANSYS 模拟水工隧洞衬砌结构与围岩固结圈联合受力分析，对主要参数进行敏感性分析。结合引水隧洞衬砌 SDCAD 软件配筋成果、有限元最小配筋成果，制作图表开展分析工作，从计算原理及边界条件、工程类比、工程效益、施工因素等方面综合分析，选择适合该工程隧洞的衬砌钢筋设计，典型计算模型及计算结果详见图 10.5-3～图 10.5-5。

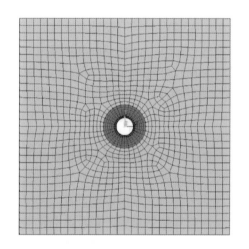
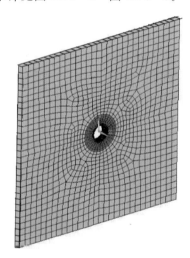

图 10.5-3　三维有限元模型计算网格划分图

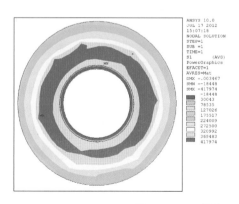
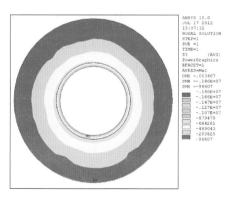

图 10.5-4　围岩固结圈与衬砌应力云图

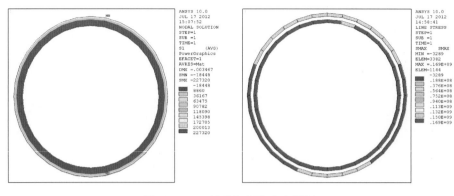

图 10.5-5　衬砌与钢筋应力云图

（3）水工隧洞监测和检测设计。

1）监测设计。引水隧洞结构监测目的主要是为了解衬砌混凝土的变形特性，掌握其受力状态和稳定状况，判断及掌握支护结构长期使用的可靠性及安全度，检验引水隧洞高压水外渗对围岩稳定的影响以及放空检查时外水压力对衬砌结构安全稳定的影响，检验衬砌设计的合理性。根据隧洞的地质条件和开挖揭露出围岩的特点，共布设监测断面 19 个，埋设安装各类仪器 182 套。监测断面主要选择在洞口、洞身围岩条件相对较差及外水压力高的部位。

2）检测设计。引水隧洞地质条件复杂，围岩较差，Ⅳ类、Ⅴ类围岩所占比例约达84％，承受水头 40～140m，研究成果考虑了固结灌浆圈与混凝土衬砌结构联合受力，因此固结灌浆效果及固结加固圈的形成是保证工程安全运行的关键，为此应对灌浆、衬砌混凝土施工质量进行针对性检测，以保证设计成果合理、准确运用及工程运行安全。引入施工方以外的第三方提供检测资料，作为隧洞工程竣工验收依据，同时为后期电站安全运行和检修提供对比资料。

10.5.4　经验总结

（1）立洲水电站引水隧洞沿线区域构造及岩性极为复杂，洞线较长，围岩条件差，施工过程中采取"短进尺、弱爆破、勤观测、及时支护"的原则，动态调整支护参数，对于塌方、变形洞段，结合现场情况及施工条件，研究并实施了合理的处理方案，保证了施工期满足围岩稳定要求。

（2）开展引水隧洞衬砌结构与围岩固结圈联合受力分析研究，结合目前国内隧洞衬砌配筋设计现状、设计理念、类似工程研究经验及成果，通过现场试验、理论分析、计算、对比分析、敏感性分析等对隧洞衬砌配筋进行了一些分析研究，得出更合理、更符合工程实际的隧洞衬砌配筋设计方案，对节约工程投资和加快水电站建设具有积极意义。

（3）引入第三方质量检测，科学、合理评价工程质量，对存在的质量缺陷采取合理、有效的处理方式，消除安全隐患，保证引水隧洞安全运行。由此可以看出第三方质量检测在工程质量监督和检查中能发挥积极的作用，可以运用于类似水工隧洞的隐蔽工程，对提高工程质量具有十分重要的现实意义。

10.6　洗马河赛珠水电站引水隧洞工程

10.6.1　工程概况

赛珠水电站是云南省洗马河干流规划中的第二个梯级电站，坝址位于云南省禄劝县转龙镇境内洗马河下游泸溪桥附近，图 10.6-1 为赛珠水电站枢纽平面布置示意图。水电站的开发任务以发电为主，兼顾其他。水库正常蓄水位为 1820m，装机容量为 102MW。水电站为Ⅲ等中型工程，枢纽建筑物由碾压混凝土抛物线双曲拱坝、右岸长隧洞引水系统及地下厂房组成。引水发电等主要建筑物为 3 级。

引水系统布置于右岸山体中，引用流量为 $17.8m^3/s$，引水线路总长约 4.82km，其中隧洞段长 3.32km，压力钢管长 1.5km。隧洞进口底板高程为 1975.00m，末端中心线高程为 1730.02m，纵坡为 2%，隧洞断面直径为 2.7m。隧洞埋深较大，最大埋深为 947m，引水隧洞穿过 F_{2-1}、F_{2-2}、F_{2-3} 大型活断层，断层影响带长约 350m，部分洞段受断层及溶洞影响，稳定性较差。

10.6.2　地质条件

引水隧洞总长 3.32km，主要以Ⅳ类围岩为主，其次为Ⅲ类围岩，局部为Ⅱ类及Ⅴ类围岩。其中Ⅱ类围岩洞段长 178.35m，占隧洞总长的 5.37%；Ⅲ类围岩洞段长 912.18m，占隧洞总长的 27.46%；Ⅳ类围岩洞段长 2041.41m，占隧洞总长的 61.45%；Ⅴ类围岩洞段长 190.03m，占隧洞总长的 5.72%。引水隧洞区处于洗马河与干流普渡河右岸的河湾地块，沿线分布地层有震旦系上统灯影组（Z_2d）、寒武系下统筇竹寺组（$\in_1 q$）、沧浪铺组（$\in_1 c$）、龙王庙组（$\in_1 l$）、中统陡坡寺组（$\in_2 d$）、双龙潭组（$\in_2 s$）、二叠系阳新组（P_1y）及第四系等。

引水线路区主要发育龙杂断裂（F_1）和则邑断裂（F_2）两大断裂。引水隧洞穿过 F_{2-1}、F_{2-2}、F_{2-3} 大型活断层，断层影响带长约 350m，断层垂直变位为 0.1mm/a，水平变位为 0.7mm/a，断层在地表形成了宽约 300m 的破碎带，表面成分为粉质白色岩屑，并有活动痕迹，地质条件相当复杂。

10.6.3　主要工程难点及对策

从复杂地质条件下开挖支护设计、隧洞钢筋混凝土衬砌结构设计、穿越活断层结构设计等方面阐述水工隧洞工程在实施过程中遇到的难题，提出解决方案或思路，分享经验，为类似工程借鉴。

10.6.3.1　开挖支护设计

洗马河水电站引水隧洞为Ⅲ级建筑物，隧洞埋深较大，最大埋深为 947m。沿线穿过的Ⅳ类及Ⅴ类围岩比例约为 67%，部分洞段受断层及溶洞影响，围岩稳定性较差。隧洞围岩稳定分析采用有限元计算，隧洞支护参数结合计算成果及工程类比综合分析确定，典型断面如图 10.6-2 所示。

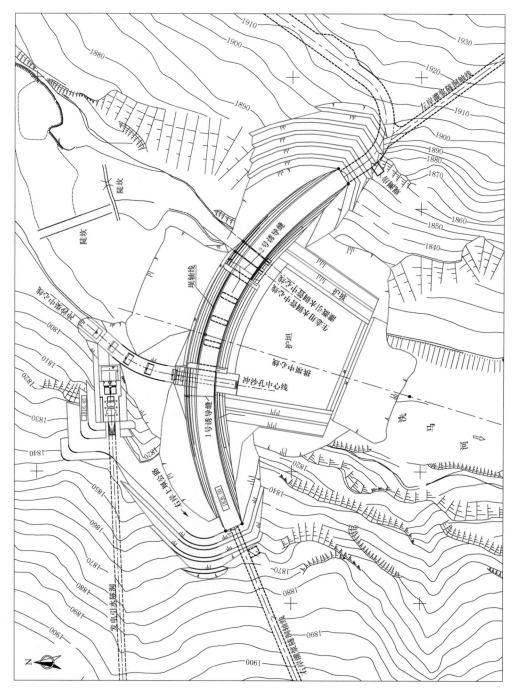

图 10.6-1　赛珠水电站枢纽平面布置示意图

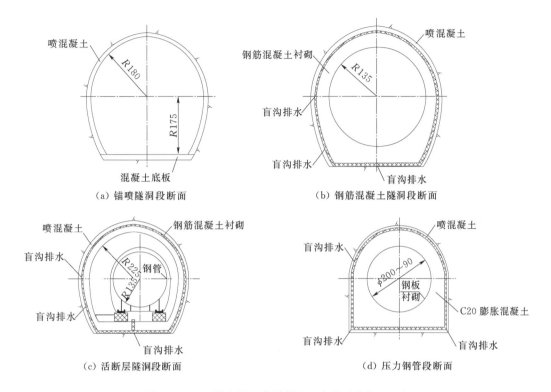

（a）锚喷隧洞段断面

（b）钢筋混凝土隧洞段断面

（c）活断层隧洞段断面

（d）压力钢管段断面

图 10.6-2　引水隧洞典型断面示意图（单位：cm）

1. Ⅱ类、Ⅲ类围岩开挖支护设计

引水隧洞的Ⅱ类、Ⅲ类围岩采用永久锚喷衬砌设计，开挖断面为平底马蹄形，隧洞开挖净高为3.9m，顶拱半径为1.95m。全断面锚杆 $\phi25$ 入岩2.9m，外露0.1m，在隧洞拉应力区加密锚杆。锚杆一般每排6~8根，排距为1.5m，局部钢筋挂网，挂网钢筋为 $\phi8$ @15cm，隧洞边顶拱喷C20混凝土厚15cm，隧洞底部采用C20混凝土找平厚20cm。

2. Ⅳ类、Ⅴ类围岩开挖支护设计

为方便施工期隧洞开挖，Ⅳ类、Ⅴ类围岩开挖断面统一为平底马蹄形，隧洞开挖净高为3.9m，顶拱半径为1.95m。围岩支护设计参数：锚杆 $\phi25$ 入岩2.75m，外露0.25m，间距为60°，排距为3m，矩形布置，顶拱240°范围内喷C20混凝土，厚10cm。

3. F_2 活断层开挖支护设计

F_2 断裂影响带采用隧洞内布置明管方式通过该断层，隧洞断面型式设计为平底马蹄形，隧洞开挖净高为5.5m，顶拱半径为2.85m。围岩支护参数：超前加固自钻式锚杆采用中空自钻式锚杆，锚杆长5m，排距为2.0m，倾角为10°（与洞轴线夹角），倾向开挖轮廓线外侧，自钻式锚杆范围为顶拱120°，每排4根。系统锚杆采用 $\phi25$ 的砂浆锚杆，锚杆长3.5m，间距为30°，排距为2.0m。洞壁稳定采用钢格栅加固支护，钢格栅的主筋为 $\phi28$，每榀钢格栅之间用 $\phi22$ 的钢筋连接，环向主筋为 $\phi28$，间距为0.5m，侧面及顶拱采用钢筋挂网，钢筋直径 $\phi8$，间排距为10cm。钢格栅支护后，再喷C20混凝土，厚15cm。

10.6.3.2 隧洞钢筋混凝土衬砌设计

引水隧洞Ⅱ类、Ⅲ类围岩采用永久锚喷不衬砌混凝土设计方案。

引水隧洞Ⅳ类、Ⅴ类围岩采用 C25 二级配钢筋混凝土衬砌，开挖断面为马蹄形，开挖净高为 3.9m，顶拱半径为 1.95m，衬砌后为圆心断面，内径为 2.8m，C25 混凝土衬砌厚 0.3~0.5m。

F_2 活断层明洞段采用 C25 二级配钢筋混凝土衬砌，衬砌后断面仍为马蹄形，净高为 4.3m，顶拱半径为 2.25m，衬砌顶拱及边墙厚 0.45m，底板厚 0.6m。

10.6.3.3 隧洞 F_2 断层结构设计

1. 断层工程地质条件

F_2 断裂带在引水隧洞上平段桩号 2+670~3+087 间通过，由 F_{2-1}、F_{2-2}、F_{2-3} 3 条分支构成。断层走向为 N20°~40°W，倾向 NE 或 SW，倾角为 60°~80°，岩层走向近于垂直洞向。经鉴定该断层为活断层，活动方式为右旋走滑即上游段向 SE 方向作抬升走滑，下游段向 NW 方向作下降走滑，其垂直速率为 0.1mm/a，水平速率为 0.7mm/a。断层各分支的特征见表 10.6-1。

根据隧洞实际开挖揭露的地质情况，在桩号 3+075 处揭露则邑断裂 F_2 的第一条分支断层 F_{2-1}，岩性为 P_1y 厚层灰岩。断层产状为 N25°W，SW∠65°~70°，断层走向与洞向交角约为 65°，断层带宽为 1~1.5m，由角砾岩及糜棱岩组成，胶结较差，影响带宽为 30~40m。该洞段岩溶不发育，全段洞壁干燥。

表 10.6-1　　　　　　　　　　　　断层各分支的特征汇总表

| 位　置 | 编号 | 产　状 | | | 断层带宽 /m | 切错层位 | 性质 |
		走向	倾向	倾角/(°)			
2+660~2+720	F_{2-3}	N25°W	SW	60~74	1~1.5	P_1y	张扭性
2+879~2+932	F_{2-2}	N35°W	SW	85	25	P_1y、$\in_1q$	压扭性
3+075~3+115	F_{2-1}	N25°W	SW	65~70	1~1.5	P_1y	张扭性

则邑断裂 F_2 的第二条分支断层 F_{2-2} 断层主断面在桩号 2+879~2+904 段揭露，主断面宽约 25m。破碎带及影响带桩号为 2+872~2+932，段长 60m，埋深为 325~293m。F_{2-2} 断层产状为 N35°W，SW∠85°，断层走向与洞向交角约为 60°，由角砾岩及糜棱岩组成，成分为灰岩，少量黑色泥岩，胶结较差，岩溶不发育，全段洞壁干燥。

则邑断裂 F_2 的第三条分支断层 F_{2-3} 断层破碎带主断面约在桩号 2+666 处出露，埋深为 467~293m，岩性为寒武系下统筇竹寺组灰黑色薄层灰岩、黑色泥页岩夹粉砂岩，该洞段岩溶不发育，全段洞壁干燥。

2. 活断层洞段结构设计

由于该断层性质为活动断层，受地震影响会发生不定向的变位，所以，在结构设计上，考虑利用柔性结构适应变位。但是，又不能因柔度过大在地震时产生太大的位移而影响结构安全，经研究采用波纹伸缩节补偿不均匀变位，将波纹伸缩节与压力钢管串联，通过合理的布置波纹伸节的位置，使整个结构组成一较大的柔性体，以适应隧洞任何位置发生的位移。

F_{2-3}、F_{2-2} 活断层洞段结构采用洞内明管方式布置，总长 346.5m。外圈衬厚 45cm 的 C25 钢筋混凝土，以承担外水压力及山岩压力。为便于压力钢管的运输安装，隧洞断面型式设计为平底马蹄形，隧洞净高为 4.3m，顶拱半径为 2.25m，有足够的空间保证压力钢管的运输安装施工。为了使衬砌的钢筋混凝土结构也能适应变位，考虑将结构变形缝加密，每隔 12m 设置一条宽为 2cm 的结构变形缝，缝内设置铜止水。同时，在结构配筋上，采用小直径钢筋小间距布置，以提高混凝土的抗裂性能。

隧洞内采用压力钢管＋波纹伸缩节的布置方式，波纹伸缩节与压力钢管间隔布置，在活断层主断面以外每隔 10 节钢管（23.8m）布置一个波纹伸缩节，在活断层主断面位置适当加密，波纹伸缩节为复式结构，长 5m，重约 10t，压力钢管采用 16MnR 钢材，内径为 2.692m，单节长 2.38m，支座间管节壁厚 16mm，支承环管节壁厚 20mm，支承环采用下支承型式，支承环钢板厚 20mm。钢管支座采用球型固定支座和平面双向滑动支座交替布置，平面支座可以在平面上任意滑动，最大滑动位移为顺管向 ±10cm、横向 ±5cm。球型支座可以限制钢管只能沿隧洞轴线转动，设计轴向转角为 0.028rad（单个），水平转角为 0.003rad（一对组合安装完成后）。

经过对通过 F_{2-2} 活断层的钢管进行有限元计算分析成果表明，活断层的结构布置方式是可行的，钢管的应力以及波纹管的位移也可以满足工程要求。

3. 引水系统排水设计

引水隧洞沿线穿越山体雄厚，洞线山顶最高高程为 2737.0m，隧洞最大埋深约为 947m，由于隧洞埋深大，洞区岩溶发育，隧洞地下水位线较高，因此作用在隧洞上的外水压力较大，地下水位线高出洞顶 270～378m，作用于洞顶的外水压力约为 0.5MPa，在断层带涌水洞段或地下水活跃的洞段，外水压力约为 1MPa。在高外水作用下，为确保隧洞结构在各工况下的运行安全，不仅结构设计上重要，在排水系统设计上也同样重要，而且，在结构施工时，应确保排水设施的畅通。根据引水系统结构布置及考虑到引水系统线路铰长，将引水系统和排水系统按部位分独立单元设计，以提高排水系统的有效性。F_{2-3}、F_{2-2} 活断层以前钢筋混凝土衬砌段可为一独立单元；F_{2-3}、F_{2-2} 活断层隧洞明管段为一独立单元；F_{2-3}、F_{2-2} 活断层之后隧洞段与调压井为一独立单元；压力钢管段为一独立单元。

隧洞排水设置在钢筋混凝土段及活断层段。钢筋混凝土段从桩号 1＋150 开始设置，与锚喷衬砌终点桩号 1＋127 间留长约 23m 的混凝土段以防止内水外渗与排水系统相贯通，排水盲材设置在岩壁与混凝土之间。排水设计参数：隧洞纵向在腰线两侧及底部各设置一条 140mm×35mm 的中空塑料盲材，环向在一般洞段每隔 7m 设置一圈，在涌水位置或渗水洞段环向加密，且尽量与涌水点相接，纵向排水与环向排水相通，活断层前引至桩号 2＋566 处由活断层明管隧洞引至监测交通洞排出。

F_{2-3}、F_{2-2} 活断层隧洞段由于洞内布置压力钢管明管，不能在衬砌混凝土洞壁设置排水孔影响钢管运行，排水设计方式同钢筋混凝土段，在外圈衬砌混凝土与岩壁间腰线两侧及底部各设置一条 140mm×35mm 的中空塑料盲材，环向每隔 7m 设置一圈，纵向排水与环向排水相通，由环向底部设置排水孔引出由监测交通洞排出。

对于 F_{2-3}、F_{2-2} 活断层两端隧洞钢筋混凝土衬砌与明管接头段长约 20m 的压力钢管埋管段，该段在开挖时，涌水比较严重，处在高外水区，在施工期及检修期，高外水对钢管的抗外压稳定存在安全隐患，该处的排水措施极为重要。经分析该处结构型式，充分利用接头突变处的掌子面，在端头向埋管端设置深孔排水孔，排水孔深 20m，基本覆盖整个埋管段，确保了埋管段的安全。

F_{2-1} 活断层采用埋藏式波纹管，波纹管与岩壁间有约 20cm 的空腔，两端封闭。虽然波纹管设计抗外压为 0.8MPa，但是，由于两端压力钢管埋管将空腔封闭，长期运行会引起空腔积水压力升高，对波纹管的稳定及防锈防蚀都不利。为了保证该段有效排水，在空腔底部设置一根 $\phi200$ 的不锈钢钢管，将积水及时引至监测交通洞排出，以降低波纹管的外水压力，保证结构运行的安全。

10.6.4　经验总结

云南洗马河赛珠水电站引水系统具有线路长、埋深大、地质条件复杂、洞径小、水头高等特点，也是设计难点。该水电站引水系统设计有以下特点：

（1）充分利用围岩的自稳能力、承载力和抗渗能力，对长达 811m 的Ⅱ类、Ⅲ类围岩仅采用锚喷支护设计。

（2）高地震区大型活动断层水工隧洞结构设计取得突破。该工程区抗震设计烈度为Ⅷ度，引水隧洞穿过 F_{2-1}、F_{2-2}、F_{2-3} 大型活动断层，断层影响带长约 350m，断层垂直变位为 0.1mm/a，水平变位为 0.7mm/a，断层在地表形成了宽约 300m 的破碎带，地质条件相当复杂。引水隧洞过水断面内径为 2.7m，洞内流速为 3.11m/s，活动断层的复杂性及跨越活动断层的结构规模在国内外均属首例。通过系列研究，率先提出了跨越大型活断层的处理技术，成功应用了隧洞内布置压力钢管明管、波纹补偿器适应变位、活动支座与固定支座交替的布置方式，结构设计满足了断层变形、变位需要，至今运行良好。

10.7　齐热哈塔尔水电站引水隧洞

10.7.1　工程概况

塔什库尔干河位于新疆维吾尔自治区南疆地区，是叶尔羌河的主要支流之一，发源于帕米尔高原，流域面积为 9980km²，干流总长 298km，河道平均比降为 13‰。齐热哈塔尔水电站位于塔什库尔干河上，为塔什库尔干河中下游河段水电梯级开发的第二个梯级，其上游为下坂地水利枢纽。工程坝址距塔什库尔干塔吉克自治县县城约 56km，距喀什市约 322km。

工程为低闸坝长隧洞引水式电站，采用地面厂房，设计最大水头为 373.68m，引水流量为 78.6m³/s，电站总装机容量为 210MW。枢纽主要建筑物有拦河坝、泄洪闸、发电引水建筑物、电站厂房及开关站等。

如图 10.7-1 所示，引水隧洞布置在塔什库尔干河左岸，布置了 5 条施工支洞。隧洞自进口至调压室共由 5 个直线洞段和 4 个圆弧洞段组成，总长 15639.86m。进口底高程为 2727.00m，隧洞末端底高程为 2649.70m，落差为 77.3m，纵坡为 3‰ 和 6.095‰，变坡点为 2 号施工支洞与主洞交点。

引水隧洞采用钻爆法施工，工程于 2010 年 3 月 8 日正式开工，2014 年 10 月 28 日全线贯通。

图 10.7 - 1　齐热哈塔尔水电站引水隧洞布置示意图

10.7.2　地质条件

10.7.2.1　基本地质条件

1. 隧洞区地形地貌特征及隧洞埋深

隧洞位于喀喇昆仑山区，沿塔什库尔干河左岸布置，沿线地面高程为 3000～4600m。隧洞区山高坡陡，地势险峻，地形切割深度达 800～2000m。大部分地区基岩裸露，植被稀疏，局部终年积雪。引水隧洞最大埋深为 1715m，属于典型的深埋隧洞工程。引水隧洞埋深统计见表 10.7 - 1。

表 10.7 - 1　　　　　　　　　　引水隧洞埋深统计表

统计项目	长度/m	占总长比例/%	统计项目	长度/m	占总长比例/%
<500m	5099	32.73	1000～1500m	2210	14.13
500～1000m	7222	46.18	1500～2000m	1110	7.10

2. 隧洞围岩岩性特征

引水隧洞穿过的地层主要有元古界（Ptkgn）、加里东中晚期侵入体（γ_3^{2-3}）及奥陶-志留系（O-S$_1$）。

元古界（Ptkgn）：岩性以变质闪长岩、片麻状花岗岩为主，灰～深灰色，中细粒结构，块状、次块状构造或片麻状构造，致密坚硬，主要分布在隧洞进口附近，洞段长度约为 1.57km。

加里东中晚期侵入体（γ_3^{2-3}）：以似斑状片麻状花岗岩和花岗片麻岩为主，夹少量黑色斜长角闪岩条带，中～粗粒结构，块状或片麻状构造，为隧洞主要围岩，洞段总长度约为 13.3km。

奥陶-志留系（$O-S_1$）：主要为斜长角闪板岩、片岩，夹有灰白色大理岩薄层，浅灰色、灰色，板状或片状构造。分布于隧洞出口附近，洞段长度约为 0.81km。

3. 地质构造

元古界变质岩（$Ptkgn$）片理及片麻理产状为 N20°～40°W，SW∠60°，奥陶-志留系（$O-S_1$）岩层产状为 N30°～45°W，SW∠55°～65°，片理、片麻理及层理走向与洞线大体正交或大角度相交。

隧洞区断层发育，其中 F_2、F_3、F_4、F_{11}、F_{12} 为 Ⅱ 级大型断层，规模较小的 Ⅲ 级、Ⅳ 级断层发育有 31 条。按断层产状主要分为 3 组：①走向为 N10°～30°W；②走向为 N10°～20°E；③走向为 N60°～70°E，以近北西向和近南北向的断层为主，大部分断层走向洞线大体正交或大角度相交。

4. 水文地质

隧洞区地下水主要为基岩裂隙潜水，受融雪和降水补给，以泉和蒸发等形式排泄。岩体富水性差且不均匀，地下水主要赋存在风化卸荷带、断层及影响带、大裂隙及裂隙密集带等部位，其他部位地下水贫乏。隧洞区没有统一的地下水位，地下水位随地形变化，差异很大。

5. 地应力

该工程地应力场的分析采用了多种方法。在前期勘察阶段，通过宏观大地构造格局、新构造运动特征分析和地震机制，对隧洞区地应力场特征进行宏观分析，并利用地面钻孔采用水压致裂法进行了应力测量，进行了隧洞沿线二维应力场数值分析。进入施工阶段，利用隧洞开挖形成的有利条件，在大埋深洞段采用水压致裂法、空心包体应力解除法、Kaiser 效应方法进行了地应力测量，并综合利用历次应力测量资料，采用有限元模型、回归分析方法进行了数值反演分析和正演分析。

综合分析成果，隧洞区最大主应力方向为 N20°～30°W，倾 SW，倾角为 10°～20°。由于邻近深切河谷，在隧洞进口、1 号支洞进口等部位地应力场特征明显受到了地形影响，存在应力集中现象，主应力方向与区域应力场也有不同。

由于工程区新构造运动活跃，隧洞埋深较大，地应力较高，最大埋深 1720m 处的最大主应力为 49.7MPa。从测量结果来看，地应力值与埋深相关（图 10.7-2）。

6. 岩体（石）物理力学性质

隧洞围岩均为坚硬岩，岩石干、湿单轴抗

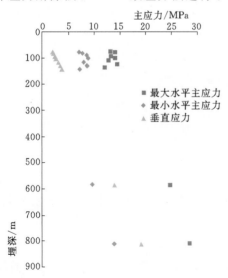

图 10.7-2 地应力与埋深分布关系图

压强度均大于 100MPa。γ_3^{2-3} 片麻状花岗岩声波速度平均值为 4740m/s；Ptkgn 片麻状花岗岩声波速度平均值为 5549m/s，黑云闪长岩为 5455m/s，变质闪长岩为 5140m/s；$O-S_1$ 板岩声波速度平均值为 3986m/s，大理岩为 4474m/s，片岩为 3588m/s。

10.7.2.2　隧洞围岩分类

围岩类别根据《水利水电工程地质勘察规范》（GB 50487—2006）确定，按岩石强度、岩体完整性、结构面发育特征、地下水活动状态以及结构面与洞室组合关系等因素进行评分，并按强度应力比进行修正。

根据实际开挖揭露情况统计，Ⅱ类围岩长度为 1415m，占总长的 9.1%；Ⅲ类围岩长度为 12370m，占总长的 79.2%；Ⅳ类围岩长度为 881m，占总长的 5.6%；Ⅴ类围岩长度为 949m，占总长的 6.1%。

引水发电隧洞围岩主要物理力学参数建议值见表 10.7-2。

表 10.7-2　　　　　　　　引水发电隧洞围岩主要物理力学参数建议值

围岩类别	密度 /(g/cm³)	饱和抗压强度/MPa	饱和抗拉强度/MPa	弹性模量/GPa	变形模量/GPa	泊松比	单位弹性抗力系数/(MPa/cm)	抗剪断强度指标 c'/MPa	抗剪断强度指标 φ'/(°)
Ⅱ	2.6~2.7	90~100	4.0~4.5	18~20	8~10	0.20~0.23	70~80	1.2~1.6	48~52
Ⅲ	2.5~2.6	80~90	3.2~3.8	13~15	6~7	0.23~0.26	40~50	0.8~1.0	38~45
Ⅳ	2.3~2.4	50~70	1.5~2.5	3~5	2~4	0.35~0.38	10~20	0.4~0.6	27~35
Ⅴ	2.1~2.2	40~50		0.2~0.5	0.1~0.3	0.40	1~3	0.05~0.1	17~22

10.7.3　主要工程难点及对策

10.7.3.1　岩爆及对策

1. 岩爆的主要特征

引水隧洞埋深大、应力高，岩爆是需要解决的主要工程地质问题之一。在前期勘察阶段，通过宏观分析法、强度应力比法、数值分析法等方法进行了岩爆可能性和烈度的判别。预测结果显示，该隧洞大部分洞段具备发生岩爆的条件，占总洞长的 60% 以上，并以中等强度为主，发生强烈岩爆的可能性不大且比例很少。

（1）岩爆强度。岩爆烈度主要根据《水利水电工程地质勘察规范》（GB 50487—2008）确定，按照岩爆的声响特征、破坏特征、是否发生弹射、岩爆后形成的剥落坑深度，以及持续的剥落时间、对工程的影响等方面条件，将岩爆的烈度等级分为轻微、中等、强烈及极强 4 级，分别对应Ⅰ级、Ⅱ级、Ⅲ级、Ⅳ级。

轻微岩爆：有轻微声响或者无声响，声响多呈劈裂声，似玻璃破碎声音，声响后多数无剥落或局部片状剥落，持续时间短，对施工不造成影响。不进行支护或随机锚杆局部支护即可。

轻微~中等岩爆：为轻微岩爆和中等岩爆的过渡段，不同部位表现出轻微和中等岩爆的部分特征。岩爆发生时有轻微声响，有时似闷雷声。岩块随声而落，局部有弹射，存在掌子面弹射现象。岩爆发生后岩爆区的剥落持续发生，局部最大剥落深度达到 1.4m。采用锚杆或联合支护的方式，包括随机锚杆或系统锚杆＋钢筋网片＋喷射混凝土的联合支护形式支护后洞壁稳定，发生弹射时掌子面需要采用5cm厚的喷射混凝土防护。

中等岩爆：有响声，似闷雷声或雷管爆炸的声响，岩块随声而落，并同时伴随着弹射和掌子面弹射的现象。岩爆区持续剥落，需采取柔性防护网＋喷射混凝土或随机锚杆＋钢筋网片＋喷射混凝土等支护。发生弹射时掌子面需要采用5～10cm厚的喷射混凝土防护。

岩爆烈度分级及特征见表10.7-3。

表10.7-3　　　　　　　　　　　岩爆烈度分级及特征

等级	描述	声响特征	破坏特征	是否弹射	岩爆坑深度	持续时间	对工程的影响
Ⅰ	轻微	无声音或者响声不明显	片帮，局部块状剥落	无	深度不明显	持续时间短	不明显
Ⅱ	中等	轻微声响，可以听到	片帮为主，较大范围的剥落	局部弹射	0～0.3m	片帮和剥落连续发生	工人感到恐慌
Ⅲ	强烈	较大声响，清晰听到	岩块应声而落，岩爆位置在空间上连续	明显的弹射	0.3～0.5m	持续破坏和连续的片状剥落	工人受伤，机械被毁
Ⅳ	极强	强烈声响	大范围的崩塌	较大规模的岩块弹射出来	＞0.5m	很短时间内发生大量的塌方，随时发生剥落，剥落持续时间较长	工人受伤，机械被毁，施工受到影响

从施工施工揭露情况来看，有明显岩爆发生并持续剥落的洞段共计长度4071.5m，岩爆烈度等级以轻微、中等为主。其中轻微岩爆洞段长970m，轻微～中等烈度等级岩爆洞段长2280.5m，中等岩爆洞段621m，轻微～中等、局部中等烈度等级岩爆洞段长200m。引水发电洞岩爆发生位置及烈度等级见表10.7-4。

（2）岩爆现象的空间分布。轻微岩爆一般发生于右侧边墙、右侧起拱线或右侧拱顶部位，在这些部位一般连续破坏，沿洞线走向最长延伸达193m，形成三角形剥落坑，多成钝角形。

表10.7-4　　　　　　　引水发电洞岩爆发生位置及烈度等级统计表

桩号/m		段长/m	发生位置	烈度等级
起	止			
Y0＋735	Y0＋750	15	右侧边墙	轻微
Y0＋770	Y0＋780	10	两侧边墙	轻微
Y1＋320	Y1＋445	125		轻微
Y1＋457	Y1＋518	61	左侧侧墙	轻微
Y1＋523	Y1＋560	37		轻微
Y1＋585	Y1＋690	105	掌子面弹射	轻微～中等
Y2＋500	Y2＋632	132	右侧拱顶及侧墙	轻微
Y2＋632	Y2＋640	8	两侧边墙及拱顶	中等

桩号/m		段长	发 生 位 置	烈 度 等 级
起	止	/m		
Y2＋673	Y2＋905	232	右侧拱肩	轻微～中等
Y2＋910	Y3＋010	200	右侧拱肩	轻微～中等
Y3＋050	Y3＋081	31	右侧拱肩	轻微
Y3＋234	Y3＋340	106	右侧拱肩	轻微
Y3＋730	Y3＋860	130	右侧拱肩	轻微～中等
Y3＋890	Y3＋925	35	左侧、右侧边墙中部	轻微～中等，局部中等
Y4＋410	Y4＋535	125	左侧、右侧拱肩边墙中部	轻微～中等，局部中等
Y4＋620	Y4＋714	94	右侧拱肩	轻微～中等
Y4＋729	Y4＋737.5	8.5	右侧边墙中部	轻微～中等
Y4＋845	Y4＋861	16	左侧边墙和右侧拱肩	轻微～中等
Y5＋085	Y5＋125	40	右侧拱肩和拱顶中心线偏右侧	轻微～中等，局部中等
Y5＋145	Y5＋162	18	右侧拱肩和拱顶中心线偏右侧	轻微～中等
Y5＋294	Y5＋354	60	左侧拱肩和边墙	中等
Y5＋395	Y5＋505	110	右侧拱顶	轻微～中等
Y5＋626	Y5＋646	20	拱顶	轻微
Y5＋704	Y5＋751	47	拱顶	轻微～中等
Y5＋759	Y5＋792	33	右侧拱肩	轻微～中等
Y5＋920	Y5＋995	75	左侧拱顶	轻微
Y6＋120	Y6＋130	10	右侧拱顶	轻微
Y6＋200	Y6＋260	60	右侧拱顶	轻微～中等
Y6＋300	Y6＋330	30	右侧拱顶	轻微
Y6＋500	Y6＋535	35	右侧拱顶	轻微
Y6＋650	Y6＋690	40	右侧拱顶	轻微
Y7＋095	Y7＋201	106	右侧拱顶—右侧墙	轻微～中等
Y7＋270	Y7＋332	62	右侧拱顶—拱顶中心线	中等
Y7＋342	Y7＋578	236	拱顶	中等
Y7＋596	Y7＋658	62	拱顶	轻微～中等
Y7＋780	Y8＋002	282	右侧拱肩	轻微～中等
Y8＋142	Y8＋186	40	右侧拱肩	轻微
Y8＋401	Y8＋460	59	右侧拱肩和拱顶	轻微～中等
Y8＋480	Y8＋498	18	右侧拱肩	轻微
Y8＋590	Y8＋598	8	右侧拱肩	轻微
Y8＋670	Y8＋710	40	右侧拱顶—右侧拱肩	轻微～中等
Y8＋799	Y9＋129	330	右侧拱肩	轻微～中等

续表

| 桩号/m | | 段长 | 发 生 位 置 | 烈 度 等 级 |
起	止	/m		
Y9+401	Y9+518	117	右侧拱肩	轻微~中等
Y9+730	Y9+768	38	右侧拱顶	轻微~中等
Y10+148	Y10+153	5	掌子面和右侧拱顶	中等
Y10+400	Y10+521	121	右侧拱顶—起拱线	中等
Y10+521	Y10+650	129	掌子面和右侧拱顶	中等
Y10+830	Y11+023	193	右侧拱顶—右侧起拱线	轻微~中等
Y11+023	Y11+200	177	右侧拱顶—右侧起拱线	轻微

轻微~中等岩爆一般集中于右侧拱顶或起拱线部位，空间上具有明显的连续性，导致右侧起拱线部位连续形成三角形破坏面，多成钝角形或 V 形。

中等岩爆一般发生于拱顶范围内，从左侧起拱线—右侧起拱线和掌子面及侧墙均有发生，同时伴随有弹射和爆落，一般的岩爆特征都较为明显，持续剥落后洞壁多成 L 形和 V 形。部分洞段岩爆区拱顶和掌子面出现大量的阶梯状爆坑，如桩号 Y7+342~Y7+578 段掌子面。

（3）岩爆的发生时间及持续性。轻微岩爆：一般在开挖结束几小时至几天时间内甚至更长时间内发生，多数具有劈裂声，岩片不随声剥落，或者有剥落而无声响，一般开挖结束后随时需要对洞壁进行巡查，避免岩块剥落影响施工。如桩号 Y0+735~Y0+750 段右侧边墙的剥落是在开挖结束后 45 天发生，持续时间较短；而桩号 Y0+770~Y0+780 段的右侧边墙剥落持续时间达 7 天，每天都有剥落，7 天后基本处于稳定状态。

轻微~中等岩爆：一般发生于开挖结束后 4h 之内，多数具有劈裂声或闷雷声，岩块随声而落，多呈片状剥落，无明显的爆坑或者弹射。如桩号 Y10+830~Y11+023 段岩爆主要发生在右侧拱顶和右侧起拱线范围内，岩爆发生后该部位的连续剥落破坏持续时间长达 1 年之久，连续的片状剥落及随时掉块影响施工安全，对风带的安全也构成影响。

中等岩爆：一般发生于开挖结束后 4h 之内，具有雷管爆炸的声响或闷雷声，出现弹射或崩落现象，需采取防护措施方能通过。发生最短时间是 0.5h（此时间为开挖结束出烟后至出渣司机观察到岩爆发生的时间），如桩号 Y7+270~Y7+332 段内，在桩号 Y7+332 掌子面爆破结束后 0.5h 内，出渣人员进洞开始工作时，掌子面出现了明显的弹射和崩落现象，并有巨大的声响，如雷管爆炸声，出渣结束后观察掌子面时发现，掌子面范围内和后方 1~5m 范围内出现了明显的裂纹，且有大量棱角明显甚至是片状岩块剥落（图10.7-3）。

（4）岩爆的破坏特征。

1）破坏持续性。从爆坑的形成来看，其稳定后的形态一般由瞬时破坏和持续破坏造成。

瞬时破坏，是指岩体内发出劈裂声或闷雷声的同时，岩爆部位（并非特定的声响部位）发生的直接破坏，包括岩爆时的劈裂、鼓折和弹射破坏。

　　（a）片状岩块剥落　　　　　　　　　　　　　　（b）岩体裂缝

图 10.7-3　岩爆形成的片状岩块剥落和岩体裂缝

　　持续破坏，是指岩爆位置发生初次破坏后岩爆区的连续破坏，其破坏形式多以劈裂和鼓折破坏为主，无弹射。

　　2）破坏岩块特征。从岩爆区剥落或弹射的岩块来看，一般呈板状、片状、鳞片状和不规则状（图 10.7-4）。

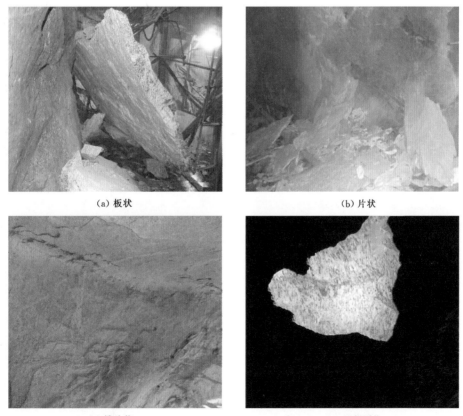

　　（a）板状　　　　　　　　　　　　　　　　　　（b）片状

　　（c）鳞片状　　　　　　　　　　　　　　　　　（d）不规则状

图 10.7-4　岩爆形成的不同岩块特征

板状：厚度超过 10cm，块度一般大于 1m。

片状：厚度为 1～10cm，块度小于 1m。

鳞片状：厚度小于 1cm，块度一般为 10～20cm。

不规则状：岩块不规则，包括棱角状、飞碟状等形状。

3）破坏后洞壁形状。按岩爆烈度等级与岩爆区的持续破坏时间不同，岩爆破坏区的洞壁表现出以下几种形式（图 10.7-5）。

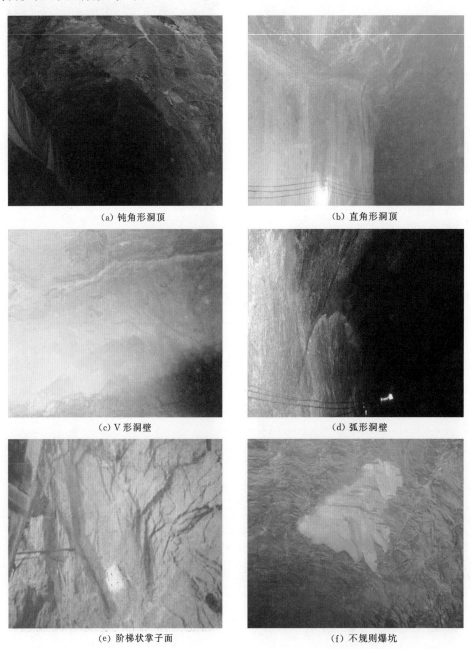

（a）钝角形洞顶　　　　　　　　　　（b）直角形洞顶

（c）V 形洞壁　　　　　　　　　　（d）弧形洞壁

（e）阶梯状掌子面　　　　　　　　　　（f）不规则爆坑

图 10.7-5　岩爆后不同形状的洞壁

"⌒"形：即钝角形，拱顶起拱线—拱顶中心线范围内发生持续的片状或块状剥落，导致洞壁为钝角形，其特征为影响范围大，影响深度浅。

L 形：即直角形，一般发生在洞壁起拱线到拱顶范围（0°～90°）内，沟谷应力集中和支洞与主洞交叉口部位多形成这种类型，影响范围更大，交叉口部位从洞顶到洞底均有剥落，影响深度较大。

V 形：即锐角形，持续剥落时间长短导致 V 形坑的深度不同，一般发生在拱肩到拱顶中心线连线的 30°～70°范围内，坑底的层裂过程不断发生，持续剥落时间长导致 V 形坑深度很大，最大深度达到 1.8m。有时出现在洞壁，其影响范围小，深度大，且持续时间长。

"("形：即圆弧形，一般发生在侧壁围岩中，洞壁岩体的葱皮状剥落形成弧形洞壁，影响范围大，持续时间长。

阶梯状：岩爆发生后的持续破坏在洞壁形成明显的阶梯形壁面。

不规则形：弹射和剥落的随机性导致形成不规则的岩爆坑。

2. 岩爆防治措施

（1）岩爆防治措施。结合已建工程经验，提出了不同烈度等级岩爆的防治措施，并在工程中进行了应用，取得了较好的效果。表 10.7-5 列出了不同岩爆等级的预防措施、围岩加固措施和爆破方式，表 10.7-6 列出了不同围岩类别不同烈度等级岩爆洞段的一次支护参数。

表 10.7-5　　　　　　　　　　岩爆等级与预防和治理措施对照

岩爆等级	预 防 措 施	围 岩 加 固 措 施	爆破方式
轻微岩爆（Ⅰ级）	一般进尺控制在 2～3m；尽可能全断面开挖，一次成形，以减少围岩应力平衡状态的破坏；及时并经常在掌子面和洞壁喷洒水；部分Ⅱ级岩爆段必要时可以用超前钻孔应力解除法来释放部分应力，岩爆连续发生段，在施工后可以进行适当的待避，等岩爆高峰期过后再作业	局部岩爆段可以通过初喷 5cm 厚的 CF30 钢纤维混凝土来防止洞壁表面岩体的剥离	光面爆破
中等岩爆（Ⅱ级）		采用边顶拱挂网锚喷支护法：喷 5cm 厚的 CF30 钢纤维混凝土，挂网 ϕ8@150mm × 150mm；采用 ϕ25、L=3.5m 锚杆，间距为 1.5m×1.5m。视岩爆强度随机增设钢筋拱肋。后期边顶拱范围二次喷 C25 混凝土，厚 5～8cm	
强烈岩爆（Ⅲ级）	一般进尺控制在 1.5～2.0m；采用超前钻孔应力解除法提前释放应力、降低岩体能量；及时在掌子面和洞壁喷洒水，必要时可均匀、反复地向掌子面高压注水，以降低岩体的强度；在一些岩爆连续发生段施工后，可以适当待避，等岩爆高峰期过后再作业	采用边顶拱挂网锚喷支护法：喷 5cm 厚的 CF30 钢纤维混凝土，挂网 ϕ8@150mm × 150mm；采用 ϕ32、L=4.5m 锚杆，间距为 1.0m×1.0m。视岩爆强度随机增设钢筋拱肋。后期边顶拱范围二次喷 C25 混凝土，厚 5～10cm	光面爆破为主，在岩爆强度大、连续距离长，则采用应力解除爆破

表 10.7 - 6　　　　　不同围岩类别不同烈度等级岩爆洞段的一次支护参数

围岩类别	岩爆烈度	一 次 支 护 参 数
Ⅱ	无	喷混凝土 80mm
	轻微岩爆	随机锚杆＋喷素混凝土：锚杆 $\phi25$、$L=2\text{m}$，喷混凝土 80mm
	中等岩爆	锚杆＋钢筋网＋喷混凝土：锚杆 $\phi25@1.0\text{m}\times1.0\text{m}$、$L=2\text{m}$，钢筋网 $\phi8@200\text{mm}\times200\text{mm}$，喷混凝土 80mm
Ⅲ	无/轻微岩爆	随机锚杆＋钢筋网＋喷混凝土：锚杆 $\phi25$、$L=2\text{m}$，钢筋网 $\phi8@200\text{mm}\times200\text{mm}$，喷混凝土 80mm
	中等岩爆	锚杆＋钢筋网＋喷混凝土：锚杆 $\phi25@1.25\text{m}\times1.25\text{m}$、$L=2.5\text{m}$，钢筋网 $\phi8@200\text{mm}\times200\text{mm}$，喷混凝土 100mm
Ⅳ	无/轻微岩爆	锚杆＋钢筋网＋喷混凝土：锚杆 $\phi25@1.25\text{m}\times1.25\text{m}$、$L=2.5\text{m}$，钢筋网 $\phi8@200\text{mm}\times200\text{mm}$，喷混凝土 150mm、200mm

（2）岩爆防治措施应用情况。工程实际施工中采用的预防措施包括钻设应力释放孔、在顶拱和掌子面范围内喷水、及时封闭开挖岩面的方式。

应力释放孔：在掌子面钻孔结束后，爆破之前，距掌子面后方以 3m 的排距、0.5m 的间距，沿径向方向钻孔，钻 3 排，孔径为 40～50mm。应力释放孔有如下作用：①破坏岩体完整性，降低应力集中程度；②减弱爆破产生的应力波的传播，降低应力波对岩体造成的拉应力；③作为锚杆孔，在必要时安设锚杆。

顶拱和掌子面范围内喷水：开挖后及时对揭露的岩体表面和可能造成应力集中的部位洒水，保持外露岩面潮湿，岩体略微软化后将不利于岩体中的应力集中，降低岩爆的发生概率。

及时封闭开挖岩面：开挖后 4h 之内为中等烈度等级以上岩爆的高发期，掌子面弹射和拱顶剥落需要及时防护，在钻孔作业之前采用 5～10cm 的素混凝土对掌子面和拱顶范围内进行喷护，取得了较好的效果。

（3）围岩加固措施应用情况。根据现场地质编录，在已经发生岩爆的部位，岩体仍有脱空现象，并且据岩爆发生情况观察，在同一位置再次发生片状剥落的现象持续发生。因此，对已发生岩爆部位进行锚杆或锚杆挂网的方式支护，可以阻止岩爆造成岩体剥落的继续发生。

该工程施工过程中采用以下措施对岩爆区进行防护：①随机锚杆支护；②锚杆＋钢筋网片；③锚杆＋钢筋网片＋喷射混凝土；④锚杆＋柔性防护网＋钢纤维混凝土；⑤锚杆＋钢纤维混凝土；⑥钢纤维混凝土；⑦钢拱架支护。所采用的加固及支护措施如图 10.7 - 6 和图 10.7 - 7 所示。

（4）加固措施失效现象及原因分析。岩爆区的加固措施起到了比较好的效果，岩爆破坏和持续剥落得以控制，而在局部仍然存在加固措施失效的情况（图 10.7 - 8），包括以下几种情况：①板裂破坏与层裂破坏为主的区域，出现因锚杆角度不合适而出现持续破坏，一般发生于中等岩爆区；②在柔性防护网＋喷射混凝土防护区域，出现二次岩爆，导致部分混凝土剥落；③局部应力集中严重的区域存在不规则块状弹射和剥落时间现象，一般发生于随机锚杆或系统锚杆的支护区。

（a）桩号 Y7＋150～Y7＋200 采用随机锚杆支护

（b）桩号 Y10＋530～Y10＋545 洞段采用锚杆＋钢筋网片支护

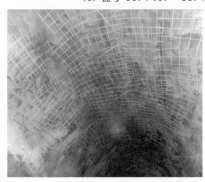

（c）桩号 Y10＋621～Y10＋545 洞段采用锚杆＋钢筋网片＋喷射混凝土支护

（d）桩号 Y10＋521～Y10＋530 洞段采用钢拱架支护

图 10.7－6　引水隧洞岩爆洞段采用的支护措施

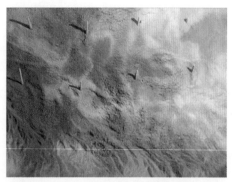

(a)1号施工支洞桩号 Z1＋510～ Z1＋515 洞段锚杆＋钢纤维混凝土支护

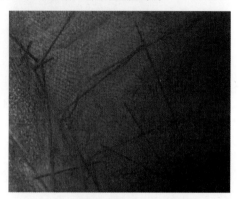

（b）1号施工支洞桩号 Z1＋535
拱顶钢纤维混凝土支护

（c）1号施工支洞桩号 Z1＋245 处锚杆＋
柔性防护网＋钢纤维混凝土支护

图 10.7－7　施工支洞岩爆区支护措施

对岩爆失效现象观察后认为，加固措施失效的原因及应采取的对策归纳如下：

1）锚杆是岩爆加固区的必要措施，但要选择适宜的角度。中等岩爆区一般发生板裂破坏，其破坏规模大、范围广，持续时间长，当锚杆平行于或近似平行于板裂面打设时，对这些区域起不到防护效果。在锚杆近似垂直于洞壁或片麻理倾向的区域，板状剥落一般不会再次发生。

2）重发型岩爆区加固措施选择不当。对于重发型岩爆，应采用更为保守的加固手段，应以锚杆＋钢筋网片＋喷射混凝土的联合支护措施为主要加固形式。

3）局部不规则块状破坏由于其发生位置和时间的不确定，因此，锚杆加固区出现块状剥落也是正常的。对于这些区域，应采用锚杆＋钢筋网片＋喷射混凝土的方式进行一次支护。

10.7.3.2　高地温及对策

高地温问题是齐热哈塔尔水电站引水隧洞存在的另一个主要地质问题，对隧洞的设计、施工造成了很大困扰。

为解决高地温隧洞施工和运行影响问题，设计和施工单位开展了大量观测和专题研究工作，包括高地温对岩体物理力学性质和围岩稳定性的影响研究、高地温隧洞施工工法研究、高地温对支护和衬砌结构的影响研究，以及施工场地空气温度、不同深度围岩温度、

（a）侧壁锚固区层裂破坏

（b）拱顶锚固区不规则破坏

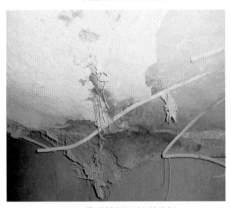
（c）拱顶锚固区板裂破坏

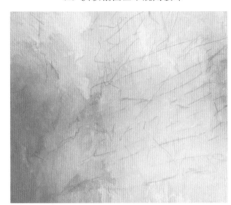
（d）柔性防护网区片状破坏

图 10.7-8　加固措施失效部位破坏照片

围岩松弛变形特征等的观测分析工作等。

1. 高地温现象及预测

在前期勘察阶段，引水发电隧洞的高地温问题就已经暴露出来。位于洞线上的 6 个钻孔，有 2 个钻孔地温梯度存在异常。QZK45 孔地温梯度为 8.1℃/100m，QZK14 孔地温梯度达 11℃/100m。另外，在塔什库尔干河左岸河边发现一处温泉，水温为 62℃，高程约为 2587m，低于洞线约 100m，距洞线垂直距离约为 2km。温泉沿一组产状为 N15°W、SW∠71°裂隙出露，附近发育有 F_3 和 F_{17} 断层，两断层均延伸至隧洞区域。分析认为，温泉的形成与走向 N10°~30°W 的 F_3 断层和走向 NE20°~40°的 F_{17} 断层密切相关。

初步设计报告根据 QZK14 孔、QZK45 孔和温泉资料提出，桩号 6+300~11+200 洞段存在高地温问题。

随着隧洞的开挖，高地温问题逐渐暴露出来。全洞贯通后确认，高地温洞段位置为桩号 7+295~10+350，总长度约为 3km。施工过程中，作业区空气高热、高温围岩、高温气体喷射、高温涌水以及岩石蚀变等现象均有出现。高地温洞段围岩类别与地温见表 10.7-7。高地温洞段不同深度岩体温度测量成果见表 10.7-8。

表 10.7 - 7 高地温洞段围岩类别与地温

桩号/m		总评分	围岩类别	强度应力比	地应力调整后围岩类别	空气温度/℃		岩壁温度/℃	
起	止					最低	最高	最低	最高
7+035	7+220	77	Ⅱ	2.66	Ⅲ	27	38	27	64
7+220	7+485	78	Ⅱ	2.29	Ⅲ	30	41	38	57
7+485	7+660	80	Ⅱ	2.1	Ⅲ	29	48	40	68
7+660	7+780	68	Ⅱ	1.98	Ⅲ	30	39	57	69
7+780	8+030	80	Ⅱ	2.17	Ⅲ	33	41	55	82
8+030	8+065	70	Ⅱ	2.34	Ⅲ	45	45	80	97
8+065	8+525	75	Ⅱ	2.49	Ⅲ	31	61	60	119
8+525	8+695	58	Ⅲ	2.7	Ⅲ	46	58	88	109
8+695	8+710	59	Ⅲ	2.21	Ⅲ	51	51	88	109
8+710	8+947	79	Ⅱ	3.29	Ⅲ	46	54	76	108
8+947	9+140	80	Ⅱ	4.25	Ⅱ	40	53	71	98
9+140	9+367	77	Ⅱ	3.49	Ⅲ	37	47	66	72
9+367	9+560	76	Ⅱ	3.37	Ⅲ	35	39	64	69
9+560	9+735	76	Ⅱ	3.1	Ⅲ	32	40	63	69
9+735	9+765	76	Ⅱ	2.54	Ⅲ	34	38	59	64
9+765	9+820	79	Ⅱ	2.6	Ⅲ	34	38	59	65
9+820	9+935	76	Ⅱ	2.29	Ⅲ	32	40	55	70
9+935	9+997	80	Ⅱ	2.49	Ⅲ	36	42	65	70
9+997	10+355	76	Ⅱ	2.42	Ⅲ	30	44	37	70

表 10.7 - 8 高地温洞段不同深度岩体温度测量成果表

桩号/m	钻孔位置	不同深度岩体温度/℃			
		0m	1m	2m	3m
8+980	左壁	45	89	91	92
8+990	左壁	46	86	89	92
9+000	左壁	47	89	90	92
9+010	左壁	46	89	90	91
9+020	左壁	45	90	92	92
9+030	左壁	43	87	89	90
9+040	左壁	44	87	89	87
9+050	左壁	45	87	87	89
9+060	左壁	42	87	88	90
9+070	左壁	42	88	89	91

桩号/m	钻孔位置	不同深度岩体温度/℃			
		0m	1m	2m	3m
9+080	左壁	45	87	88	91
9+090	左壁	47	85	90	89
10+730	左壁	32	35	37	35
10+890	左壁	27	23	32	34
12+350	左壁	17	30	32	35

（1）高温围岩。桩号 7+295～10+350 洞段内，测量到岩壁温度为 28～119℃，空气温度为 27～61℃。岩壁温度基本高于空气温度，随岩壁温度的升高，空气温度升高，但变化幅度较岩壁温度小。在桩号 8+470 处，岩壁温度达到最高值 119℃，此时在不间断通风条件下的空气温度为 55℃。

随着时间推移，在通风条件下，约 15 天以后岩壁表面温度逐渐下降，45～60 天后趋于稳定，降幅为 3～10℃（图 10.7-9）。

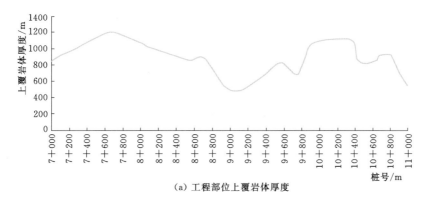

（a）工程部位上覆岩体厚度

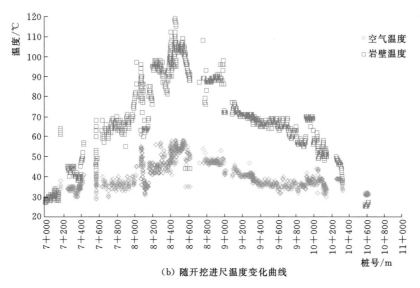

（b）随开挖进尺温度变化曲线

图 10.7-9　高地温洞段分布情况示意图

从表10.7-8可以看出，在距洞壁深度超过2m之后岩体温度变化不大，表明洞内降温措施对岩体温度的影响范围在2m左右。

（2）高温气体喷射和高温涌水。沿裂隙或断层带多有炽热气体喷出。特别是桩号8+038~8+110洞段，有蒸汽自断层喷出，气体温度最高达到172℃，压力达2~4MPa，影响范围可达2~5m，伴随强烈的"丝丝"声。

在桩号10+400等洞段，沿裂隙滴水或线状流水，水温一般在45℃以上。

2. 高地温的成因

喀喇昆仑山地区新构造运动非常活跃，有多条深大活动性断裂带，如塔什库尔干断裂带、康西瓦断裂带、公格尔断裂带等。断裂带沿线历史上曾发生多期岩浆活动，现代地震活动频繁。沿断裂带呈线状分布有温泉，部分已经开发为休闲旅游的景点。

齐热哈塔尔水电站引水隧洞位于两条大的区域性活动断裂带——康西瓦断裂带和公格尔断裂带之间，其高地温的形成与沿深大断裂带产生的地幔对流密切相关，属于构造导热型地热。地下水在深部被加热，热水径流和蒸汽扩散不断加热周围岩石。隧洞开挖揭露了导热构造（包括断层或裂隙），使得蒸汽沿断层或裂隙喷出。在岩体完整洞段，则以干热岩的形式表现出来。

3. 高地温的工程影响

由于围岩和空气温度、湿度高，并不时发生高温涌水和喷气现象，对高地温洞段的施工造成了如下的明显不利影响：

（1）现场人员经常出现中暑、多汗、头晕、呕吐等症状，甚至造成施工队伍不稳定。

（2）现场施工人员需要每2~3h换班一次，工作效率显著降低。

（3）施工机械故障率高，有的甚至无法工作。全站仪、计算机等精密仪器无法使用。

（4）普通岩石炸药鼓胀变形，导爆管软化，哑炮明显增多。

（5）高温涌水和喷气地段，因惧怕灼烫伤害被迫停工。

（6）锚杆黏结强度明显降低。部分洞段喷射混凝土失效，呈松散状。

（7）高地温洞段因施工效率低且工程措施多，相对于正常地温洞段而言其进度慢、投资增加。

4. 高地温洞段的施工对策措施

该工程高地温洞段施工主要采用了如下措施：

（1）加强超前地质预报。采用超前地质钻探和物探技术探测前方地质条件，预警高温地下水和气体喷出风险。

（2）加强通风，是高温洞段采取的主要降温手段之一，通过加大风量和风速有效降低了洞内空气温度。如在桩号7+800处，岩壁温度为72℃，空气温度达65℃。采用瑞典盖亚2×110kW、1.5m直径风机对洞内加大通风量，并增加风速，工作区空气温度可基本保持在40℃左右。

3号主洞下游洞口按照正常的施工条件采用2×75kW的通风机，在主洞桩号6+900处架设5×55kW的通风机，两处风机进行接力通风。但隧洞进入地热段后地温不断升高，原有的配置不能满足现场正常生产的条件。后改用盖亚通风机代替原有的通风设备，实行一站式通风，获得了良好的降温效果。

（3）洒水降温。在岩壁温度低于 60℃ 的洞段，采用向洞壁和掌子面喷洒凉水的方式可使温度有效降低。在岩壁温度超过 60℃ 的洞段，凉水容易雾化，反而增加了洞内的湿度，产生闷热的感觉。

（4）冰块降温。将冰块放置在通风口附近，利用冰块融化吸热。

（5）调整爆破工艺，主要包括以下措施：对爆破材料进行预制冷；采用冷水对炮孔进行冲洗降温，冲洗时间不少于 30min；采用隔热材料包裹爆破材料；采用快速集中装药，在 30min 内完成装药和爆破作业。

（6）对高温喷气出口进行灌浆封堵和集中疏导。

（7）针对高地温洞施工安全采取劳动保护措施：缩短洞内工作时间；加强现场安全管理；加强现场人员的高温防护；现场设置有害气体预警装置，及时预警预报。

10.7.4　经验总结

1. 岩爆

山岭地区地应力场的特征非常复杂，受到构造环境、岩性及地形条件等多种因素影响，因此进行适量的原位地应力测量不可或缺。对于坚硬完整性好的岩体，由于拱效应的存在，水平地应力不一定随深度增加而增大，在埋深较小的情况下可能具有较高的应力，在较大埋深时其应力会明显小于按自重计算的结果。

与实际揭露结果相比较，按现行勘察规范预测的岩爆强度略显偏严重。实际应用过程中，要根据工程的具体条件对规范推荐预测方法进行适当修正，不能照搬照抄。

岩爆的预防措施实践性很强，总体来说，不同形式的喷锚措施是最为经济有效的。岩爆对一定深度的围岩完整性影响很大，对于岩爆损伤围岩要给予重视，避免出现抄后路的大范围损伤围岩塌方灾害。

2. 高地温

齐热哈塔尔水电站引水隧洞地温高，并伴随高温涌水、喷气等现象，对施工造成很大不利影响。通过采取加强通风等综合措施，高地温问题得到了有效解决。

有关高地温对隧洞围岩稳定和混凝土结构寿命的研究还很不充分，目前的认识还有待于时间的检验。

第 11 章

展望

我国修建长度 10km 以上隧洞的实践，始于 1981 年修建的长 14.49km 的大瑶山铁路隧洞；1999 年我国最长的铁路隧洞——秦岭隧道贯通，全长 18.4km，直径为 8.8m，最大埋深为 1600m。虽然国内水工隧洞的规模也不断增大，但大多数水工隧洞都有条件布置施工支洞，独头掘进的长度都在 5km 以下，其中天生桥二级水工隧洞第一次引进了全断面掘进机技术，开挖直径为 10.8m，最大埋深为 760m。

2014 年建成投运的锦屏二级水电站深埋引水隧洞群总长达到 120km，单洞长 16.7km，隧洞最大埋深为 2525m，普遍埋深在 2000m 以上，最大实测地应力为 113.87MPa，具有埋藏深、洞线长、洞径大、地应力水平高、岩溶水文地质条件复杂、施工布置困难等特点，是目前世界上已建、在建隧洞工程中总体规模最大、综合难度最高的水工隧洞群工程。因此，锦屏二级水电站深埋引水隧洞的建设经验代表了当前水工隧洞建设的最高水平。

本书以锦屏二级水电站引水隧洞为实例，深入探讨并系统总结了深埋水工隧洞的设计经验、方法、理论，以及锦屏二级水电站引水隧洞在深埋水工隧洞工程关键技术上取得的成就：

（1）突破了深埋高外水压力下长大水工隧洞围岩稳定控制技术难题。建立了适合高地应力和高外水压力条件的围岩分类体系，完善了深埋围岩参数综合取值方法，创新了深埋长大隧洞围岩稳定分析方法，提出了控制深埋大理岩破裂扩展时间效应的方法措施，提出了以围岩为承载主体、初期多种形式组合快速维持围压的支护原则，建立了考虑消减外水压力技术的复合承载结构体系，为锦屏二级水电站深埋长大引水隧洞群的建设提供了有力的技术支撑。

（2）攻克了深埋长大水工隧洞极高地应力岩爆综合防治技术难题。提出了深埋隧洞群工程区地应力场研究方法，揭示了深埋大理岩岩爆孕育机理与发生机制，建立了极高地应力强岩爆灾害风险信息获取综合集成技术、灾害风险分区综合识别及预测预报体系，提出了按强度等级进行岩爆防治的思想与原则，以及钻爆法与 TBM 施工的强岩爆综合防治技术，保证了隧洞的安全施工。

（3）研发了深埋长大水工隧洞高压大流量突涌水治理成套技术。提出了高山峡谷岩溶地区深埋水工隧洞群地下水治理原则，揭示高山峡谷岩溶地下水赋存规律，并建立了相应的风险识别方法，创新了深埋隧洞群地下水超前地质预报技术，研发了岩溶地区超高压大流量突涌水治理成套技术，保证了隧洞的快速安全施工。

（4）解决了深埋特长隧洞群安全快速施工技术难题。提出了深埋特长隧洞群钻爆法和 TBM 组合施工技术，建立了复杂条件下特长隧洞群协同立体通风和施工高效物料运输系统，形成了深埋特长隧洞群的成套施工新技术，实现了深埋特长隧洞群的安全快速施工。锦屏二级水电站深埋长大水工隧洞群建设关键技术的成功应用，标志着我国深埋地下工程建设技术处于世界领先地位，为国内外水电、交通、矿山、国防等类似地下工程建设提供了成功范例，建设标志着西部大开发和西电东送战略得到了进一步落实，实现了我国能源资源的进一步优化配置，促进了四川少数民族地区的经济发展，改善了川渝和华东地区电源结构，具有显著的社会效益。

随着我国经济持续稳定发展、社会发达程度提高及环保形势的持续严峻，我国对清洁资源能源的需求日趋旺盛，水电开发及水资源跨区域调配工程正以前所未有的速度蓬勃发展。经过多年开发，我国已完成金沙江中下游、雅砻江、大渡河、澜沧江等大批水电建设项目。到 2020 年，西部常规水电装机规模达到 24000 万 kW，占全国的比例为 70.6％，开发程度达到 44.5％，基本建成长江上游、黄河上游、乌江、南盘江、红水河、雅砻江、大渡河六大水电基地，总规模超过 1 亿 kW，但仍有非常大的潜力有待开发。

雅鲁藏布江下游是我国尚未开展深入规划且水力资源规模最大、富集度最高的河段，下游泸公河口以上干流水力资源技术可开发量达 6000 万 kW，是我国重要的战略资源基地，也是国家西电东送重要的接续能源基地。中央第五次西藏工作座谈会及相关文件明确要尽快开展雅鲁藏布江水力资源开发规划工作，论证西电东送接续能源基地的建设。

然而，雅鲁藏布江处于青藏高原边缘，雅鲁藏布江大拐弯是沿江水力资源最富集的区段，拟建的梯级各电站整体规模巨大，引水隧洞超长，该区段的雅鲁藏布江大峡谷是青藏高原上侵蚀最强烈的地区，属于高山深谷地貌，山峰陡峭，峡谷深切，多呈 V 形，岸坡坡度为 30°～65°。两侧岸坡坡顶高程为 2400～4400m，河谷中最低高程只有 500～1100m，相对高差大。如采用"裁弯取直"引水发电的方案开发，隧洞引用流量将非常大，引水发电系统整体布置极其复杂，由此导致机组负荷波动过程中的水力过渡过程问题特别突出，引水隧洞洞线将超锦屏二级水电站引水隧洞，埋深大，构造运动强烈，建设时将不可避免遭遇高地应力强岩爆、软岩大变形、高压大流量地下水、高地温等一系列高能地质问题和庞大复杂的施工组织难题，可直接借鉴和应用本书所总结的深埋特长水工隧洞的勘察设计施工经验、方法及理论，并在应用中不断丰富和发展。

与水电开发并行，我国水资源需求日趋旺盛，且西部、西北部水资源匮乏区域需求更加紧迫，跨流域调水工程为我国"十三五"水利发展规划中的重点，我国在建引汉济渭、引洮供水、黔西北供水、鄂北水资源配置、兰州水源地等大型水利项目的线路均以隧洞为主，拟建和在建的滇中引水、白龙江引水、新疆引额供水等大型引调水工程线路隧洞占比也非常高，拟建水工隧洞总长度将达数十千米至百余千米，且都具有长度大、断面大、埋深大、地质条件复杂的特点。工程建设过程中也面临深埋隧洞建设过程中的诸多难题，这些问题往往会成为制约整个工程进度甚至建设成败的关键，无论是地质勘察还是结构设计方面都具特殊性，很多关键技术问题已经大大超越规范范围。

另外，西部大开发的深入推进对交通条件提出更高的要求，其中，新疆乌尉高速公路是"一带一路"倡议的重要项目，天山胜利隧道长 22km，为其控制性工程。高黎贡山隧道是大瑞铁路的重点控制性工程，隧道全长 34.5km，隧道最大埋深为 1155m，是亚洲最长的山岭铁路隧道，地形地质条件极为复杂，具有"三高、四活跃"特征（高地热、高地应力、高地震烈度，活跃的新构造运动、活跃的地热水环境、活跃的外动力地质条件、活跃的岸坡浅表改造过程），隧道施工将穿越 19 条活动断裂带。规划中的川藏铁路线路总长 1543km，隧道占比 80％以上，且多数赋存于高能地质环境中，面临的深埋工程难题将更加突出。

可见，未来我国西部水电、水利及交通工程建设中，深埋隧洞或隧道将成为这些项目的控制性工程，本书可为这类工程的勘察、设计、施工，以及岩爆、大变形、突涌水、高地温等隧洞建设过程中的重大灾害预测防控提供重要借鉴，并在应用中不断得以发展完善，为"一带一路"倡议、为中国企业走出去提供重要技术保障和竞争力。

随着工程建设规模的增大和赋存环境愈加恶劣，深埋隧洞的相关勘察、设计及施工经验、方法、理论必须与时俱进。同时，伴随世界高新技术的井喷式发展，深埋隧洞设计与施工方法、重大灾害处置技术应积极融合大数据、互联网＋、人工智能、云服务等信息化、智能化技术，推动工程设计、建造和管理数字化、网络化、智能化的发展，加强信息化管理，推动深埋隧洞勘察、设计及施工信息管理平台建设，系统监测项目建设及运行信息，建立项目全过程信息化管理体系。充分利用物联网、云计算和大数据等技术，探索互联网＋智能深埋隧洞设计，促进深埋隧洞设计平台与工程建设的智能互馈，与施工、监测、监理、业主的智能互馈，与周围相关工程及环境条件的智能互馈，创新设计理念、创新设计方法、创新灾害调控技术。

未来的水电开发必将成为我国应对低碳形势、改善能源结构、协调区域发展、优化生态环境、保障人民生计、提升国际形象的重要支柱。坚持理论与实践相结合、产学研协同推进，需要立足于雅砻江锦屏二级水电站等西部巨型工程上积累的深埋水工隧洞技术和经验的基础上，加深对深埋水工隧洞相关问题的相关研究，不断地创新、集成、持续推动我国深埋长大水工隧洞设计施工技术进步，实现科学管理、精工良建，定将为我国绿色水电开发引领国际潮流做出应有的贡献。

参 考 文 献

［1］ 曾祥华. 深埋长隧洞围岩稳定性及支护结构设计研究［D］. 南京：河海大学，2001.

［2］ 高丽丽，石志强. 大伙房输水工程掘进机施工方案优选研究［J］. 安阳工学院学报，2008（4）：51-54.

［3］ 陆宗磐，闵家驹. 万家寨水利枢纽的设计特点及引黄入晋工程的主要技术问题［J］. 水利水电技术，2000，31（1）：59-62.

［4］ 郭立富，王国秉. 引大入秦工程盘道岭隧洞纵（斜）向裂缝的化学灌浆处理［J］. 水利水电技术，1995（5）：7-10.

［5］ 黄光明，李云. 掌鸠河引水供水工程输水工艺设计［J］. 云南水力发电，2003，19（2）：41-42.

［6］ 梁文灏，刘赪，魏军政. 引汉济渭深埋超长引水隧洞应注意的关键技术问题［J］. 中国水利，2015（14）：54-56.

［7］ 张民仙，宋永军. 引红济石调水工程输水隧洞通风方案研究［J］. 陕西水利水电技术，2007（1）：15-19.

［8］ 马福印，罗伯特·利维纳尼，杜喜龙. 引大济湟调水总干渠 TBM 机施工脱困及拆卸技术研究［J］. 中国农村水利水电，2017（10）：120-124.

［9］ 于海鸣，李江. 新疆北疆一期供水工程关键技术与设计实践［C］//中国水利水电勘测设计协会调水工程应用技术交流会，2009.

［10］ 邓书俊，王增兵，王勇. 输水隧洞施工中的岩爆防治技术探讨［J］. 西北水力发电，2006，22（S1）：137-138.

［11］ 席燕林，许煜忠，王立成. 齐热哈塔尔水电站大深埋长隧洞关键技术难题及对策［J］. 水利水电技术，2017，48（10）：26-30.

［12］ 常兴兵，张方安，唐彦杰. 江边水电站引水隧洞岩爆特征及防治措施［J］. 西北水电，2010（2）：57-59.

［13］ 张向南. 南水北调引乾济石输水隧洞的设计与施工［J］. 铁道标准设计，2005（3）：21-23.

［14］ 宋岳，贾国臣，边建峰. 水利水电深埋长隧洞工程地质条件复杂性分级与分类［J］. 水利水电工程设计，2008，27（4）：30-33.

［15］ 张民晴. 由新圣哥达隧道思考高黎贡山隧道的修建［J］. 铁道工程学报，2016（7）：36-40.

［16］ 刘赪. 秦岭隧道建造关键技术［J］. 中国铁道科学，2003，24（2）：132-136.

［17］ 秦培文. 东秦岭特长隧道工程施工技术要点综述［J］. 铁道标准设计，2002，11：2-6.

［18］ 叶章运. 终南山特长公路隧道不良地质灾害预测及施工［J］. 西部探矿工程，2002，14（5）：478-479.

［19］ 税明东. 秦岭终南山特长公路隧道快速掘进施工［J］. 现代隧道技术，2004，41（3）：137-141.

［20］ 吴世勇，张春生，陈宏钧，等. 雅砻江锦屏二级水电站——世界上规模最大的水工隧洞工程［J］. 现代隧道技术，2004，（增2）：140-145.

［21］ 张春生. 雅砻江锦屏二级水电站引水隧洞关键技术问题研究［J］. 中国勘察设计，2007（8）：41-44.

［22］ 沈家俊. 锦屏二级水电站深埋长引水隧洞勘测与设计的初步研究［J］. 水力发电，1994（6）：13-17.

［23］ 任旭华，李同春，陈祥荣. 锦屏二级水电站深埋引水隧洞衬砌及围岩结构分析［J］. 岩石力学与

工程学报，2001，20（1）：16-19.

[24] 党林才，侯靖，吴世勇，等. 中国水电地下工程建设与关键技术［M］. 北京：中国水利水电出版社，2010.

[25] 郭彦中，陈祥荣，周垂一，等. 瑞士长隧道设计与施工、运营通风与管理技术考察报告［R］. 中国水电顾问集团华东勘测设计研究院，二滩水电开发有限责任公司，2004.

[26] 陈蕾，袁媛. 布仑口—公格尔水电站发电引水隧洞高地温洞段爆破技术研究［J］. 黑龙江水利科技，2012，40（9）：107-108.

[27] 徐则民，黄润秋. 深埋特长隧道及其施工地质灾害［M］. 成都：西南交通大学出版社，2000.

[28] 严可煊. 岩爆防治与对策研究［J］. 福建建筑，2005（2）：60-63.

[29] 朱焕春，吴家耀，朱永生，等. 锦屏二级水电站引水隧洞岩爆专题研究［R］. 2008—2010年阶段性总结报告. 武汉：Itasca（武汉）咨询有限公司，2010.

[30] ORTLEPP W D，STACEY T R. Rockburst mechanisms in tunnels and shafts［J］. Tunnelling and Underground Space Technology，1994，9（1）：59-65.

[31] 王健华. 隧道突涌水动态演化特征分析及区域涌水量预测方法［D］. 济南：山东大学，2016.

[32] 刘康和，段伟，王光辉，等. 深埋长隧洞勘测技术及超前预报［M］. 北京：学苑出版社，2013.

[33] 邱贻博，王永诗，刘伟. 断裂带内部结构及其输导作用［J］. 油气地质与采收率，2010，17（4）：1-3，111.

[34] 宋嶽，高玉生，贾国臣，等. 水利水电工程深埋长隧洞工程地质研究［M］. 北京：中国水利水电出版社，2014.

[35] 薛云峰，张继锋，郭玉松. 深埋长隧洞探测技术研究［M］. 郑州：黄河水利出版社，2010.

[36] 张春生，侯靖，褚卫江，等. 深埋隧洞岩石力学问题与实践［M］. 北京：中国水利水电出版社，2016.

[37] 陈昊. 岩体断层基础加固与溶洞灌浆处理中的高压灌浆技术［J］. 岩土力学，2003（S1）：110-112.

[38] 潘益斌，陈念辉. 深埋长大引水隧洞洞群检修通道的设计及优化［J］. 华东工程技术，2013，123（1）：32-34.

[39] 中华人民共和国水利部. 水利水电地下工程施工组织设计规范：SL 642—2013［S］. 北京：中国水利水电出版社，2013.

[40] 赖涤泉. 隧道施工通风与防尘［M］. 北京：中国铁道出版社，1994.

[41] 乔世珊. 全断面岩石掘进机［M］. 北京：石油工业出版社，2005.

[42] 刘伯全. 雅砻江锦屏二级水电站TBM施工技术总结［R］. 杭州：中国水电顾问集团华东勘测设计研究院，2012.

[43] 周垂一，周永，李军，等. 深埋长隧洞物料运输方式专题研究报告［R］. 杭州：中国水电顾问集团华东勘测设计研究院，2010.

[44] 陈祥荣，侯靖，潘澜，等. 辽宁大伙房输水工程TBM施工调研报告［R］. 杭州：中国水电顾问集团华东勘测设计研究院，2006.

[45] 王宏亮，陈祥荣，单治钢，等. 赴秦岭、终南山长隧道技术考察报告［R］. 杭州：中国水电顾问集团华东勘测设计研究院，二滩水电开发有限责任公司，2004.

[46] 周垂一，周永，李军，等. 国内外深埋长隧洞快速施工技术调研报告［R］. 杭州：中国水电顾问集团华东勘测设计研究院，2010.

[47] 李军，周春宏，周垂一，等. 雅砻江锦屏二级水电站引水隧洞关键施工技术研究结题报告［R］. 杭州：中国电建集团华东勘测设计研究院有限公司，2014.

[48] 何发亮，李苍松，陈成宗. 隧道地质超前预报［M］. 成都：西南交通大学出版社，2006.

[49] 李大心. 探地雷达方法与应用［M］. 北京：地质出版社，1994.

［50］ 单治钢，黄世强，周春宏，等. 锦屏二级引水隧洞洞室群地质超前预报综合研究报告 ［R］. 杭州：华东勘测设计研究院有限公司，2014.

［51］ 宋岳，贾国臣，边建峰. 水利水电深埋长隧洞工程地质条件复杂性分级与分类 ［J］. 水利水电工程设计，2008，27 (4)：30 - 33，55.

［52］ 李光伟，杜宇本，蒋良文，等. 大瑞铁路高黎贡山越岭段主要工程地质问题与地质选线 ［J］. 地质力学学报，2015，21 (1)：73 - 86.

［53］ 谢君泰，余云燕. 高海拔隧道工程热害等级划分 ［J］. 铁道工程学报，2013，30 (12)：69 - 73.

［54］ 陈炳瑞，冯夏庭，李庶林，等. 基于粒子群算法的岩体微震源分层定位方法 ［J］. 岩石力学与工程学报，2009，28 (4)：740 - 749.

［55］ 张镜剑，傅冰俊. 岩爆及其判据和防治 ［J］. 岩石力学与工程学报，2008，27 (10)：2034 - 2042.

［56］ MITAIM S，DETOURNAY E. Damage around a cylindrical opening in a brittle rock mass ［J］. International Journal of Rock Mechanics and Mining Sciences，2004，41 (8)：1447 - 1457.

［57］ PETER K，KAISER，CAI MING. Design of rock support system under rockburst condition ［J］. International Journal of Rock Mechanics and Mining Sciences，2012，4 (3)：215 - 227.

［58］ RYDER J A. Excess shear stress in the assessment of geologically hazardous situations ［J］. Journal of the South African Institute of Mining and Metallurgy，1988，88：27 - 39.

［59］ 冯夏庭，陈炳瑞，明华军，等. 深埋隧洞岩爆孕育规律与机制：即时型岩爆 ［J］. 岩石力学与工程学报，2012，31 (3)：433 - 444.

［60］ 陈炳瑞，冯夏庭，明华军，等. 深埋隧洞岩爆孕育规律与机制：时滞型岩爆 ［J］. 岩石力学与工程学报，2012，31 (3)：561 - 569.

［61］ 白国权，仇文革，张俊儒. 高地温隧道隔热技术研究 ［J/OL］. 铁道标准设计，2013 (2)：77 - 80，84.

［62］ 中水北方勘测设计研究有限责任公司. 齐热哈塔尔水电引水隧洞高地温问题专题研究报告 ［R］. 天津，2014.

［63］ 汪集旸，胡圣标，庞忠和，等. 中国大陆干热岩地热资源潜力评估 ［J］. 科技导报，2012，30 (32)：25 - 31.

［64］ 杜守继，职洪涛. 经历高温后花岗岩与混凝土力学性质的试验研究 ［J］. 岩土工程学报，2004 (4)：482 - 485.

［65］ 杜守继，刘华，职洪涛，等. 高温后花岗岩力学性能的试验研究 ［J］. 岩石力学与工程学报，2004 (14)：2359 - 2364.

［66］ 崔文广. 深井热害对矿工生理和生化指标的影响 ［D］. 武汉：华中科技大学，2008.

［67］ 王玉杰，张寅，胡许强. 高地温综采工作面降温技术研究与实践 ［J］. 煤炭工程，2007 (4)：54 - 55.

［68］ 宿辉，张宏，耿新春，等. 齐热哈塔尔高地温引水发电隧洞施工影响分析及降温措施研究 ［J/OL］. 隧道建设，2014，34 (4)：351 - 355.

［69］ 杨长顺. 高地温隧道综合施工技术研究 ［J］. 铁道建筑技术，2010 (10)：39 - 46.

［70］ 孙金霄，袁媛. 布仑口—公格尔水电站发电洞高地温洞段施工降温措施 ［J］. 广西水利水电，2011 (2)：47 - 48.

［71］ 国家能源局. 水电工程地质三维建模技术规程：NB/T 35099—2017 ［S］. 北京：中国水利水电出版社，2018.

［72］ 王桂平，刘国彬. 水工隧洞运营期分项管理应用研究 ［J］. 地下空间与工程学报，2009，4 (5)：820，824，828.

［73］ 邹成杰，汪泽武. 南盘江天生桥二级 (坝索) 水电站隧洞围岩变形失稳地质研究报告 ［R］. 贵阳：水电部贵阳勘测设计研究院，1986.

［74］ 袁景花. 南盘江天生桥二级（坝索）水电站Ⅱ号引水隧洞特殊洞段及调压井洞段高压固结灌浆效果物探测试综合报告［R］. 贵阳：电力工业部贵阳勘测设计研究院，1997.

［75］ 中水北方勘测设计研究有限责任公司. 齐热哈塔尔水电站引水隧洞高地温问题专题研究报告［R］，2013.

［76］ 赵国斌，程向民，孙旭宁. 齐热哈塔尔水电站引水隧洞高地温表现及对策［J］. 资源环境与工程，2013，27（4）：566－567，591.

［77］ 柳红全. 齐热哈塔尔水电站工程长引水隧洞高地热处理研究［J］. 新疆水利，2013（4）：11－14.

索　引

《中国水电关键技术丛书》
编辑出版人员名单

总 责 任 编 辑：营幼峰

副总责任编辑：黄会明　刘向杰　吴　娟

项 目 负 责 人：刘向杰　冯红春　宋　晓

项 目 组 成 员：王海琴　刘　巍　任书杰　张　晓　邹　静

　　　　　　　　李丽辉　夏　爽　郝　英　范冬阳　李　哲

　　　　　　　　石金龙　郭子君

《深埋水工隧洞工程技术》

责 任 编 辑：冯红春　郝　英

文 字 编 辑：郝　英

审 稿 编 辑：任书杰　柯尊斌　冯红春

索 引 制 作：刘　宁

封 面 设 计：芦　博

版 式 设 计：芦　博

责 任 校 对：梁晓静　黄　梅

责 任 印 制：崔志强　焦　岩　冯　强

排　　　版：吴建军　孙　静　郭会东　丁英玲　聂彦环

Contents

technology of China.

As same as most developing countries in the world, China is faced with the challenges of the population growth and the unbalanced and inadequate economic and social development on the way of pursuing a better life. The influence of global climate change and extreme weather will further aggravate water shortage, natural disasters and the demand & supply gap. Under such circumstances, the dam and reservoir construction and hydropower development are necessary for both China and the world. It is an indispensable step for economic and social sustainable development.

The hydropower engineering technology is a treasure to both China and the world. I believe the publication of the *Series* will open a door to the experts and professionals of both China and the world to navigate deeper into the hydropower engineering technology of China. With the technology and management achievements shared in the *Series*, emerging countries can learn from the experience, avoid mistakes, and therefore accelerate hydropower development process with fewer risks and realize strategic advancement. The *Series*, hence, provides valuable reference not only to the current and future hydropower development in China but also world developing countries in their exploration of rivers.

As one of the participants in the cause of hydropower development in China, I have witnessed the vigorous development of hydropower industry and the remarkable progress of hydropower technology, and therefore I am truly delighted to see the publication of the *Series*. I hope that the *Series* will play an active role in the international exchanges and cooperation of hydropower engineering technology and contribute to the infrastructure construction of B&R countries. I hope the *Series* will further promote the progress of hydropower engineering and management technology. I would also like to express my sincere gratitude to the professionals dedicated to the development of Chinese hydropower technological development and the writers, reviewers and editors of the *Series*.

Ma Hongqi
Academician of Chinese Academy of Engineering
October, 2019

river cascades and water resources and hydropower potential. 3) To develop complete hydropower investment and construction management system with the aim of speeding up project development. 4) To persist in achieving technological breakthroughs and resolutions to construction challenges and project risks. 5) To involve and listen to the voices of different parties and balance their benefits by adequate resettlement and ecological protection.

With the support of H. E. Mr. Wang Shucheng and H. E. Mr. Zhang Jiyao, the former leaders of the Ministry of Water Resources, China Society for Hydropower Engineering, Chinese National Committee on Large Dams, China Renewable Energy Engineering Institute, and China Water & Power Press in 2016 jointly initiated preparation and publication of *China Hydropower Engineering Technology Series* (hereinafter referred to as "the *Series*"). This work was warmly supported by hundreds of experienced hydropower practitioners, discipline leaders, and directors in charge of technologies, dedicated their precious research and practice experience and completed the mission with great passion and unrelenting efforts. With meticulous topic selection, elaborate compilation, and careful reviews, the volumes of the *Series* was finally published one after another.

Entering 21st century, China continues to lead in world hydropower development. The hydropower engineering technology with Chinese characteristics will hold an outstanding position in the world. This is the reason for the preparation of the *Series*. The *Series* illustrates the achievements of hydropower development in China in the past 30 years and a large number of R&D results and projects practices, covering the latest technological progress. The *Series* has following characteristics. 1) It makes a complete and systematic summary of the technologies, providing not only historical comparisons but also international analysis. 2) It is concrete and practical, incorporating diverse disciplines and rich content from the theories, methods, and technical roadmaps and engineering measures. 3) It focuses on innovations, elaborating the key technological difficulties in an in-depth manner based on the specific project conditions and background and distinguishing the optimal technical options. 4) It lists out a number of hydropower project cases in China and relevant technical parameters, providing a remarkable reference. 5) It has distinctive Chinese characteristics, implementing scientific development outlook and offering most recent up-to-date development concepts and practices of hydropower

General Preface

China has witnessed remarkable development and world-known achievements in hydropower development over the past 70 years, especially the 4 decades after Reform and Opening-up. There were a number of high dams and large reservoirs put into operation, showcasing the new breakthroughs and progress of hydropower engineering technology. Many nations worldwide played important roles in the development of hydropower engineering technology, while China, emerging after Europe, America, and other developed western countries, has risen to become the leader of world hydropower engineering technology in the 21st century.

By the end of 2018, there were about 98,000 reservoirs in China, with a total storage volume of 900 billion m³ and a total installed hydropower capacity of 350GW. China has the largest number of dams and also of high dams in the world. There are nearly 1000 dams with the height above 60m, 223 high dams above 100m, and 23 ultra high dams above 200m. There are also 4 mega-scale hydropower stations with an individual installed capacity above 10GW, such as Three Gorges Hydropower Station, which has an installed capacity of 22.5 GW, the largest in the world. Hydropower development in China has been endeavoring to support national economic development and social demand. It is guided by strategic planning and technological innovation and aims to promote project construction with the application of R&D achievements. A number of tough challenges have been conquered in project construction and management, realizing safe and green development. Hydropower projects in China have played an irreplaceable role in the governance of major rivers and flood control. They have brought tremendous social benefits and played an important role in energy security and eco-environmental protection.

Referring to the successful hydropower development experience of China, I think the following aspects are particularly worth mentioning. 1) To constantly coordinate the demand and the market with the view to serve the national and regional economic and social development. 2) To make sound planning of the

Informative Abstract

This book is one of *China Hydropower Engineering Technology Series*, funded by the National Publication Foundation, based on the construction experience of many deep-buried hydraulic tunnels, such as Jinping Ⅱ Hydro-power Station Diversion Tunnel. And through the systematic analysis of tech-nology, experience and lessons learned in the construction, the technology of deep-buried hydraulic tunnels is comprehensively sorted out, summarized and upgraded, and systematically elaborated into a book that introduces the layout, survey, design, construction, monitoring, management and other technical achievements of the deep-buried hydraulic tunnels in China. It is a systematic summary of the technical research and practical achievements in the design and construction of deeply buried hydraulic tunnels in China in recent years, aiming to provide key technical support for the construction of deeply buried hydraulic tunnels.

This book can be used as a reference for the design, construction, research and technical personnel engaged in the construction of hydraulic tunnels, as well as for the study of teachers and students of water conservancy and hydro-power and civil engineering related majors in colleges and universities.

China Hydropower Engineering Technology Series

Deep Buried Hydraulic Tunnel Engineering Technology

Zhang Chunsheng   Hou Jing   et al.

中国水利水电出版社
China Water & Power Press
· Beijing ·